U0197485

新生物学丛书

食品系统效应评估框架

A Framework for Assessing Effects of the Food System

"食品系统的健康、环境和社会效应评估框架"委员会
食品和营养委员会　农业和自然资源委员会
〔美〕M. C.内希姆　M.奥丽娅　P. 蔡易　主编

王　慧　黄蔚霞　贾旭东　主译
巴　乾　杨　辉　杨　丹　应　浩　宋海云　副主译

科 学 出 版 社
北　京

图字：01-2017-6526号

内 容 简 介

本书主要介绍美国医学研究所（IOM）食品和营养委员会与美国国家研究委员会（NRC）农业和自然资源委员会的专家在“食品系统效应评估框架”方面的探索，该框架提出了评估食品系统在健康、环境、社会和经济等方面的潜在影响的基本原则，并在此基础上建立了完整的分析步骤。

本译著适合食品系统效应研究和食品政策分析方面的专业人士参考，也适合包括公共卫生、环境健康等专业在内的师生和研究人员参考。

This is a translation of *A Framework for Assessing Effects of the Food System*, Malden C. Nesheim, Maria Oria, and Peggy Tsai Yih, Editors; Committee on a Framework for Assessing the Health, Environmental, and Social Effects of the Food System; National Research Council © 2015 National Academy of Sciences. First published in English by National Academies Press. All rights reserved.

图书在版编目（CIP）数据

食品系统效应评估框架/（美）M. C.内希姆（Malden C. Nesheim）等主编；王慧，黄蔚霞，贾旭东主译. —北京：科学出版社，2019.1
（新生物学丛书）
书名原文：A Framework for Assessing Effects of the Food System
ISBN 978-7-03-059438-9

Ⅰ. ①食… Ⅱ.①M… ②王… ③黄… ④贾… Ⅲ. ①食品安全–评估 Ⅳ.①TS201.6

中国版本图书馆CIP数据核字（2018）第254042号

责任编辑：王　静　岳漫宇 / 责任校对：王晓茜
责任印制：赵　博 / 封面设计：刘新新

科学出版社出版
北京东黄城根北街16号
邮政编码：100717
http://www.sciencep.com
北京凌奇印刷有限责任公司印刷
科学出版社发行　各地新华书店经销
*
2019年1月第　一　版　开本：787×1092 1/16
2025年1月第三次印刷　印张：19 3/4
字数：396 000
定价：128.00元
(如有印装质量问题，我社负责调换)

《新生物学丛书》专家委员会

主　　任：蒲慕明

副 主 任：吴家睿

专家委员会成员（按姓氏汉语拼音排序）

昌增益　陈洛南　陈晔光　邓兴旺　高　福

韩忠朝　贺福初　黄大昉　蒋华良　金　力

康　乐　李家洋　林其谁　马克平　孟安明

裴　钢　饶　毅　饶子和　施一公　舒红兵

王　琛　王梅祥　王小宁　吴仲义　徐安龙

许智宏　薛红卫　詹启敏　张先恩　赵国屏

赵立平　钟　扬　周　琪　周忠和　朱　祯

《食品系统效应评估框架》翻译组成员

主　　译　王　慧　上海交通大学医学院
　　　　　黄蔚霞　中粮营养健康研究院
　　　　　贾旭东　国家食品安全风险评估中心

副 主 译　巴　乾　上海交通大学医学院
　　　　　杨　辉　国家食品安全风险评估中心
　　　　　杨　丹　中粮营养健康研究院
　　　　　应　浩　中国科学院上海生命科学研究院
　　　　　宋海云　上海交通大学医学院

参译人员　许亚婕　杨　阳　孙马钰　刘朝宝　梅一埅
　　　　　李　玲　王　越　刘　琳　马志伟　黄　萍
　　　　　刘　威　孙　超　王　会　李　言　姚晓含
　　　　　刘胜男　张圣洁　刘　姣　叶　成　杨悠悠
　　　　　陆金鑫　苗雨田

“食品系统的健康、环境和社会效应评估框架”委员会

Malden C. Nesheim（主席），纽约州，伊萨卡市，康奈尔大学，名誉院长，名誉营养教授

Katherine (Kate) Clancy，马里兰州，巴尔的摩市，宜居未来中心，约翰·霍普金斯大学，布鲁伯格公共卫生学院，食品系统顾问，访问学者

James K. Hammitt，马萨诸塞州，波士顿市，哈佛大学公共卫生学院，经济与决策科学教授

Ross A. Hammond，华盛顿哥伦比亚特区，社会动力学与政策中心主任，布鲁金斯研究所经济学高级研究员

Darren L. Haver，奥兰治县，加利福尼亚大学，农业与自然资源决策主任兼顾问

Douglas Jackson-Smith，犹他州，洛根市，犹他州立大学，社会学、社会工作及人类学系教授

Robbin S. Johnson，明尼阿波利斯市，明尼苏达大学，汉弗莱公共事务学院，全球政策研究高级顾问

Jean D. Kinsey，圣保罗市，明尼苏达大学，食品工业中心，应用经济系名誉教授

Susan M. Krebs-Smith，马里兰州，贝塞斯达市，美国国家癌症研究所，风险控制与方案分部首席

Matthew Liebman，埃姆斯市，艾奥瓦州立大学，亨利·阿加德·华莱士可持续发展农业研究会主席，农业教授

Frank Mitloehner，戴维斯市，加利福尼亚大学，动物科学系教授

Keshia M. Pollack，马里兰州，巴尔的摩市，约翰·霍普金斯大学，布鲁伯格公共卫生学院，副教授

Patrick J. Stover，纽约州，伊萨卡市，康奈尔大学，营养科学系教授兼主任

Katherine M. J. Swanson，明尼苏达州，门多塔海茨市，KMJ Swanson 食品安全有限公司董事长

Scott M. Swinton，东兰辛市，密歇根州立大学，农业、食品与资源经济系教授，密歇根州立大学东兰辛分校

IOM 和 NRC 研究人员

Maria Oria，研究主任
Peggy Tsai Yih，高级项目指挥官
Allison Berger，高级项目助理
Alice Vorosmarti，研究助理
Faye Hillman，财务助理
Geraldine Kennedo，行政助理
Ana Velasquez，实习助理（2013 年 8 月到期）
William Hall，米尔扎扬科学与技术政策研究员（2014 年 4 月到期）
Ann L. Yaktine，食品和营养委员会主任
Robin Schoen，农业和自然资源委员会主任

审 稿 人

审稿人以他们多样的视角和专业的技术对这篇草稿形式的报告进行了个人评审，评审依照国家研究委员会报告评审委员会所批准的规程。独立评审的目的在于提供公正而重要的评价，从而能够辅助编书团队使最终出版的报告更加全面，确保报告能够满足客观性、证据及响应性三方面的制度标准。为了保护审议过程的完整性，评审评价及草稿不公开。在这里我们非常感谢以下专家对这篇报告的评审。

William H. Dietz，乔治·华盛顿大学

George M. Gray，乔治·华盛顿大学

Michael W. Hamm，密歇根州立大学

Shiriki K. Kumanyika，宾夕法尼亚大学，佩雷尔曼医学院

Paul J. Lioy，新泽西医科与牙科大学，罗伯特·伍德·约翰逊医学院，皮斯卡塔韦

Stephen Polasky，明尼苏达大学，明尼阿波利斯

Mark A. Rasmussen，艾奥瓦州立大学，利奥波德可持续发展农业中心

Angela Tagtow，营养政策和推广中心，美国农业部

Lori Ann Thrupp，加利福尼亚大学伯克利分校

Wallace E. Tyner，普渡大学

Laurian J. Unnevehr，伊利诺伊大学厄巴纳-香槟分校

John H. Vandermeer，密歇根大学

Patricia Verduin，高露洁棕榄公司

Rick Welsh，雪城大学

Parke E. Wilde，塔夫茨大学

尽管以上列出的评审者已提供很多建设性的评价和建议，但我们并没有要求评审者支持报告的结论或推荐这篇报告，并且评审者在报告发表前也没有看到最终定稿。本报告的评审由艾奥瓦州立大学的 Diane Birt 和斯坦福大学的 Mark R. Cullen 进行监督。他们由美国国家研究委员会和美国医学研究所任命，负责确保对本报告进行的独立评审是依据了制度上的程序，并仔细考虑所有评审意见。本报告的最终内容完全由创作委员会和机构负责。

《新生物学丛书》丛书序

当前，一场新的生物学革命正在展开。为此，美国国家科学院研究理事会于 2009 年发布了一份战略研究报告，提出一个“新生物学”（New Biology）时代即将来临。这个“新生物学”，一方面是生物学内部各种分支学科的重组与融合，另一方面是化学、物理、信息科学、材料科学等众多非生命学科与生物学的紧密交叉与整合。

在这样一个全球生命科学发展变革的时代，我国的生命科学研究也正在高速发展，并进入了一个充满机遇和挑战的黄金期。在这个时期，将会产生许多具有影响力、推动力的科研成果。因此，有必要通过系统性集成和出版相关主题的国内外优秀图书，为后人留下一笔宝贵的“新生物学”时代精神财富。

科学出版社联合国内一批有志于推进生命科学发展的专家与学者，联合打造了一个 21 世纪中国生命科学的传播平台——《新生物学丛书》。希望通过这套丛书的出版，记录生命科学的进步，传递对生物技术发展的梦想。

《新生物学丛书》下设三个子系列：科学风向标，着重收集科学发展战略和态势分析报告，为科学管理者和科研人员展示科学的最新动向；科学百家园，重点收录国内外专家与学者的科研专著，为专业工作者提供新思想和新方法；科学新视窗，主要发表高级科普著作，为不同领域的研究人员和科学爱好者普及生命科学的前沿知识。

如果说科学出版社是一个“支点”，这套丛书就像一根“杠杆”，那么读者就能够借助这根“杠杆”成为撬动“地球”的人。编委会相信，不同类型的读者都能够从这套丛书中得到新的知识信息，获得思考与启迪。

《新生物学丛书》专家委员会

主 任：蒲慕明

副主任：吴家睿

2012 年 3 月

中译本序

一个国家的食品系统是指通过食品供养整个民族的全部要素和环节。表面上，食品系统包括了农业种植与生产、食品制造和加工、包装、运输、商业销售、公众消费、餐饮，以及食物废弃处理等过程，但它涉及的影响却远远超出了这个范围。当今的食品系统是在经济、生物、社会、政治所编织的复杂背景中运作的供应体系，它们紧密联系并相互影响。因此，人民的健康和国家的环境、社会和经济状况通常与食品系统密切相关。为了改善健康水平、保护环境或者提高生产力等，国家会做出某些决策，而这些决策的最终结果可能达到了期望目标，但也可能产生非预期效应，涉及的范围包括环境（如生物多样性、水、土壤、空气和气候）、健康（如与饮食直接相关的慢性代谢疾病，或通过土壤、空气和水污染间接影响健康）和社会（如粮食产量和供应、土地使用、就业、劳动条件和地方经济）。在经济全球化的今天，食品系统效应的影响范围可能更加广泛，尤其是对于美国和中国这样巨大的经济体来说，其影响可能是世界性的或者全人类的。如何对食品系统效应进行分析、评估以帮助决策者制定合理决策，是一个重要的研究领域。

美国是世界上食品系统比较完善的发达国家，但迄今为止，大多数研究仍采取相对狭隘的方法研究食品系统内的变化，对食品系统复杂性的考虑不够全面。这种方法往往会错过因素间重要的相互联系，因此无法捕获到食品系统中因任何一个因素的改变而带来的整体影响。针对这一系统的复杂性问题，美国医学研究所（IOM）食品和营养委员会及美国国家研究委员会（NRC）农业和自然资源委员会联合组织专家研究建立了这一“食品系统效应评估框架”，来分析美国食品体系的健康、环境、社会和经济等方面的潜在影响，以及如何权衡利弊。该框架提出了基本原则，包括认识整个食品系统范围内的影响，考虑影响的所有领域和所有维度，解释系统的动态性及其复杂性，选择合适的方法进行分析和综合，并在此基础上建立了完整的分析步骤。

我国的食品系统在经历了多年的发展之后也已逐渐完善，但我国的食品系统与西方发达国家相比具有显著差异，如农业生产方式、居民的膳食结构和饮食习惯、人口的食物消费观念等。食品系统效应的复杂性在我国可能更为突出，影响更为深远。美国“食品系统效应评估框架”为我们关注和解决这一问题提供了很好的借鉴。这本译著将为食品系统效应研究和食品政策分析提供建议，也为我国食品系统在食品安全、人口健康、环境保护、社会和经济发展等领域的效应评估提供新思路。

吴永宁

技术总师

国家食品安全风险评估中心

2017年8月

原书前言

食品几乎成为现代生活所有方面中主要的话题，它引发了一系列问题。例如，什么构成健康饮食、食品如何生产，以及什么样的食品生产最适合环境。为了应对日益增加的世界人口，是否有充足的食品量？是否有部分美国人口会面临食品安全问题？是否人道饲养食物动物？谁参与了食品生产？工人是否得到公平对待，他们是否获得了体面的待遇？如今，大厨越来越知名，我们的社会外包了越来越多的食品准备工作和服务工作。食品研究已经成为从科学到人文学科中多样性学术课程的一部分，并且已经出现了越来越多的关于食品系统及其与现代生活关系的文献。卫生专业人士和公众都意识到，食物不仅是营养的来源，也反映了个人的价值观和文化。

随着食物生产方式、生产者及生产地点的剧烈变化，人们对食物的兴趣日益增加。过去一个世纪以来，美国已经从以农业为主过渡成为一个高度工业化的国家，只有一小部分人口参与实际的粮食生产。美国的食品系统与世界其他地方相比，为美国消费者提供了更低成本且非常多样的粮食供应。然而，许多人担心，市场上的食品成本可能不能反映其真实成本。食品生产和分配的一些成本没有反映在食品的市场价格上，而是由我们社会的健康、环境和社会领域的其他方面“外化”承担。

现代农业代表了生物经济，它不仅生产食品，而且生产各种非食品工业用途的原料，包括为我们的车辆提供动力的生物燃料。食品生产是这一生物经济的核心，与其他对原材料的社会需求相竞争。食品组分进入供应链，通过各种渠道运输、制造、分销并向消费者销售。生物经济各组成部分的相互联系意味着旨在影响系统某一方面的政策可能会以一种通常未预料到的方式影响其他组成部分。委员会是由美国医学研究所（IOM）食品和营养委员会与美国国家研究委员会（NRC）农业和自然资源委员会合作任命，该委员会制定了一个分析框架来评估美国食品系统的健康、环境、社会和经济等方面，以考虑系统的复杂性。委员会认识到，美国的食品系统被嵌入在一个广泛相互关联的全球体系中，但报告的关注点只集中在美国食品系统的组成成分上。

在执行这项任务时，委员会需要界定和描述目前的美国食品系统，并考虑其随时间的演化。委员会借鉴了当前出版的文献中描述和记载的现行制度对健康、环境及社会和经济领域的潜在影响。这些描述影响的章节通过一些不一定被欣赏或理解的方式，为食品系统的各个方面如何影响现代生活提供了见解。委员会在编写本报告时，考虑了食品系统正面和负面的影响，但并未对任何特定方面作出总体评估。本报告并不是只针对美国食品制度进行评论，而是在当前嵌入的农业和食品系统实践中辨识出许多利弊权衡。本报告在一些案例中考虑到了这些利弊权衡，这些案例阐述了食品系统、健康、环境和生活质量之间的相互联系，以及对新政策或实践分析的挑战。

在委员会商议过程中，食品系统显然是非常复杂的，有许多驱动因素和活动者。这一认识导致委员会要确定，旨在理解复杂系统的分析方法最适用于理解食品系统的结构，以及影响它的政策。委员会将分析框架视为一种通用框架，该框架适用于通过多种多样的方法论来调查有关食品系统的不同问题，但要求任何分析必须考虑到健康、环境、社会和经济方面的影响。本报告强调这种分析在食品系统中是至关重要的，因为它们的影响超出了旨在改善该领域的特定政策或建议。

委员会希望这份报告中概述的分析框架能够被负责考虑或评估替代政策，或者影响美国食品系统改变的潜在配置的研究人员和决策者广泛采用。在所有领域中充分利用这一框架可能需要开发能够应对系统全面范围的新方法论或模型。委员会认为，这种分析可以帮助确保美国的食品系统能够维系公民的健康、生活质量及环境的可持续性。

负责编写报告的委员会成员有着丰富的专业知识，成员从农业、公共卫生、营养、食品安全、社会学、经济学、复杂系统和食品工业领域中选出。这些章节由委员会成员联合撰写，他们将专业知识运用在适当的段落中，并接受了整个委员会的审议和评论。委员会成员甘愿奉献自己大量的时间来研究、审议和编写报告。很多成员在公开委员会会议期间为解决报告中的主要问题奉献了宝贵的时间和精力，并在研讨会上发言。我们非常感谢他们的努力付出。

委员会也特别感谢美国医学研究所和美国国家研究委员会的工作团队为我们提供的不间断的支持，特别是研究主任 Maria Oria 和高级项目指挥官 Peggy Tsai Yih，他们精心地指导了这份非常复杂的报告的编写；Alice Vorosmarti 收集的资料和绘画技巧非常宝贵，以及 Aaron Johnson 提供了行政支持。委员会还受益于农业和自然资源委员会主任 Robin Schoen 及食品和营养委员会主任 Ann L. Yaktine 的整体指导。

支持该项目的委员会成员及工作人员的无私奉献和辛勤工作让我非常感动，我个人对大家的付出感激不尽。

Malden C. Nesheim，主席

“食品系统的健康、环境和社会效应评估框架”委员会

目　　录

第三部分 框 架

概　要

在为大众提供品种众多、价格低廉、供应充足的食品方面，美国国家食品系统取得了历史性的成功。这种成功得益于将食品的生产商、加工商及分销商组成“一条龙”的供应链（图 S-1），使得食品系统成为美国经济的重要组成部分之一。

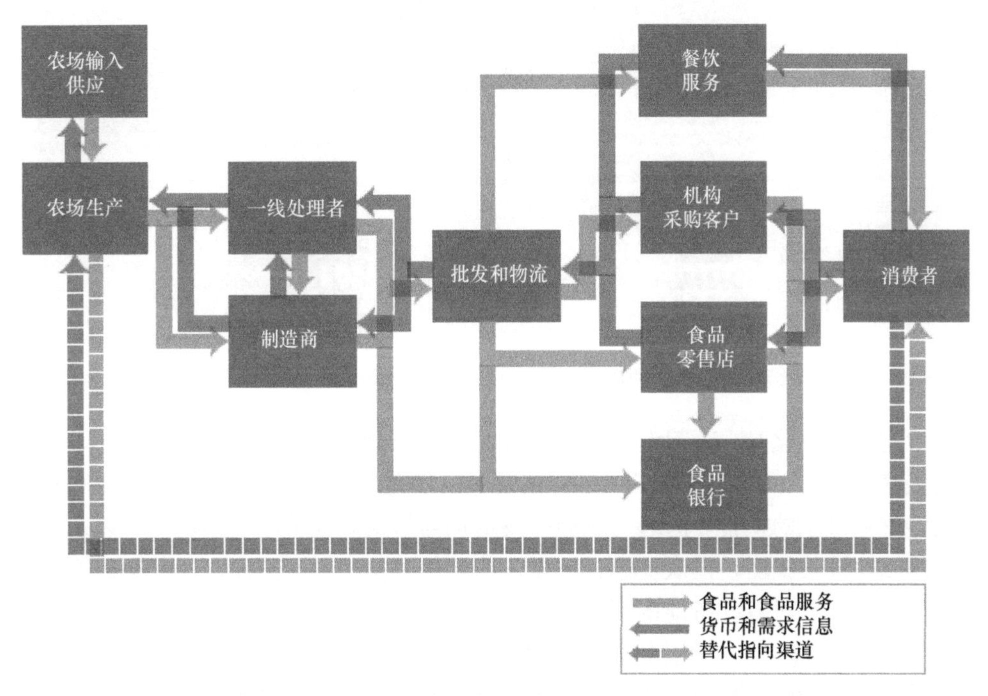

图 S-1　食品供应链的概念模型。在一个固定区域（如地区或国家）的供应链中的各个元素和参与者，与其他区域中的参与者也有相互联系（如国际贸易）（彩图请扫封底二维码）

美国的食品系统不仅与全球食品系统联系广泛，而且深刻地影响着食品的全球化。同时，它与多样化的，不断变化的，拥有广泛经济性、生物性和社会性的大众环境相辅相成（图 S-2）。

为了改善健康水平、保护环境或者提高生产力，人们会做出一些特殊的决定，这些决定也同时改变着食品系统。更有甚者，这些决定最终产生的后果可能不同于最初的意图，对美国本土和海外造成了深刻的影响。涉及的范围可能包括环境（如生物多样性、水、土壤、空气和气候）、人类健康（例如，与饮食直接相关的慢性代谢疾病，或通过土壤、空气和水污染间接影响健康）和社会（如粮食获得性和可负担性、土地使用、就业、劳动条件和地方经济）。

迄今为止，大多数研究仍采取相对狭隘的方法研究食品系统内的变化，对食品系统复杂性的考虑不够全面。这种方法往往会错过重要的相互关系，因此无法捕获到食品系统中因任何一个因素的改变而带来的整体效应。

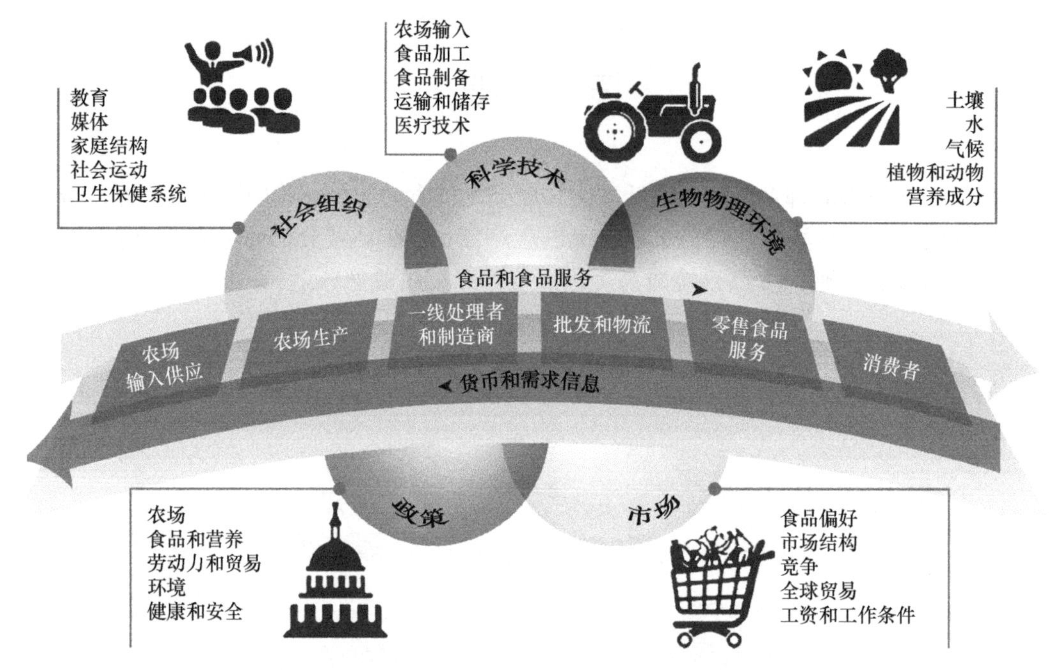

图 S-2　食品供应链与大型的生物物理及社会/制度环境之间的联系（彩图请扫封底二维码）

在考虑任何变化时，决策者需要用正确的方法来分析预期和非预期效果，了解如何预估这些潜在效应，并能够认识到是否需要予以权衡①。例如，建议增加水果和蔬菜的消费来促进更健康的饮食，但这同时会引发增加灌溉或农业劳动支出的问题。由于存在着大量难以比较的权衡，在众多选择中做出决定极具挑战性。然而，任何解决方案都需要整合多种方法以对各种可能的后果进行检测和衡量。

因此，委员会提出了一个分析框架，可作为决策者、研究人员及其他利益相关方的工具，用于检测在食品系统中由干预所造成的影响，以及评估由特殊变化所带来的经济后果、集体健康、环境和社会改变。这个分析框架提供了一个包含理论和实践的组织结构，由 4 个原则和 6 个步骤组成。这个框架将有利于以下 4 个方面：①识别并潜在地防止干预的意外效应；②提高利益相关方做决策的透明度；③改善科学家、决策者和其他利益相关方之间的沟通，更充分地理解相关的价值和观点；④降低对任何特定分析结果错误解释的可能性。

该分析框架的目的就是在对食品和农业领域内的问题进行评估时提供指导。委员会指出，与使用其他工具一样，使用框架分析对于任何决策过程来说只是一个参考因素，而决策涉及的其他考虑因素（如判断）可能未包含在本报告内。

任　务

美国医学研究所和美国国家研究委员会召集了一个专家委员会，来制定与食品系统

① 权衡是指失去某一质量或某方面以获得另一质量或另一方面

相关的分析框架（框 S-1 中的任务说明）。这项研究的最终目的是：①促进了解食品系统各个组成部分对环境、健康、经济、社会的效应及其相互联系；②鼓励开发与改进能确定和衡量这些效应的数据收集系统及方法；③为食品和农业相关的实践与政策制定提供信息支持，以尽量减少对健康、环境、社会和经济的非预期效应。

框 S-1

任 务 说 明

专家委员会将制定一个评估框架，用来评估健康、环境和在美国食品系统中与食品产生、加工、分销、销售、零售和消费方式相关的社会效应（正面和负面）。在制定框架时，委员会将进行以下活动。

1. 检查用来比较和测量效果的可行性方法、方法论和数据。委员会将会审查的例子有：①定义食品系统中元素的不同配置的可比较特征；②绘制元素不同配置的食品系统产生或促进健康、环境和社会效应的途径；③确定这些配置对于效应的贡献并与来自其他方面的影响因素进行对比；④确立效应的规模（如个人、国家）；⑤量化效应的大小和方向；⑥适时的获利效应；⑦解决在进行比较和测量效应时的不确定性、复杂性和可变性。

2. 描述食品系统中几个不同组成部分的例子，并描述如何应用框架进行逐步比较。示例应该来自食品系统的不同环节（生产、收获、加工、分销、销售、零售和消费）。重点会是那些未被广泛认识的效应（即它们可能没有完全被并入食品的价格体系中）。委员会考虑的不同的配置可能包括以区域为基础的食品系统和全球的食品系统、自由放养家禽和用笼舍饲养、减少加工食品的零售量和当前的可用性。

3. 在构建示例时，描述框架在不同情境下的优势和弱点，并建议如何及何时调整框架，才能更加准确地进行比较。示例的目标是说明该框架在分析各种问题和比较、衡量，以及在某种情况下将不同情景对公共卫生、环境和社会效应货币化的潜在用途。这些实例的重点应该是解释框架的要素，而不是试图分析。

4. 委员会还将确定方法和方法论中的信息需求和差距，如果这些方法和方法论得到补充，就可以更有把握地确定与食品系统配置相关的效应的归因和量化，并提高框架对于评价食品系统的改变如何影响健康、环境和社会的预测能力。

委员会方法

为了提供一些背景，本报告在描述美国的食品系统时，还讲述了当前系统是如何演变而来的，以及为何可以将该系统视为一个复杂的自适应系统。本报告描述了食品系统在健康、环境、社会和经济领域的突出影响。了解食品系统组成部分之间的关系及其对健康、环境和社会的影响，是任何食品系统尝试评估其在这些领域影响力的先决条件。

委员会从美国的角度撰写了本报告，但同时也承认了食品系统的全球性质及其影响。然而由于时间、专业知识和页数的限制，本报告主要阐述的还是对美国国内的影响。因此，本报告中的讨论排除了世界其他地方与美国食品相关的互动和影响，但委员会的拟议框架仍然适用于检验这些全球范围的相互作用和影响。

报告选择了6个实例来说明在食品系统中比较当前配置和替代配置时如何使用该框架。这6个实例揭示了食品系统如何将其错综复杂的特征联系在一起。委员会未将这些例子用于声明范围之外的评估。

食品系统：复杂的自适应系统

食品系统是一种将更广泛的经济、生物物理和社会政治环境编织在一起运作的供应链。健康、环境、社会和经济效应通常与美国的食品系统密切相关，包含有益和有害两个方面。例如，在健康领域，美国食品系统为大多数人提供了足够数量和低成本的各种各样的食品，但不是为全部人群。然而，不健康的饮食模式已被确定为导致疾病和死亡的主要风险因素之一。食品系统的其他效应包括气候、土地和水资源。资源（如水）的消耗和生产过程的副产品（如繁殖产生的氮、农药和温室气体）作为食品系统活动的结果，对环境而言，显著地干扰了生态系统的动态平衡。美国的食品系统还带来了由政治和政治效应所介导的社会和经济效应。在报告中，显著效应被分类描述，而分类的标准由收入、财富、权益分配、生活质量和工人的健康与福利而定。

委员会甄别了直接和间接的后果，并发现了健康、环境、社会和经济领域的各种相互作用（例如，由暴露于环境而造成的健康问题；社会经济地位与健康状况之间的相互依赖性）。委员会还发现了效应分布的异质性（例如，基于群体特征而不同的肥胖率和食物安全）。作为其结构（图 S-1 和图 S-2）和特征（框 S-2）的结果，委员会认为食品系统可以被概念化为一个复杂的自适应系统[①]。因此，对食品系统的研究需要一个分析框架和能抓住关键相互作用与特征的适当的方法。

框 S-2

食品系统作为一个复杂的自适应系统具有的特点

食品系统的以下这些特点，使其成为一个复杂的自适应系统。

个性化自适应行为者：食品系统由各种参与者组成，包括人类参与者（如农民、工人、研究人员、消费者），机构（如政府、公司、大学、组织）和生物体（如微生物或昆虫）。这些参与者的分散行为和相互作用塑造和改变了食品系统；同时，参与者响应并适应其周围系统的变化。例如，消费者行为塑造了市场需求，但可能会因新

① 复杂的自适应系统是由许多异质性组分构成的系统，各组分之间的相互作用使得对系统的行为很难从各组分单独的角度去理解

产品、信息或社会力量不同而改变。考虑适应性反应（由多种类型的参与者产生）对于充分理解由食物系统变化而产生的延迟效应非常重要。

反馈和相互依存：在食品系统内发挥作用的许多机制跨越了多个层次（例如，生物水平、物理食物环境，以及社会或市场环境都涉及的食物偏好和饮食行为）。跨层级的多重相互作用机制可以导致行为者、部门或因素的相互依赖。反馈回路也可能出现，食品系统的一个组成部分的起始变化影响第二个组件，而此变化可以经过一定时间的滞后"反馈"给第一个组件并使其产生进一步改变。例如，有限农药的引入最初可以控制害虫，但随着时间的推移，害虫可能出现抗性，导致要增加农药的使用量来维持对害虫的控制。

异质性：食品系统中的行为者和进程在一些重要的方面具有差异，从而造成局部的动态变化，以及引起对系统变量不一致的适应应答。例如，团体用户的限制条件、目标和信息与个人客户是不同的。又如，旨在提高水果和蔬菜摄入量的干预措施会通过不同的方式影响农民、工人、制造商、消费者和零售商，而这些行为者对任何变化都会做出不同的反应。

空间复杂性：空间组织在食品系统内形成了许多动态反应，既能直接影响行为者经历的局部情景，又能控制时间和空间的影响。在农业生产中，一个决定农业生产系统对水、野生动物和其他自然资源影响的关键因子就是成分的空间组织。例如，如果管理不当，集中的农业生产对一个特定位置的环境的影响就会被放大。

动态复杂性：反馈、相互依存和适应性的存在会使食品系统产生动态变化，这种动态变化具有非线性（一个小的变化产生巨大的效应）、路径依赖（动态变化受到早期事件的强烈影响）和伸缩性（系统受到冲击后恢复原状的能力）等特征。草原重建引起的土壤沉积物重分配的减少就是非线性的例子之一。路径依赖的典型案例则是生命早期营养和晚期疾病之间的相互联系。而伸缩性可以是农民为降低生产风险所做出的行为的结果，如建设灌溉系统以防降雨不足。

评估框架

委员会发展出一个评估框架，用于评估食品系统一系列可能的配置问题。使用单个分析工具来回答食品系统相关问题是不可行的，但是综合使用几个已经验证的工具则有助于处理这些问题。评估框架由一系列在任何评价体系中都很常见的步骤组成。在这个过程中，框架的核心包含一组贯穿所有步骤的原则。

评估框架的步骤

评估框架分六步：①确定问题；②定义问题的范围；③确定问题的场景；④进行分

析；⑤汇总分析结果；⑥报告分析结果。这些步骤被设计为以一种非线性的迭代方式进行。图 S-3 中 6 个步骤显示为图左边的环状。

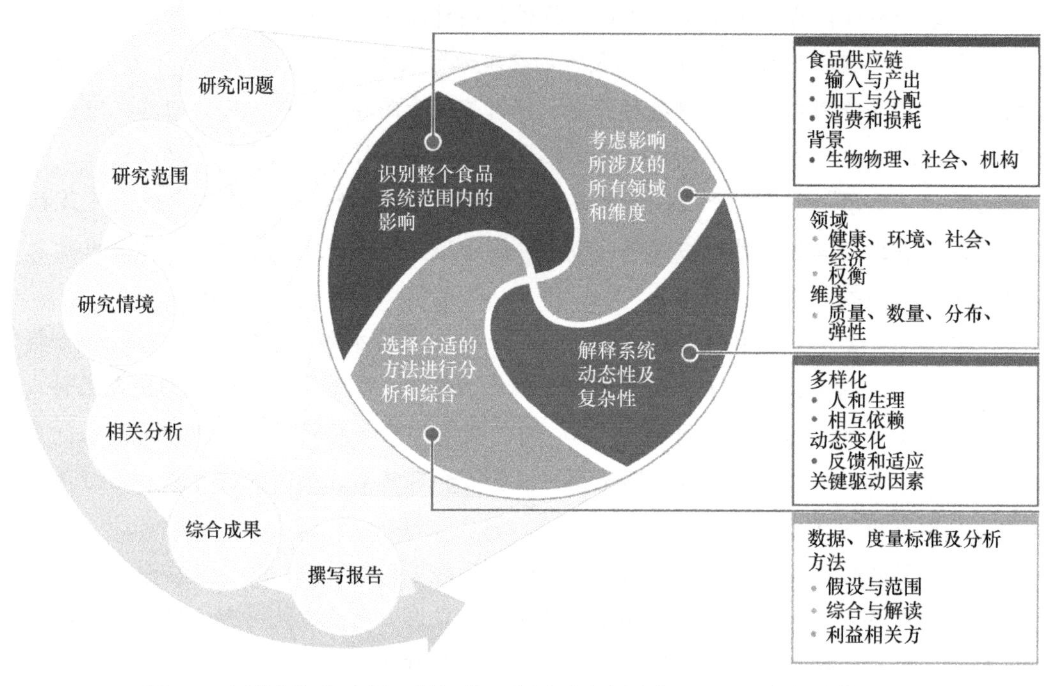

图 S-3 评估框架概念图。框架的 4 个原则在大圆中显示，是框架的核心。这些原则在整个评估步骤中都需要考虑，而步骤在图中用小圆表示

步骤 1：确定问题

这一步确定此次评估的问题和目标。评估通常由广泛的问题所引发，并且基于利益相关方的相互作用及相应的文献综述。问题的陈述应该指引评估的方向，包括评估的目标、对象、研究问题及所有未来有关评估的决定。

步骤 2：定义问题的范围

这一步定义评估的边界和细节的等级。在所有可能的层面分析食品系统的所有效应并不现实。定义分析的相应范围需要应用评估框架来确定食品供应链中有意义的变化，包括不同的效应区间和范围、时间边界、交互过程及系统反馈。范围定义了食品系统待分析的基本要素。边界可能包含更大的食品系统的一个子集（如一个具体的商品、时间或者地理位置）。被分析的系统边界可能由问题的特性塑造，并且常常受到利益相关方和预算限制的影响。在边界之外，评估可以假设条件恒定，即使潜在的深远影响会越过边界。在定义的边界内，评估致力于描述食品供应链相关部分的关键因子间的相互作用和关系；描述众多由健康、环境、社会和经济效应的改变带来的影响；描述产生兴趣结果的过程和途径。

步骤 3：确定问题的场景

这一步确定所分析的食品系统的梗概（或配置[①]）。大多数评估都将系统表现与一个或多个基准场景相比。可选择的场景通常阐述可能的变化或干预，如一项新政策或新技术。评估应该清晰明确每个被考虑的干预，包括干预发生的时间、地点和方式。

步骤 4：进行分析

这一步选定适合的数据和分析方法。多种数据组、度量或者分析工具，包括定量分析，可被用于评价场景和问题的范围。考虑到一个特定评价的预期范围，一项分析应该运用适当的方法论去阐释测量值，并且建立相关的模型，用于分析食品系统场景中可能的健康、环境、社会和经济效应。最终目标在于为公众和私人决策提供科学有效的理论基础（附录 B）。

步骤 5：汇总分析结果

这一步综合分析和阐释发现及证据。分析复杂的食品系统很难给出简单的答案，但是此行为旨在更深刻地理解任何行动（有益的和有害的）带来的后果及它们潜在的重要性。最终，利益相关方和决策者的价值判断对决定如何衡量多样的结果是必要的。

步骤 6：报告分析结果

这一步的目标在于将分析结果传达给关键的利益相关方。报告涉及将评估和建议分享给利益相关方，利益相关方通常指评估的终端用户相关团体的成员甚至公众。报告的步骤通常包括：创建一个清楚记录评估如何进行的报告；数据源和分析工具，包括假设；与利益相关方的互动；结果；建议。

评估框架的原则

为在整个分析过程中指引评估团队，评估框架包含以下原则（图 S-3）：识别贯穿整个食品系统的效应；考虑效应的所有领域和方面；解释系统动态和复杂性；选择合适的方法。

原则 1：识别贯穿整个食品系统的效应

健康、环境、社会和经济的正面与负面效应存在于如图 S-1 所示的整个食品供应链中，也存在于经济、生物物理及社会/政治背景中。食物供应链和围绕它的生物物理与制度环境在任何评估中都应被识别。

原则 2：考虑效应的所有领域和方面

任何单个评估都应该考虑食品系统发挥效应的 4 个重要领域（健康、环境、社会和

① 配置指食品系统内部的要素，如政策干预、技术、市场条件，或者食品系统不同部分的组织结构，可以通过调整这些要素以达到某个具体目标或者阐明潜在驱动因素（如对某种特定食物需求的增长）如何影响健康、环境、社会和经济效应的分布

经济），并且认识到领域内部及不同领域之间的效应的权衡是有必要的。在每个领域内部，效应的 4 个方面[①]（数量、质量、分布和弹性）能够衡量食品系统能提供什么，产品提供给哪里和谁，以及它能持续多久。这些方面对于任何特定评估的相对重要性的判断可能是标准的，也可能是经验性的，所以食品系统的不同评估者可能会在这些相对重要性方面产生分歧。

原则 3：解释系统动态和复杂性

一项评估应该解释食品系统作为一个复杂自适应系统的特征，如框 S-2 所示。例如，就食品链各个环节中多样的作用者和过程来说，食品系统是异质性的。异质性适用于相应作用者的范围；适用于一种作用者内部在资源、关系和知识方面的差异；也适用于生物物理设定，包括地形、气候及其他自然资源。这些异质的作用者在系统内部相互作用，并且会在系统发生变化时调整自己的行为。考虑到这些复杂的相互作用有触发动态反弹的倾向，评估应尽可能说明贯穿时间、空间和异质性人群的效应。它们也应该承认底层驱动者和互动通路的潜在作用。委员会意识到任何研究或评估团队在人文和经济资源方面都是受限制的。因此，很多评估都将被简化（如仅探索一个具体的问题或效应）。尽管眼界会阻碍一项特定的研究考虑到所有的效应和驱动者，但对任何研究来说，定义边界（如研究的范围是什么）和假定（如没有包括在内的相关方面的可能作用）都是至关重要的。此外，评估团队拥有与待解答问题相关的多学科的专业知识，以及他们有和利益相关方相互协商的计划也很重要。

原则 4：为综合分析选择合适的方法

谨慎选择度量标准和方法是保证评估意义的基本要求。关于选择度量和方法，有一些普遍的标准。它们随着健康、环境、社会和经济效应的变化而变化，因为各个领域有着特定的测量难题。假定条件、限制条件、精确性、敏感性及所选用方法的其他因素，都应在评估中清楚地说明。委员会已经鉴定了可能被用于评估影响食品系统的政策或行动的可选度量标准、数据源、分析技术及模拟模型（附录 B）。正如上文所说，鉴于食品系统的复杂性，不管用什么方法，清楚地确定评估和设定的范围是关键的步骤。在此基础上，委员会建议评估至少承认在特定评估的范围之外存在一些可能非常重要的效应和驱动者。

取得的经验

委员会有责任提供食品系统多种部分的范例，以显示如何运用评估框架预测一项选定配置的效应（框 S-3）。委员会通过评估框架描述的前三步阐明了如何鉴定和定义这些范例中的问题。最后三步（分析、综合和汇报）并未包含在这些范例中，因为进行评估

① 质量、数量、分布和弹性衡量食品系统提供食物的数量、地点、对象和持续性。数量在食品系统中通常作为基准，因为太少和太多都会产生问题。质量描述结果的特征，如食物的营养、口味，或者安全性。分布衡量结果的趋势，如不同消费人群肥胖的发生率。弹性测试食品系统从突发冲击或长期压力中恢复的能力。例如，当蜜蜂死于疾病，弹性检测则反映食品系统对于依赖蜜蜂授粉的作物的持续供应能力

超出了委员会的职责。因此，读者不应该将任何特定的分析和配置当作建议，而应该当作未来考虑的范例。

框 S-3

演示应用框架评估食品系统配置的范例

抗生素在农业中的使用：抗生素在农业中的广泛使用可能会产生对人类和动物健康有害的耐药生物。分析系统过去和当前的配置有助于理解食品系统和人类医药对当前抗生素抗性增加的影响。

关于鱼类消费和健康的建议：鱼类消费指南并未考虑足量鱼类的获得及可能造成的环境效应。数个备选方案可能在饮食推荐和新技术应用（如可持续的渔业生产技术）方面带来一些改变。

要求汽油中混合生物燃料的政策：是旨在增强国家能源独立性和减少温室气体排放的生物燃料政策，在执行中并未考虑更广泛的环境效应及其对国内国际食品价格的影响。

增加水果蔬菜消费的建议：这项评估的目的在于理解蔬菜、水果消费的障碍和诱因，从而更好地通过干预来增加消费。

农业生态系统中氮的动态和管理：为增加作物产量而使用高浓度氮肥的行为，除了对作物产量有影响外，还给环境、人体健康和社会经济带来了严重的后果。一种基线情况可能是不增加氮的摄取和维持，而主要靠无机肥料。作为对比，一种替代的作物系统可以更少地依赖无机氮肥，强调的是生物固氮、粪肥和有机肥、增补物、覆盖作物和多年生作物。

母鸡饲养实践政策：这个案例研究展示的评估正在分析改变鸡蛋生产的行为对生产率、食品安全及工人健康的影响。3 种母鸡管理系统的评估数据正在被采集。

在这些范例里，有几个讲到在系统内部提出的改变（在建议的政策或行动中实现一个特定的目标）可能会在多个领域导致意想不到的后果。这些范例显示出问题的复杂性，并且确认了委员会分析涉及健康、环境、社会和经济领域的评估框架的必要性。

结　　论

尽管没有进行评估，这些范例和一篇关于食品系统效应的文献综述确实为委员会提供了一些见解。委员会因此得出以下结论。

1. 运用委员会评估框架的所有原则对食品系统进行的综合性研究在已发表文献中鲜有报道。例如，委员会还没发现一个单一的范例能同时考虑所有 4 个领域（健康、环境、社会和经济效应）及 4 个关键方面（数量、质量、分布和弹性）。更重要的是，大多数研究缺乏对受影响的领域、相互作用和动态反馈的边界与设定的清晰说明。

2. 考虑整个食品供应链并从多个领域（和维度）研究某个干预措施及其驱动因素的效应，能够识别“结果与权衡”的专项评估所无法观察的结果和利弊权衡。

3. 针对食品系统一个领域（如健康）的结果的政策或行动不仅会影响本领域，也会在其他领域（如环境、社会和经济领域）产生后果。这些后果可能是正面的，也可能是负面的；可能是预期的，也可能是意料之外的。它们可能相当可观，并且通常与引起的变化不成比例。也就是说，一个看似微小的干预可能在时间和空间的多个领域产生不成比例的重大后果。

4. 用于研究食品系统的数据和方法论已经被公众和私人项目收集和开发出来，这取决于它们帮助处理的问题（例如，公众健康或气候变化问题，与之相对的是一个具体公司的环境效应问题）。方法论不仅包括对系统效应的描述和评估，也包括对结果的综合分析和诠释。公开收集的数据和公开支持的模型在评估与对比食品系统多个领域和方面的效应中一直是至关重要的。对于旨在研究食品系统效应和驱动因素的公共研究，难以获取产业收集的数据是一个主要的挑战。

5. 利益相关方是所有评估行为的重要观众。然而，通过贡献、识别和审视那些对研究者来说可能不那么显而易见的问题或潜在效应，利益相关方也能在这个过程中发挥重要作用。同时，当公共数据资源不易获取时，利益相关方也是重要的数据源。有效地吸引利益相关方充满挑战，如避免利益冲突，保证公正的参与，以及处理公众可能的不信任。因此，这种类型的参与过程需要仔细规划何人、何时及何种程度的参与是适当的。

6. 尽管美国食品系统在过去通过引入新技术取得了巨大的进步，但其未来若要继续发展，也许不能仅仅依靠技术创新。若要获得长远的解决之道，可能需要更多包含非技术因素的综合手段。应对 21 世纪美国食品系统的挑战将需要全面考虑社会、经济、生态和进化因素与过程的系统方法。这些挑战包括抗生素和杀虫剂耐药性，空气和水资源的化学污染，土壤侵蚀和退化，水资源匮乏，与饮食相关的慢性病、肥胖，国内外的饥荒和营养不良，食品安全。

7. 为发现解决这些问题的最佳方式，不但要识别现有系统的效应，更重要的是理解驱动因素（如人类行为、市场、政策）之间及它们与系统效应的相互作用。这种理解有助于决策者鉴别干预的最佳时机，以及预测任何干预的可能后果。

行动倡议

使用评估框架

委员会提供了一个分析框架，用于对在食品系统中可能产生广泛影响的政策或修订提议进行检验。委员会希望报告能激发政策制定者、研究者和利益相关方从多个层面对食品系统政策和行动的后果进行广泛思考。对于有兴趣检测食品生产、处理、分配和营销方面的健康、环境、社会和经济效应的研究者来说，委员会推出的评估框架可谓是量身打造。应用评估框架也将有助于鉴别不确定性、确定性和优先考虑研究需求。其他利益相关方能使用评估框架开发有助于了解食品系统中替代结构的成本和效益的证据。此外，评估框架为所有有兴趣的利益相关方提供了一个工具，通过考虑多个数据信息源，以一种透明的方式探讨挑战性问题。鉴于其他因素，如价值判断，是很多干预选择的基础，委员会强烈敦促决策者使用评估框架分析系统效应、交易和动态变化最容易得到的信息来指导他们的选择和干预。

评估框架的普遍性和弹性足以分析现有的及未来的食品系统的各种配置。委员会认识到在某些情况下，有限的资源会阻碍对食品系统的全面分析。同样，离散的问题可能不需要完整的系统分析。这种情况下，不需要全部应用评估框架和方法的所有步骤，而是应取决于研究者选择的范围和题目。不管分析的范围如何，研究者仍然需要识别边界和关联，以及考虑食品系统的各种相互关系。

对食品系统及其效应的描述被特意地以一种美国视角呈现出来，所以它忽略了世界其他地方的重要作用和效应。然而，它的应用并不只是在于努力理解美国的食品系统及其后果，它也被用于在美国之外的对其食品系统做类似研究和决策的国家和地区。

应用评估框架的关键需求

委员会指出，为实现评估框架应用的最大化，急需对以下两个广泛领域予以关注：数据采集的需求（同时开发出可靠的度量标准和方法论），日益增长的人力资源能力的需求。委员会并未指定哪些研究领域应该优先，因为应用评估框架的一个预期结果就是鉴定出一个特定领域最重要的研究需求。

基于地方、州、区域、国家及国际的有组织的系统的数据采集对于提高回答美国食品系统冲击的关键问题的能力是至关重要的。美国政府维持着用于评估食品系统的健康、环境、社会和经济效应的主要数据组。它们包括美国农业部食品获得数据系统和经济损失调整的食品供应情况；疾病预防控制中心国家健康与营养调查；美国国家农业统计局农业化学品实用程序；美国劳工部全国农业工人调查；美国农业部国家农业统计服务数据系列（如农场劳工调查、农业人口普查、农业资源管理调查）。许多其他数据库对评估的进行也很重要（附录B）。

对数据的设计、收集和分析应定期总结，这样它才能满足研究者和决策者提出新问题时产生的需求。在所有领域，数据采集的特定需求都可被确认，但有些普遍关注的问题是缺乏独立的数据组（如基于区域或地方水平的社会人口统计学数据），以及对某些变量来说，缺乏可靠的测量标准，如个人或群体的幸福。

委员会推荐国会和联邦机构继续资助和支持用于食品系统评估研究的数据采集，同时在必要时考虑创建新的数据采集计划。同样，继续支持开发和推动可靠的方法和模型对全面理解美国食品系统在所有领域的效应也是必不可少的。

政府、学术和私营企业已经意识到数据分享的需求。委员会支持联邦政府分享数据的努力，同时建议进一步改进方法，以便在各学科和机构之间，以及私营企业中更有效地共享数据和模型。委员会建议政府和工业界建立合作机制，以使工业界采集的信息更容易用于研究和分析政策。

为使所推荐的评估框架得以恰当地利用，需要在人员能力建设方面予以努力。正如此报告指出的，对食品系统变动关联的更全面的理解可以通过整合分析获得，然而这些领域的大量研究还停留在狭窄和线性的设计。学术界的科学家、私营企业，以及政府机构需要在复杂系统方法的所有方面（包括系统研究设计、数据采集、分析方法）受到训练，并且模型的使用将会排除阻止进步的障碍。持续支持研究和展示系统分析方法对保证该领域的持续创新非常重要。尤其重要的是，联邦机构如美国农业部、美国食品药品监督管理局、美国国家环境保护局、美国劳工部（及其他相关联邦机构），当它们考虑政策的国内和国际影响时，就拥有使用评估框架的原则来承担评估的人力资源和分析能力。

第一部分　美国食品系统

1 简　　介

从农业最早期的发展来看，食品系统的一个主要目标就是获得足够的食物，从而为健康、鲜活的生命提供所需的能量和营养。为了适应不断变化的人口分布，消费者的偏好，有关健康、社会和经济的观念，环境问题及科学技术的进步，食品的生产已经做了相应改变。因此，当今的美国食品系统有很多参与者及加工过程影响着我们生活的许多领域，而不仅仅是为了提供有营养的食物。随着时间的推移，食品的生产已经演变得高度复杂。这种复杂性有多种形式。例如，①在全球、区域、国家和地方层面发挥作用的互联市场；②在这些市场中，公众介入的多样性，从信息与研究到补贴、条例和税收标准，再到纳税、分配和需求；③在所有参与者中存在不同的需求、理解和价值观。这些将导致一个多层次的、动态的、多功能的食品系统。即使在最好的分析技术条件下，这些参与者的行为也可能导致无法预见的、非预期的，或者不想要的结果。这个系统的其他特征，其可渗透的边界，将其与全球粮食系统多样化不断变化的，更广泛的经济和社会，对风险和价值观的不同容忍程度，以及改变个人和社会优先事项联系起来。这些都为食品系统增加了更多的动态性和对其进行分析时的不确定性。

由于时间和资源的限制，此框架的使用者应考虑委员会做出的如下的简化决定。

1. 美国食品系统与全球食品系统的广泛联系，以及美国系统的改变对其他国家的影响，都不包含在委员会对食品系统效应的评论中。

2. 劳动力市场和社会结构的密切联系对行为（如习惯和生活方式的选择）和社会经济（如工作条件）具有显著的影响是评估食品系统之间的因果关系时需要考虑的重要因素，其效果没有详细讨论。

涉及食品系统的一部分的政策或商业干预经常有超出最初干预解决方案的未料想的后果。由于存在这些后果，在考虑执行影响一部分食品系统的行动时，决策人必须全面考虑潜在的干预选择和效果。在很多“鱼与熊掌不可兼得”的时候，他们同样需要做出取舍。

由于潜在的选择数量很多，各种权衡之间的比较并不清晰，以及对决策效果的评价比较复杂，因此做决策通常具有挑战性。个体不同的价值观及对决策评价的差异，更增加了评估的挑战性。这一评估从卫生、环境、社会和经济方面的作用的角度调查了美国的食品系统。其作用是发展一种分析框架，可以帮助决策者、研究人员及其他人员检验不同的政策对农业或食品实践产生的可能影响。

本章讨论了研究的起源和理由，描述了委员会的责任和组建，以及概括了完成这一任务的常规方法。本章还介绍了这一报告的组织。

研究的起源和需求

美国的食品系统是一个动态的、快速发展的、多层次的事业。通过很多的技术进步、政策、市场规律及其他驱动因素，美国食品系统以较低的成本为全球不断增长的人口提供了大量的食物。然而，其也对环境（如国内和全球的生物多样性、水、土地、空气及气候）、人类健康（直接的健康效应，如营养与饥饿、食物中毒或者与食物相关的慢性疾病的风险，以及间接的健康效应，如饥饿引起的发育不良或者土壤、空气及水污染），以及社会（如食物的易得性和负担性、土地使用、劳动力和地方经济）产生了影响。其中的一些影响并非由食物价格所体现，而是以医疗保健费用、环境整治和其他隐性费用的形式来承担的。其他影响因食物价格水平或价格波动的变化而加剧。如果忽视这些费用，将会对健康和食品安全，环境及食品系统的弹性造成持续危害。只有在充分考虑各种选择并衡量不同影响的情况下，才能寻找到使社会负担最小化的最佳解决方案。在解决这些问题时，将会出现以下问题：关于如何衡量与如何考虑取舍农业和食品体系实践效果、当前有哪些方法可以用来分析和比较取舍，以及存在哪些妨碍决策的数据缺口和不确定性。

随着人口持续增长，有关食品体系的未来的重要问题逐渐浮现（框 1-1）。各种团体（如美国农业部、美国国际开发署、联合国粮食及农业组织、联合国环境规划署、世界粮食计划署）以不同的方式，从多个角度表达了对全球食品问题的关注并做出严肃的呼吁，努力去解决一系列全球食品问题。此报告将会详细阐述当中的部分团体。

框 1-1

关于食品系统的选择性关注

· 食品供给的可用性、可及性、可负担性和优质性。

· 全球气候变化对农业生产力的影响。

· 食品系统活动中温室气体的排放。

· 对人类健康造成严重后果的食品或环境中的抗生素耐药菌的流行。

· 维持生命的水源或其他自然资源的标准和质量。

· 肥胖和与饮食相关的慢性疾病的流行。

· 全球和美国国内的食品安全问题与营养不良，特别是在 2050 年全球人口预计增加到 90 亿时。

· 暴露于环境中的化学污染物和由农业与粮食生产活动导致的化学残留物。

· 农村或渔村生活中的社会和经济可行性。

· 自然生态系统和生物多样性的平衡。

· 工人的生活质量，包括健康、安全问题和足够的工资。

这项研究的想法来源于 2012 年美国医学研究所（IOM）/美国国家研究委员会（NRC）有关探索食品实际费用的研讨会。该研讨会旨在促进关于食品系统对国内环境和健康影响的跨学科讨论。它汇集了很少一起探讨这些问题的行业的利益相关方，以及那些提倡需要一个以证据为基础的综合框架以便系统地检查美国食品系统的国内环境和健康效应之间复杂关系的个体发言者。在研讨会之后的一次会议上，与会者提出了关于食品和农业方面面临的新挑战。这些想法引起了诸多讨论并最终促成了本研究。

为了给经营管理决策提供信息支持，应对这些挑战的首要任务是了解和衡量食品系统的各种成本和收益。在 2012 年 IOM/NRC 研讨会上，发言者共享了工具和方法，这些发言者提出，有两个重要问题可能限制了综合方法在解决美国食品系统内复杂关系时的应用。第一个问题是，目前用于检测效应的方法，如生命周期评估（LCA）和健康影响评估（HIA），都受到了各种限制。对产品生命周期内环境成本和效益评价的 LCA 方法，已被用于比较替代实践和业务/管理决策过程的影响。然而，LCA 很少包含健康或社会经济效应，并且通常仅有有限的环境效应类别（如温室气体排放）。HIA 是一个系统化的过程，用于评估历来不被认为与健康有关的拟议政策和计划对健康的潜在效应；然而，HIA 尚未被广泛应用于农业和食品领域。其他分析工具，如风险评估，继续得到改进，但它们通常只用于帮助研究者在化学和微生物安全方面做出决定。这些方法在某些情况下运行良好，但在衡量食品系统内的复杂关系时可能有严重的局限性。它们的局限性导致了对其正确使用的争执，这阻碍了决策过程的潜在改进。

研讨会强调的第二个问题是，尽管在与他人交流时，使用孤立的方法（在某一时刻采取一种效果）去做决策可能会更为清晰，但这也可能导致潜在的意外和不良后果。例如，如果决策过程中没有重要的维度（健康、环境、社会或经济效应），关于各种农场动物住房设计的优点的评估可能会导致意想不到的后果。一些报告还建议改进农业与健康和营养政策之间的一致性，这强调了改进方法的必要性（Hawkes，2007; IOM，2012）。当考虑美国行动对全球食品系统产生的影响时，这种挑战会变得更加严峻。

了解食品系统各组成部分之间的关系及其对健康、环境和社会的影响，是对食品系统成本和效益进行任何定量评估的基本先决条件。基于上述方法，需要为决策者、研究人员和从业者提供一个共同的分析框架，以便系统地考虑和评估有争议的话题。

委员会的任务和方案说明

任　务

IOM 和 NRC 召集了一个专家委员会，以制定一个分析框架，用于评估与美国粮食生长、加工、分发和销售的方式相关的健康、环境、社会和经济效应（无论是积极还是消极，有意还是无意）。希望该框架能提供一种系统性方法，以审查在美国食品系统内及在更广泛的全球和社会环境中的活动、实践或政策的效应。该框架将使用各种方法，使决策者、研究人员和其他人员能够理解拟议变更的潜在效应。为了帮助读者理解框架，委员会还将选择示例来说明框架的潜在效应，并确定哪些信息需要进一步进行更准确的评估（框 1-2 中的任务声明）。

框 1-2

任 务 说 明

专家委员会会制定一个框架，用于在美国食品系统中评估与食物的生长、加工、分发、销售、零售和消费方式相关的健康、环境和社会效应（正面的和负面的）。

制定框架时，委员会将开展以下活动。

1. 检测用来比较和估量效应的可行的方法和数据。例如，①对食品系统中不同要素配置具有可比性的特征进行界定；②通过食品系统中元素的不同配置来绘制一个健康、环保及具有正面社会效应的图谱；③确定这些配置相对于其他效应的贡献；④表征效应的级别（如个人、国家）；⑤量化效应的大小和方向；⑥适时的获利效果；⑦解决在进行比较和测量效应时的不确定性、复杂性和可变性。

2. 列举食品系统中元素的不同配置的示例，并描述如何逐步地应用框架比较它们。示例应该来自不同的部分（生产、收获、加工、分销、销售、零售和消费）。重点是对那些一般不被承认的效应（即它们可能不被完全纳入食品的价格体系）也要举例说明。委员会要根据区域食品系统和全球食品系统考虑不同的配置，如实行自由放养家禽和用笼舍饲养并减少加工食品的零售与当前的可用性。

3. 在构建示例时，要描述框架在不同情境下的优缺点，并建议如何及何时调整框架更合适。构建这些例子的目的是阐明框架在分析各种问题和比较、测量不同情景对公共卫生、环境和社会的效应的货币化方面的潜在用途。这些例子的重点应该是解释框架的要素，而不是试图分析。

4. 委员会还将确定方法和方法论中的信息需求与差距，如果这些方法和方法论得到补充，就可以更有把握地确定与食品系统配置相关的效应的归因和量化，并提高框架对于评价食品系统的改变如何影响健康、环境和社会的预测能力。

由于时间紧迫，委员会早期决定主要关注美国食品系统的国内影响。因此，关于食品系统效应的讨论不包括美国食品相关行动对世界其他地区的重要影响的讨论，或全球对美国食品系统变化的反馈的讨论。理解这些讨论需要考虑到这种限制。

本研究有 3 个主要目标：①促进了解与食品系统相关的环境、健康、社会和经济效应及这些效应如何相互关联；②鼓励制定改进的指标，以确定和衡量这些效应；③加强关于农业和粮食政策与实践的决策，以尽量减少在健康、环境、社会和经济方面的非预期后果的产生。

委员会对该框架的展望是该框架可在许多方面得以应用，并供不同的人员（如政策制定者、研究人员、从业人员、其他利益相关方）使用。例如，政策制定者可以使用该框架来比较替代食品系统政策或做法的影响。拟议的框架也适用于有兴趣检查食品生产、加工、分销和营销对健康、环境、社会和经济的效应的研究人员。从事农业、健康和环境工作的从业者和其他利益相关方可以利用该框架制定有助于了解食品系统内替代配置（如活动、做法或政策）的成本和收益的证据。

常规方法

召集一个由 15 名专家组成的特设专家委员会进行这项研究并编写一份共识报告。委员会成员具有农业生产系统，食品系统分析，食品和营养科学，粮食和农业的环境效应，HIA，LCA，健康、农业和粮食经济学及复杂系统建模等领域的专业知识。委员会的组成反映了这样一个事实，即任务声明的主要目标是制定一个分析框架，以评估食品系统（需要高度的技术技能和方法知识），而不是评价食品系统的配置。

委员会举行了 5 次闭门会议，以收集信息，评估文献和其他证据来源，并进行审议，他们还通过电话和电子邮件进行了许多其他互动。此外，委员会还举办了两次公开会议和一次为期 1.5 天的研讨会。公开会议和研讨会为委员会提供了获得有助于完成其任务的信息的机会（关于公开会议和研讨会议程见附录 A）。

在制定框架之前，委员会认为有必要确定关键术语，从而为其任务提供背景。在这方面，委员会首先进行了一项演示来描述美国的食品系统，并检查当前的行业是如何演变的。在审查国内食品系统时，揭示了该行业的复杂性和细微差别，以及其在多个方面的许多互动，考虑到了这些复杂性，并且确认了进行综合评估的必要。

任务的界限和分类

虽然委员会的任务明确界定了委员会的工作范围，但是报告中仍有几方面值得进一步解释，以便读者对报告有适当的期望。

委员会从美国的角度做出了报告，该报告描述了美国食品系统，并简要介绍了其如何演变。对效果及其复杂性的描述同样也集中在美国人口和环境。鉴于美国食品系统的国际贸易、投资和机构关系水平及整个粮食和农业行业的全球性质，委员会认识到，美国的任何行动将不仅在国内层面，而且在全球范围内产生影响。由于世界范围内经济和食品系统发展水平差异很大，其他地方的类似政策或做法的影响可能既重要又非常不同。这些变化和权衡是起草有效干预措施时的重要考虑因素。

除了制定框架外，委员会还被要求在食品系统中提供关于某领域的预设改变如何影响其他领域的不同示例。这些例子将说明如何应用框架来评估食品系统中的不同配置。尽管委员会的目的不是进行任何实际评估，但这些例子重申了决议如何在整个食品系统中产生意想不到的结果。委员会选择的 6 个例子与当前的美国食品系统相关，因为它们提出了重要并且复杂的问题。这些问题涉及健康和安全的饮食、粮食安全、动物福利、环境卫生和自然资源利用。在提出实例时，委员会努力提供与潜在效应相关的背景信息和证据。这些例子具有全球效应，但在某些情况下没有得到评估；然而委员会的意图是框架的所有用户都将考虑全球效应。委员会没有对如何通过新的流程或政策干预改善食品系统的任何方面进行任何分析或建议。此外，委员会没有就如何将该框架用于决策过程提出建议。由于委员会没有进行实际评估，因此没有试图收集所有数据的必要或系统地审查证据。因此这些程序框架是以相对简短和理论的术语进行的。

该框架旨在成为一种分析工具，用于评估食品系统的离散成分及其与更广泛的食品系统的相互作用。当分析食品系统的特定领域时，这个框架的用户需要尽可能多地意识到其影响，即使它们不能全部被包括在分析中。委员会认识到，对于提到的许多效应，由于数据很少，评估很难进行。在这种情况下，仍需就农业和食品问题做出决定，但应注意数据或分析缺陷。然而，利益相关方有足够的兴趣和紧迫感，可以收集和分析数据，并进行科学评估，以加强分析和决策。

如前所述，美国食品系统被嵌入在美国社会更广泛的社会学、生物物理学和经济学环境中。在这种背景下，许多因素在塑造食品系统的健康、环境、社会和经济效应方面发挥作用。委员会指出，并非食品系统中所有的因素或其复杂性的所有效应都在本报告中得以指出。例如，本报告省略了需要考虑的重要因素如人口的人类学和文化方面，也没有提到遗传生物多样性、食物浪费和其他重要影响。此外，委员会没有试图评估这些因素引起的因果关系的水平或为不同层次证据的构成方面提供指导，但它确实针对此类困难问题提供了其他权威报告和文件作为参考。

此外，还有许多其他重要的食品系统方案（或配置），可以用作示例来展示框架的应用。例如，该框架可以由私营公司或公共机构用于帮助指导关于食品废物管理或食品防护问题管理的决定，但是报告中没有详细阐述这些方面（或许多其他方面）。

报 告 组 成

本章描述了研究的起源、任务说明及委员会完成任务所采取的方法。第 2 章描述了美国的食品系统，并强调了导致其当前配置的演变过程。下面一系列章节讨论了 4 个关注方面的重要效应，即健康（第 3 章）、环境（第 4 章）、社会和经济（第 5 章）。第 6 章讨论了食品系统是一个“复杂的自适应系统”，第 7 章描述了委员会的分析框架。在描述框架的效应时，第 7 章讨论了抗生素问题，以说明应用框架的步骤。第 7 章还通过 5 个实例说明了该框架的使用情况（附件 1～附件 5）：①鱼类消费建议；②生物燃料；③水果和蔬菜消费的建议；④农业用氮；⑤鸡舍要求。委员会注意到，一些读者可能想直接参阅第 6 章(“美国粮食和农业系统作为一个复杂的自适应系统”)和第 7 章(“评估食品系统及其效应的框架”)，但其他读者可能发现食品系统的效应（第 3 章、第 4 章和第 5 章）是有用的，因为它们提供了表明复杂性的有价值的详细说明。报告以第 8 章中的结论性意见结束。最后，附录介绍了公开会议的议程（附录 A）；所选指标、方法、数据和模型表（附录 B）；缩略语列表（附录 C）和委员会成员的简短传记（附录 D）。

参 考 文 献

Hawkes, C. 2007. Promoting healthy diets and tackling obesity and diet-related chronic diseases: What are the agricultural policy levers? *Food and Nutrition Bulletin* 28(2 Suppl):S312-S322.

IOM (Institute of Medicine). 2012. *Accelerating progress in obesity prevention: Solving the weight of the nation*. Washington, DC: The National Academies Press.

2　美国食品系统概述

要开发一个用于评估食品系统效应的框架，至关重要的是定义好内部组成部分和系统的边界，以及与“外部”世界的联系。以前的学者用许多方法给美国食品系统进行了不同的定义（Kinsey，2001，2013；Oskam et al.，2010；Senauer and Venturini，2005）。几乎所有的定义中都包含了“食品供应链”的概念，即原材料和输入可转化为可食用的食品并被终端用户所消费。其他的定义中涵盖了对生物物理及对供应链运作中的社会/机构环境的重点关注。委员会在研究建立食品系统框架的过程中已经使用了这个更加综合性的方法。但是今天的食品系统受到内部或外部因素驱动而形成（如政策、市场、环境变化等），这些驱动因素也会随着时间演化。为了能够在这样的历史背景下审视食品系统，本章描述了当前的食品系统，并简要介绍了驱动因素促使食品系统演进的历史。因为这篇报告的焦点在于发展框架，而不在于具体事件的历史缘由，所以委员会简要地介绍了食品系统的历史和演变，并没有对历史事件或所有的驱动因素及其相互作用的鉴别进行延伸性的描述。此外，对驱动因素有一个很好地理解，这对于评估食品系统的效应是非常重要的（第 7 章）。因为食品系统是动态性的，驱动因素在未来很可能是与现在不同的，所以这一章的写作意图是想将潜在的驱动因素展现给读者（及未来食品系统的评估者）。其他因素在之后的其他章节中会详尽阐述食品系统的复杂性。

现有美国食品系统的定义和规划

食品供应链

在一个简单的农业社会中，食品供应链中的参与者数量、输入量、流动量、过程量及输出量与现在相比可能是非常少的，这是因为大多数食品的生产者和消费者是同一些人。然而在现代美国食品系统中，食品供应链是极为复杂的，并且在单一种类的食品传递到消费者的过程中涉及很多参与者。这一章将描述一个在过去 50 年中经历了重大变化的体系，这个体系在健康、环境、社会及经济方面产生了许多积极和消极的影响。

食品供应链的组成部分

图 2-1 阐述了现代美国食品供应链的核心组成部分[①]。食品商品的初级生产通常起源于农业生产部门。在农业生产部门中，农民、渔民和牧场主将他们的土地、水和劳动力资源与资本、机械、供应部门制造的输入相结合，从而生产原始农业商品（作物和牲畜）。

---

① 在第 5 章中对每个子领域中的主要参与者进行了更详细的描述

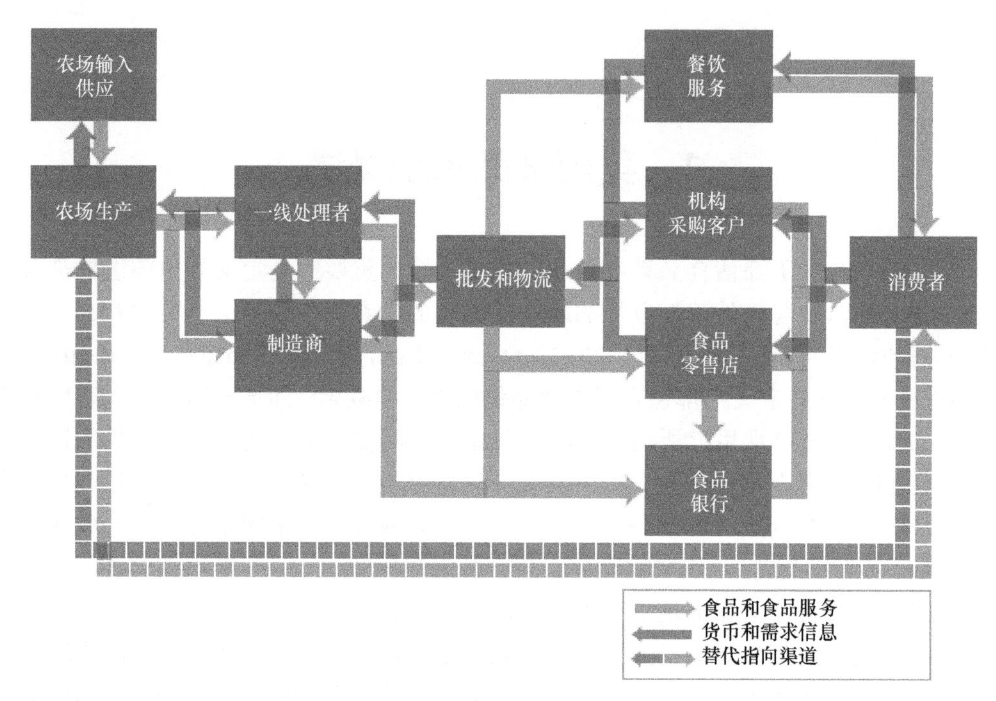

图 2-1　食品供应链的概念模型。在一个固定区域（如地区或国家）的供应链中的各个元素和参与者，与其他区域中的参与者也有相互联系（如国际贸易）（彩图请扫封底二维码）

虽然由农民直接卖给消费者的食品在市场中占有很小的部分，但这一部分在增加，而大多数的食物在被消费之前是经由多个其他环节处理的。最初，许多商品由农民销售到一线处理者或者初级加工者手中，在将商品发货给批发商或者加工和制造部门之前，这些一线处理者或初级加工者会集合、存储商品，并且提供对商品的初级加工。一线处理者包括营利性贸易公司和农民合作社。这种农民合作社通过聚集个体农场的输出来获得规模性的经济利益和剩余食品供应链的市场准入权。一线处理者还包括给水果和蔬菜洗净、打蜡和包装的公司，以及面粉磨坊、种子榨油的加工厂和其他为进一步加工与制造最终食品产品准备原材料的公司。这些部门生产的副产品通常会用来喂养牲畜或用于工业加工。食品加工制造部门包括肉类加工厂、烘焙店，以及将原材料转化为高价值的、包装好的已加工食品产品的公司。

一线处理者及加工制造部门提供的食品往往被发往批发和物流部门。一些公司在仓库设施网络中购买和储存食品，然后利用广泛的交通基础设施将这些食品出售或分发到零售网点。这些公司组成了批发食品产业。物流公司是指实际上并没有食品的所有权，但提供有偿的物流配送和库存协调服务的公司。

最终，大多数食品都被发往食品零售部门和食品服务部门，大多数美国消费者都会在这里购买食物。食品零售部门包括杂货店、便利店、自动售货机和其他为个体消费者提供家庭所需食品的零售店。食品服务部门包括餐馆、快餐店、饮食饮酒场所和自助餐厅（在自助餐厅中，个体消费者购买到食物的同时，也购买到了精心准备和充足供应食品的服务）。这个部门体现了正在增长的零售食品供应的占比。

在大多数食品供应链的图像描绘中，消费者代表了最终参与者。消费者是购买（和存储）食物的个体，他们购买的食物用来在家中或其他地方备用或食用，或者他们是在食品服务场所用餐的个体。一些消费者通过政府项目，如补充营养援助计划（SNAP）和妇女、婴儿和儿童特别补充营养计划（WIC）等，来获得粮食援助。

其他人可能通过学校供餐计划或通过私人食物银行和货架来获得食物。

供应链的物料流

图 2-1 还强调了食品流向、服务流向，以及食品信息流向（橙色箭头）。食品信息流向从输入和农业生产部门开始，一直沿着食品供应链延伸，直到最终到达消费者手中。这些信息包括等级，品牌，营养标签，以及广告。与此同时，图 2-1 还阐明了与消费者偏好（蓝色箭头）相关的信息流向。消费者偏好是以市场需求（购买力）或者政策制定者施加的压力来表现的，这种偏好会负反馈于供应链，并且会影响生产、加工、分配及销售过程中食品（及原料）的种类。

图 2-2 突出展现了美国食品系统中不同类型食物的大致容量，能够帮助我们正确地看待物料流。根据美国农业部（USDA）在 2009 年统计的数据，所有物料总量被转化为数十亿磅。美国的农作物生产总值达到 1.26 万亿 lb[①]，我们观察到的是美国近三分之一的农作物生产总值被直接用于动物喂养。牲畜也会用大量的饲料（来自于收割的干草、牧草及牧场）来喂养，这一部分没有被包括在图 2-2 中。做一个粗略的统计，美国生产者在 2007～2012 年，总共收获了 1.3 亿～1.55 亿 t 用于饲养牲畜的干草和饲料（USDA，2009，2014）。USDA 并未系统性地收集来源于牲畜食用的草地和牧场的总饲料量的数据，但是

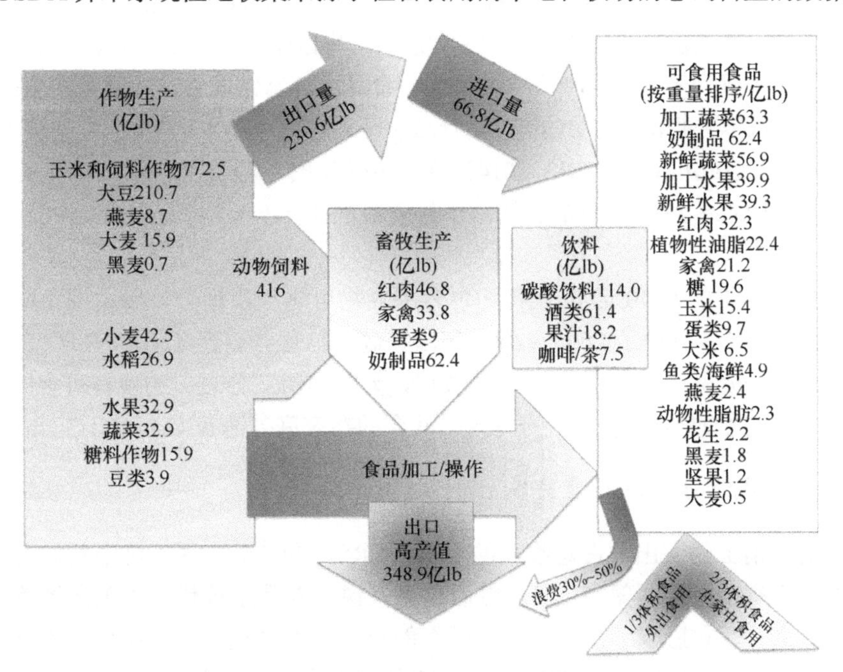

图 2-2　美国食品系统中的食物流

近似值以 2009 年从 http://www.ers.usda.gov/dataproducts.aspx 得到的数据（2015 年 4 月 2 日所得）为基础

来源：改编自 Kinsey，2013，p.22。在 Springer 许可下重新影印

① 1lb（磅）=0.453 592kg

对放牧家畜的平均摄入量的预估显示，牛肉、奶制品及羊类牲畜饲料摄入量的占比比较均等，或者有些量更大一些（USDA，2003）。另外 18%的农作物（2300 亿 lb）被作为大宗商品出口。这种出口市场已成为促进生产者经济增长和稳定的一种来源。因为美国仅进口 670 亿 lb 食物产品（粮食和牲畜兼有），所以美国食品系统有助于将美国贸易平衡向一个积极的方向推进。

美国大部分的农作物产品没有出口或者被作为喂养牲畜的饲料（大约占总量的一半），而是在通过一些食品加工和制造工序后成为商品被贩卖给消费者。尽管许多水果和蔬菜以原始的状态出售给消费者，但大多数在商业供应链中仍然经过了清洗、分选、打蜡、储存及运输的步骤。

一些基于“完整的生命周期统计”方法得到的食品供应链的代表案例中也包括了处理食品损耗、浪费及回收的参与者和分部门。食品损耗及浪费在整个食品供应链中都会出现，从农场的初收集到最终呈现在餐叉下的盘子里的过程中，都会出现食品的浪费。食品损耗[①]的实例包括农民发现将所有产品都投入市场在经济上是不可行的；食品生产商决定不使用不符合质量标准的产品；零售产品质量不符合标准；家庭丢弃过期或变质的食物；消费者并不总是保存剩余的食品以供将来消费。食品浪费环节还包括食品消费后的产品。

大约 1 万亿 lb 农作物产品（1.26 万亿 lb 减去 2300 亿 lb 的出口量）转化为大约 6640 亿 lb 饮料和可食用食物，这意味着生产和零售之间的重量损失为三分之一。一些重量损失是在现场修整和储存过程中造成的，但是大部分都可再循环，作为副产品用于畜牧业或工业。其他重量损失来自于加工和制造，将原始产品抽去脂肪、剔除骨头、剥去表皮、烹饪、干燥和储存都会造成重量损失。食品腐坏常常发生，尤其是在生鲜食品中。

食用食品的零售业和家庭中的可食用食品的损失估计为可用于消费的食品磅数的 31%，卡路里数的 33%（Buzby et al.，2013，2014）。在 2010 年，损失/浪费总额为 1616 亿美元（Buzby et al.，2014），大约是 2013 年食品和饮料销售总额的 11%（16 240 亿美元）（Food Institute，2014）。

向消费者提供的 6640 亿 lb 饮料和可食用食物可进一步细分，以说明不同零售店的相对重要性。图 2-3 使用了 2005～2008 年国家健康与营养调查（NHANES）的数据与美国农业部经济研究所（ERS）2012 年的数据，显示出约三分之二的现有可食用食品和饮料，以及约一半的食物经济支出用于家庭，其余的在家庭外消费（Lin and Guthrie，2012）。

美国食品链组成部分的经济重要性

在食物开销上的支出约占总收入的 10%（ERS，2013a），尽管这个数据会根据家庭收入的不同而有所不同（第 5 章）。然而总体来说，食品系统代表了美国经济中最重要的组成部分之一。它影响了几乎所有美国人的社会和经济福利，并在全球的社会福利中也发挥着重要作用。USDA/ERS 估计，2012 年农业和食品为美国国内生产总值（GDP）贡献了近 7760 亿美元（占总数的近 5%）（ERS，2014a）。虽然生产型农业占 GDP 的比

① 损耗指供人类消费的，但由于种种原因而未被消费的、可食用的、已收获的食物

例略低于 1%，但食品加工和制造及食品服务行业（包括零售店），每一种占美国经济产出的 2%（图 2-4）。美国食品和纤维体系提供了 18%的就业岗位（King et al.，2012），占 2011 年进口商品的 4%和出口商品的 11%（ERS，2014c）。

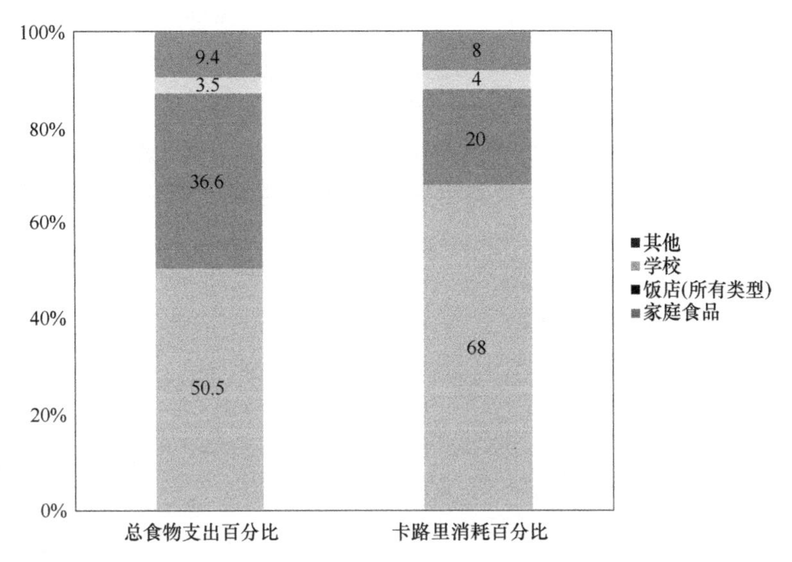

图 2-3 家庭之中和家庭之外所消耗的食物卡路里和食物支出百分比（彩图请扫封底二维码）

来源：ERS，2013a；Lin and Guthrie，2012

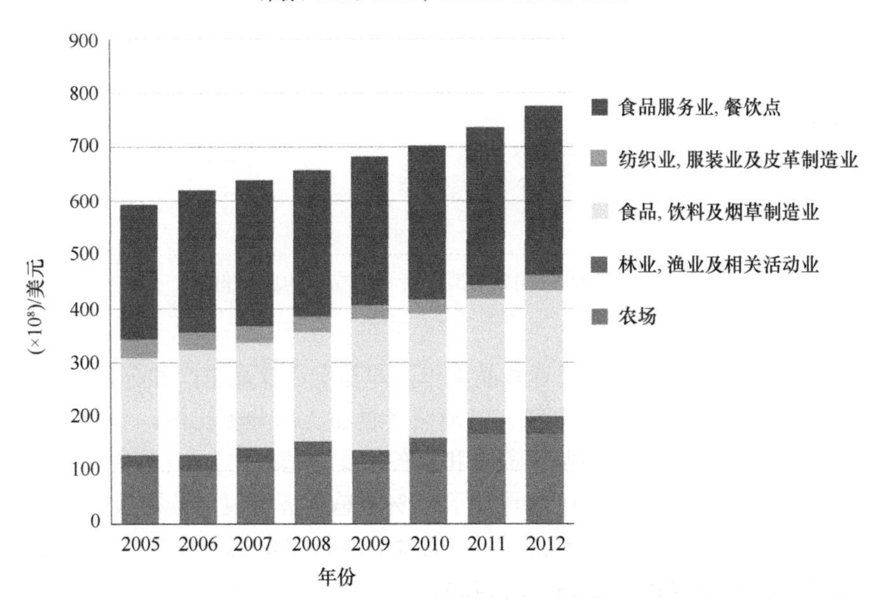

图 2-4 2005～2012 年美国食品供应链中的各部门所预估的 GDP 增加值（彩图请扫封底二维码）

GDP 为国内生产总值

来源：ERS，2014a

美国食品供应链各个阶段的相对经济贡献在过去的 100 年中发生了显著变化。一般来说，相对于食品供应链的其他组成部分的份额，农业生产分部门的经济重要性在平稳下降。这反映出加工、分销，以及市场活动在将农产品原料转化为食品产品和服务，再将其提供给日渐扩大的国内国际消费市场的过程中发挥着越来越重要的作用。USDA 定期从 3 个方面来估计消费者支出的典型食物类型（Canning，2011）。图 2-5 显示了 1993～2012 年消费者的支出在农业部门和营销部门之间的分配状态。2012 年的营销份额说明，在食品供应链的整个收获后环节中，超过 80%的食品消费被用于支付服务项目，其余 17%作为总收入返还给农场生产者。而在作为历史对照的 1950 年，超过 40%的消费者食品支出都到了农场生产者手中（Schnepf，2013）。农场食品支出份额随时间发生的很大变化也反映了家庭之外不断增长的食品消费（根据定义，食品服务业占支出的较大份额）。不过，近年来，家庭食品消费支出的农场份额实际上已增加到 26%以上。

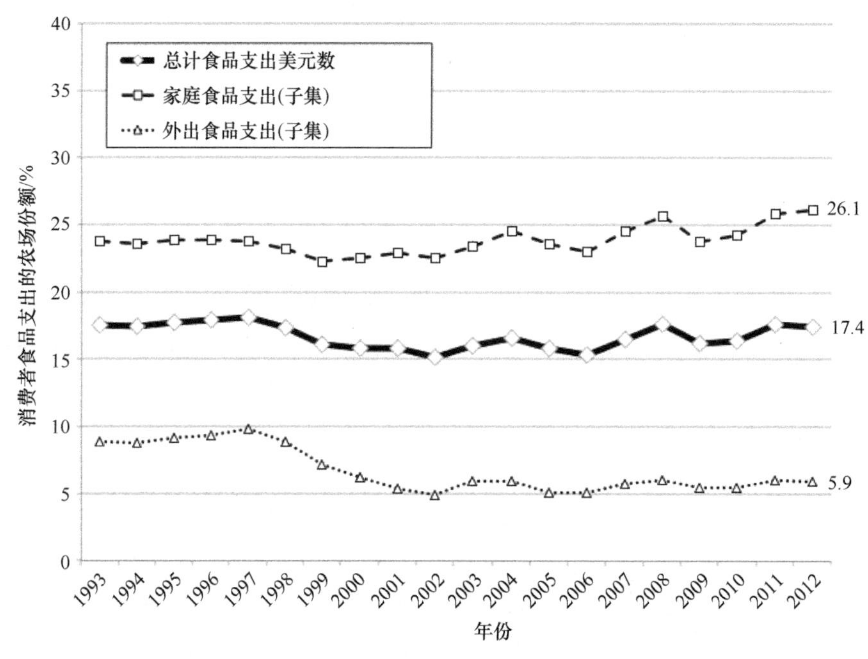

图 2-5　1993～2012 年消费者食品支出的农场份额

来源：ERS，2014b

图 2-6 从第二方面来观察消费者食品支出，即基于在食品生产和分销过程中后续每个步骤产生附加值（或边缘经济贡献）的消费者食品支出分配比例。“附加值”被定义为产出的销售值减去从其他机构购买货物和服务的支出值。2012 年，使用附加值的方法，农业和农业综合企业在食品系统中仅贡献了 12%的总经济价值（分别为 9.7%和 2.4%）。食品加工和包装总共代表了约 19%的价值，而食品零售和食品服务业贡献了最多的经济增加值，即超过总值的 44%（ERS，2014b）。

第三方面了解消费者在不同部门之间食品支出分布的方法是基于主要生产要素产生的经济价值分配：国内劳动力、资本、产出税和进口商品（图 2-7）。与食品生产相关的所有权或租赁财产（土地、机械、建筑物及其他资本投入）的资本成本大约占据了总食品支出的三分之一。食品支出的一半被用于补偿工人和管理者（通过劳动和管理的净回报、工资、薪水和福利）。这反映出一个现实：将原料商品转化为安全可食用的食品需要多样性的工作，而且消费者现在需要依赖多个食品工业环节来完成其中大部分工作。图 2-7 还显示出食品供应链中各分部门的多种生产要素附加值的分布。显而易见的是农业生产部门将其大部分经济回报分配到资本投入中，而食品服务部门则主要集中在劳动支出上。

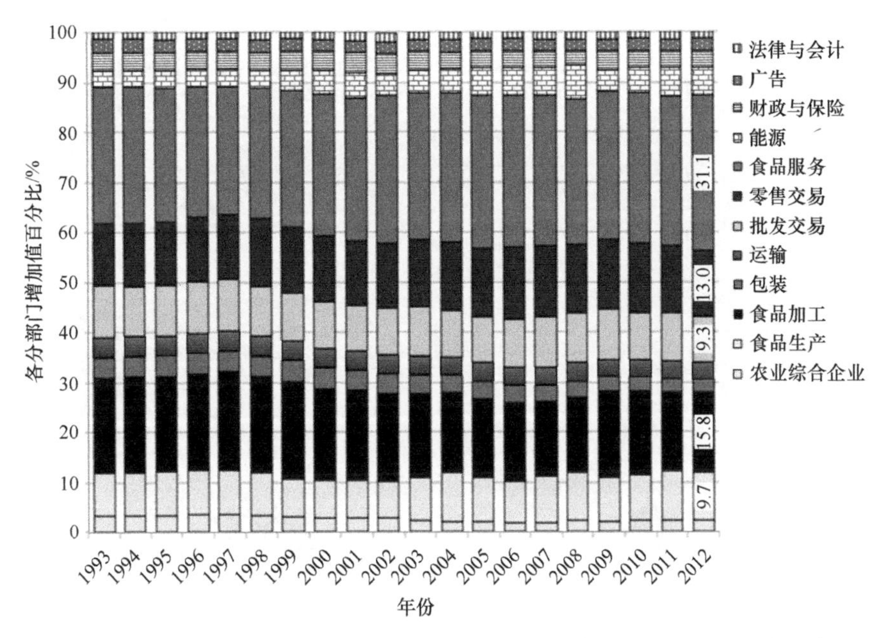

图 2-6 1993～2012 年食品供应链中各分部门增加值的分布（彩图请扫封底二维码）
来源：ERS，2014b

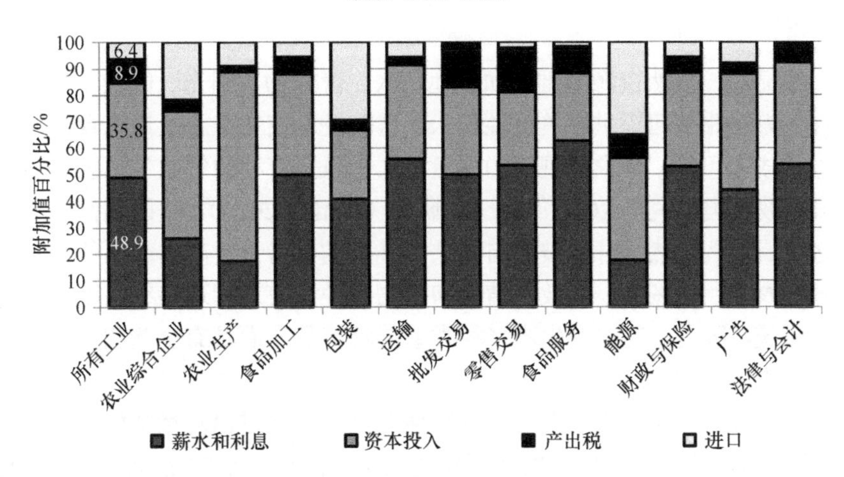

图 2-7 2012 年美国食品供应链中各分部门生产要素附加值的分布（彩图请扫封底二维码）
来源：ERS，2014b

生物物理及社会/制度的环境

目前，该报告将重点放在了作为美国食品系统核心的食品供应链上。这种生产、加工、分销、营销和食品消费的经济体系已经发展起来，并且在更广泛的生物物理及社会/

制度环境中不断运作。图 2-8 为美国食品系统的各个组成部分的相互联系及其更广泛的环境做出了一个图像化的阐述。

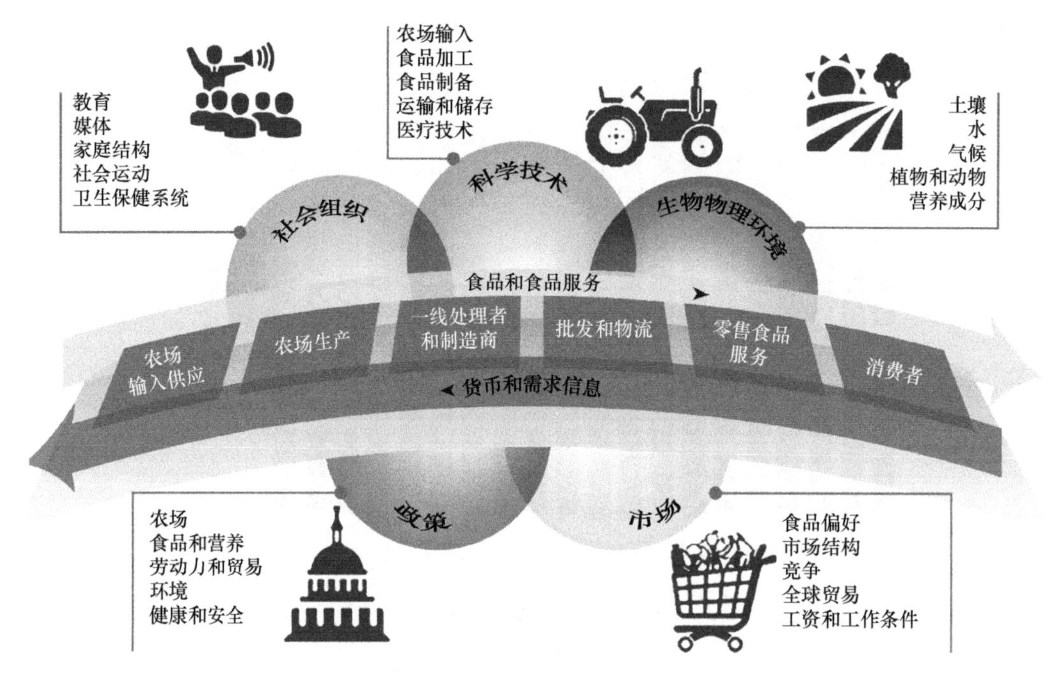

图 2-8 食品供应链与大型的生物物理及社会/制度环境的联系（彩图请扫封底二维码）

生物物理环境

首先，很显然，自然资源基础（如土地、水、营养物、阳光、能量、生物多样性和遗传多样性）为农业部门提供了关键性投入，这些投入使生产力及进入食品供应链的其余部分的输出成为可能。从农田规模和质量、水资源及有利的气候生长区的多样性等方面来看，根据波茨坦研究所 2006 年的一项研究（Dutia，2014），美国是世界上两个最肥沃的地区之一。这些天然条件已被来自公共和私人的、用于提高生产力的研发投资不断放大：化肥和农药，机械化、高效的植物和动物育种，信息管理系统，以及不断发展的处理和加工系统。因此，美国在生产多种类型的农产品方面具有全球相对优势，这些农产品既可用于国内，也可供出口。

尽管有这些优点，食品供应链的开发和性能也可以通过消耗稀缺资源（如能源或营养物）、污染资源，或产生降低生物物理环境质量的产出（通常是废品）来降低生态物理环境的质量。我们通过公共和私人投资以缓和或减轻危害，从而减少这些负面影响，近几十年来，这种投资在研究和开发（R&D）资金中所占的比例越来越大。如今，北美的土壤退化仅影响 25%的农田，与之相比，非洲退化的土壤约占农田的三分之二，拉丁美洲的退化土地超过 50%（Wiebe，2003）。因此，美国在生产土地密集型作物和畜产品方面也具有环境相对优势。

作为关键性投入的来源及农业和食品生产的废品源流与副产品的接受者，生物物理环境是美国食品系统的一个整体性的组分，其质量和条件对于食品系统的长期可持续性来说至关重要。食品系统中关键性的生物物理要素如图 2-8 所示。

社会/制度环境

大范围的社会和制度因素也促进了美国食品系统演化和运作方式的成型。这些因素可以分为四类：①市场；②政策；③科学与技术；④社会组织。每种类型中不同种类的工作劳动力的实例如图 2-8 所示。

市场。食品系统显然是由市场结构、供需变化及美国消费者经济状况随时间的转变而驱动的。在过去的 50 年中，农场和食品企业在大小、数量和组织上的变化也显著地重塑了食品产品的生产方式，以及整个食品供应链中经济回报的分布方式。这些变化是与消费者偏好和食品消费模式的转变紧密联系的。食品系统也通过投入或产出的交换及原材料和消费支出的竞争与美国经济的其他部门发生相互作用。例如，土地作为一种资源，对于食品生产是至关重要的，但它也能够生长纤维、能源作物和树木，并且可以作为碳汇。土地对于住宅、商业、道路、娱乐和设施来说也是关键性的资源。在消费链中，营养模式与健康的生活方式相互作用。所以，虽然食品系统具有边界，但那些边界是可渗透的，并且通常与其他重要的人类系统相重叠。因此，想要了解任何食品系统，重要的是仔细分析市场形成的方式及农民、加工者、处理者、制造商、营销人员和消费者塑造市场的行为方式。

政策。许多地方性政策、州政策和联邦政策直接影响美国农业活动、食品加工和营销实践、营养指导和食品消费行为。这些政策包括农产品和风险管理政策，营养计划，食品安全条例，劳动法规，环境法律，以及促进或形成农产品和食品国际贸易模式的计划。任何食品系统的变化轨迹和表现都需要对公共和私人政策的配置，变化背后的政治背景和资源，以及新的法律、法规有一个好的理解，并且公共支出的变化对于社会行为者来说是改变食品系统行为的主要手段。

科学与技术。研究和创新塑造了农业和食品工业部门技术变革的轨迹。在美国，粮食和农业技术创新的驱动力包括广泛的公共农业研究机构网络（如政府赠予土地的大学、农业研究服务），以及由私营部门农业企业和食品工业公司实施的重要研发项目。政府赠予土地的大学承担着整合研究、教育和扩展的使命，它们在农业研发过程中，将农民最关心的问题通过其创建的有效的沟通渠道传递给研究人员，以及通过扩展网络来将研究人员的解决方案传递给农民。因此，政府赠予土地的大学在创建沟通渠道方面是至关重要的。公共和私营部门机构共同确定了关键的食品系统参与者所拥有的信息，这些信息与农业和食品供应方法的表现有关，公共和私营部门机构还影响了不同的农场生产和食品加工体系的相对经济可行性。此时，用于农业和食品公共研究的预算正在下降，在很多情况下，这些预算由进行商业产品开发的私营部门的研发经费取代（Buttel，2003b；Pardey et al.，2013）。

社会组织。许多参与者、组织和利益相关方团体积极寻求改变消费者和生产者的行为并塑造“公共和私营机构的结构和行为”（NRC，2010，第 272 页）。私营公司、政府机构和非营利组织定期向消费者传播信息，希望能够影响他们的食品消费行为。其他参与者只是间接参与到食品系统中，但他们的兴趣和偏好直接影响食品系统的动态。这些参与者包括了农场和粮食利益集团、政府机构、社区公民组织、媒体评论员和学者。这些团体的活动塑造（和响应了）了个体行为者和企业在农场生产与食品系统中的行为，改变了市场及公共政策。

美国食品系统的边界

如上所述，委员会对美国食品系统的工作定义包括食品供应链的核心组成部分及食品生产、加工、分销，以及消费活动所处于的更广泛的生物物理及社会/制度环境的关键特征。任何对美国食品系统的选择性配置效果的评估都需要对利益系统边界进行规范（第 7 章）。根据最大利益的问题，这种方法可能需要地方、部门、国家或全球性的办法。

从某种程度上来说，可以将整个美国食品系统设想为一个单一的国家体系。这将包括存在于美国境内的食品供应链中的所有环节，农业和食品生产所依赖的生物物理资源，以及直接塑造农业与食品生产活跃程度动态性的社会和制度成分。

许多分析倾向于关注较小规模的食品系统，或通过检验美国特定地区的食品系统的动态性，或通过关注于某个特定商品或某种类别的商品的生产（如家禽生产系统或水果和蔬菜系统）。在这些情况下，包括供应链与生物物理及社会/制度的一般理论模型仍然有助于指出评估体系中需要包括的关键组成部分。在这些情况下，那些被认为是在系统“内部”或“外部”的组件的物质和经济边界可能不同，这取决于研究的关注点。

虽然当我们定义食品系统时在美国边界画一条亮线可能对分析有所帮助，但我们不可能忽略美国的食品系统已与越来越多的国家融合为一个更大的全球食品系统的事实。美国食品系统的边界高度渗透入世界其他的食品系统中（图 2-9）。人口迁移，农业投入和食品产品交易，政策和市场在其他地方造成了价格和行为上的反响。全球环境条件的改变也影响跨越国界的食品系统的动态性。这些相互作用中有一些是偶然的，但很多都成为相互依存的共同体。因此，若没有阐述与全球市场、政策、技术和效应因素相关的应答与反馈，任何对美国食品系统变化效应的分析都将是不完整的。

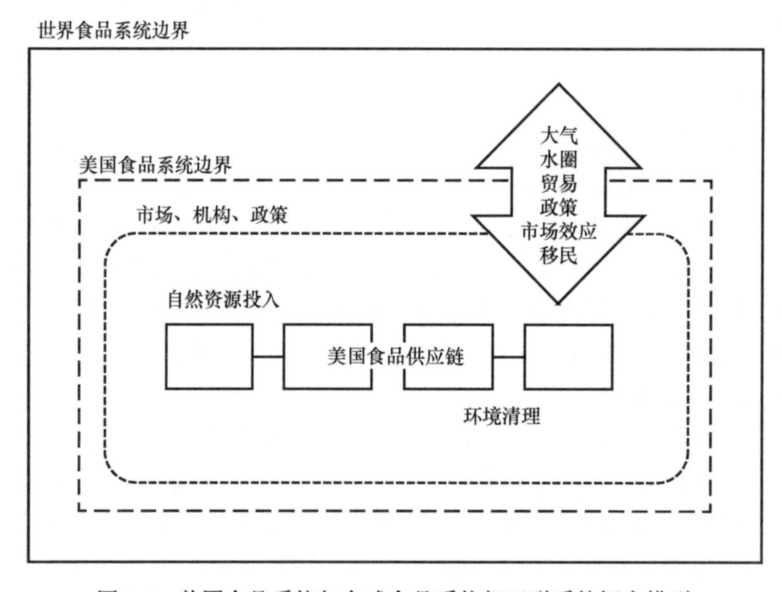

图 2-9 美国食品系统与全球食品系统相互联系的概念模型

美国食品系统的演变

本节通过重点讲述当前食品系统逐步形成的事件，简单介绍了美国食品和农业的历史。本节指出，这些核心驱动因素和主要趋势将持续塑造一个不断变化和演变的系统。正如委员会在第 6 章中深入讨论的那样，食品系统是一个复杂的自适应系统的好例子，其中一个环节（或系统外）的变化经常在食品系统的其他环节上产生意想不到的结果。评估食品系统不同配置的效应需要综合考虑关键驱动因素和反馈机制如何影响结果。

图 2-10 和图 2-11 中所示的时间线提供了一个极为普通的按时间顺序排序的引导线，其中包括了 1800～2014 年的一些关键事件或者自然资源、市场、政策、科学和技术，以及影响美国农业和食品系统演变的社会组织的变化。从长远看，美国目前的食品系统明显与在 19 世纪时维持国家人口的食品系统不同。图 2-12 显示了整个 19 世纪，农业部门在农场数量和农场面积方面如何急剧地增长，同时高移民率和边远地区殖民的快速扩张促进了国家的发展。在 20 世纪，产量持续上升，但技术上的变化及农场规模的扩大与农场数量和雇佣农场劳动力规模的稳定下降有关。与此同时，虽然用于农业的土地总面积保持相对稳定，但可用基本农田总量逐年减少，原因是城市和郊区区域已扩展到城市与小镇郊区外围的农田上。

整个食品供应链同样发生了类似的剧烈变化，并对人口的营养和健康状况产生了巨大影响。图 2-13 阐述了自 20 世纪中叶以来，卡路里可用性的稳步增长（按人均基础计算）。该图也显示了美国的食品支出由于通货膨胀的调整在稳步上升，部分原因也可能是饮食的改善、牲畜产品消费的增长，以及家庭之外的食品消费的转变。从不利的一面来说，肥胖人数的增加和人均消耗卡路里的减少也发生在 20 世纪中叶。

虽然这些数字说明了总体趋势的一些重点，但它们没有充分解释环境、农场、非农场和社会发展互为因果。在接下来的几节中，我们将更详细地探讨这些发展的重要性。本节讨论是主要围绕变化的 5 个主要驱动因素进行的：①环境变化；②市场；③政策；④技术；⑤社会组织。其中每一种推动力都代表了一种动态过程，这些动态过程将造成美国食品系统对环境、社会和经济的效应。

环 境 变 化

我们的自然资源——土壤，水源及气候的质量和空间分布促进了美国农业生产的整体发展和区域特征。在过去的 100 年里，资源条件的变化（如土壤质量和水的可用性）及人们对农业活动造成的环境效应的日益增长的意识（和相关政策的应对）已成为美国农业部门变化的重要驱动因素。

美国著名历史学家 Frederick Jackson Turner 认为 20 世纪初是美国社会和文化的一个重要转折点（Cronon，1987）。在那之前，国家的壮大和发展是基于国家边疆地区较大数量的未开发的土地和自然资源的可使用性。早期移民发现了拥有优质土壤和有利气候的

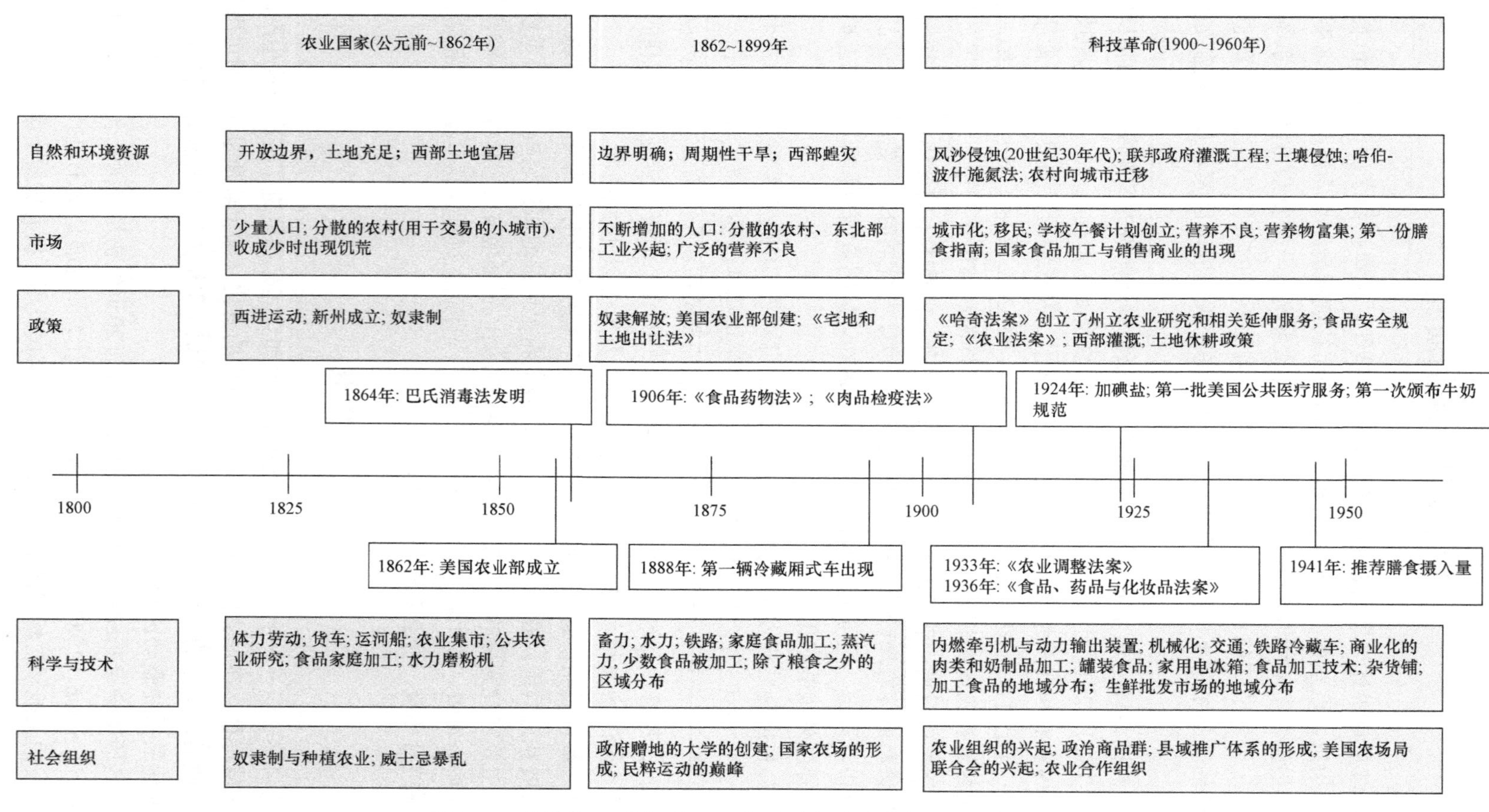

图 2-10 美国从 19 世纪到 1960 年食品与农业的主要驱动力和变化

来源：ARS，2014；Backstrand，2002

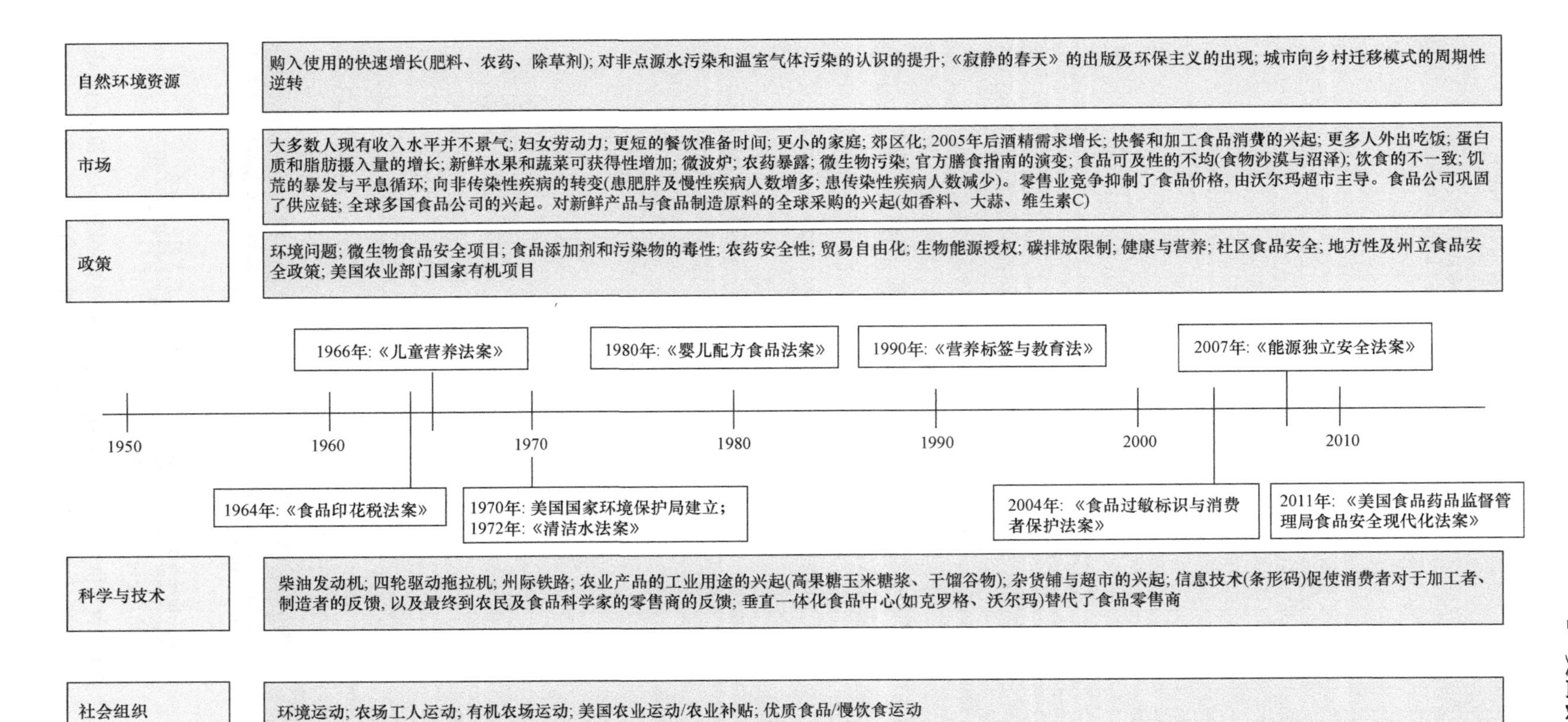

图 2-11　美国从 1960 年至今食品与农业的主要驱动力和变化

来源：Gardner，2002

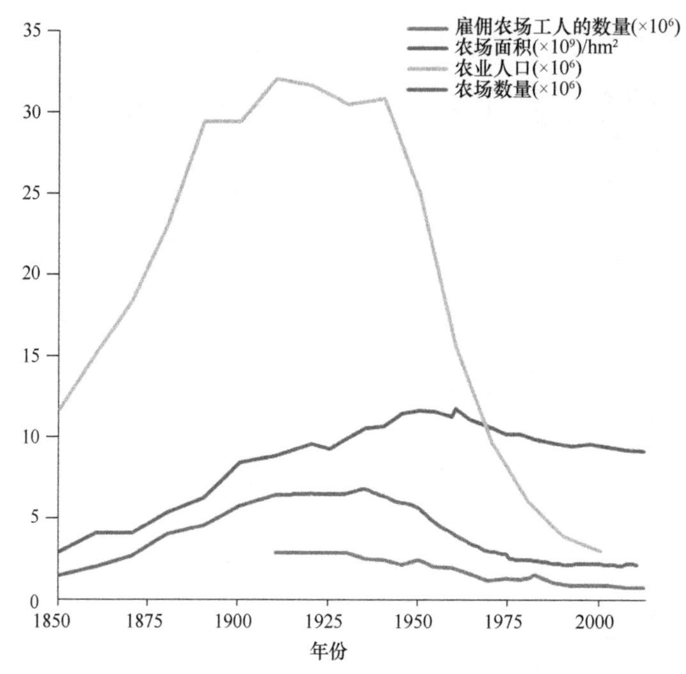

图 2-12　1850～2012 年美国耕地面积，农场数量，农场人口数量和雇佣农场工人数量（彩图请扫封底二维码）

来源：Agriculture in the Classroom，2014；BLS，2014；NASS，2014a，2014b；U.S. Census Bureau，2014a，2014b；USDA，2012

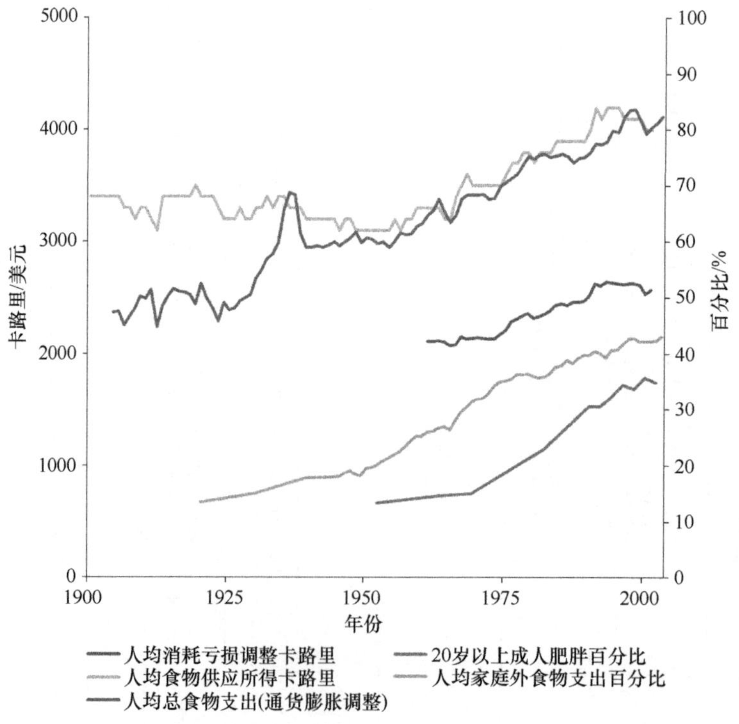

图 2-13　1900 年至今美国的食品供应，支出和营养的主要指标的变化趋势（彩图请扫封底二维码）

来源：CDC/NCHS，2014；CNPP，2014；ERS，2013a

较为肥沃的农田。一系列向西的迁移活动使原来 13 个殖民地的农田开始被耗尽。人们的密集种植，以及移居新开放土地（例如，俄亥俄河谷和玉米带各州）的农民对适合作物生产的气候和土壤的竞争更导致了农田的耗尽。

气候，土地质量和劳动力供应的区域差异导致了独特的农业系统的发展（Pfeffer，1983）。在 19 世纪中期，中西部地区的定居模式也受到大量北欧移民的影响，他们在混合作物-畜牧系统方面有丰富的经验。美国东南部主要是由奴隶制支持的种植农业所控制，这种农业生产出口作物（棉花、烟草），然而对社会基础设施的投资贡献很少。加利福尼亚州在西班牙人定居后建立了一个庄园系统，大型土地所有者建立了精细的灌溉系统和农业运作，遍布广阔的土地。原始自然资源基础的差异，以及与不同农业系统相关的资源条件的变化塑造了土地管理和人口流动的模式。这种演变的一个主要因素是美国大部分地区的土地供应远远超出了劳动力供应，除非在这些地区使用奴隶。在艾奥瓦州和中西部大部分地区，美国政府向那些可以证明能够有效使用它的人们额外赠送四分之一的面积（160 英亩①）②。

美国边疆开发的结束与国家壮大过程中以城市为中心的工业化和经济活动聚集的兴起同时发生。就业人口从农业向外转移与可用于耕作的土地数量达到顶峰的时间一致（图 2-11），从而导致农场规模的扩大和技术的迅速变化，实现了在更少劳动力的情况下获得更大的生产力和更多的产量。

自然资源的可用性和质量在美国食品系统中依然是管理决策后的主要驱动力，尤其在农业层面。农民根据水的可用性、气候适宜性和土壤质量来决定种植哪种作物。因此，原始农田往往趋向位于自然资源丰富的地方（即肥沃、厚层的土壤；可利用的地表和地下水源；有利的气候）。20 世纪早期，在美国的许多地方，基本农田被依靠自然资源，特别是水和有利气候条件的中心城市所取代。这迫使粮食生产在以较少的自然资源和不太符合要求的生长条件为特征的土地上进行。农业部门通过在 20 世纪 30 年代和 40 年代技术进步的发展和实施，大幅提高主要和边缘农田的产量，克服了这一障碍，如新遗传学的应用（如杂交玉米）、化学肥料的使用、用于灌溉西部的大型水利项目的投资、防治虫害暴发的杀虫剂的大量使用，以及机械化耕作的广泛升级。

这些技术为持续增长的人口成功生产食物，但并非没有带来严重的环境后果。20 世纪 30 年代，美国在大平原和西部的农业面临严重的干旱和广泛的土壤侵蚀（被称为“灰尘碗”），这引起了对土壤保持政策和实践的重点关注。20 世纪后半叶，杀虫剂和合成肥料对土壤质量、物种生物多样性、水和空气质量的影响及国家部分地区对地下水的过度抽提引起了更多的关注，引发了额外的保护政策、环境保护法规，以及在食品、纤维和燃料生产方面采用管理策略以减少环境效应的新理念。在联邦、州和地方层面制定的保护政策和环境法规（主要是自 20 世纪 70 年代以来，为了应对空气和水质的恶化）寻求在保护自然资源的同时，满足安全、廉价和充足的食物供应。

20 世纪 60 年代，杀虫剂对环境的影响进一步受到关注。Rachel Carson 在 1962 年发表的《寂静的春天》（*Silent Spring*）被认为启动了这种里程碑式政策的发展，如 1970

① 1 英亩=0.404 685 6hm^2

② 1861 年 12 月 2 日颁布的美国《1862 年宅地法案》，公共法 37-64

年美国国家环境保护局（EPA）的建立，1972年《联邦杀虫剂、杀菌剂和灭鼠剂法案》[①]，以及1972年《联邦水污染控制法案》[②]（俗称《清洁水法案》）的制订。近年来，为了解决病虫害问题，同时减少害虫抗性，保护水质，减少人类和野生动物接触潜在的有毒化学品，害虫综合治理策略被制订与实施。此外，在过去的30年间，主要来自于农业的营养负荷导致了墨西哥湾淡水系统和缺氧区域的广泛富营养化，这一现象提高了对美国个别州加强非点源污染的管制的呼声。

最近，消费者对环保型产品的需求正在促进/影响农业的管理决策。例如，对有机食品和人为饲养动物需求的增加是消费者选择和随之而来的公司买方标准变化（被称为"市场拉动"现象）的结果。此外，气候变化将最有可能成为美国农业实践的重要驱动力，因为温度和降雨模式的变化可能限制在美国目前最有生产力的农业土地上种植的作物的类型和数量。

市　场

在美国食品系统演变过程中，有一个至今仍在持续的主要驱动因素——市场力量，市场力量尤为重要的作用是促成了竞争压力，从而使生产量更多，生产力更高效。市场力量反映了寻求利益最大化的经济行为者的决定，并且总是在更广泛的制度、政治和技术背景下进行（在下面的章节中更详细地讨论），这反过来形成了经济成本和收益的分配模式。在过去的一个世纪中，激烈的市场竞争、全球化及消费者偏好的变化，推动了对农业和食品生产的大规模的结构性重组，以及新的快速演变的粮食市场和技术的发展。接下来的内容简要描述了一些相互依赖的变化。

重新调整农业和食品生产的结构

生产性和营利性的竞争及新技术与管理实践的发展推动了重要的美国农业的联合。1850年，大约一半的美国人生活在农场；现在，不到1%的美国人将农业作为谋生手段（BLS，2014；U.S. Census Bureau，2014a）。这被称为20世纪的"伟大的农业转型"；农业作为一种家庭生计策略已被人们丢弃（Lobao and Meyer，2001）。农场人口的大量减少导致农场规模越来越小。在20世纪后半期，农场销售和资产的集中，使农业企业和地区的专业化及农业企业集中度大幅度增加（Buttel，2003a），并持续至今。

如今80%～90%的美国粮食生产由10%～20%的全职农民提供（Hoppe and Banker，2010）。他们通常受过良好的教育，经营商业企业的销售额通常远高于美国农业部"大型商业农场"的350 000美元的门槛（Hoppe and MacDonald，2013）。与此同时，依靠农业支撑的县的数量现在已经下降到不到500个，其中非农业活动如制造业、服务业和提供便利设施成为农村县域获得地方福利的更重要来源（ERS，2006，2012）。在农村社区失去非农业活动的地方，许多服务，如医院和学校，已经关闭。

猪肉和牛肉行业也出现了集中化，其生产已经转向大型专业化农场（MacDonald and

---

① 1996年修订的美国《联邦杀虫剂、杀菌剂和灭鼠剂法案》

② 1972年10月18日颁布的美国《联邦水污染控制法案》，公共法92-500

McBride，2009）。例如，在 2004 年，80%的养猪场有超过 2000 只动物，而 1992 年只有 30%的养猪场达到了这样的标准（Key and McBride，2007）。生产、加工和销售的垂直统一管理重新塑造了许多动物的蛋白质供应链。例如，在家禽业中，集成商（将饲养、孵化和加工家禽整合为一体而产生的公司）和养殖者改变了他们的相互业务关系。集成商现在拥有鸟类和饲料，并且能够控制生产过程。这种结构，加上有很少数的集成商能够控制不断增长的市场份额的事实，导致了家禽养殖者拥有更大的权力，带来了重要的社会后果（关于肉类市场集中的研究数据，见 Ward 和 Schroeder，1994）。

种子行业为 20 世纪后期农业企业整合的更广泛的模式提供了一个很好的例证。图 2-14 中的小圆圈代表了 20 世纪 70 年代和 80 年代独立的种子公司，它们向农民出售投入品。然而，90 年代的一系列合并和收购（主要是由于制药和化学公司进入该行业，以及生物技术方法对种子进行基因改造的兴起）导致了种子行业的迅速整合。2013 年，该行业只由 8 家大公司控制（Howard，2009，2014）。

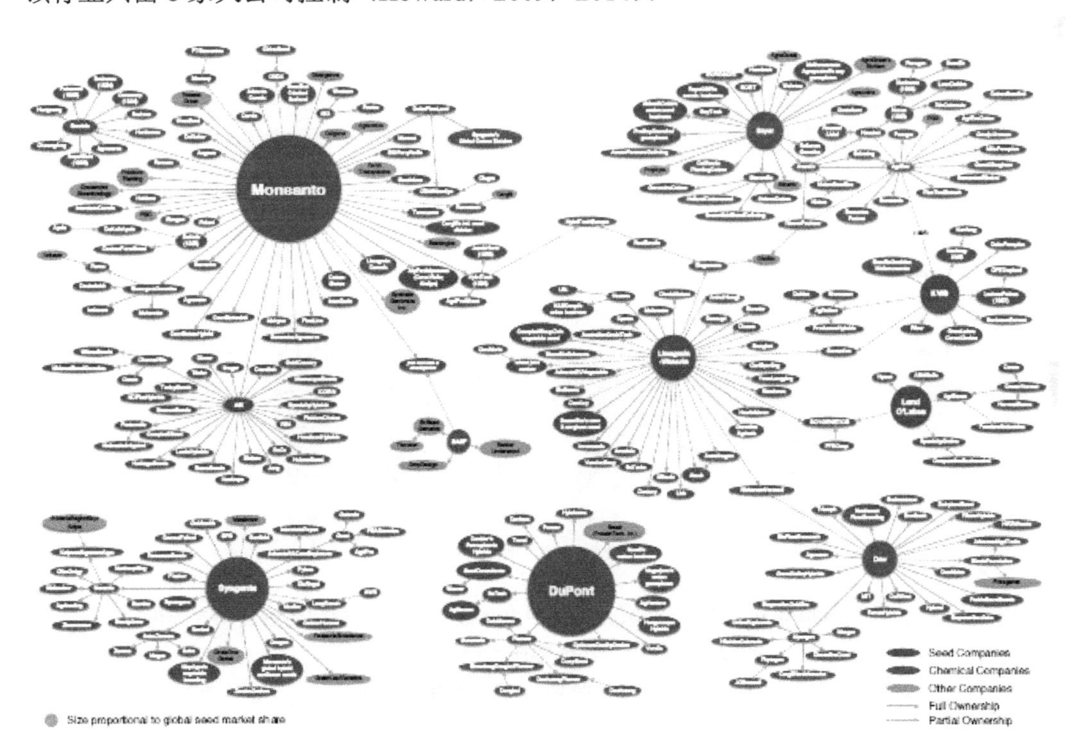

图 2-14　1996～2013 年种子产业结构（彩图请扫封底二维码）

来源：Howard，2014。https://www.msu.edu/～howardp/seedindustry.html[2015-1-8]

作为这些公司合并的结果，作物种子/生物技术投入部门现在具有 53.9%的“四大公司产业集中率”，这意味着这 4 家大公司在这些类型的产品中具有近 54%的全球市场销售额。在其他投入产业（农业化学品、农业机械、动物健康和动物遗传学）中，4 个最大的公司的销售额也占全球市场销售额的 50%以上（Fuglie et al.，2012）。2012 年，美国司法部组织了一系列研讨会，使农民和其他人能够表达他们对高度整合的市场竞争的担忧（USDOJ，2012）（关于由行业重组而产生的潜在效应的选择，见第 5 章）。

类似的变化，如合并、使用新技术、垂直整合、市场扩张和市场差异，已经发生在食品供应链许多部分的组织结构中。虽然一些充满活力的替代食品系统正在出现，但今天生产的大多数食品仍依赖于精心设计的供应链的后勤协调。从零售商方面回到农民方面，降低价格的竞争压力是促进供应链提高效率和组织变革的关键目标。

食品加工部门很好地说明了美国食品供应链中物料流的集中。12%的拥有超过 100 名员工的工厂运载了 77%的食品总价值，但合并和收购仍持续发生（ERS，2014d）。这种集中不限于食品制造。在 1980～2005 年，前四大牛肉加工企业的屠宰市场的份额从 36%增加到 79%，而 2005 年四大企业猪肉和家禽的集中度分别达到 64%和 53%（MacDonald and McBride，2009）。最集中的食品加工部门依旧是牛肉包装和大豆压榨（图 2-15）。到 2007 年，家禽集中率达到 58%（图 2-15）。自 1990 年以来，食品加工行业集中度幅度增长最大的可能是猪肉包装，其中 2007 年四大公司的集中度从 40%提高到 66%（Hendrickson and Heffernan，2007；Sexton，2013）。

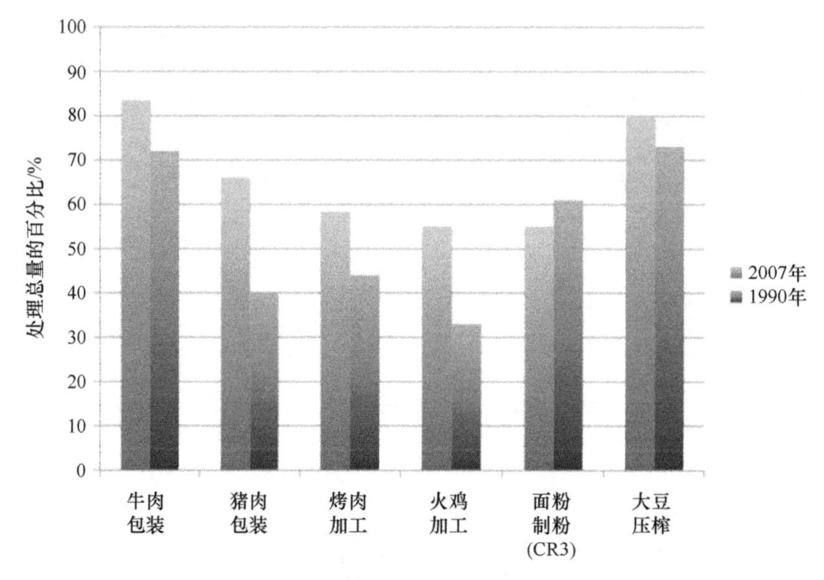

图 2-15　1990 年和 2007 年四家公司集中度指数（CR4）：由前四名公司控制的处理总量的百分比（彩图请扫封底二维码）

来源：数据源于 Hendrickson 和 Heffernan（2007）

农业体系和食品系统劳动力

美国农场和食品部门的发展也取决于劳动力人员的技能水平和劳动力的数量。农业生产在某些关键时期（如在作物收获期间）面临着需要大量劳动力的特殊挑战，但在随后的很长一段时间里对劳动力的需求较低。美国农业结构的区域差异与劳动力的相对丰度或稀缺性有关（Pfeffer，1983）。家庭自营的农场之所以能生存下来，部分原因是家庭成员不仅能够为农场提供免费而又灵活的劳动力，而且能够节省下用于雇佣劳动力的固定成本（Reinhardt and Barlett，1989）。近年来，美国的农业、食品制造业和食品服务行业越来越依赖雇佣的工人，而这些工人中许多都是未经美国官方许可的劳动力（Martin，

2013；Martin and Jackson-Smith，2013）。移民政策，独立经营者获得土地，努力组织或统招被雇用的工人加入工会，以及能够提供更好的收入或福利的非农业部门的竞争，这些因素都提高了农场和食品生产企业对于无偿的家庭劳动力和廉价的雇佣工人的依赖程度（Findeis et al.，2002；Martin，2009）。

农业和食品系统工业之所以能够发展，一个重要的因素是利用了愿意为相对较低的工资和福利而工作的灵活劳动力（FCWA，2012）。另外，农业和食品行业也见证了劳动生产率的大幅提高与机械化和其他技术的变化相关。在20世纪的大部分时间里，机械化促进了大多数美国农场规模的扩大和生产力的提高，并且使得劳动力流向了城市地区的非农业行业（Gardner，2002；Lobao and Meyer，2001）。农业生产和食品加工机械化的步伐及方向与全球激烈的竞争有关，劳动力的缺乏、劳动法的变化和组建工会导致了国内劳动力成本相对较高（Calvin and Martin，2010；Fidelibus，2014；Friedland et al.，1981）。

食品销售行业的重组

自20世纪80年代以来，随着大型食品零售公司（拥有100多家商店的自助分销中心）的出现，零售批发行业也发生了巨大变化。按照传统的零售模式，批发商先从加工商和制造商处购买食品（和其他消费品产品），然后储存在仓库中，最后将商品转售并交付给零售商或其他买家。然而近年来，许多批发商已经停业或缩减规模成为小商店来提供零售服务，或者成为物流公司。这种演变是零售行业战略计划的一部分，旨在保持尽可能少的库存，但这反过来又会引起批发仓库缩减库存，转向更快的周转模式。虽然这个计划是无法实现的，但却是为了能够拥有一个"即时"的交付模式。

20世纪90年代见证了零售"超级中心"和提供不同类型产品的大型零售店的建立。而使这些大型商店的建立成为可能的关键变化是：①随着零售商拥有的分销中心的发展，零售商和供应商之间的合作增加；②每个商店消费者购买数据的获取和分析[①]；③零售商可以通过销售其他商品来获得更高的销售额，从而维持较低的食品价格（食品部分的盈利能力较低）；④重组运营，关闭旧商店，重点关注核心领域，从而进一步降低成本。保持其竞争力的其他战略有：①全球化降低了营销成本，并且能够全年供应新鲜产品；②产品区分，如有机产品或私人品牌；③为消费者提供优惠产品（非食品产品，如气体、电子产品、洗车）；④新技术的运用，如产品自检线。

较小的零售商和中型大众消费品公司的商品价格无法与超市竞争。由于经济规模、技术成本和食品行业的变化速度快，大型零售商和供应商已经能够购买或合并其他公司，而小型公司已经被购买或完全消失。

销售行业的结构性变化造成了一种情况，即最大规模的20家食品零售公司的销售额占总销售额的64%。前四名几乎占了近40%的零售食品销售额，而第一名占零售食品销售额的近20%。91%的零售食品销售额都被特定类型的超市占有（ERS，2014f）。图2-16显示了1992～2013年前4、前8和前20家食品零售公司所获得的销售份额的增长情况。然而，2007～2009年的经济危机导致了销售份额的上升速度减慢。

---

① 这种分享销售信息的做法是由大型食品零售商在20世纪90年代初开始的，它为加工商/制造商、批发商和零售商带来了库存效率。后来被其他零售商在国内和国际上广泛采用

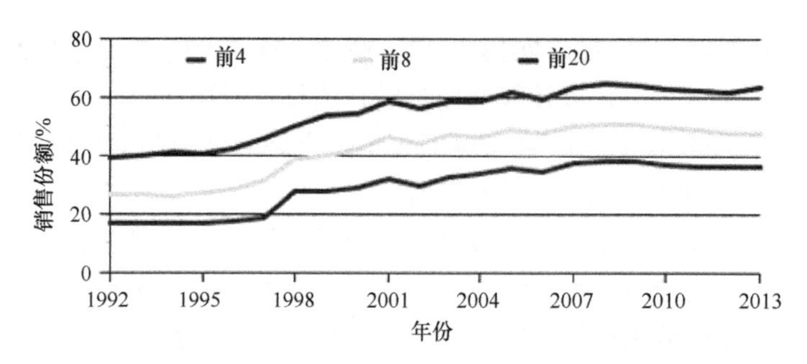

图 2-16 1992～2013 年美国前 4、前 8 和前 20 家食品零售公司所占销售份额（彩图请扫封底二维码）

来源：ERS，2014f

其他食品系统部门的演变

与食品销售行业相比，食品服务行业的整合并没有那么快。但是事实上，食品服务行业的公司数量有所增加。当以自身所能提供的产品和服务为基础来区分时，小型服务行业的表现较好。

国家基础设施的发展也影响了食品供应链的演变。改进的冷链技术和运输经济为全国食品市场中的新鲜肉类、海鲜、水果和蔬菜提供了发展的可能性，某些时候可以补充或替代地方季节性生产。冷冻干燥和超高温技术对咖啡和乳制品具有相似的影响。州际公路系统的建立使得货车能够实现将新鲜和包装好的货物运送到几乎每个城市和城镇。这促进了国家品牌的发展和食品加工商与制造商之间的合并，并且随着超市连锁店数量的增长和其整合，对零售业也同样产生了类似的影响。基础设施的发展也支撑了产品供应的联合统一质量控制，而这又使快餐连锁的增长获得助力。

成本的降低同时也导致了发展的停滞。例如，私人品牌期望寻求以较低的价格向国内品牌提供可比较的产品。它们的市场份额现在接近 25%（IRI，2013）。较低的成本也使得高端品牌和产品可供应的市场进一步扩大，使得超市和餐馆的商品定价通常保持在折扣店/快餐连锁店和奢侈商品店的商品定价之间。随着食品的成本总体下降到美国可支配收入的 10%，以前家庭一般吃不到的食物现在也能够吃到（ERS，2013a）。

市场最重要的发展之一就是期货市场①集中交易的出现。这使得商品价格更加透明，使得当地市场的贸易受到国家和国际供需要求的影响，同时促进了商品的预售和合同的签订，并为农民、处理商、加工商、经销商和顾客提供了一种在未来管理价格风险的新工具。此外，集中交易清算所的结算方式消除了违约的风险，使期货市场成为一种用于保值或规避不必要的价格风险的方式。

食品价格的变化

食品价格是供求相互作用的函数，而食品价格反过来又涉及生物利用度（土地和气

---

① 期货市场是一个集中金融交易所，人们可以交易标准化期货合约，即以特定价格购买特定数量商品的合约，并在未来的指定时间交货

候）、生产者和消费者的收入、作物和牲畜生产的生产力（效率）与人口增长等主要驱动因素。在供应方面，农作物的产量和生产力、技术（如种子、化肥和资本设备）及土地的可利用性有关。生产效率越高（每英亩土地产量越大），商品的价格就越低。而关于价格，我们需要警惕的是，生产单位（如农民、加工者和分销公司）必须至少覆盖其平均可变的成本，并且能够提供相应的利润率。如果这些供应商在市场上得到的是低于他们成本的价格，他们就会停业。鼓励提高农作物产量的公共政策可以降低成本，从而降低价格（玉米和大豆）或者降低竞争并提高价格（糖）。当需求超过供应时，对作物和牲畜的需求增加将会导致价格的上涨。

在需求方面，消费者的收入、人口增长和消费者不断变化的喜好会影响到食品的需求量。随着收入的增加，消费者愿意通过支付更高的价格来获得更多或更高质量的食品。来自消费者的反馈对于食品生产者将要在市场上销售的食品的数量和质量是至关重要的。消费者多样的品味和生活方式对市场所需求的食品的类型有很大的影响。随着全球低收入和中等收入人群收入的增加，消费者对于肉类产品的需求增加，而这将直接导致农作物产量的增加，因此价格也会相应地提高。对喂养牲畜所需饲料的需求增加是促进农作物产量提高的驱动力，但随着农作物生产变得更有效率，每蒲式耳①的价格实际上可能会下降。此外，对用于生产燃料或其他非食品产品的农作物的需求增加会通过价格上涨的方式来促进农作物供应量的提高，这也提高了用于食品生产的成本耗费。

值得注意的是，原始农产品的消费者通常不是最终消费者，而是供应链客户（如处理商/制造商、批发商或零售商）。这些代理商提供最终消费者对零售点销售商品的需求和购买意愿的反馈。对于消费者来说，零售商之间的相互竞争在压低商品最终价格方面发挥着重要作用，从而降低了整个供应链的利润率。

如图 2-6 所示，食品的价格由除农业生产以外的许多经济环节塑造。现在，食品加工、营销、运输、包装和零售行业的变化对食品价格的影响比生产实践的变化或农场产量和产出的变化更大。随着食品供应链复杂性的增加，公众消费的食品价格将反映在较高生产效率下的收益和与增加加工和处理有关的工艺成本的耗费。当可选择的食物更加丰富时，价格的相对改变会导致消费者选择与其类似的替代品。这种价格和需求的弹性②影响供需和食品的最终价格。此外，随着农民对市场价格上涨和下降的反应，会出现基本农作物和牲畜供应过剩和供应不足的循环。通常，他们的估价会超过对明年价格的估计，因此在价格高涨之后的几年中造成了供应过剩的问题，从而抑制了当年的价格。这种供需关系的调整会持续地发生并响应全球和国内的需求。

商品短期的价格波动不能完全反映在零售商店，食品零售商之间的价格竞争是导致这种现象的其中一个原因，尽管从长远来看，通货膨胀压力将影响食品价格。一般来说，食品价格的上涨伴随着总体通货膨胀的发生。图 2-17 说明了自 1975 年以来食品价格上涨的相对稳定性。

---

① 1 蒲式耳（US）$=3.52391\times10^{-2}m^3=35.239L$

② 需求的弹性是经济学中用于表示商品或服务的需求量对价格变化的响应度量的度量。它给出了价格变化 1% 时所需的数量百分比变化

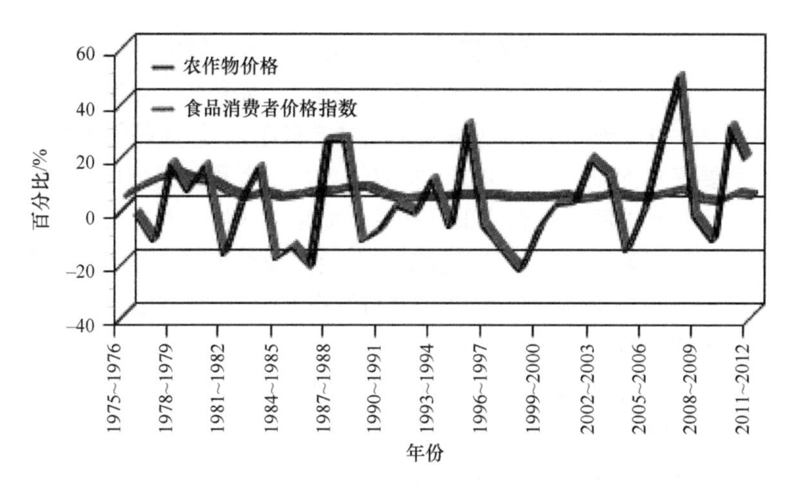

图 2-17 1976～2012 年美国食品的消费者价格指数和农作物价格变化的百分比（彩图请扫封底二维码）

消费者价格指数（CPI）是消费者为消费品和服务所支付的价格随时间平均变化的度量。农作物的价格以美国玉米、小麦和大豆的农场价格的加权平均值表示

由经济研究局根据美国劳工部统计局和国家农业统计局数据计算。CPI=消费者价格指数

来源：http://www.ers.usda.gov/data-products/food-price-outlook/charts.aspx#fieldcrop[2015-1-8]

消费者喜好的变化

美国消费者行为的变化也在重塑市场和食品系统（见第 5 章“影响食品购买决定的因素”一节）。在 20 世纪 60 年代，随着许多妇女第一次进入劳动力市场，食品工业利用了这个机会向那些没有时间为家人做饭的妇女推销商品。国内科技（如冰箱和微波炉）和包装技术的发展延长了食品的保质期，并使得食品的制作更加方便（Bell and Valentine，1997；Mintz and Du Bois，2002）。由于科技的发展和其他社会趋势及消费者态度与行为的变化，在过去的 60 年中，美国越来越多的家庭选择在外吃饭（ERS，2013a）。总之，这些变化可能导致日益个性化的消费模式和越来越普遍的高糖、高钠和高脂肪的饮食习惯。

汽车的出现引起了食品销售和消费方式的许多变化（Jakle and Sculle，1999；Schlosser，2001）。汽车迅速改变了全国各地城市和城镇的建筑模式，并逐渐使超市位于郊区或远离城市地区。汽车引起的额外变化是带有透明窗口以加快销售速度的快餐店和便利店的出现。餐饮业作为一个整体正在稳步增长，尤其在 20 世纪后期快餐业迅速暴发（Jakle and Sculle，1999；Schlosser，2001）。最近的一项研究发现，与 2003～2006 年（13%的卡路里）相比，2007～2010 年成人食用快餐所消耗的卡路里的比例较低（10%的卡路里）（Fryer and Ervin，2013）。

虽然 20 世纪的一些趋势使美国饮食中的食物数量有所减少，但近几十年来，美国的饮食习惯变得更加多样化。食品和市场的类型会受到消费者需求的驱动，就像消费者会受到卖家的刺激一样。除了商品、便利和其他主要产品，常规的食品公司还提供了围绕市场细分和产品差异化的新产品。也许 21 世纪消费模式的最显著变化是食品生产或销售需求的显著增长，这些变化被认为支持了农民和消费者对于健康、环境保护或社会公平的追求，如有机食品、自由贸易、公平贸易、地方性和自然性。而对于动物福利的关注促进了牲畜自由放养、无笼饲养模式和草饲产品的发展。由于消费者对健康饮食习惯的追求，新型的食品在市场上广受欢迎，如无麸质、高膳食纤维和ω-3。例如，美国对有机食品的需求每年增长约 20%（ERS，2014e）。尽管有机食品存在潜在的优势和安全性，但有些顾客，特别是在欧洲，已经表达了对非转基因生物（GMO）食品的偏好。同时，替代食品营销和分销系统的新型模式已经出现和发展，这些新型模式包括农产品市场、社区合作社、替代餐馆或专业超市。

“风险”在食品系统中的作用也发生了变化，以应对消费者对这一问题的关注和敏感性的提高。一些消费者似乎更加关注已知的风险，并在决定购买时对商品的来源、制造过程及存在的潜在风险给予更多的考虑。随着人均收入的增加，可接受风险的阈值似乎呈上升趋势，并从降低风险转向为规避风险。同时，检测化学残留物或异物的技术变得更加灵敏（从百万分之几到十亿或万亿分之一）。虽然这导致了《食品质量保护法案》[①]的产生，并有效地废除了有关农药的德莱尼条款，但也提高了消费者对食源性风险的认识和敏感度。同时，政府对于企业设置的安全政策和风险管理策略（如品牌、认证系统和可追溯系统）的成本也已经被深入地推广并且变得越来越昂贵。

全球化

如前所述，美国的食品系统与全球食品系统有着密切的联系。在 20 世纪 80 年代中期，美国的农产品出口和进口总额低于 300 亿美元（ERS，2013b）。但是到 2012 年，其出口额约为 1350 亿美元，进口额接近 1050 亿美元，比上年增长三倍（Flake et al，2013）。与此同时，谷物、大米、油籽、肉类和其他商品的全球贸易迅速增长，造成了区域间的相互依赖。

全球食品贸易也开始能够根据相对资源禀赋和相对优势，反映出更多的专业化。具有丰富土地资源的地区（如北美洲和南美洲）每年向人口稠密或资源紧张的地区（如中东、北非和亚洲）运送数亿吨粮食（Portnoy，2013）。劳动密集型农业产业（水果、蔬菜、水产养殖和园艺）大量生产可供本国使用和出口到劳动力稀缺地区（如美国）的产品。

其他国家食品供应和需求的变化有望成为美国农产品、食品加工和经销公司的商品价格与市场机遇的主要驱动力。例如，许多国家存在的一个严重问题是持续性的食品缺乏，主要表现为慢性饥饿、定期粮食危机或贫穷群体营养不良。在 20 世纪的大部分时间里，提高农业生产率会使食品价格在通货膨胀调整后稳步下降。反过来，这些下降的实际粮食价格是减少全球长期性饥饿的一个主要因素。但是，与之相反的是，21 世纪前十年的实际商品价格的上涨扭转了这种下降趋势，如果这种趋势继续下去，到 2025 年，全球长期性饥饿的人口数量将多达 6 亿（Runge and Senauer，2007）。此外，2008 年和 2012 年，供应紧张造成了严重的短期粮食危机，而市场干预价格控制和政府的控制出口政策加剧了此粮食危机。

---

① 1996 年 8 月 3 日颁布的美国《1996 年食品质量保护法案》，公共法 104-170

经济的发展和人均收入的增加使得食品缺乏的问题变得更加复杂，但这却增加了人们饮食习惯中对动物蛋白的偏好。尽管这些饮食变化反映了随着可支配收入的增长，人们的饮食习惯偏好性发生了改变，但是到2050年，这反而会成为如何为90亿人口提供食物的挑战。此外，城市化正以人类历史上最快的速度进行；非洲和亚洲三分之二的地区在未来二十年内可能达到城市化。此外，从现在到2050年，几乎所有预计的全球人口增长都将发生在低收入国家，其中许多国家的人口已经十分密集。而这些因素将以不可忽视的方式共同影响食品保障问题。

政　策

促进美国农业市场发展的推动力一直都是为了实现公共目标而制定的政策和制度。当前美国食品系统的演变中，州和联邦制定的政策在实现农场生产、食品安全和其他公共目标中发挥了关键作用。

农业政策

现代农业政策的根源为联邦政府在经济大萧条后通过的1933年《农业调整法案》及其继承法案。国内粮食的需求和出口的崩溃导致粮食价格存在下行压力。美国的农业政策采取的是对特定商品指定价格，而这些价格普遍比市场价格低。特定的商品主要包括谷物、油籽、棉花、水稻和奶制品，除此之外还有一些水果和蔬菜。这项举措迅速导致了这些商品的积累。

这项农业政策涉及需要支付给农民和仓库资金，以此来储存盈余的商品，通过闲置土地或宰杀畜群来支付农民资金，并通过国内食品计划（如《1964年食品券法案》[①]和《1966年儿童营养法案》[②]）和出口政策来处理或减少盈余量，而这可以看作粮食援助（如公共法83-480[③]）和对商业销售的补贴。随着这一战略成本的增加，肯尼迪政府在1963年进行了农业公投，以了解农民是否接受强制性生产控制（Cochrane and Runge，1992）。当全民投票失败时，农业政策开始逐步将价格补贴从市场的商品价格中分离出来。在20世纪60年代，通过扩大综合立法的范围，包括支持农民，以及旨在解决和维护城市立法者的问题与权益的粮食和营养计划，政策对农业计划的支持得以维持。

在随后的几十年里，出现了一系列政策转变，重新促进了国家农业和食品工业的发展。在20世纪70年代，全球市场机会的快速增长和商品价格的上涨导致了政策改革，消除了对特定农作物种植面积的限制。当生产超过需求时，农产品市场价格有所下降，这有利于食品加工商和消费者。与此同时，联邦会补偿给生产者市场价与其产品的指定目标价格之间的差价。在20世纪80年代，更新农业计划的努力陷入僵局，倡导环境保护的人士成功地支持农业扩大计划，鼓励保护土壤和自然资源。到20世纪90年代初，农业产出和市场需求达到了稳定的平衡，减少政府对农业生产者决定的干预的愿望（“农业自由”），导致了农民固定的“直接付款”模式的转变，这是基于历史的做法，而不是

---

① 1964年8月31日颁布的美国《1964年食品券法案》，公共法88-525

② 1966年10月11日颁布的美国《1966年儿童营养法案》，公共法89-642

③ 1954年7月10日颁布的美国《1954年农产品贸易发展与补贴法案》，公共法83-480

生产或市场价格的年度变化（Gardner，2000）。这个尝试是短暂的，因为严重的市场衰退导致了价格补偿、紧急支付和其他保护农民收入的计划的再次恢复（在持续的直接支付计划之上）。农业政策随着《2014 年农业法案》[①]（《2014 农场法案》）的通过而改变了路线，该法案于 2014 年 2 月 7 日签署，并将持续实施到 2018 年。这项法案对商品计划做出了重大改变，增加了新的保险选项和项目，并扩大了特种作物、有机农业、生物能源、农村发展、初期农民和牧场主的计划。现在主要由一套设计严谨的补贴保险计划来为农民提供价格和收入支持。该法案还消除了对农民来说存在争议的直接付款模式和大部分反周期的价格方案。虽然法律重新授权 SNAP，但它提高了其参与的标准。最终，该法案在延迟 2 年后通过，这一方面是因为需要权衡农村和城市之间的利益，另一方面是部分出于对所谓的永久农业法的回归可能造成高度破坏性的担忧。

环境政策

环境政策是驱动美国食品系统演变的一个越来越重要的因素，特别是在农业生产中所采用的措施。USDA 和 EPA 是负责编写和实施环境政策的两个主要联邦机构。传统的农业政策倾向于补贴农业生产，同时降低贫瘠土地和干旱或洪水区域农业的风险。这些方法增加了农业对土地和水资源造成的环境压力，而这些外部的成本通常不会被包含在消费者为这些食品所支付的价格中（Buttel，2003b）。

USDA 的方法侧重于自愿计划和公共投资，以此来提供技术和财政援助，鼓励农民采取减少土壤侵蚀和其他保护环境的做法。自 20 世纪 80 年代以来，联邦政策将商品支付所得的收入与保护计划（称为“保护守则”）联系起来，并通过有偿的方式让农民交出富饶但环境脆弱的土地（根据保护储备计划和湿地储备计划）。目前的方案还提供成本分摊奖励，以便在环境质量奖励方案和养护管理方案下采用或维持对环境无害的做法。然而这些举措的资金往往无法及时到位（Cochrane and Runge，1992）。尽管如此，仍然在退耕运动中扩大土地，美国农业部协助技术援助、可持续实践能力建设的企业投资，以及研究投资方面取得了一些成功。《2014 年农场法案》减少了保护储备计划的资金，巩固了保护计划，并将农作物保险费补贴与保护补贴相关联。

集中动物饲养方式（CAFO）[②]对动物粪便进行严格管理的政策引发了农业生产者、环境团体和农村社区之间的激烈的辩论。EPA 于 2003 年根据《清洁水法案》[③]开始管制 CAFO。与其他环境政策一样，美国国家环境保护局制定了国家指南，而各州负责处理具体问题，并负责预防和减少环境污染。根据国家污染物排放清除系统（EPA，2014a），美国国家环境保护局被国家授予实施规范 CAFO 来保护地表水的计划的管辖权。这种分散的方法具有灵活性，可以针对每个州不同的工业和资源条件，同时也允许标准因州而异。最近，环保组织要求美国国家环境保护局考虑根据《清洁空气法案》[④]来管制 CAFO，但目前尚不清楚其排放量是否超过既定的法定阈值。在没有联邦法规的情况下，一些地

---

① 2014 年 2 月 7 日颁布的《2014 年农业法案》，公共法 113-179

② CAFO 是农业企业，该企业中动物被限制在小土地上，饲料被送到动物身边。美国国家环境保护局已经描述了三种类别的 CAFO，按照能力排序：大、中和小。每个类别的相关动物单位取决于物种和能力

③ 1972 年 10 月 18 日颁布的美国《联邦水污染控制法案》，公共法 92-500

④ 1970 年修订的美国《清洁空气法案》

方政府（特别是在加利福尼亚州，该州为主要农业生产地）采用了自己的法规，以确保农业作业不影响空气质量。

健康和安全政策

农业和食品操作须遵守法规，以防止将潜在的有害化学物质释放到环境中。最初的《联邦杀虫剂、杀菌剂和灭鼠剂法案》[①]试图确保这些化学品按照法案规定进行。该法案在1947年第一次通过，20世纪70年代的变化是将重点转移到了保护人类，包括避免农场工人和野生动物受到伤害。《1996年食品质量保护法案》[②]提高了安全标准，特别是对婴儿和儿童，并要求重新对化学物质的耐受量进行全面的评估。关于评估食品中化学物质毒性的指南于1949年首次出版，并于1982年修订，该指南为考虑食品添加剂的毒理学效应提供了指导［该指南被称为"红皮书"（FDA，2007)］。制定了《食品过敏原标签与消费者保护法案》[③]（2004)，以确保生产商对存在于食品中的潜在过敏原进行准确的标记，因为这是消费者可以避免消费对生命构成潜在威胁的食品过敏原的唯一方式。

食品安全政策同样关注病原体污染的风险管理。微生物污染可以源自农场或食品处理者，并且可以在储存、运输或加工食品的过程中被引入。防止和控制病原体污染的法规始于《1906年纯食品和药物法案》[④]，并通过一些涉及牛奶（1924年）、贝类（1925年）和餐馆（1934年）的法律得到补充，最终颁布了《1938年食品、药品和化妆品法案》[⑤]。其他重要法律包括由美国农业部食品安全检验局颁布的《联邦肉类检验法案》[⑥]、《家禽产品检验法案》[⑦]和《蛋制品检验法案》[⑧]。在20世纪60年代，启动了基于食品安全法的危害分析与关键控制点（HACCP）计划来控制风险，这种方法首先是在美国空间计划中使用，随后在食品行业中被广泛应用。HACCP针对病原体、化学和物理危害的预防重点方法已在食品工业的许多部门应用。为了应对重大突发事件的暴发，引入了基于HACCP的法规，包括美国食品药品监督管理局（FDA）颁布的《低酸罐头食品法规》(1970)、USDA颁布的《病原体减少/HACCP规则》(1996)、FDA颁布的对海产品（1999）和果汁产品（2011）HACCP管理条例。2010年的《食品安全现代化法案》[⑨]（FSMA）将该食品安全预防策略扩展到HACCP法规未涵盖的食品。FDA目前正在考虑的FSMA的其他重要规定是第一次对农业的强制性预防控制和对进口食品的更加严格的控制。FSMA还要求食品公司承担更多的责任，如记录和报告食品安全问题。

FDA和USDA食品安全法规仅适用于美国州际贸易中的产品，而对食品服务和零售食品安全的考虑则由州和地方司法管辖。FDA颁布的食品法典每2年会更新一次，为这些管辖区的适用提供了一个模板。管理食品安全的议会通过对政府、学术界、工业界

---

① 1996年修订的美国《联邦杀虫剂、杀菌剂和灭鼠剂法案》
② 1996年8月3日颁布的美国《1996年食品质量保护法案》，公共法104-170
③ 2004年8月2日颁布的美国《2004年食品过敏原标签与消费者保护法案》，公共法108-282
④ 1906年6月30日颁布的美国《1906年纯食品和药物法案》，公共法59-384
⑤ 1938年6月25日颁布的美国《食品、药品和化妆品法案》，公共法75-717
⑥《联邦肉类检验法案》，美国法典12章
⑦ 1957年8月28日颁布的美国《家禽产品检验法案》，公共法85-172
⑧ 1970年12月29日颁布的美国《蛋制品检验法案》，公共法91-597
⑨ 2011年1月4日颁布的《食品安全现代化法案》，公共法111-353

和消费者的代表提出的要求和科学的基本要求协商出一个共识，以此来最大限度地降低食品中的生物、化学和物理危害。

除了健康和安全政策，还有两种类型的营养政策是食品系统的关键驱动因素。第一个是必需营养素的每日膳食推荐量（RDA），它是在1941年建立的，原因是担心在第二次世界大战期间许多新兵的营养缺乏。1989年，国家研究委员会发布了第十版（最后一版）的RDA。膳食参考摄入量（DRI）于1997年首次出版，是研究营养素摄入量的新标准。最新版的DRI于2010年发布。由专家委员会制定，它们用于计划和评估健康人的饮食，包括政府营养援助计划（如WIC和SNAP）的标准，以及包装食品的营养成分中所含推荐营养素的百分比。

第二个营养政策是由美国卫生和公众服务部与美国农业部自1980年以来每5年联合出版一次的《美国居民膳食指南》（DGA）。该指南是根据专家小组的建议制定的（USDA and HHS，2010）。DGA指导了关于如何减少被认为会增加慢性疾病风险的食品消费和提高对健康有益的食品消费。除了制定对一般人群营养的建议，DGA还代表联邦政府发布了关于营养政策的声明，并且是所有联邦营养计划的形成基础。

营养援助方案在提高食品安全方面十分重要。例如，2013年SNAP每月帮助超过4700万参与者购买食物。2010年，它在一个月内达到了约75%的个人食物购买合格水平（Rosenbaum，2013）。其他计划，如WIC和学校早餐与午餐计划，对个人和家庭获得营养饮食也有同样重要的影响。在美国出生的婴儿中，有51%在一岁时均参与了WIC（Betson et al，2011）。国家学校午餐计划每天为超过3000万的儿童提供服务。学校早餐计划有1350万参与者（FNS，2014）。许多私人食品供给计划，包括供养美国计划及当地的粮食银行、当地的食品货架，以及机构为流浪者提供食物的计划，在提高食品安全方面发挥了关键作用。

能源政策

在21世纪初，能源政策的重大变化开始逐步影响食品系统。由于对依赖石油进口和气候变化风险的担忧，《2005年能源政策法案》①和随后的《2007年能源独立和安全法案》②规定将可再生燃料（特别是乙醇）混合到国家汽车燃料供应中。相关的农业政策增加了补贴和关税，有利于美国国内乙醇的生产。结果，尽管在生产过程中某些副产品可作为牲畜饲料返回到食品系统中（第7章，附件2），但利用谷物法生产乙醇的做法很快消耗了美国玉米作物的40%。

其他政策

贸易和气候政策是最后对现代美国食品系统的演变产生广泛影响的政策领域。农业保护政策一直都存在于美国和主要客户国家进行的一些贸易谈判中。这是因为政府对农业的大力支持是通过高且受保护的国内商品价格，而不是通过直接补贴来实现的，这导致了美国具有比较优势的商品出口率降低（特别是谷物、油籽和牲畜产品）和其他国家

① 2005年8月3日颁布的《2005年能源政策法案》，公共法109-158
② 2007年12月19日颁布的《2007年能源独立和安全法案》，公共法110-140

特别是发展中国家具有比较优势的商品（如糖、海鲜、水果和蔬菜）进口率下降（Josling et al，1996）。

对气候变化的关注也已经引起了对农业的更多关注，因为农业可能会导致温室气体（GHG）排放（EPA，2014b；IPCC，2014；Vermeulen et al.，2012）。另外，农业也是一个潜在的重要碳汇，因此其整体碳足迹在政策辩论和生产营销实践中变得更加重要（Clay，2004）。同时，旨在减少温室气体排放的全面国家立法刚刚开始发展。然而，在政策实施方面已经取得了进展，联邦政府已做出一些支持当地社区发展的努力。例如，作为奥巴马总统提出的减少甲烷排放倡议的一部分，美国农业部创建了 7 个新的"气候中心"来帮助农民适应气候变化。此外，2014 年 9 月，奥巴马宣布推出全球气候智能农业联盟，以促进农业解决方案的形成，减小农业对气候变化的影响。未来的气候政策的倡议无疑将成为食品系统如何发展的驱动因素。

科 学 技 术

科学技术对食品系统产生了巨大的影响，无论是在缓解资源限制方面，还是在引领新的问题和关注方面。在生产环节端，杂交种子、合成肥料、化学农药、机械创新、信息技术、遗传学、生物工程和精准农业已经改变了传统农业的面貌。这些技术提高了土地利用率和劳动力的生产力；减少了有害生物、疾病和废物引起的损失；提高了植物和动物对天气变化的抵抗力；并产生了数量和种类都十分丰富的可供选择的食物。同时，这些技术再次引起了人们对食品中化学残留物的关注；对空气污染、土地污染，特别是水污染的关注；对工人暴露于新型危害的关注。

在过去的 100 年中，改变了农业生产的一些重要的技术变化包括：①机械化，使土地从生产饲料中解放出来，同时使个人能够耕种更多的土地；②合成肥料和农药，提高了每英亩土地的产量，减少了病虫害的损失；③植物和动物育种，提高了土地、饲料、动物和人类生产力，缩短了产品上市时间；④信息和管理实践，使农业和畜牧业日益受到科学和数据的驱动。

在加工和分销层面，技术能够更好地控制病原体和腐败生物，提供更大范围的产品，替代用于劳动的资本和机械（特别是重复性任务），并尽量减少损失或浪费。由于新技术可以为早期的开发商或采用者带来竞争优势，它们还进一步促进了企业在国家和国际层面上市场覆盖率的提高，同时可帮助工人和社区脱贫（第 5 章）。

食品消费也受到科技的影响。包装技术的改进延长了许多食品的保质期。家电，特别是微波炉的应用改变了食物的制备和使用过程。社会的流动性为即食和便携商品创造了巨大的市场。降低实际食品成本，对新鲜（非冷冻或罐装）食品的需求和食品的易于处理会导致消费过程中的浪费。条形码促进了库存管理，以及提高了消费者对于消费行为的意识，给市场细分和产品区分带来了额外的动力。集中、纵向一体化[①]和库存管理不仅降低了食品成本，而且增加了可选择性，同时也引起了肥胖和其他不健康行为发生率的提高。

① 纵向一体化是一种商业组织形式，指其中一个产品的所有生产阶段，从原材料的采购到最终产品的零售，都由一家公司控制

现代基因工程技术也是一个引起食品系统改变的强大力量。转基因玉米和大豆导致了史上全球种植模式的最迅速转变。在美国，90%的棉花、玉米和大豆的种植都经过了基因工程的改造（Fernandez-Cornejo et al.，2014），而在全球28个国家中都种植这些转基因农作物（James，2012）。从全球角度看，联合国粮食及农业组织承认生物技术在适当的时候可以成为解决食品安全问题的有用工具（FAO，2014）。转基因食品的潜在益处包括改善营养价值（如在水稻中掺入维生素A前体、β-胡萝卜素）、增加鱼产量（如水产养殖罗非鱼）和提高农作物对恶劣环境条件的耐受性（如耐干旱和耐盐作物）。虽然经生物工程改造的农作物种子种植面积的约60%都在美国和加拿大，但发展中国家也在迅速应用，在种植转基因作物的1400万农民中，90%都生活在发展中国家（James，2012）。发展中国家的迅速应用是由基因改造的农作物具有更高的产量，同时不需要太多的农药来推动的，这降低了种植的成本，因为这些优势农场主才选择种植转基因农作物（Raney and Pingali，2007）。

自从1996年第一次在商业化中引入以来，转基因植物和动物的成本与效益在消费者、农民、倡导者和科学家之间引起了争议。需要管理的潜在风险包括控制不足（例如，转基因生物的转入基因向非转基因生物的转移）、过敏原的转移、本地物种的转移和其他未预见的问题。一些相关利益者关注超级杂草的出现、农民对农业化学投入的依赖、生物多样性的减少或其他环境和贸易问题（Benbrook，2012；Garcia and Altieri，2005；Gurian-Sherman，2009；Liberty Beacon Staff，2013）。因此，这项技术的应用非常不均衡。例如，在美国，小麦或水稻没有被基因工程改造。在全球范围内，西欧已经实行严格的标签和跟踪要求，基本上禁止了该技术产品的生产，而加拿大、中国、巴西和阿根廷则种植转基因作物，特别是用作动物饲料。基因工程产品的标准和批准时间的不同会破坏贸易模式，容易导致争端。总体来说，基因工程在一些消费者和其他应用（如动物和水产养殖生产）中还是难以被接受。美国国家科学院（NAS）曾经的一项报告已经审查了这些问题，但是由于当时可获得的数据有限，报告只能提供关于对健康和环境潜在的非预期后果的建议（NRC，2000，2002；NRC and IOM，2004）。目前，正在进行另一项NAS研究，其目的是检查这些数据，并批判性地去评估存在的问题。

社 会 组 织

对食品的需求是由消费者的偏好所驱动的，因为这些偏好受到营销和广告的影响，但重要的社会组织也有助于改变消费者对产品的需求（和政策的变化）。这些组织包括公共和私立教育机构，其中许多美国儿童会首先接触关于饮食、营养和健康的信息（Golden and Earp，2012；St. Leger，2001），以及大量的食品广告和食品企业的各种营销策略（Brownell and Horgen，2003）。家庭结构的变化和妇女在劳动力中的作用的相关变化也是驱动食品系统变化的重要因素。社会运动（以前是建立在食品安全问题的基础上，但最近与美国如何生产食物有关）一直是引起政策和饮食习惯变化的重要驱动力。最后，随着时间的推移，美国医疗保健行业的结构和组织方式的变化可能对以特定方式激励和抑制食品消费的措施产生重大影响。

无论食品营销是基于食品在杂货店展示的方式、食品本身的标签还是各种形式的广告，食品行业（如其他行业一样）都会积极地采用各种营销策略。其中一些做法受到了严厉的批评。例如，2006 年美国医学研究所的一份报告得出结论："面向儿童和青年的食品及饮料的营销手段与他们的膳食不平衡有关，并会威胁到他们的个人健康"（IOM，2006，p. 10）。Chandon 和 Wansink（2012）也提出，食品营销通过对廉价、美味和热量高的食品进行促销，促进了肥胖的发生。

虽然电视广告的增多通常被认为是使用营销工具（或好或坏）来塑造消费者偏好和价值观的最直接的证明，但是行业倡导的其他做法也影响了食品系统的前景。传统的食品生产公司通过市场细分和提供更多可选择的新口味产品来追求销量的增长。证据还表明，一些公司已经能够通过提供如何选择健康的食品的指导而找到新的商机（Cardello and Wolfson，2013）。

社会运动是引起食品系统改革的重要驱动力。许多社会和政治行动者试图影响关于食品的公共政策和文化价值。食品系统重要的新闻和文学传统至少可以追溯到 Upton Sinclair，他对芝加哥肉类包装的经典曝光导致了劳动法和公共卫生法规的戏剧性改革（Sinclair，1906）。这一利益由不同的群体来例证：美国忧思科学家联盟、公共利益科学中心、美国消费者联合会、有机食品生产者和像 Michael Pollan 和 Mark Bittman 这样的食品系统评论家。Cesar Chavez 在 20 世纪 60 年代组织消费者的联合抵制和加利福尼亚农场工人工会的工作，极大地改变了水果和蔬菜行业中农场雇主依赖低薪农民工的状况，并促进了劳动法的颁布，提高了机械化程度，并且有助于消费者形成对现代农场和粮食生产的社会成本的认识（Holmes，2010）。长期的学术研究和著作历史也有助于促使人们更加关注如何将以市场为导向的食品系统与更广泛的社会利益（从本报告中所提到的健康、环境、社会和经济问题到其他难题，如海洋管理、气候管理、大气管理与其他全球"公共"资源的管理）相协调。

许多宣传活动对食品系统产生了不可磨灭的印记。信息、私人和公共组织及社会运动对过去 100 年来消费者的食品购买行为、公共政策、产业结构的调整和技术变革中的许多重大变化做出了贡献。合作社、生产者团体的反垄断豁免和农场/商品计划都是这些活动引起的政策性结果。

宣传活动（由行业和评论家提出）已经并将继续在确定与食品有关的问题、提高消费者的意识、促进对食品的研究及促进关于食品行业问题的讨论等方面发挥关键的作用。其中一些问题最终被证明是边缘性的或误导性的，但其中许多问题重塑了食品系统中的市场营销策略和技术应用，或者是影响了规范和指导食品系统的政策。

结 束 语

借以各种举措，美国的食品系统改革非常成功。由于机械化、化肥和农药、基因工程和改进的信息管理实践，农业生产力得到了大幅度的提高。这使得美国的食品系统能够养活绝大多数的人口，并且向世界上大部分地区提供粮食出口。在提高农民收入和财富方面，从经济大萧条开始以来，农业政策降低了农业收入和粮食价格的波动，并增加了许多农户和土地所有者的收入和财富（Cochrane，1993，2003；Gardner，2002；Pasour and Rucker，2005）。食品系统对大型经济的贡献在于农业，消费者每消费 1 美元，其中就有 80 美分以上被用于食品，包括投入、产出和消费服务。而食品系统作为一个整体，为美国提供了约 10%的总就业机会。

在认识到这些利益和特性之后，本报告描述了美国食品系统在健康、环境、社会和经济方面的效应（正面和负面），以及食品系统与这些方面之间的相互关系（第 3～5 章）。最突出的问题涉及了对人类健康、环境、气候变化、食品安全及社会和经济不平等的效应，这就会导致社会和货币成本的增加。如本章所述，美国食品系统的效应反映了当今的自然环境和社会/制度环境，其中每一种环境都在不断发展，以响应各种各样的驱动因素。在未来 40 年里，全球粮食的需求预计将增长 70%，为解决这些压力和不断出现的新问题，食品系统必须继续发展。虽然食品系统在发展过程中产生的健康、环境、社会和经济效应会有效地协调一致，但有些效应可能会增加负担。当政策制定者、消费者和其他参与者做出决策时，需要对各种效应的复杂性的权衡予以审视和理解。第 7 章讨论的分析框架旨在为理解食品系统内的效应、相互作用和需要权衡之处提供一个指导工具。

参考文献

Agriculture in the Classroom. 2014. *Growing a nation: The story of American agriculture. Historical timeline.* https://www.agclassroom.org/gan/timeline/index.htm (accessed November 24, 2014).

ARS (Agricultural Research Service). 2014. *ARS timeline. 144 years of ag research.* http://www.ars.usda.gov/is/timeline/chron.htm (accessed December 16, 2014).

Backstrand, J. R. 2002. The history and future of food fortification in the United States: A public health perspective. *Nutrition Reviews* 60(1):15-26.

Bell, D., and G. Valentine. 1997. *Consuming geographies: We are where we eat.* London: Routledge.

Benbrook, C. N. 2012. Impacts of genetically engineered crops on pesticide use in the U.S.—the first sixteen years. *Environmental Sciences Europe* 24(24):1-13.

Betson, D., M. Martinez-Schiferl, L. Giannarelli, and S. R. Zedlewski. 2011. *National- and state-level estimates of Women, Infants, and Children (WIC) eligibles and program reach, 2000-2009.* Washington, DC: U.S. Department of Agriculture, Food and Nutrition Service.

BLS (Bureau of Labor Statistics). 2014. *Labor force statistics from the Current Population Survey.* http://www.bls.gov/cps/cpsaat01.htm (accessed November 24, 2014).

Brownell, K. D., and K. B. Horgen. 2003. *Food fight: The inside story of the food industry: America's obesity crisis, and what we can do about it.* Columbus, OH: McGraw-Hill.

Buttel, F. H. 2003a. Continuities and disjunctures in the transformation of the U.S. agro-food system. In *Challenges for rural America in the twenty-first century*, edited by D. L. Brown and L. E. Swanson. University Park: The Pennsylvania State University Press.

Buttel, F. H. 2003b. Internalizing the societal costs of agricultural production. *Journal of Plant Physiology* 133(4):1656-1665.

Buzby, J. C., H. F. Wells, and T. G. Bentley. 2013. ERS's food loss data help inform the food waste discussion. USDA Economic Research Service. *Amber Waves.* Washington, DC:

U.S. Department of Agriculture, Economic Research Service.
Buzby, J. C., H. F. Wells, and J. Hyman. 2014. *The estimated amount, value and calories of postharvest food losses at the retail and consumer levels in the United States*. Economic Information Bulletin, No. 121. Washington, DC: U.S. Department of Agriculture, Economic Research Service.
Calvin, L., and P. Martin. 2010. *The U.S. produce industry and labor: Facing the future in a global economy*. USDA-ERS Research Report 106. http://www.ers.usda.gov/publications/err-economic-research-report/err106.aspx (accessed November 25, 2014).
Canning, P. N. 2011. *A revised and expanded food dollar series. A better understanding of our food costs*. Economic Research Report, No. 114. Washington, DC: U.S. Department of Agriculture, Economic Research Service.
Cardello, H., and J. Wolfson. 2013. *Lower-calorie foods and beverages drive Healthy Weight Commitment Foundation companies' sales growth*. Interim report. Washington, DC: Hudson Institute.
Carson, R. 1962. *Silent spring*. New York: Houghton Mifflin.
CDC/NCHS (Centers for Disease Control and Prevention/National Center for Health Statistics). 2014. *Health, United States 2013. With special feature on prescription drugs*. Hyattsville, MD: NCHS. http://www.cdc.gov/nchs/hus.htm (accessed November 25, 2014).
Chandon, P., and B. Wansink. 2012. Does food marketing need to make us fat? A review and solutions. *Nutrition Reviews* 70(10):571-593.
Clay, J. 2004. *World agriculture and the environment: A commodity-by-commodity guide to impacts and practices*. Washington, DC: Island Press.
CNPP (Center for Nutrition Policy and Promotion). 2014. *Nutrient content of the U.S. food supply 1909-2010*. http://www.cnpp.usda.gov/USFoodSupply.htm (accessed November 25, 2014).
Cochrane, W. W. 1993. *The development of American agriculture: A historical analysis*. Minneapolis: University of Minnesota Press.
Cochrane, W. W. 2003. *The curse of American agricultural abundance*. Lincoln: University of Nebraska Press.
Cochrane, W. W., and C. F. Runge. 1992. *Reforming farm policy: Toward a national agenda*. 1st ed. Ames: Iowa State University Press.
Cronon, W. 1987. Revisiting the vanishing frontier: The legacy of Frederick Jackson Turner. *Western Historical Quarterly* 18(2):157-176.
Dutia, S. G. 2014. *AgTech: Challenges and opportunities for sustainable growth*. Kansas City, MO: Ewing Marion Kauffman Foundation.
EPA (U.S. Environmental Protection Agency). 2014a. *Agriculture. Overview*. http://water.epa.gov/polwaste/npdes/Agriculture.cfm (accessed November 24, 2014).
EPA. 2014b. *Sources of greenhouse gas emissions*. http://epa.gov/climatechange/ghgemissions/sources/agriculture.html (accessed November 24, 2014).
ERS (Economic Research Service). 2006. *Rural employment at a glance*. Economic Information Bulletin No. 21. Washington, DC: U.S. Department of Agriculture, Economic Research Service.
ERS. 2012. *County typology codes. Description and maps*. http://www.ers.usda.gov/data-products/county-typology-codes/descriptions-and-maps.aspx#.VD619RawSew (accessed November 25, 2014).
ERS. 2013a. *Food expenditure series*. http://ers.usda.gov/data-products/food-expenditures.aspx#.U71xNLEYePM (accessed November 25, 2014).
ERS. 2013b. *Foreign agricultural trade of the United States (FATUS): Value of U.S. agricultural trade, by calendar year*. http://www.ers.usda.gov/data-products/foreign-agricultural-

trade-of-the-united-states-%28fatus%29/calendar-year.aspx#26444 (accessed November 7, 2014).

ERS. 2014a. *Ag and food sectors and the economy*. http://www.ers.usda.gov/data-products/ag-and-food-statistics-charting-the-essentials/ag-and-food-sectors-and-the-economy.aspx#.VD1ZXRawSAo (accessed November 25, 2014).

ERS. 2014b. *Food dollar series*. http://www.ers.usda.gov/data-products/food-dollar-series/documentation.aspx (accessed November 25, 2014).

ERS. 2014c. *Indicator table*. March 14. http://www.ers.usda.gov/amber-waves/2014-march/indicator-table.aspx#.VFjoypV0y71 (accessed November 4, 2014).

ERS. 2014d. *Manufacturing*. http://www.ers.usda.gov/topics/food-markets-prices/processing-marketing/manufacturing.aspx#.Uvowa_vwv3t (accessed November 24, 2014).

ERS. 2014e. *Organic market overview*. http://www.ers.usda.gov/topics/natural-resources-environment/organic-agriculture/organic-market-overview.aspx (accessed November 25, 2014).

ERS. 2014f. *Retail trends*. http://www.ers.usda.gov/topics/food-markets-prices/retailing-wholesaling/retail-trends.aspx#.Uu1RPCg7rj (accessed November 24, 2014).

FAO (Food and Agriculture Organization of the United Nations). 2014. *Biotechnology and food security fact sheet*. http://www.fao.org/worldfoodsummit/english/fsheets/biotech.pdf (accessed May 15, 2014).

FCWA (Food Chain Workers Alliance). 2012. *The hands that feed us: Challenges and opportunities for workers along the food chain*. http://foodchainworkers.org/wp-content/uploads/2012/06/Hands-That-Feed-Us-Report.pdf (accessed November 25, 2014).

FDA (U.S. Food and Drug Administration). 2007. Redbook 2000. *Guidance for industry and other stakeholders. Toxicological principles for the safety assessment of food ingredients*. http://www.fda.gov/Food/GuidanceRegulation/GuidanceDocumentsRegulatoryInformation/IngredientsAdditivesGRASPackaging/ucm2006826.htm#TOC (accessed November 24, 2014).

Fernandez-Cornejo, J., S. Wechsler, M. Livingston, and L. Mitchell. 2014. *Genetically engineered crops in the United States. Economic Research Report Number 162*. Washington, DC: Economic Research Service.

Fidelibus, M. W. 2014. Grapevine cultivars, trellis systems, and mechanization of the California Raisin Industry. *Journal of HortTechnology* 24(3):285-289.

Findeis, J. L., A. M. Vandeman, J. M. Larson, and J. L. Runyan. 2002. *The dynamics of hired farm labor: Constraints and community responses*. New York: CABI Publishing.

Flake, O., A. Jerardo, and D. Torgerson. 2013. *Outlook for U.S. agricultural trade: August 2013*. Washington, DC: U.S. Department of Agriculture, Economic Research Service and Foreign Agricultural Service.

FNS (Food and Nutrition Service). 2014. *Summary of annual data, FY 2009-2013*. http://www.fns.usda.gov/pd/overview (accessed November 25, 2014).

Food Institute. 2014. *The Food Institute report*. http://www.foodinstitute.com (accessed November 25, 2014).

Friedland, W., A. Barton, and R. Thomas. 1981. *Manufacturing green gold: Capital, labor, and technology in the lettuce industry*. Cambridge, UK: Cambridge University Press.

Fryer, C. D., and R. B. Ervin. 2013. Caloric intake from fast food among adults: United States, 2007-2010. *National Center for Health Statistics Data Brief* (114):1-8.

Fuglie, K., P. Heisey, J. King, and D. Schimmelfennig. 2012. Rising concentration in agricultural input industries influences new farm technologies. *Amber Waves* 10(4):1-6.

Garcia, M. A., and M. A. Altieri. 2005. Transgenic crops: Implications for biodiversity and sustainable agriculture. *Bulletin of Science, Technology & Society* 25(4):335-353.

Gardner, B. L. 2000. Economic growth and low incomes in agriculture. *American Journal of Agricultural Economics* 82(5):1059-1074.

Gardner, B. L. 2002. *American agriculture in the twentieth century: How it flourished and what it cost.* Cambridge, MA: Harvard University Press.

Golden, S. D., and J. A. Earp. 2012. Social ecological approaches to individuals and their contexts: Twenty years of health education & behavior health promotion interventions. *Journal of Health Education and Behavior* 39(3):364-372.

Gurian-Sherman, D. 2009. *Failure to yield. Evaluating the performance of genetically engineered crops.* Cambridge, MA: Union of Concerned Scientists.

Hendrickson, M., and W. Heffernan. 2007. *Concentration of agricultural markets.* Report prepared for National Farmers Union. http://www.nfu.org/media-galleries/document-library/heffernan-report/2007-Heffernan-Report (accessed November 25, 2014).

Holmes, T. 2010. The economic roots of Reaganism: Corporate conservatives, political economy, and the United Farm Workers movement, 1965-1970. *The Western Historical Quarterly* 41(1):55-80.

Hoppe, R. A., and D. E. Banker. 2010. *Structure and finances of U.S. farms.* EIB-66. Washington, DC: U.S. Department of Agriculture, Economic Research Service.

Hoppe, R. A., and J. MacDonald. 2013. *Updating the ERS farm typology.* Economic Information Bulletin No. 110. Washington, DC: U.S. Department of Agriculture, Economic Research Service.

Howard, P. H. 2009. Visualizing consolidation in the global seed industry: 1996-2008. *Sustainability* 1(4):1266-1287.

Howard, P. H. 2014. *Seed industry structure.* https://www.msu.edu/~howardp/seedindustry.html (accessed November 25, 2014).

IOM (Institute of Medicine). 2006. *Food marketing to children and youth: Threat or opportunity*? Washington, DC: The National Academies Press.

IPCC (Intergovernmental Panel on Climate Change). 2014. *Climate change 2014. Mitigation of climate change.* New York: Cambridge University Press. http://www.ipcc.ch/report/ar5/wg3 (accessed November 24, 2014).

IRI (Information Resources, Inc.). 2013. *Private label and national brands: Paving the path to growth together.* https://foodinstitute.com/images/media/iri/TTDec2013.pdf (accessed November 24, 2014).

Jakle, J. A., and K. A. Sculle. 1999. *Fast food: Roadside restaurants in the automobile age.* Baltimore, MD: Johns Hopkins University Press.

James, C. 2012. *Global status of commercialized biotech/GM Crops.* ISAAA Brief No. 44. Ithaca, NY: International Service for the Acquisition of Agri-Biotech Applications.

Josling, T., S. Tangermann, and T. K. Warley. 1996. *Agriculture in the GATT.* New York: St. Martin's Press.

Key, N. D., and W. McBride. 2007. *The changing economics of U.S. hog production.* Washington, DC: U.S. Department of Agriculture, Economic Research Service.

King, R. P., M. Anderson, G. DiGiacomo, D. Mulla, and D. Wallinga. 2012. *State level food system indicators, August 2012.* http://foodindustrycenter.umn.edu/Research/foodsystem indicators/index.htm (accessed November 24, 2014).

Kinsey, J. D. 2001. The new food economy: Consumers, farms, pharms, and science. *American Journal of Agricultural Economics* 83(5):1113-1130.

Kinsey, J. 2013. Expectations and realities of the food system. In *U.S. programs affecting food and agricultural marketing*, edited by W. J. Armbruster and R. Knutson. New York: Springer Science + Business Media. Pp. 11-42.

Liberty Beacon Staff. 2013. Genetically modified foods pose huge health risk. *The Liberty Bea-*

con, May 9, 2013. http://www.thelibertybeacon.com/2013/05/09/genetically-modified-foods-pose-huge-health-risk (accessed October 10, 2014).

Lin, B.-H., and J. Guthrie. 2012. *Nutritional quality of food prepared at home and away from home, 1977-2008*. Economic Information Bulletin, No. 105. Washington, DC: U.S. Department of Agriculture, Economic Research Service.

Lobao, L., and K. Meyer. 2001. The great agricultural transition: Crisis, change, and social consequences of twentieth century US farming. *Annual Review of Sociology* 27:103-124.

MacDonald, J. M., and W. D. McBride. 2009. *The transformation of U.S. livestock agriculture. Scale, efficiency and risks*. Economic Information Bulletin, No. 43. Washington, DC: U.S. Department of Agriculture, Economic Research Service.

Martin, P. 2009. *Importing poverty: Immigration and the changing face of rural America*. New Haven, CT: Yale University Press.

Martin, P. 2013. Immigration and farm labor: Policy options and consequences. *American Journal of Agricultural Economics* 95(2):470-475. http://ajae.oxfordjournals.org/content/95/2/470.full (accessed November 24, 2014).

Martin, P., and D. Jackson-Smith. 2013. An overview of farm labor in the United States. *Rural Connections* 8(1):21-24. http://wrdc.usu.edu/files/publications/publication/pub_2846540.pdf (accessed November 24, 2014).

Mintz, S. W., and C. M. Du Bois. 2002. The anthropology of food and eating. *Annual Review of Anthropology* 31:99-119.

NASS (National Agricultural Statistics Service). 2014a. *Farm labor*. http://usda.mannlib.cornell.edu/MannUsda/viewDocumentInfo.do?documentID=1063 (accessed November 25, 2014).

NASS. 2014b. *Quick stats*. http://quickstats.nass.usda.gov (accessed November 25, 2014).

NRC (National Research Council). 2000. *Genetically modified pest-protected plants: Science and regulation*. Washington, DC: National Academy Press.

NRC. 2002. *Environmental effects of transgenic plants: The scope and adequacy of regulation*. Washington, DC: The National Academies Press.

NRC. 2010. *Toward sustainable agricultural systems in the 21st century*. Washington, DC: The National Academies Press.

NRC and IOM. 2004. *Safety of genetically engineered food: Approaches to assessing unintended health effects*. Washington, DC: The National Academies Press.

Oskam, A., G. Backus, J. Kinsey, and L. Frewer. 2010. The new food economy. In *E.U. policy for agriculture, food and rural area*. Wageningen, The Netherlands: Wageningen Academic Publishers. Pp. 297-306.

Pardey, P. G., J. M. Alston, and C. Chan-Kang. 2013. *Public food and agricultural research in the United States: The rise and decline of public investments, and policies for renewal*. Washington, DC: AGree.

Pasour, E.C., Jr., and R. R. Rucker. 2005. *Plowshares and pork barrels: The political economy of agriculture*. Oakland, CA: The Independent Institute.

Pfeffer, M. J. 1983. Social origins of three systems of farm production in the United States. *Rural Sociology* 48:540-562.

Portnoy, S. 2013. *The U.S. role in a global food system—an agribusiness perspective*. Presentation to IOM Committee on a Framework for Assessing the Health, Environmental, and Social Effects of the Food System. Washington, DC, September 16.

Raney, T., and P. Pingali. 2007. Sowing a gene revolution. *Scientific American* 297(3):104-111.

Reinhardt, N., and P. Barlett. 1989. The persistence of family farms in the United States. *Sociologia Ruralis* 29(3/4):203-225.

Rosenbaum, D. 2013. *SNAP is effective and efficient*. Washington, DC: Center on Budget and Policy Priorities.

Runge, C. F., and B. Senauer. 2007. How biofuels could starve the poor. *Foreign Affairs* 86(3):41.

Schlosser, E. 2001. *Fast food nation: The dark side of the all-American meal*. Boston, MA: Houghton Mifflin.

Schnepf, R. 2013. *Farm-to-food price dynamics*. Congressional Research Service Report R40621. Washington, DC: Congressional Research Service.

Senauer, B., and L. Venturini. 2005. The globalization of food systems: A concept framework and empirical patterns. In *Food agriculture and the environment*, edited by E. Defrancesco, L. Galletto, and M. Thiene. Milan, Italy: FrancoAngeli. Pp. 197-224.

Sexton, R. J. 2013. Market power, misconceptions, and modern agricultural markets. *American Journal of Agricultural Economics* 95(2):209-219.

Sinclair, U. 1906. *The jungle*. New York: Doubleday, Page & Co.

St. Leger, L. 2001. Schools, health literacy and public health: Possibilities and challenges. *Health Promotion International* 16(2):197-205.

U.S. Census Bureau. 2014a. *Census of population and housing*. http://www.census.gov/prod/www/decennial.html (accessed November 25, 2014).

U.S. Census Bureau. 2014b. *Fast facts*. http://www.census.gov/history/www/through_the_decades/fast_facts (accessed November 25, 2014).

USDA (U.S. Department of Agriculture). 2003. *National range and pasture handbook. Revision 1*. Washington, DC: U.S. Department of Agriculture, Natural Resources Conservation Service.

USDA. 2009. *2007 Census volume 1, chapter 1: U.S. national level data*. Table 1. http://www.agcensus.usda.gov/Publications/2007/Full_Report/Volume_1,_Chapter_1_US (accessed February 10, 2014).

USDA. 2012. *Historical Census publications*. http://www.agcensus.usda.gov/Publications/Historical_Publications/index.php (accessed December 16, 2014).

USDA. 2014. *2012 Census of agriculture. United States*. http://www.agcensus.usda.gov/Publications/2012 (accessed November 25, 2014).

USDA and HHS (U.S. Department of Health and Human Services). 2010. *Dietary guidelines for Americans, 2010*. Washington, DC: USDA and HHS.

USDOJ (U.S. Department of Justice). 2012. *Competition and agriculture: Voices from the workshops on agriculture and antitrust enforcement in our 21st century economy and thoughts on the way forward*. http://www.justice.gov/atr/public/reports/283291.pdf (accessed October 27, 2014).

Vermeulen, S. J., B. M. Campbell, and J. S. I. Ingram. 2012. Climate change and food systems. *Annual Review of Environment and Resources* 37:195-222.

Ward, C. E., and T. C. Schroeder. 1994. Packer concentration and captive supplies. http://cals.arizona.edu/arec/wemc/cattlemarket/PckrConc.pdf (accessed December 16, 2014).

Wiebe, K. D. 2003. *Linking land quality, agricultural productivity, and food security*. Washington, DC: U.S. Department of Agriculture, Economic Research Service.

第二部分　美国食品系统的效应

理想的食品系统能做什么？在委员会看来，这样的系统应该支持人类健康；营养充足，价格合理，为所有人提供可获得的食物，为农民和农场工人提供体面的生活；保护自然资源和动物福利，同时尽量减少对环境的影响。然而，当我们生产、加工、消费和处理食品时，这些行为会对物质和经济系统产生积极和消极的影响：较为直接的是提供生活所需的营养物质，而间接的是导致气候变化。许多个人和组织致力于预防或减轻这些负面效应；另外，食品系统当前面临的一些挑战（第 2 章）可能是基于孤立分析做出决策的结果，即分析只在一个维度上探索效果，而未进行潜在的利弊权衡。如果提前考虑到多方面的关键效应和利弊权衡，将会做出更好、更明智的干预决策，并可能减少意想不到的后果。

这份报告的目的是为分析食品系统对健康、环境、社会和经济的效应提供一个框架。为了制定这样一个框架并阐明可能需要解决的问题，委员会总结得出：需要在这些不同的领域对食品系统的效应进行研究。正如第 2 章所描述的，食品系统由许多参与者和过程组成；它是动态的和循环的（如它受交互和循环的影响），而不是线性的；它以不同的方式影响着人群；这些效应本来也可能是急性和长期的。在全球、国家、地区和地方层面，相互关联的市场相互作用（并产生影响）。所有的这些特征都有助于应对各种挑战，如建立边界、归因因果关系及确定效应的机制路径。

第二部分是作为背景文章来写的，简要描述了选定的效果和复杂性；对于选定的对象，没有对它们与食品系统的潜在联系进行系统的审查。本章从概念上和实例上描述了食品系统的一些复杂性。然而，没有对劳动力市场与有重大行为、社会和经济效应的社会结构之间的联系进行详细探讨。从这个背景文章中，读者不能得出任何与食品系统的因果关系，但能得出潜在的关联。此外，虽然委员会认为美国食品系统与全球食品系统有着广泛而重要的联系，但并没有讨论对其他国家的潜在效应。最后，各章不建议（甚至探索）替代干预措施，以尽量减少任何负面后果或对当前配置的权衡。

此外，为了强调我们在生产、加工、消费和处理食品过程中所引起的一些潜在的健康（第 3 章）、环境（第 4 章）、社会和经济（第 5 章）方面的效应，本章提供了一些方法的简要总结，用于识别和衡量这些效应。各章引言的目的是帮助读者了解委员会如何对健康、环境、社会和经济领域的效应进行分类（例如，食品不安全可以被归类为健康、社会或经济的效应，但它在第 5 章被作为了一种社会和经济效应）。

3 美国食品系统的健康效应

本章描述了食品系统对健康的影响。但它并不是全面的；相反，它回顾了影响美国人口的一些最显著的健康效应，它们的流行程度，以及一些潜在的原因。与食品和农业生产相关的环境污染给总人口带来的重大健康效应也包含在内。此外，在第5章中描述了对农业和食品工人的与食品消费无关的健康效应，并且描述了对这一特定人群的其他健康效应。虽然本章将健康效应作为主要结果，但它也强调健康效应很少独立于社会和环境效应。本章简要介绍了当前食品系统中固有的权衡、交互作用和其他复杂性的例子。最后，本章指出了在衡量健康结果和建立与食品系统的联系时所遇到的重要挑战。在附录B的表B-1～表B-4中列出了一组选定的数据、指标和方法来衡量健康效应。委员会没有试图去估计健康效应的非市场经济价值。

食品系统和健康效应

联邦政府投入资源以达到一定的公共卫生目标。它监控人们的饮食模式、营养摄入和营养状态指标，以促进人体健康，预防慢性疾病。它还鼓励个人消费来促进健康的饮食，通过资助营养研究和传播循证的营养信息与指导方针，包括《美国居民膳食指南》（DGA）（USDA and HHS，2010a）和膳食参考摄入量（DRI[①]）（IOM，2014），来消费能够促进健康和预防慢性疾病的饮食。联邦政府的资源也被投入在了与微生物或化学食源性疾病相关的急性疾病上。为降低食源性疾病的风险并保护公众健康，还发布了相关法规、警告和建议。

美国的饮食习惯部分是由消费者的需求和偏好驱动的，同时也受文化、成本、口味和便利性的影响，还受行业广告和营销手法的影响（Hawkes，2009；Popkin，2011；Stuckler and Nestle，2012）。正如第5章所描述的，最赚钱的食品生产部门是零食生产商，而不是更健康的食品生产商。低营养产品的不均衡推广和低成本会对饮食习惯产生负面影响（见下文，如关于营销与儿童和肥胖的关联）。其他的驱动因素，如政策、技术和市场力量，通过影响食物成本、选择倾向或可访问性（第2章）来间接影响饮食习惯。市场力量，包括消费需求，并不总是支持与公共卫生营养建议相一致的饮食习惯，如DGA及其相关的公共卫生目标（如减少慢性疾病风险和微量元素缺乏）。例如，目前的水果和蔬菜的日常摄入量远低于推荐水平。

---

① DRI是健康个体的营养摄入标准。预计平均需求（EAR）是指在特定的生活阶段和性别群体中，为满足一半的健康个体的需求，平均每天的营养摄入水平；推荐的膳食津贴是指在特定的生活阶段和性别群体中，为满足97%～98%的人口的营养需求，平均每天的营养摄入水平；上限是指在人群中没有对健康造成不良影响时，每日营养素摄入量的最高水平；当缺乏足够的数据来建立一个EAR时，就根据观察或实验确定的一组营养摄入足够的健康人群的营养素摄入量的近似值，建立足够的摄入量（AI）

在某些情况下，已经实施了一些干预措施以改变食品消费模式或改变食品的成分，从而达到公共卫生目标（框 3-1）。这些干预措施包括在普通的饮食习惯不能提供足够的特定营养素摄入量时进行的营养强化规定，以及食品援助和营养-教育计划，以促进以健康为目的的饮食计划和食物准备实践。在缺少联邦行动的情况下，地方政府已经提出了通过禁止反式脂肪（Assaf，2014）、要求菜单标注（Rutkow et al，2008），或者征税或限制含糖饮料的比例（Mariner and Annas，2013）的政策来改善饮食习惯。同样，联邦政府也在监管食品安全。食品安全在美国并不被认为是一种竞争优势。因此，食品安全的重大进步是由行业作为一个整体来开拓的，并在公司之间共享和采用。

框 3-1

公共卫生干预的例子

政策

• 美国农业部（USDA）营养援助计划［例如，妇女、婴儿和儿童特别补充营养计划（WIC）；补充营养援助计划（SNAP）；食品应急计划；国家学校午餐计划；国家学校早餐计划］。

• 对美国食品药品监督管理局（FDA）规定的特定产品进行营养强化。

• 美国农业部（USDA）的减少病原体和危害分析与关键控制点（HACCP）系统规定，要求肉类和家禽加工厂制定安全计划以防止污染。

•《食品安全现代化法案》，要求美国食品药品监督管理局（FDA）制定政策来改善食品安全管理。

• FDA《食品过敏原标签与消费者保护法案》，该法案向消费者介绍了食品中的过敏原。

• FDA《食品法典》是州和地方政府可以采用的食品零售和服务行业的食品安全法规模式。

•FDA 指导关于在食品中使用抗生素的建议（一种自愿减少家畜抗生素使用的尝试）（FDA，2013）。

• FDA《营养标签和教育法案》，它提供营养成分标签，告诉消费者包装食品的营养成分。

• 竞争性学校食品规定作为《2010 年健康无饥饿儿童法案》（公共法 111-296）的一部分。

志愿方案

• 行业驱动的食品安全举措（例如，全球食品安全倡议，在 HACCP 实施监管要求之前，对单核细胞增生李斯特菌和其他新出现的病原体进行环境监测）。

• 食品过敏研究和资源计划（行业支持研究和教育）。

教育工作

- 产品包装前面的营养信息，以告知消费者产品的显著优点。
- 教育运动，如白宫的“行动起来”运动，旨在改善儿童的健康并将营养作为其核心组成部分。
- 面向消费者的食品安全教育，如由疾病预防控制中心、美国食品药品监督管理局（FDA）和美国农业部（USDA）建立的食品安全网站。
- 贸易协会食品安全教育关于单核细胞增生李斯特菌的环境监测和控制。
- 美国农业部（USDA）对美国人提供的饮食指南营养教育（如 ChooseMyPlate.gov）。
- 国家营养教育标准、基准或期望。
- SNAP-Ed，由美国农业部（USDA）管理，旨在改善符合 SNAP 项目的人的食品决策。

有时由市场力量产生的公共卫生问题并不容易得到纠正。当原因和效果之间的关系不清楚时，就会出现这种情况，因此解决方案不容易被确定。在其他情况下，促进健康的潜在干预措施，如建议对含糖饮料征税，或禁止在儿童电视节目中播放低营养食品的广告，都被拒绝了，因为主要参与者对社会、经济或环境的影响并不看好。在其他情况下，反馈循环会强化食品系统的负面属性。例如，美国的食品系统提供了许多低成本、高热量的食物，这导致了食物中含有大量的卡路里，也增加了过量的卡路里摄入、超重和肥胖的可能性（Hawkes，2009）。这种过度消费被认为可能是提高生产的需要。与此同时，以牺牲饮食多样性为代价的补贴少数商品的政策可能会增加食品系统的卡路里，并导致更低微量营养素的摄入（Pingali，2012）。

事实上，市场力量与公共卫生目标之间的总体协调可能不会实现。人口的异质性，包括遗传、民族、生活阶段和文化群体，造成人群中不同的食物偏好和需求。因此，解决方案可能越来越多地需要有针对性的干预措施和建议。突出的例子包括个体对食物过敏原的易感性或者影响营养需求的基因和生命阶段的差异（Solis et al.，2008；Stover，2006）（参见叶酸强化的例子）。有时，消费者的食品偏好与公共卫生目标不一致。例如，人口中的一些群体可能有一些促进风险行为的关于食物的信念，如食用生牛奶，尽管这增加了食源性疾病的风险。从美国市场产品销售的总量来看，未经巴氏杀菌的乳制品可能比经过巴氏杀菌的产品的致病率高 150 倍（Langer et al.，2012）。食物的成本、便利性或味道可以导致有悖于公共卫生目标的饮食模式的形成（第 5 章）。

当某一特定的食物来源促进健康（如鱼，它包含有益于健康的 ω-3 脂肪酸），但带有健康风险（鱼也可能含有有害的甲基汞）时，就会进行权衡（IOM，2006b）。当有益的公共卫生结果以牺牲有益的社会、经济或环境结果为代价时，也会发生权衡。例如，通过食用海洋鱼类来满足膳食中 ω-3 脂肪酸的建议，有可能会使海洋鱼类资源枯竭，而这是一种对环境有害的结果（Venegas-Caleron et al.，2010）。温室气体排放同样受到食品系统结构的影响，包括蔬菜生产和动物蛋白生产之间的平衡（Macdiarmid et al.，2012）。

实现人类健康和减少饥饿的结果可能会鼓励劳工和移民政策，这些政策有助于维持较低的食品价格，对一般人群有利，但会带来社会和经济的不平等。在其他情况下，社会效应会在食品系统的各个方面产生负面的反馈循环，从而放大社会和经济的不公平现象，进而导致卫生不公平现象。例如，在一些荒废的、犯罪高发的和无序的社区，这些特征会阻碍对商品和服务的获取，包括健康食品。不良饮食习惯带来的负面健康后果可能会加剧受影响人群的贫困和劣势（Bader et al.，2010）。

食品系统潜在的特殊健康效应

在美国和大多数西方国家，不良的饮食模式对非传染性疾病的负担做出了很大的贡献（图 3-1）。

	澳大利亚	奥地利	比利时	加拿大	丹麦	芬兰	法国	德国	希腊	爱尔兰	意大利	卢森堡	荷兰	挪威	葡萄牙	西班牙	瑞典	英国	美国
饮食风险	1	1	1	1	2	1	1	1	1	1	1	1	2	1	1	1	1	1	1
吸烟	3	2	2	2	1	4	2	4	2	2	3	2	1	2	4	3	4	2	2
高体重指数	2	4	3	3	4	3	4	3	4	4	4	3	4	4	3	2	3	4	3
高血压	4	3	4	4	3	2	3	2	3	3	2	4	3	3	2	4	2	3	4
高空腹血糖	6	7	6	6	7	8	7	6	6	8	6	8	7	6	6	5	6	8	5
体能活动不足	5	5	5	5	5	6	6	5	5	5	5	6	5	5	7	6	5	5	6
酒精使用	8	6	7	8	6	5	5	8	9	6	9	5	6	8	5	7	8	6	7
高总胆固醇	7	8	8	7	8	7	8	7	7	7	7	7	8	7	8	8	7	7	8
药物使用	9	11	11	9	11	10	11	11	12	9	11	10	11	10	12	9	10	9	9
PM环境污染	16	10	9	11	10	14	10	10	8	11	8	11	9	15	10	10	14	11	10
职业风险	10	9	10	10	9	9	9	9	10	10	10	9	10	9	9	11	9	10	11
儿童性虐待	13	14	15	12	14	16	16	15	15	13	16	14	14	13	15	16	12	14	12
亲密伴侣暴力	14	13	14	13	13	12	13	14	14	14	14	12	12	12	14	14	13	15	13
铅	11	15	12	16	15	13	14	13	11	12	13	17	15	17	11	12	16	12	14
低骨密度	15	12	13	15	12	11	12	12	13	15	12	13	13	11	13	13	11	13	15
氡	20	16	16	17	16	15	15	16	16	16	15	15	17	14	16	15	15	17	16
臭氧	23	18	18	18	18	19	18	18	17	18	17	18	18	18	18	17	19	18	17
缺铁	12	17	17	14	17	17	17	17	19	17	18	16	16	16	17	18	17	16	18
缺锌	17	19	19	19	19	18	20	19	18	19	19	19	20	19	19	20	18	19	19
未经改良的水	22	23	23	22	23	23	23	23	23	23	21	23	23	23	23	23	23	23	20
童年体重不足	18	20	20	20	20	20	21	20	20	20	20	20	19	20	21	19	20	20	21
维生素A缺乏	19	21	21	21	21	21	22	21	21	21	22	21	21	21	22	21	21	21	22
卫生	21	22	22	23	22	22	19	22	22	22	23	22	22	22	20	22	22	22	23

图 3-1　造成西方国家非传染性疾病负担的高风险因素。水果、坚果、蔬菜和全谷类食物的低消耗量，钠、脂肪、加工肉类和反式脂肪的高摄入量是主要的饮食风险。图中颜色和数字基于风险因素的数量指定排列，红色代表对特定疾病具有更高数量的危险因素的国家，因此排名更高。饮食风险导致的危害可以在以下网址找到 http://vizhub.healthdata.org/gbd-compare[2015-1-8]（彩图请扫封底二维码）

PM=particulate matter（颗粒物）

来源：IHME，2013，经卫生指标与评估研究所批准转载

目前的食品系统对疾病造成的饮食相关风险主要和食物的过度消费有关，同时也是造成一些疾病发病和死亡的主要原因之一，包括心血管疾病（CVD）、2 型糖尿病、癌症和骨质疏松症（CDC，2013b）。营养缺乏和食源性疾病也能诱发饮食相关疾病。图 3-2 表示美国 2000～2010 年几种慢性疾病[①]的年龄校正死亡率（CDC/NCHS，2014a）。

---

① 慢性疾病，根据美国国家卫生统计中心的定义，指的是持续 3 个月或更长时间的疾病。约四分之一的患有慢性疾病的人具有一种或多种日常活动障碍，通常无法在日常生活中进行主要活动

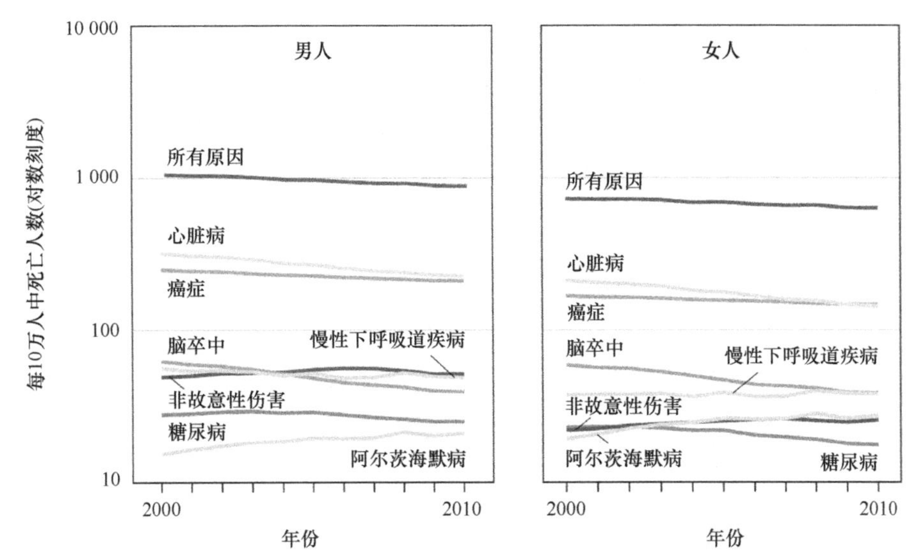

图 3-2 美国 2000～2010 年不同性别所有年龄段选定死亡原因的年龄校正死亡率（彩图请扫封底二维码）

死亡原因根据《国际疾病和相关健康问题统计分类》第 10 版修订

这些疾病及其危险因素，包括肥胖、高血压、高胆固醇血症，导致了巨大的医疗和生产力成本，并严重影响了美国人民的生活质量。疾病预防控制中心（CDC）估计有 75%的医疗保健费用被用于治疗可预防的慢性疾病。据估计，美国每年在心血管疾病方面的负担超过 3000 亿美元，包含医疗保健服务、医药费用和生产力损失（Go et al.，2014）。2012 年，在 1 型和 2 型糖尿病上的总负担估计达到 2450 亿美元，包括医院住院护理、医药费用和生产力损失（ADA，2013）。2008 年，肥胖症在美国医疗保健系统中花费约 1470 亿美元（9.1%的年度医疗支出），用于治疗与肥胖相关的疾病，如 2 型糖尿病（Finkelstein et al.，2009）。

食品系统的五大类健康效应将在后续进行讨论，包含：①肥胖；②慢性疾病（如高血压、CVD 和 2 型糖尿病）；③微量营养素缺乏症；④微生物食源性疾病；⑤化学食源性疾病。

肥 胖

美国的食品系统创造了丰富的粮食供应，大大减少了饥饿，但也在我们目前流行的肥胖病中发挥了重要作用。肥胖被美国医学会划分为一种疾病，同时也是其他常见慢性病的一个危险因素，如 CVD（心血管疾病）、2 型糖尿病、某些癌症、骨关节炎、肝和胆囊疾病等（Dagenais et al.，2005；IOM，2005；Malnick and Knobler，2006）。肥胖是由行为、遗传和环境因素（身体活动、食品和饮料、保健及工作学习的环境）间复杂的相互作用引起的，并影响我们一生的饮食。最后，肥胖是习惯性消耗过多能量而不是过多消耗脂肪的结果。

国家健康与营养调查（NHANES；见“测量健康效应的方法”一节，另见附录 B 的表 B-3）跟踪美国平民的健康状况和自我报告的饮食摄入量。来自 NHANES 的数据显示，在 2011～2012 年，35.1%的美国成年人被定义为肥胖（体重指数 BMI≥30），另外 33.9%的人被认为是超重（BMI≥25）（Fryar et al.，2014）。20 岁及其以上的成年人中，肥胖的总流行率从 1960～1962 年到 2011～2012 年稳步增加，男性为 10.7%～33.9%，女性为 15.8%～36.6%（Fryar et al.，2014）（图 3-3）。

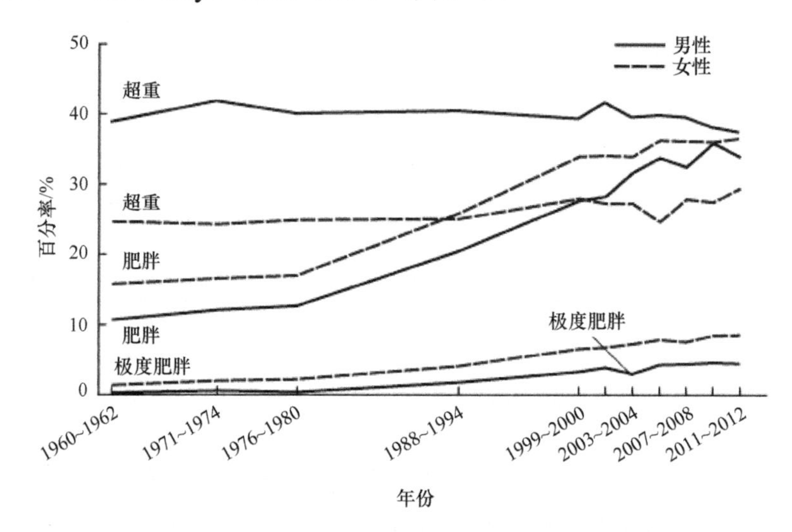

图 3-3　美国 1960～1962 年至 2011～2012 年，20～74 岁的男性和女性超重、肥胖和极度肥胖的趋势

根据美国人口普查局 2000 年的直接方法进行年龄调整，采用的年龄段分别为 20～39 岁，40～59 岁和 60～74 岁。怀孕女性被排除。超重被定义为体重指数（BMI）为 25 或更大，但小于 30；肥胖指体重指数（BMI）大于或等于 30；极度肥胖指体重指数（BMI）大于或等于 40

来源：Fryar et al.，2014，来自疾病预防控制中心/国家卫生统计中心，国家卫生检查调查 1960～1962 年的数据；以及美国国家健康与营养调查 1971～1974 年、1976～1980 年、1988～1994 年、1999～2000 年、2001～2002 年、2003～2004 年、2005～2006 年、2007～2008 年、2009～2010 年和 2011～2012 年

在 2009～2010 年，大约有 18%的 5 岁以上儿童患有肥胖症，相较于 1976～1980 年的 5%的流行率，出现了显著的增加（Fryar et al.，2012）。来自卫生计量和评价研究所（http://vizhub.healthdata.org/obesity[2015-1-8]）的最新数据显示，2013 年 10～14 岁的青少年超重和肥胖率为 38%，1～4 岁的儿童超重和肥胖率为 18%（图 3-4），意味着儿童肥胖率的扁平化。最近的一篇文章记载，这种肥胖增长的扁平化对于高收入群体是真实的，但掩盖了低收入群体肥胖率的持续增长（Frederick et al.，2014）。

肥胖患病率因人群而异，并对某些种族、民族和收入群体造成不成比例的影响。CDC 报告，49.5%的非西班牙裔黑人、39.1%的西班牙人和 34.3%的非西班牙裔白人患有肥胖症（Flegal et al.，2012）。2005～2008 年，在低于联邦贫困水平的妇女中，肥胖患病率为 42%，而在高于贫困水平的 130%的妇女中，肥胖患病率为 32.9%。

肥胖：复杂的病因

美国人群的肥胖率显著增加的原因是复杂的，是由许多因素的相互作用造成的。一些证据表明，某些特定基因的表达会带来更高的肥胖风险（den Hoed et al.，2010；Dina et al.，2007；Frayling et al.，2007）。Leibel（2008）认为，这些基因主要作用于中枢神

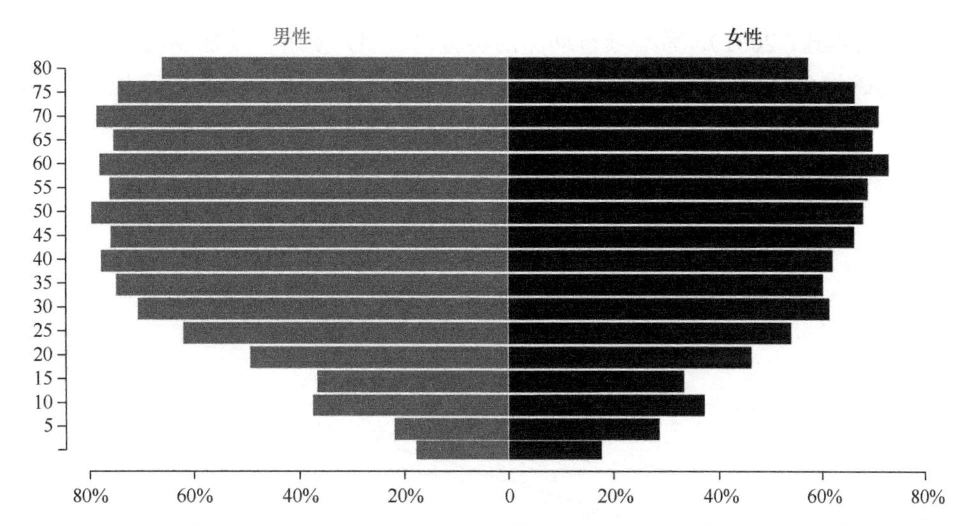

图 3-4 2013 年美国按年龄（*y* 轴）和性别划分的超重与肥胖百分比（*x* 轴，体重指数≥25）
来源：IHME，2014；Ng et al.，2014。转载得到卫生计量和评价研究所许可

经系统，影响有意识和无意识这两方面的食物摄取和能量消耗。之后他提出单独或与其他基因一起作用的调节基因并不能解释肥胖的风险，部分原因是其表达非常依赖于与其他基因及与食物环境的相互作用。尽管在过去的 30～40 年美国人群不可能发生重大遗传变化，但是基因可使个体在肥胖环境中增加对肥胖的敏感度。因此，为了了解肥胖率急剧上升的原因，人们对食物环境给予了很多关注。

Westerterp 和 Speakman（2008）认为美国人在肥胖快速增长的时期变得相当活跃，但其他人却发现了不同（Archer et al.，2013；Church et al.，2011）。目前还没有就饮食和体力活动对人群肥胖的个体定量贡献达成共识。然而，自 20 世纪 80 年代以来美国肥胖率的增加与食物、食品消费和食物环境可用性的重大变化紧密相关。这些变化反过来又是由技术、农业政策、营销和消费者生活方式的演变所驱动的。在美国食物供应中，可用的卡路里（未经过处理和废物损失校正）从 20 世纪早期到 80 年代早期保持相对恒定，每天约 3300cal[①]。到 2000 年，可用的卡路里增加到每天约 3900cal（图 3-5）。

研究人员提出食物供应中的热量水平增加是肥胖率上升的潜在途径。例如，通过个体研究和系统分析发现，摄取过量的糖和体重增加之间存在强烈的关联（de Ruyter et al.，2012；Ebbeling et al.，2012；Malik et al.，2013；Perez-Morales et al.，2013；USDA and HHS，2010b）。除此之外，美国农业部经济研究所的一项研究发现，随着时间的推移，每周外出就餐一次，一年体重将会增加 2lb，换算到天，等于每天多摄入 134cal。另一部分研究者研究推测，外出就餐趋势的增加及伴随着外出就餐，食物分量的增大，是美国人群体重增加的一个主要原因。

一些研究已经在探讨食物分量的增加是如何导致热量摄入增加与食物浪费的。在一项研究中，受试者在面对较为大份的食物分配时，会多摄入 30%的卡路里。无论是谁面对何种食物，这种对食物分量的反应是类似的（Rolls et al.，2002）。一项研究发现，看电影的观众在面对大份的爆米花时会进食更多，哪怕是平常不喜欢吃爆米花的电影观众

① 1cal=4.190J

（Wansink and Park，2001）。另一项自动加汤实验也发现，使用自动加汤的碗进食的人比使用普通的碗进食的人会进食更多的汤。这项研究的作者认为，当人没有视觉线索时，对自己的进食是无法进行自我监测的（Wansink et al.，2005）。

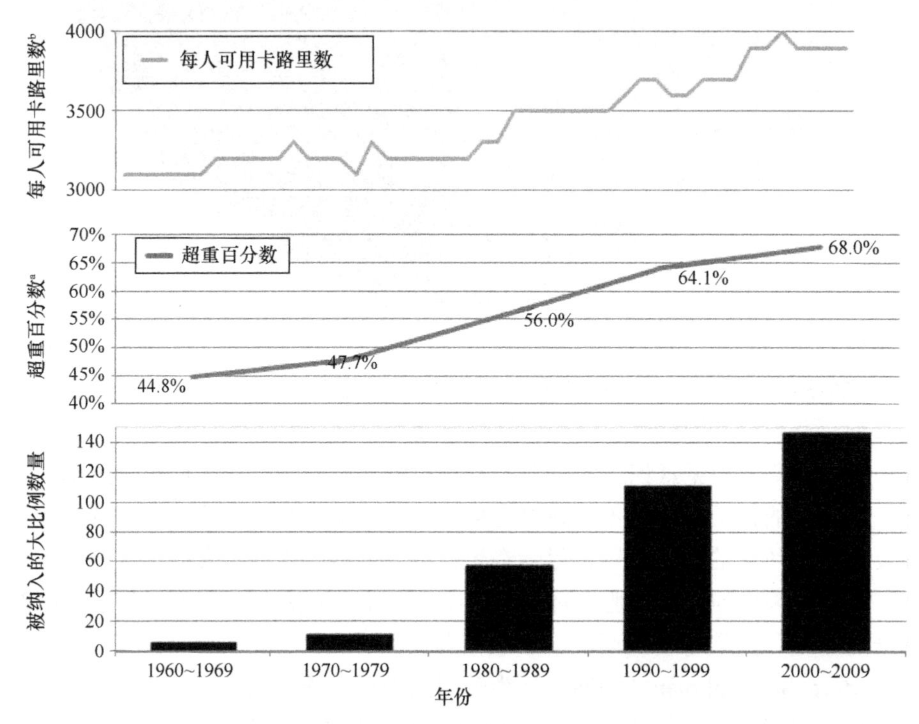

图 3-5　人均每日可用的卡路里，超重和大比例数量被引入在内

超重线包括超重和肥胖的百分比。未经处理和废物损失校正

a BMI＞25 的 20 岁美国成人

b 美国农业部食品供应系列数据

来源：Nestle and Nesheim，2012。经加利福尼亚大学出版社许可转载

价格和偏好的形成也在家庭食品采购中发挥着重要的作用，在食品消费中同样也是。Wilde 等（2012）研究了食品价格与肥胖流行病学之间的关系，得出了“食品价格假说”，即在同等价格的条件下，高卡路里食物的摄入将更有可能导致肥胖。有证据也表明，有效的营销策略将促进儿童对卡路里食品摄入量的增加。基于行业研究的证据，系统地回顾营销策略和健康之间的关系，研究发现主要是电视广告影响了健康。美国医学研究所（IOM）的一项名为《食品市场与儿童健康：威胁还是机遇？》的报告指出，食品和饮料的营销策略正在打破儿童及年轻人健康饮食的平衡，并将他们的健康置于一个危险的食品环境中（IOM，2006a）。Chandon 和 Wansink（2012）的研究报告指出，目前的食品市场正在通过增加食品分量、卡路里含量及设定低廉的价格来促进人们的肥胖。他们还提出食品市场营销人员可以通过改变策略，提供健康的食品给消费者来继续保持利润。但是对支持食品系统动力学其他方面和肥胖之间联系的证据仍然不是太清楚。例如，对进入超市和肥胖之间的联系就不是很清楚。

由于肥胖的病因复杂，肥胖是由食品系统中的许多因素或者食品系统之外的因素联合导致的，因此很难通过解决一个问题来逆转美国社会的肥胖问题。美国医学研究所的很多份报告分析了导致肥胖的几种因素并提出了预防的策略，其中食品和饮料市场是一个突出战略方面（IOM，2005，2012）。这些报告中，一份名为《加速防止肥胖：解决国家的体重问题》的报告设定了一系列的目标以应对国家不断上升的肥胖率。这些措施包括干预措施，如使体力活动成为日常生活的一部分，创造可以选择健康食品饮料的环境，改变体力活动和营养的信息等。如果这些措施能够得以充分实施，将会对国家的食品系统、食品环境及美国社会经济的方方面面产生较为深远的影响。关于解决方案的讨论往往是以争论为主，这表明了围绕食品的论点是经常存在争议的社会和政治话题。

慢 性 疾 病

目前越来越多的研究报道探究了日常饮食与慢性疾病之间的关系［例如，美国农业部营养证据图书馆（NEL，2014a），世界肿瘤研究基金/美国肿瘤研究所膳食和肿瘤报告（WCRF/AICR, 2007），美国心脏病学会和美国心脏协会（Eckel et al.，2014；Jensen et al.，2014）］。由美国农业部的营养数据库呈现的诸多结论，为某些特定的饮食与疾病之间的相关度进行了评级，分为“强”“中”“弱”。

对于心血管疾病，强有力的证据表明，当日常饮食中具有以下种类，如水果、蔬菜、全谷物、坚果、豆类、低脂乳制品、鱼和不饱和脂肪酸，并且减少食用红肉加工肉、饱和脂肪酸、高盐及含糖量高的食物和饮料，将有效降低致命性或非致命性心血管疾病的发病率（USDA，2014）。与之一致的证据表明，当每天蔬菜、水果的摄入量大于 5 份时，其摄入量与心肌梗死或脑卒中的发病率呈负相关。此外，研究还发现，奶制品和全谷物食品的摄入，以及每星期食用两次含有 ω-3 脂肪酸的海鲜，同样可以降低心血管疾病的风险（NEL，2014a）。

高血压是心血管疾病的一个重要危险因素，其影响了美国 29.1%的成年人。在成年人及儿童中的研究均发现，钠的摄入量升高可以显著促进血压的升高。相反，还有证据表明，较高的钾摄入量可以降低血压。并且，进食低脂乳制品、蔬菜及高蛋白的食物均可以显著降低血压。

强有力的证据表明，肥胖可以增加多种癌症的风险，包括食管癌、胰腺癌、结肠直肠癌、乳腺癌、子宫内膜癌和肾癌。此外，还有证据表明红肉或加工肉类的摄入可以增加大肠癌的风险，而肝癌则和黄曲霉素的摄入息息相关。同样有证据表明，进食富含膳食纤维、不含淀粉的蔬菜和水果会对多种癌症起到保护作用（NEL，2014a）。

饮食是 2 型糖尿病的一个关键影响因素，2 型糖尿病是一类主要的慢性疾病，其存在同样成为心血管疾病的重要危险因素。强有力的证据表明，饱和脂肪酸的摄入可以导致胰岛素敏感性降低，增加 2 型糖尿病的风险，若使用单不饱和脂肪酸、多不饱和脂肪酸替代饱和脂肪酸，仅仅 5%就可以显著改善胰岛细胞的反应。所以更好的脂肪酸的组成已经逐渐清晰，即利用单不饱和脂肪酸和多不饱和脂肪酸来替代部分饱和脂肪酸。此外，还有证据表明，牛奶及乳制品可以降低 2 型糖尿病的发病率（NEL，2014a）。并且还有部分有限的数据表明，全麦的摄入也可以降低 2 型糖尿病的风险（NEL，2014a）。

某些种族、族裔群体和穷人更有可能患某些慢性疾病，其中一部分原因与食物的摄入量有关（Price et al.，2013）。2 型糖尿病的发病率因人群种族的变化而产生变化。发病率的差距可能涉及多个因素，包括获得健康保险、贫困、粮食不安全及健康和负担得起的食物的获取。2013 年，美国疾病预防控制中心发布了一份关于社会卫生指标的差异报告——《健康差异与不平等，美国 2013》。尽管报告中的数据存在一定的局限性，但是该报告仍然强调了在许多案例中不平等的现象依然存在，并且随着时间的推移仍在进一步增加（表 3-1）。例如，2009 年国家人口统计系统的数据显示，相比于其他种族族裔群体，黑人群体有更高的冠心病（CHD）和脑卒中死亡的年龄校正率。

表 3-1　一些种族/民族慢性疾病的年龄校正率（病例数/100 000）；数据来源和年份存在差异

	冠心病和脑卒中[a]	女性肥胖[b]	糖尿病[c]	高血压[d]
美国印第安人/阿拉斯加人	92			
亚太地区岛国居民	67.3			
亚洲人			7.9	
黑人	141.3	51	11.3	41.3
西班牙人[e]	86.5		11.5	27.7
白种人	117.7	31	6.8	28.6
墨西哥裔美国人		41		27.5
总计	116.1			29.6

a 来自 2009 年国家生命统计系统的数据。每 100 000 个美国标准人口的死亡率
b 来自 1999～2010 年国家健康与营养调查（NHANES）的数据。每 100 人的患病率
c 来自 2010 年国家健康访问调查的数据；每 100 人中任意年龄段的年龄调整后的糖尿病患病率
d 来自 NHANES 2007～2010 年每 100 人高血压患病率数据
e 西班牙人可能属于任何种族
来源：CDC，2013a

值得注意的是，对控制肥胖、2 型糖尿病、心血管疾病、高血压、癌症和骨质疏松的饮食建议都非常相似。30 多年来，联邦饮食指导已经敦促美国人调节钠和能量的摄入，特别是来自饱和脂肪酸和简单的碳水化合物。同时，他们鼓励对水果、蔬菜和全谷物更多的摄入。尽管已经有所建议，但是目前的食物供应仍不符合这些目标，大多数美国人的饮食中，这些健康食物的含量仍然较少，而精制谷物、添加的糖、饱和脂肪和钠的含量却过多。

微量营养素缺乏症

美国的临床微量营养素缺乏症是不常见的，但是当特定营养素的摄入量降低到参考值以下时，就会发生不足的风险，称为 DRI（Trumbo et al.，2013）。DRI 是健康个体的营养摄入标准，该标准以最佳可用科学证据为基础，并定期审查。用于确定每日摄食推荐量（RDA）的具体措施和结果因营养素而异，但都涉及营养状况或功能指标，其报告预防与特定微量营养素缺乏相关的疾病和/或降低慢性疾病风险所需营养的摄入水平（Trumbo，2008）。营养需求可能因人群而异，DRI 过程考虑了多达 22 个不同生命阶段

和性别群体的不同要求（Kennedy and Myers，2005）。

美国人群的微量营养素状况可以通过比较由 NHANES 完成的临床临界值的血液和尿液测量（见 P118 和附录 B，表 B-3），或通过检查相对于 DRI 参考值的饮食摄入量的国家调查来确定。第二份关于美国人口饮食和营养生化指标的国家报告（CDC，2012）收集了 2003～2006 年收集标本中的 58 个生化指标数据，来作为 NHANES 的一部分。数据表明，不到 10%的一般人群的生化指标低于临床截止点。维生素 B_6、铁和维生素 D 具有最普遍的低值（图 3-6）。在年轻妇女中发现了碘的临界指标，这对于胎儿的正常生长和发育是必需的。目前，美国大多数的低微量营养素含量仅限于特定人群，而且这些比例因性别、年龄和种族/民族而异。与非西班牙裔白人相比，非西班牙裔黑人和墨西哥裔美国人更有可能缺乏维生素 D 和叶酸（虽然所有群体的低价值水平都有所下降）。缺铁的流行病学发病率也因种族和民族而异。对于儿童，墨西哥裔美国儿童（10.9 对比所有 1～5 岁儿童的 6.7）患病率最高；对于成年人，墨西哥裔美国人（13.2 对比所有妇女的 9.5）和非西班牙裔的黑人妇女的营养缺陷（16.2 对比所有妇女的 9.5）患病率最高。

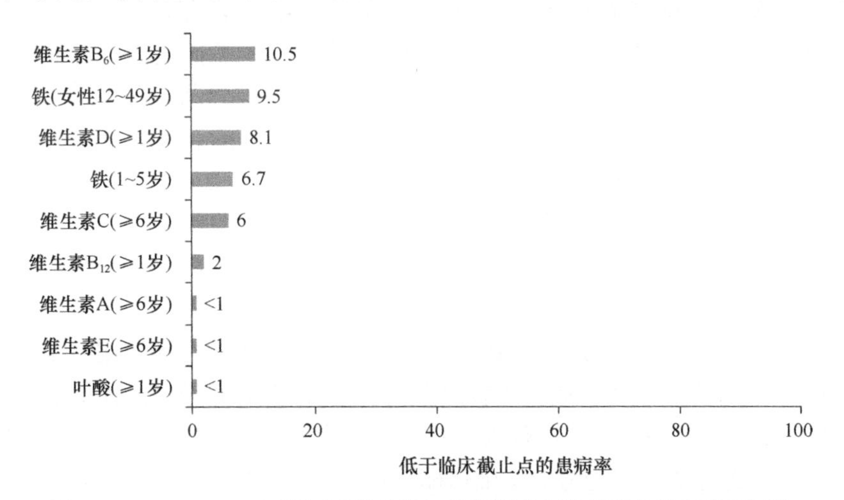

图 3-6　2003～2006 年美国国家健康与营养调查中营养不足的患病率评估

营养指标在不同年龄（如年龄在 1 岁以上，年龄在 6 岁及以上）和不同人群（如女性年龄 12～49 岁，儿童年龄 1～5 岁）中被测定。用于估计患病率的截止点是血清中吡哆醛-5′-磷酸＜20nmol/L，血清铁＜0mg/kg，血清 25-羟基维生素 D＜30nmol/L，血清抗坏血酸＜114μmol/L，血清中维生素 B_{12}＜200pg/mL，血清视黄醇＜20μg/dL，血清 α-生育酚＜500μg/dL，红细胞叶酸＜95ng/mL

来源：CDC，2012

美国农业部农业研究服务部的一份报告使用 2001～2002 年的 NHANES 数据，研究了 8940 人从食物中摄入的 24 种营养素的量，并将其与平均需要量进行了比较（Moshfegh et al.，2005）。维生素 A、维生素 E、维生素 C 和镁的摄入量在所有人群中均略低，而维生素 B_6 在成年女性中、锌在老年人群中及磷在年轻女性中摄入量低。最新的研究数据也发现，在这些营养素中，磷、镁、钙和维生素 D 的摄入量低（Moshfegh et al.，2009）。与使用生物标记数据相比，用摄入量数据测量微量营养素缺乏症可能会受到报告误差的影响。

DRI 已经认识到营养需求会因人口群体，包括年龄、性别和生命阶段（如怀孕、哺乳）而不同，但越来越多的证据表明，营养需求也受种族和遗传变异及肥胖的影响（Solis et al., 2008）。对人口异质性（如文化、遗传、表观遗传和BMI）了解的深入及对现有营养状况产生的影响，将会导致产生全新的概念，即"个体化营养"（Ohlhorst et al., 2013）。个体化营养将会在人口水平上挑战营养干预措施，因为人群中对一个群体的建议可能不适合另一个群体。

微生物食源性疾病

在美国，食源性疾病监测是通过采用主动和被动监测系统来实现的（见"测量健康效应的方法"一节，附录B和表B-3）。国家疫情报告系统（NOR）是一种被动的监测系统，包括由州公共卫生机构向疾病预防控制中心报告疫情的发生（吃同样的食物导致两个或两个以上的人得病）。国家疫情报告系统的数据表明，该系统在2012年报告了831起食源性疾病，其中14 972人患病，794人住院，23人死亡（CDC，2014c）。在疑似或确诊病因的疫情暴发中，50%与病毒相关，42%与细菌相关，7%与化学品和有毒物质相关，1%与寄生虫相关。在确认病因的疾病中，主要的病因是诺如病毒（50%）和沙门氏菌（28%）。在住院治疗的病例中，61%涉及沙门氏菌，13%涉及产志贺毒素大肠杆菌（STEC），8%涉及诺如病毒。尽管有些严重疾病的病例数量不像其他病原体那么高，但其致死率高，如肉毒梭菌（21人患病，1人死亡）、单核细胞增生李斯特菌（42人患病，6人死亡）和真菌毒素（21人患病，4人死亡）。这些数据只展露了"冰山一角"，因为食源性疾病的漏报现象非常严重（2000～2008年FoodNet数据估计每年有4780万人患病）。

FoodNet（见下段，附录B和表B-3）是成立于1996年的主动监测系统，用于监控由8种病原菌和寄生虫导致的腹泻等食源性疾病，与NORS[①]相比，提供了更好的监测数据。因为依据每个参与站点的实际人口对数据进行了归一化处理，所以FoodNet[②]的数据每年都能提供更好的监测趋势的基础指标。在2013年，与沙门氏菌、志贺氏菌、STEC O157、单核细胞增生李斯特菌、耶尔森氏鼠疫杆菌和隐孢子虫等病菌相关的食源性疾病的发病率（CDC，2014b）与2006～2008年相比没有明显差别，而与弯曲菌和弧菌相关的食源性疾病的发病率分别增加了13%和75%。作者总结得出，最近这些年，由于进展的缺乏，需要更多的干预措施，并提出可能的原因。例如，2006～2008年沙门氏菌感染的大暴发与2010年相比明显减少，可能是由于2010年实施了鸡蛋安全规则。弧菌发病率的增加可能会受到环境和社会因素的影响。弧菌属与海洋环境和海鲜产品有关。沿海水温的升高给弧菌提供了更加适宜的生长条件，这也增加了感染弧菌的风险。大多数弧菌食源性疾病的暴发与生贝消费有关（Newton et al., 2012）。通过教育的方式来减少这

---

① NORS是涉及食源性疾病暴发的主要信息来源。定期公布基于NORS数据的年度摘要，包括2009～2010年的最新摘要信息（http://www.cdc.gov/foodsafety/fdoss/data/annualsummaries/index.html[2015-1-17]；http://www.cdc.gov/nors[2015-1-17]）

② FoodNet于1996年推出，是10个国家卫生部门（康涅狄格州、佐治亚州、马里兰州、明尼苏达州、新墨西哥州、俄勒冈州、田纳西州和加利福尼亚州、科罗拉多州和纽约的某些县）、FDA和美国农业部的食品安全和监测机构。收集的信息用于评估由细菌、弯曲杆菌、李斯特菌、沙门氏菌、产志贺毒素大肠杆菌、志贺氏菌、弧菌和耶尔森氏菌及寄生虫，如隐孢子虫和环孢子虫引起的疾病负担

些高风险产品的消费并没有成效（Newton et al.，2012）。

FoodNet 考虑到了漏报和未知病因的疾病，因此在美国被用作食源性疾病评估的基础。例如，使用 2000～2008 年的数据，CDC 估计美国在食源性疾病方面，每年有 4780 万人患病，127 839 人住院，3037 人死亡，这表明每年每 6 个美国人中就有一人会因食用被污染的食物而发病（Scallan et al.，2011a，2011b）。在以上数据中，已知病原体导致了 940 万人患病，56 000 人住院，1400 人死亡（Scallan et al.，2011a），这表明未知病因疾病发病带来的压力非常沉重。

FoodNet 和 NORS 监控系统提供的食源性疾病的估计并没有捕捉到食源性疾病的真实成本。一些食源性传染病会导致慢性后遗症、先天性疾病或死亡，这对生产力和生活质量存在影响。质量调整寿命年（QALY）报道了受 14 种食源性致病菌影响的 QALY（Hoffmann et al.，2012），并提供了与主要食源性致病菌导致的疾病相关的经济和社会成本估计。作者估计，由 14 种致病菌导致的疾病的年度成本在 44 亿～330 亿美元，而生活质量失去了 19 000～145 000 的 QALY。QALY 计算包括估计年度病例数和不良健康状态的概率与持续时间的因素。非伤寒沙门氏菌、弯曲菌、单核细胞增生李斯特菌、刚地弓形虫和诺如病毒导致了大约 90%的社会和经济损失。

化学食源性疾病

食品风险也与化学物质有关，无论是天然物质（如过敏原）还是污染物（一些本不该出现在食物中的物质）。一些污染物在多年前就已经被知晓，但有另外一些新的化学污染物正在不断出现，如多氯联苯、多氯二噁英/呋喃、甲基汞、铅、砷、镉、黄曲霉毒素、其他霉菌毒素、海洋生物毒素、六价铬、其他金属、多溴联苯醚、聚全氟羧酸盐、磺酸盐和高氯酸盐。

在 2012 年（CDC，2014b）报道的疾病暴发中，只有 7%的食源性疾病被确诊或疑似其病原体与化合物或毒素相关，这代表了 1%的食源性疾病报告。在 1998～2010 年（CDC，2013C），海鲜相关事件是最常见的化学性食品安全问题，如鲭鱼毒素/组胺（351 起）、雪卡毒素（190 起）、霉菌毒素（18 起）和麻痹性贝毒（13 起），这些占了疾病暴发的大多数。重金属、清洁剂、神经性贝毒、植物/草药毒素、农药、河豚毒素、味精、其他化学品和天然毒素等均导致了至少一次的疾病暴发。

食品或其他相关环境途径来源的化学品长期低剂量暴露的影响，对于总人口来说不能够进行常规调查。时间的滞后性让其中的关联度识别变得十分困难，因此调查资源通常被优先用于其他能够提供更多准确结果的检测活动。然而，有一些特殊人群通过空气、水等暴露在较高浓度的农药残留物中，如农民、农场工人或者其他在田地工作的人群，针对这些人群的一些研究已经在进行中（详细参见下文对农业行业的影响和第五章对农民和农场工人的健康效应）。

一些关于食品中化学物质的问题还没有得到解决。《内分泌干扰物质的研究现况——2012》（WHO，2013）中指出，在食品行业中使用的许多化学物质具有巨大的不确定性，有能够造成内分泌系统紊乱的潜在风险。对化学物质对内分泌相关疾病的影响，以及对食品和非食品来源的人体暴露水平等问题，目前都不清楚。但是，持久性有机污染物对野生动物的不良影响已经得到了证明，这就导致了相关化合物禁令建议的出现，以减少对这些有害物质的暴露。例如，被禁的化合物中，不是食品成分而是农药成分的 DTT 对鸟类有害，用于船舶油漆的三丁基锡对软体动物有害。儿童和发育中的婴儿比成年人更容易受到内分泌干扰物的影响。这再次证明，食物供应造成的身体健康影响在不同的人身上效果不同。

环境污染物

值得注意的是，除了食品之外，一些化合物的暴露是通过空气和水完成的。例如，居住在集中动物饲养方式（CAFO）[①]地址附近的居民，呼吸困难，消化系统紊乱，焦虑、抑郁和睡眠障碍的发病率增加。根据研究报道，住在养猪场附近的儿童哮喘发病率较高，而且随着养猪操作规模的扩大，患病率也会增加（Donham et al.，2007）。一份来自艾奥瓦州健康科学研究中心（ISU/UI Study Group，2002）的报告指出，居住在 CAFO 附近的居民受到的影响没有在饲养厂房内工作的工人明确，但是居民会存在类似的呼吸道症状，并且生活质量会下降。艾奥瓦团队进一步指出，CAFO 的气体排放对公共卫生造成的危害值得公共卫生警惕。其他在饲养场所出现的健康问题不能明确归因于 CAFO 的气体排放。一份来自国家大豆委员会和国家猪肉委员会资助项目的综述报告指出，在具有过敏史或者家族过敏史的人群中，自我报告疾病有小幅度增加的证据是不一致的。与 CAFO 相关的人类疾病数据数量和质量的局限，为评估与大规模的动物农业相关的潜在权衡方面带来巨大挑战。

同样，氨（NH_3）污染被认为是美国农业中造成人体健康损害的一个主要原因（Paulot and Jacob，2014）。氨可以通过肥料和动物尿液、粪便进入大气中，从而进一步与空气中的其他组分反应产生颗粒物质。这些颗粒通过呼吸能够影响肺功能，导致哮喘、支气管炎和心脏病发作。氨与氮和硫的氧化物反应会生成小于 2.5μm 宽的颗粒物，这种大小的颗粒是最为危险的一类。大气中颗粒物质的长期减少与预期寿命的增加有关（Pope et al.，2009）（详见第 4 章“环境污染和污染物”一节）。

食品系统对人体健康效应的复杂性

许多决策，无论是由个人还是社会决定的，都涉及特定利益和某些风险之间的权衡。不存在足够多的指标或者无法通过单一的指标获利，因此这样的比较权衡十分具有挑战性。当一种效应表明总人群中存在其他分类人群或者亚群，情况会更加复杂。尽管在考虑健康目标的决策过程中，同时考虑人体健康和经济效应的现象十分普遍，但是其他方面（如社会、环境等）经常被忽视。例如，在第 7 章附件 1 介绍的一个目前鱼类消费建议（基于健康益处）的讨论中就没有考虑到环境的风险。下面是一些目前食品系统中仍然存在的权衡和其他复杂性因素的案例分析。

---

① CAFO 是一种在规定的小面积土地上用饲料饲养动物的农业企业。环境保护局已经划定了三类企业，按能力分为大、中、小三类。每个类别的相关动物单元根据物种和能力而有所不同

不同的人群调查得到不同的结果

充足的食物供给，食品不安全性和肥胖

虽然拥有充足的食物供给，但美国的一些地区和人口仍经受着食品不安全性的威胁，这可能会导致肥胖。食品的不安全性，在 2012 年影响了 15%的美国家庭（Coleman-Jensen et al.，2013），在本报告中被归类为一个社会和经济层面的效应（关于食品不安全性在社会和经济上的效应，在第 5 章会有一个更为深入的探索）。食品不安全性是指一些家庭反映缺乏足够的资源来获得足够的食物（Nord et al.，2014）。低收入家庭、非裔美国人和拉丁裔家庭（Coleman-Jensen et al.，2013）比其他人群更容易出现食品安全问题，他们也最容易患肥胖及其相关疾病，如 2 型糖尿病、高血压、高胆固醇等（Eisenmann et al.，2011；HER，2010）。研究还表明，食品安全问题会影响孩子的心理健康和幸福（Alaimo et al.，2001；Whitaker et al.，2006）。食品不安全还可能会导致饥饿，这也使得这类人更容易经常生病，其也会更容易缺席学习和工作（Brown et al.，2007）。Brown 和他的同事估算，每年由饥饿和食品不安全导致的健康问题的总成本为 670 亿美元。作者认为这种估算是保守的，因为关于健康问题的间接成本（如由生病而引起的非医疗费用，错过了几天的工作）是不能被完全囊括在内的。因此，饥饿和食品不安全产生的真正成本可能比报道的要多得多。

食品不安全可能会导致体重增加，因为低收入家庭可选择的食品通常不是营养丰富的而是高能量的食物（HER，2010；Shier et al.，2012），另一个原因是食品不安全可能会增强个人对低营养食物的依赖，这些食物通常含有高热量（Seligman and Schillinger，2010）。消费不足和消费过剩都可能导致由偶发性的食物短缺而引起身体脂肪增加的应激反应（CDC，2003）。

如果居住在贫困者和弱势者密度较高地区的环境中，那么这些居民常常在获得健康、实惠的食品方面面临多重障碍（Lopez，2007；Ver Ploeg et al.，2009）。此外，资源有限的家庭往往倾向于购买更少的健康食品（如水果和蔬菜）（Ludwig and Pollack，2009）（第 5 章）。具有更高社会经济地位（SES）的成年人更有可能来自于这样的家庭：他们能获得更好的营养，有更少的对健康不利的行为，住在更安全的社区，拥有更多的经济来源（Crimmins et al.，2004）。因此，在考虑食品供应对健康的影响时，必须要考虑 SES 在发病率和死亡率中的作用（Marmot et al.，1991）。

不同的人群具有不同的营养需求：叶酸

叶酸是一种 B 族维生素，天然存在于多种蔬菜、坚果、豆类、水果中（Suitor and Bailey，2000）。人体需要叶酸来合成 DNA，进而产生或者维持新的细胞，尤其是快速分裂的组织和细胞，如血细胞（Beaudin and Stover，2009）。叶酸对育龄妇女尤为重要。临床试验已经证实，在孕前及妊娠前 3 个月摄入叶酸可以使神经管缺陷的发病率降低 70%，神经管缺陷是一类常见的出生缺陷，包括脊柱裂和无脑儿等（Crider et al.，2011）。

有证据表明，根据种族和基因型的不同，个体对叶酸的实际需求可能会有所不同。

亚甲基四氢叶酸还原酶基因（*MTHFR677* C→T）拥有多态性的个体，与那些没有多态性的个体对叶酸的代谢是不一样的。它们往往表现出较低的红细胞叶酸浓度（Bagley and Selhub，1998），也更容易受低叶酸状态和叶酸不足的影响。这种遗传变异在拥有非洲血统的人中几乎是不存在的，但在叶酸摄入量不足时，它并不能对叶酸缺乏的状况进行改善。这种遗传变异在西班牙裔人种中高度流行（Esfahani et al.，2003）。研究表明，目前的叶酸 RDA 对于携带 *MTHFR 677 TT* 基因的墨西哥裔美国男性是不足的（Solis et al.，2008）。虽然在一般人群中不常见，但另外一些人群可能存在叶酸缺乏的风险：有腹腔疾病的人，对营养物质的吸收量降低；酗酒的人；非西班牙裔黑人；墨西哥裔美国青少年（IOM，2000；Kant and Graubard，2012）。然而，一个额外的问题是，尽管一些人从补充叶酸中受益，但另一些人可能会增加患癌症的风险，这一观点已被提出但尚未被证实（Mason，2011）。虽然在目前的叶酸强化水平下，还没有发现已知的危害（包括增加患癌症的风险），但这仍然是一个活跃的研究领域。

环境、社会与经济效益的相互作用

抗生素产量增长 vs.通过食物和环境暴露于抗生素耐药性

食品系统的健康效应是食物直接暴露的结果，或通过食品消费，或通过其他环境介质，如空气、水、土壤及家畜，或生命周期内这些因素的联合作用。将风险归于某种特定的原因是对于方法论的挑战，但是为了评估食品系统并且找到解决问题的方法，这种做法还是有必要的。从 19 世纪 30 年代以来，抗生素在人类和兽医的临床治疗、农业生产与日常生活中的使用，给患者、生产商和消费者都带来了便利。在动物相关产业中，抗生素多用于疾病的治疗和预防及促进动物的生长。尽管在以上方面带来了可观的经济效益，但是抗生素的过度使用也引起了抗药性的感染，给人类和动物的健康造成了巨大的损失。在农业应用和临床中，导致抗生素抗性的原因仍然存在，部分原因是缺乏合适的方法来研究抗性转移的复杂性。在缺乏来源于科学的证据和指导的情况下，想要减少抗药性的扩散是困难的，与此同时抗生素抗性的发生率也在日益上升（Interagency Task Force on Antimicrobial Resistance，2012），威胁着人类的健康，影响着动植物产业。美国食品药品监督管理局在 2013 年开始实施一个自愿计划，以在食品生产中逐步淘汰对抗生素的使用。抗生素抗性在第 7 章被作为委员会框架应用的例证。

使用农药增加产量与潜在的健康效应

农业生产上农药的使用与其他的工艺优化，对于提高农业产量起到了巨大的促进作用。在 2010 年的艾奥瓦州，估计有 6 853 000lb 阿特拉津（第二大常用除草剂，仅次于甘氨酸盐）被用于玉米的常规种植（NASS，2011）。农药的使用引起了一系列的担忧，因为它们可能造成严重且长期的健康及环境效应。农药的使用引发了很大的争议，因为其益处很容易确定和量化，但潜在成本是难以捉摸的，原因是缺乏检测评估消费者接触低水平化学品的长期效应的方法（但是对于农民长期暴露在农药的环境下，还是有研究明确记载了该效应，详见第 5 章）。我们关于农药的效用的知识，包括其在环境中的降解和暴露后的人体代谢仍在不断完善。当今新出现的问题涉及胎儿和儿童发育期间暴露于化学品的程度，对后来的健康问题（如肥胖）的影响或阿特拉津对内分泌系统潜在的长期的干扰作用。

在农作物中农药的使用是由美国国家环境保护局（EPA）规定的，它使用风险评估作为工具来帮助做出决定。基于伦理考虑，鉴定人类健康风险主要依靠动物测试[①]和人类流行病学研究。从严格意义上来讲，这些实验方法的局限性增加了科学上的不确定性，引发了对于确定农药安全限度的争议。美国决定批准使用阿特拉津是基于EPA的立场，根据目前的数据，阿特拉津不太可能导致人类患上癌症。但是，数据的可信性仍受到质疑。美国对饮用水和食品中阿特拉津水平的限制是以阿特拉津的再生效应为基础的（EPA，2013）。鉴于新的研究结果，阿特拉津在浓度很低时也会破坏内分泌活性，所以目前对于该农药的限制还是存在高度争议的（Cragin et al.，2011；Hayes，2004；Hayes et al.，2002；NRDC，2010；Rohr and McCoy，2010；Vandenberg et al.，2012）。水的监测频率也受到挑战，因为有些时候阿特拉津浓度会超过一些社区的法定限度（EPA，2013）。阿特拉津对人类健康和环境的效应将在2013年再次由EPA作为重新标准化过程的一部分进行审查。该文发表前没有数据的更新。

测量健康效应的方法

尽管存在研究证据不足、不确定性或测量和数据收集方面的限制，但政府政策基于的是现有的最佳科学证据，当然也会考虑其他因素，如可行性、成本、对利益相关方的影响及合法报酬。因此，美国政府、公司和其他利益相关方会根据战略计划和优先选项来收集经济、社会、人口、生活方式，以及食物、营养和健康数据。将食品系统与人类健康联系起来的数据类型包括食物暴露指数（即膳食摄入量）、营养状况指标、生理功能指标和疾病流行率。量化膳食摄入量的两种最常用的方法包括24小时饮食回忆和食物频率问卷（Tooze et al.，2012）。最近审查了这些方法的使用和限制，包括卫生政策中的测量误差（Hébert et al.，2014）。通过直接或者间接的血液测量值可以反映营养状态，血液测量值一般可以综合地指示在某一特定营养状态下整个机体的组织状态，因此需要一种合理的分析方法通过血液测量值来评估营养状态（Rohner et al.，2014）。食物或营养素摄入的生理功能指标可包括代谢途径的血液生物标志物或其他功能指标，包括血压、生长、认知功能、身体敏锐度和耐力。

最相关的健康与营养调查是NHANES。国家卫生统计中心从1999年开始每年都进行调查，NHANES每年有约5000人的全国代表性样本。NHANES有对于人口、社会经济、饮食和与健康有关的问题的调查，还有身体检查，包括人体测量和对营养状态的关键生物标志物的测量（CDC/NCHS，2014b）。收集的数据用处有很多，但主要用于评估美国人口的营养状况并确定主要疾病的流行率及其相关的危险因素，包括营养状况的相

① 动物测试包括 1. 急性测试（单一暴露因子的短期暴露），包括眼睛刺激、皮肤刺激、皮肤致敏和神经毒性等结果的测试；2. 亚慢性测试（中等暴露；在较长时间内反复接触），用于检测神经毒性；3. 慢性毒性试验（在实验动物的大部分生命期内，长期暴露、反复暴露），用于检测致癌性（癌症），也用于检测发育和生殖能力、突变及激素紊乱（http://www.epa.gov/pesticides/factsheets/riskasses.htm[2015-1-17]）

关性。这些数据可供研究界使用，并且也被美国国家卫生研究院、FDA 和 CDC 用于确保相关政策的实施，改善营养政策。

用于调查食源性疾病的方法已经逐步建立起来（如 International Association for Food Protection，2011），并且能够用于更好地估测美国食源性疾病的负担。以前的出版物提供了对该领域中使用的数据集、度量和方法的全面讨论（如 IOM 和 NRC，2003，2010）。如本章前面所述，用于食源性疾病的重要监测方法是被动监测系统 NORS 和主动监测系统 FoodNet（CDC，2014a）。国家和地方卫生部门使用 NORS 调查地方级的食源性疾病。NORS 的摘要提供了食物产品中由未知、疑似和确认的病原体（包括细菌、病毒、寄生虫和化学品）所引起的疾病、住院和死亡人数的数据。它们还包括食物被摄入人体的相关细节，如在哪里摄入食物，哪一种特定的食物，食物的相关污染因子，以及食物的加工处理过程。FoodNet（CDC，2014a）是 CDC 使用的主动监测系统，用于监测疾病，从食物引发的最常见的腹泻病到最严重的病毒性疾病，都包括在内。在化学品安全方面，没有对通过食品或其他与食品生产相关环境中的化学品暴露进行常规监测的规定流程，即便 NHANES 包括可能与食品消费相关的一些化学污染物的测试。FDA 的不良事件报告系统记录着 FDA 管制食品上市后监测的不良事件。FDA 总膳食研究系统监测细节水平的各种食物污染物，作为食品中化学物暴露的评估标准。然而，样本容量还是偏低（约 280 种食物）。

由于影响食品系统决策的健康影响评估（HIA）正在使用它们，因此这些监控系统也很重要。HIA 采用一套系统的方法，使决策者意识到一些政策提议等对健康可能存在的正面和负面效应。HIA 的建议旨在优化有益健康的效应，同时减少消极的健康效应（NRC，2011）。HIA 已经被广泛地用来确定一些健康效应。例如，关于补充营养援助计划的修改提议，从农场到学校和学校花园项目的州一级立法，美国农业部提出的关于快餐、点菜食品及在学校出售的饮料等的标准（HIP，2014）。这些 HIA 有助于阐明可以如何提前修改优化每个方案，以达到最理想的健康效应。

在附录 B 中，表 B1～表 B4 包括了在常规基础上的收集数据的一些案例，这些数据涉及了食品安全、食品和营养物质的消耗，以及健康效应。这些表还包括了一些健康指标和分析方法，这些指标和方法可以回答很多关于个体和群体的健康状况的问题，包括结果、促进因素和混杂因素，旨在确定潜在的干预措施来解决公共卫生问题。

建立食品系统与健康结果之间的联系的挑战

关于营养干预的营养决策（如营养摄入量的需求）越来越依赖于根据现有证据建立起来的系统综述，就像医学诊断和治疗中的评价指标一样（Balk et al.，2007；Blumberg et al.，2010）。以证据为基础的方法是用来评估科学证据的性质和优势的，这些科学证据是从人类研究中获得的，是一个科学层次的证据，能够最好地支持因果关系。来自双盲、安慰剂对照和随机对照试验的数据是黄金标准；其次才是群组研究、病例对照研究、病例、病例报告和专家意见。其他类型的辅助信息也可以考虑，包括生态数据和来自于动物研究与体外实验的数据。这种方法最近被用来确定维生素 D 和钙的摄入量（IOM，2010）。

系统综述的过程涉及在一个分析框架内，对已发表的数据进行彻底的检查和分类，从而允许相关和可回答问题被假设。这个过程的标准在不断演变和改进，包括由Cochrane 协作网（2014）、美国医学研究所（2011）和美国农业部的营养证据库建立的标准。这些过程的核心是文献综述，以一种透明的、可重复的、全面的、公正的方式来确定相关研究，并考虑到参与这项研究的参与者、干预措施的性质、比较组和利益结果。证据的强度则是根据结果的一致性、科学质量、去除混杂因素等原则来进行评估的。同样，限制条件也是要进行评估的，包括设计的不足和/或对照、测量误差、不充分或不相关的数据收集和数据倾向性，包括包含和排除标准。

这一系统评价的一般过程已被优化以结合营养研究的独特特征。由于没有一个单一的标准来评估营养的证据，不同的团体制定了自己的标准来发表报告。这些团体包括美国卫生保健研究与质量机构，美国营养与饮食学会和美国居民膳食指南委员会（DGAC）。例如，表 3-2 显示了 2010 年 DGAC 用来评估证据主体强度的分级表，以支持该委员会的结论陈述。表中的标准改编自美国膳食营养协会的证据分析库（NEL，2014b）。根据现有的数据和改进或重新定位问题的需求，这个过程可以迭代。对现有的证据可以合并（如大数据分析）和外推，其不确定性可以被确定，并用于为政策制定提供信息。

这种基于证据的方法被应用于营养方面，尤其是被应用于食品环境、食品系统中，产生了独特的挑战。例如，摄取食物和营养是一个长期的过程，这个过程是生命所必需的，所以限制了安慰剂疗法的使用机会，并且在实际操作和伦理方面不适合开展随机对照试验（Maki et al.，2014）。其他的问题包括长期忍受暴露和慢性疾病发作、复杂多样的食物构成，其中多样化的营养构成经常会影响利益的结果。最终，大量证据支持了很多饮食建议，其中大部分证据来源于观察得到的数据。Maki 等（2014）描述，观察数据中存在局限，包括暴露定量的不精确、饮食暴露中的共线性、替代效应、健康/不健康的消费者偏见、残余混杂、效应调整。

如上所述，由于肥胖具有复杂的病因，肥胖率的提高带来了新的问题。相比较于其他疾病在 20 世纪医学发展下的明显减少，美国肥胖水平在过去的几十年一直在增长，这或许是由于它与广泛的生活方式及同时发生的社会和经济变化之间的关系。在一篇文章中，Hammond（2009）发现，肥胖问题是一个很有挑战性的研究问题，这是由于以下几个原因：①涉及的问题十分广泛，如基因、神经生物学、心理学、家庭结构及影响、社会背景和社会地位、环境、市场、公共政策等；②相关因素的多样性；③涉及机制的多样性。他指出，这些原因导致肥胖问题变成一个复杂的自适应系统，因此，应该使用类似于复杂科学领域的模型技术来研究该问题（第 6 章）。

食源性疾病与食物连接方面的挑战

如上所述，虽然调查食源性疾病的方法已经确立，但确定导致食源性疾病的特定因素是非常复杂的（例如，病原体也可能来自非食用来源，如活的动物，以及从消费受污染食物到症状表达所消耗的时间可以从几分钟到几周不等）。以前的出版物广泛地评论

表 3-2　由美国居民膳食指南委员会制定的用于评估支持证据强弱程度的结论分级表

元素	强	中等	不足	仅有专家意见	不可分级
质量 • 科学严谨性和有效性 • 研究设计和执行	充分的设计研究 没有设计缺陷、偏向性和执行问题	弱设计方法下的强设计研究或仅针对问题的弱设计研究	解决问题的实验设计不严谨或由设计缺陷、误差或实验的操作问题所造成的不具代表性的结果	没有可用的基于通常的实践、专家共识、临床经验、意见或研究基础的推断的研究结论	没有任何证据可解决此类问题
一致性 • 研究结果的一致性	除了有极少数例外，研究结果普遍与作用方向和大小、联系的程度一致，数据有统计学意义	强设计的研究结果之间的不一致性或较弱设计的研究之间存在较小的不一致	不同研究得出的结果无法解释且不一致或未经多方证实的实验结果	结论仅仅由知情的营养评论员或医疗评论员陈述获得	不适用
数量 • 研究数量 • 研究参与者人数	一个大的研究：拥有不同的人群，或有多个质量良好的研究 大量的研究对象 阴性结果的研究有足够大的样本量，足以达到统计学强度	独立研究者的几项研究怀疑样品量是否足够，以避免Ⅰ型和Ⅱ型错误	研究数目不足，受试者数量少及样本数目不足	无法由发表的研究结果证实	缺乏相关研究
影响 • 研究结果的重要性 • 效应强度	所做的研究成果与问题直接相关效应的大小具有临床意义 显著（统计）差异较大	一些对统计或临床意义作用的怀疑	研究的结果是一个中间结果或代表利益的真实结果或影响力小或者缺乏统计和/或临床意义	客观数据不可用	指导未来研究的相关领域
可推广性 • 可推广的利益群体的可推广性	研究人群、实验干预及实验结果不存在对可推广性的严重怀疑	对可推广性存在较小怀疑	由于研究人群的不同或样本是有限的，其他干预措施、研究后果等使结论的概括性值得严重怀疑	由于经验有限，可推广程度低	不适用

来源：USDA and HHS，2010b

了当前数据集和归因方法所存在的挑战（如 IOM 和 NRC，2003，2010）。例如，虽然被动监测系统 NORS 是经过标准化的，但其主要的局限性是食源性疾病的重要性被低估了，常常缺乏对致病因子的鉴别，以及对零星病例（仅一个人生病）的排除。为了提供更好的国家食源性疾病负担的估计数据，CDC 使用主动监测系统 FoodNet。来自 FoodNet 的数据提供了用于监测食源性疾病趋势，估计疾病负担和制定公共卫生目标（如“健康人员 2020”）的基本指标。虽然数据是人口的代表，但这种监测系统的缺点在于将大量的疾病、住院和死亡归因于未指明的药剂，其只监测潜在药剂的一部分。CaliciNet 是 CDC 使用的国家诺如病毒疫情监测系统，用于连接诺如病毒暴发的常见来源。因为诺如病毒容易在人与人之间传播，所以许多疾病可能不是食源性的。

PulseNet 使用粪便培养的分离物的微生物亚型（如 DNA 指纹图谱），并结合流行病学调查和数学建模，对偶发病例或一组病例进行关联，从而鉴定多状态暴发。美国的公共卫生实验室网络使用标准化方法来追踪分离物；进一步研究匹配菌株以试图鉴定共同来源。这种方法依赖于培养分离菌株来产生 DNA 指纹。随着卫生保健系统转向使用非培养诊断方法，我们需要发展出不依赖细菌培养的新“指纹”技术。风险评估是风险分析框架的科学元素，是用于识别和归因于食品、食品化合物和微生物污染的重要方法。政府机构使用风险评估来指导化学和微生物污染物的管理。此前国家科学院的一份报告提供了风险分析框架的全面描述（例如，NRC，2009）。正式的风险分析框架已经演变为化学物质和微生物风险（表 B-2）。深入的微生物风险评估要考虑到其与生物系统相关的复杂性，如个体易感性的差异，污染分布的不均匀，微生物在食物中的生长能力及某些生物因子在人与人之间传播的潜力。因此，微生物风险评估是资源密集型的，并需要清楚地阐述数据的缺失和不确定性。

化学风险评估也是资源密集型的，传统上使用动物生物测定法，再外推应用到人体中。由于需要测试的化学物质种类的增加，检测限的降低及急需减少动物试验，正在讨论评估化学品安全性的替代方法的优点。例如，可以部分代替动物测试的体外测试的风险评估方法的使用正在发展（如计算和新出现的体外测试方法，包括计算机分析和高通量筛选）。这个研究领域面临着许多挑战，但它可能会降低未来的成本（Bialk et al.，2013；Firestone et al.，2010；Kavlock and Dix，2010；Krewski et al.，2010）。在某些情况下，当数据不完整时，在评估食品中化学品的安全性时，建议采用毒理学关注阈值的方法，尽管其数据密集程度较低，适用性仅限于符合特定标准的物质（Bialk et al.，2013；IFT，2009）。

总　结

美国食品系统以低成本提供各种食物和足够的热量，以满足美国人的需要。美国当前主要与饮食有关的疾病和病症与营养不足无关，但与不适当的饮食模式和过度消费有关。饮食是导致死亡和发病的几个主要原因中的主要风险因素。然而，尽管具备充足的食物供应，美国部分人口依然面临健康、食物获取和食品安全的问题。

衡量这些效应和确定其相关机制与作用途径是一种挑战，并呈现出各个层面的复杂性。例如，政府机构已经为健康饮食制定了饮食指南，但是市场力量（如对不健康食品的广泛推销及健康食品的广告缺乏）和消费者偏好并不总是支持政府推荐的饮食习惯。引发人类健康问题的病因是多方面的，饮食习惯是多种相互作用的危险因素之一。与食品系统相关的健康问题可能因个体和人群而异，具体取决于其社会经济地位或个体生理学和遗传学因素。

系统中食物的多样性在维持营养食物供应方面提供了弹性，而不依赖于任何单一食物或商品。然而，合适种类的食物不是所有人都可以平等地获得的，这导致了健康问题的异质性。对于一些食物和饮食模式，既有健康益处也存在与其消费相关的风险，这说明了食品系统需要权衡取舍。最大限度地发挥积极的健康效应可能需要以牺牲环境、社会和经济效应为代价。

了解食品系统的健康效应及其与环境和社会经济领域的权衡与相互作用是宣传食品系统政策和干预措施的关键。第 7 章提供了一个考虑所有这些领域的分析框架。

参 考 文 献

ADA (American Diabetes Association). 2013. Economic costs of diabetes in the U.S. in 2012. *Diabetes Care* 36(4):1033-1046.

Alaimo, K., C. M. Olson, and E. A. Frongillo, Jr. 2001. Food insufficiency and American school-aged children's cognitive, academic, and psychosocial development. *Pediatrics* 108(1):44-53.

Allen, H. K., U. Y. Levine, T. Looft, M. Bandrick, and T. A. Casey. 2013. Treatment, promotion, commotion: Antibiotic alternatives in food-producing animals. *Trends in Microbiology* 21(3):114-119.

Archer, E., R. P. Shook, D. M. Thomas, T. S. Church, P. T. Katzmarzyk, J. R. Hebert, K. L. McIver, G. A. Hand, C. J. Lavie, and S. N. Blair. 2013. 45-year trends in women's use of time and household management energy expenditure. *PLoS ONE* 8(2):e56620.

Assaf, R. R. 2014. Overview of local, state, and national government legislation restricting trans fats. *Clinical Therapeutics* 36(3):328-332.

Bader, M. D., M. Purciel, P. Yousefzadeh, and K. M. Neckerman. 2010. Disparities in neighborhood food environments: Implications of measurement strategies. *Economic Geography* 86(4):409-430.

Bagley, P. J., and J. Selhub. 1998. A common mutation in the methylenetetrahydrofolate reductase gene is associated with an accumulation of formylated tetrahydrofolates in red blood cells. *Proceedings of the National Academy of Sciences of the United States of America* 95(22):13217-13220.

Balk, E. M., T. A. Horsley, S. J. Newberry, A. H. Lichtenstein, E. A. Yetley, H. M. Schachter, D. Moher, C. H. MacLean, and J. Lau. 2007. A collaborative effort to apply the evidence-based review process to the field of nutrition: Challenges, benefits, and lessons learned. *American Journal of Clinical Nutrition* 85(6):1448-1456.

Beaudin, A. E., and P. J. Stover. 2009. Insights into metabolic mechanisms underlying folate-responsive neural tube defects: A minireview. *Birth Defects Research. Part A, Clinical and Molecular Teratology* 85(4):274-284.

Bialk, H., C. Llewellyn, A. Kretser, R. Canady, R. Lane, and J. Barach. 2013. Insights and perspectives on emerging inputs to weight of evidence determinations for food safety: Workshop proceedings. *International Journal of Toxicology* 32(6):405-414.

Blumberg, J., R. P. Heaney, M. Huncharek, T. Scholl, M. Stampfer, R. Vieth, C. M. Weaver, and S. H. Zeisel. 2010. Evidence-based criteria in the nutritional context. *Nutrition Reviews* 68(8):478-484.

Brown, J. L., D. Shepard, T. Martin, and J. Orwat. 2007. *The economic costs of domestic hunger.* Gaithersburg, MD: Sodexo Foundation.

CDC (Centers for Disease Control and Prevention). 2003. Self-reported concern about food security associated with obesity—Washington, 1995-1999. *Morbidity and Mortality Weekly Report* 52(35):840-842.

CDC. 2012. *Second national report on biochemical indicators of diet and nutrition in the U.S. population.* http://www.cdc.gov/nutritionreport/pdf/Nutrition_Book_complete508_final.pdf (accessed November 24, 2014).

CDC. 2013a. Health disparities and inequalities report—United States, 2013. *MMWR Supplement* 62(3):1-87.

CDC. 2013b. *Leading causes of death.* http://www.cdc.gov/nchs/fastats/leading-causes-of-death.htm (accessed November 24, 2014).

CDC. 2013c. Surveillance for foodborne disease outbreaks—United States, 2009-2010. *Morbidity and Mortality Weekly Report* 62(3):41-47.

CDC. 2014a. *CDC estimates of foodborne illness in the United States.* http://www.cdc.gov/foodborneburden/trends-in-foodborne-illness.html (accessed November 24, 2014).

CDC. 2014b. Incidence and trends of infection with pathogens transmitted commonly through food–foodborne diseases active surveillance network, 10 U.S. sites, 2006-2013. *Morbidity and Mortality Weekly Report* 63(15):328-332.

CDC. 2014c. *Surveillance for foodborne disease outbreaks, United States 2012, annual report.* Atlanta, GA: CDC.

CDC/NCHS (National Center for Health Statistics). 2014a. *Health, United States, 2013. With special feature on prescription drugs.* Hyattsville, MD: NCHS.

CDC/NCHS. 2014b. *National Health and Nutrition Examination Survey.* http://www.cdc.gov/nchs/nhanes.htm (accessed November 24, 2014).

Chandon, P., and B. Wansink. 2012. Does food marketing need to make us fat? A review and solutions. *Nutrition Reviews* 70(10):571-593.

Church, T. S., D. M. Thomas, C. Tudor-Locke, P. T. Katzmarzyk, C. P. Earnest, R. Q. Rodarte, C. K. Martin, S. N. Blair, and C. Bouchard. 2011. Trends over 5 decades in U.S. occupation-related physical activity and their associations with obesity. *PLoS ONE* 6(5):e19657.

Cochrane Collaboration. 2014. *Cochrane reviews.* http://www.cochrane.org/cochrane-reviews (accessed November 24, 2014).

Coleman-Jensen, A., M. Nord, and A. Singh. 2013. *Household food security in the United States in 2012.* Economic Research Report No. (ERR-155). Washington, DC: U.S. Department of Agriculture, Economic Research Service.

Cragin, L. A., J. S. Kesner, A. M. Bachand, D. B. Barr, J. W. Meadows, E. F. Krieg, and J. S. Reif. 2011. Menstrual cycle characteristics and reproductive hormone levels in women exposed to atrazine in drinking water. *Environmental Research* 111(8):1293-1301.

Crider, K. S., L. B. Bailey, and R. J. Berry. 2011. Folic acid food fortification—its history, effect, concerns, and future directions. *Nutrients* 3:370-384.

Crimmins, E.M., M. D. Hayward, and T. E. Seeman. 2004. Race/ethnicity, socioeconomic status, and health. In *Critical perspectives on racial and ethnic differences in health in late life*, edited by N. B. Anderson, R. A. Bulatao, and B. Cohen. Washington, DC: The National Academies Press.

Dagenais, G. R., Q. Yi, J. F. Mann, J. Bosch, J. Pogue, and S. Yusuf. 2005. Prognostic impact of body weight and abdominal obesity in women and men with cardiovascular disease.

American Heart Journal 149(1):54-60.

Damms-Machado, A., G. Weser, and S. C. Bischoff. 2012. Micronutrient deficiency in obese subjects undergoing low calorie diet. *Nutrition Journal* 11:34.

de Ruyter, J. C., M. R. Olthof, J. C. Seidell, and M. B. Katan. 2012. A trial of sugar-free or sugar-sweetened beverages and body weight in children. *New England Journal of Medicine* 367(15):1397-1406.

den Hoed, M., U. Ekelund, S. Brage, A. Grontved, J. H. Zhao, S. J. Sharp, K. K. Ong, N. J. Wareham, and R. J. Loos. 2010. Genetic susceptibility to obesity and related traits in childhood and adolescence: Influence of loci identified by genome-wide association studies. *Diabetes* 59(11):2980-2988.

Dina, C., D. Meyre, C. Samson, J. Tichet, M. Marre, B. Jouret, M. A. Charles, B. Balkau, and P. Froguel. 2007. Comment on "a common genetic variant is associated with adult and childhood obesity." *Science* 315(5809):187.

Donham, K. J., S. Wing, D. Osterberg, J. L. Flora, C. Hodne, K. M. Thu, and P. S. Thorne. 2007. Community health and socioeconomic issues surrounding concentrated animal feeding operations. *Environmental Health Perspectives* 115(2):317-320.

Ebbeling, C. B., H. A. Feldman, V. R. Chomitz, T. A. Antonelli, S. L. Gortmaker, S. K. Osganian, and D. S. Ludwig. 2012. A randomized trial of sugar-sweetened beverages and adolescent body weight. *New England Journal of Medicine* 367(15):1407-1416.

Eckel, R. H., J. M. Jakicic, J. D. Ard, J. M. de Jesus, N. Houston Miller, V. S. Hubbard, I. M. Lee, A. H. Lichtenstein, C. M. Loria, B. E. Millen, C. A. Nonas, F. M. Sacks, S. C. Smith, Jr., L. P. Svetkey, T. A. Wadden, and S. Z. Yanovski. 2014. 2013 AHA/ACC guideline on lifestyle management to reduce cardiovascular risk: A report of the American College of Cardiology/American Heart Association task force on practice guidelines. *Journal of the American College of Cardiology* 63(25 Pt B):2960-2984.

Eisenmann, J. C., C. Gundersen, B. J. Lohman, S. Garasky, and S. D. Stewart. 2011. Is food insecurity related to overweight and obesity in children and adolescents? A summary of studies, 1995-2009. *Obesity Reviews* 12(5):e73-e83.

EPA (U.S. Environmental Protection Agency). 2013. *Atrazine updates.* http://www.epa.gov/oppsrrd1/reregistration/atrazine/atrazine_update.htm (accessed November 24, 2014).

Esfahani, S. T., E. A. Cogger, and M. A. Caudill. 2003. Heterogeneity in the prevalence of methylenetetrahydrofolate reductase gene polymorphisms in women of different ethnic groups. *Journal of the American Dietetic Association* 103(2):200-207.

FDA (U.S. Food and Drug Administration). 2013. *Phasing out certain antibiotic use in farm animals.* http://www.fda.gov/forconsumers/consumerupdates/ucm378100.htm (accessed November 24, 2014).

Finkelstein, E. A., J. G. Trogdon, J. W. Cohen, and W. Dietz. 2009. Annual medical spending attributable to obesity: Payer- and service-specific estimates. *Health Affairs (Millwood)* 28(5):w822-w831.

Firestone, M., R. Kavlock, H. Zenick, and M. Kramer. 2010. The U.S. Environmental Protection Agency strategic plan for evaluating the toxicity of chemicals. *Journal of Toxicology and Environmental Health. Part B Critical Reviews* 13(2-4):139-162.

Flegal, K. M., M. D. Carroll, B. K. Kit, and C. L. Ogden. 2012. Prevalence of obesity and trends in the distribution of body mass index among US adults, 1999-2010. *Journal of the American Medical Association* 307(5):491-497.

Frayling, T. M., N. J. Timpson, M. N. Weedon, E. Zeggini, et al. 2007. A common variant in the *FTO* gene is associated with body mass index and predisposes to childhood and adult obesity. *Science* 316(5826):889-894.

Frederick, C. B., K. Snellman, and R. D. Putnam. 2014. Increasing socioeconomic disparities in adolescent obesity. *Proceedings of the National Academy of Sciences of the United States of America* 111(4):1338-1342.

Fryar, C. D., M. D. Carroll, and C. L. Ogden. 2012. *NCHS Health E-Stat: Prevalence of obesity among children and adolescents: United States, trends 1963-1965 through 2009-2010.* http://www.cdc.gov/nchs/data/hestat/obesity_child_09_10/obesity_child_09_10.htm (accessed November 24, 2014).

Fryar, C. D., M. D. Carroll, and C. L. Ogden. 2014. *NCHS E-Stat: Prevalence of overweight, obesity, and extreme obesity among adults: United States, 1960-1962 through 2011-2012.* http://www.cdc.gov/nchs/data/hestat/obesity_adult_11_12/obesity_adult_11_12.htm (accessed November 24, 2014).

Go, A. S., D. Mozaffarian, V. L. Roger, E. J. Benjamin, J. D. Berry, et al. 2014. Heart disease and stroke statistics—2014 update: A report from the American Heart Association. *Circulation* 129(3):E28-E292.

Hammond, R. A. 2009. Complex systems modeling for obesity research. *Preventing Chronic Disease* 6(3):A97.

Hawkes, C. 2009. Sales promotions and food consumption. *Nutrition Reviews* 67(6):333-342.

Hayes, T. B. 2004. There is no denying this: Defusing the confusion about atrazine. *BioScience* 54(12):1138-1149.

Hayes, T. B., A. Collins, M. Lee, M. Mendoza, N. Noriega, A. A. Stuart, and A. Vonk. 2002. Hermaphroditic, demasculinized frogs after exposure to the herbicide atrazine at low ecologically relevant doses. *Proceedings of the National Academy of Sciences of the United States of America* 99(8):5476-5480.

Hébert, J. R., T. G. Hurley, S. E. Steck, D. R. Miller, F. K. Tabung, K. E. Peterson, L. H. Kushi, and E. A. Frongillo. 2014. Considering the value of dietary assessment data in informing nutrition-related health policy. *Advances in Nutrition* 5(4):447-455.

HER (Healthy Eating Research). 2010. *Food insecurity and risk for obesity among children and families: Is there a relationship?* http://www.rwjf.org/content/dam/farm/reports/reports/2010/rwjf58903 (accessed November 24, 2014).

HIP (Health Impact Project). 2014. *The Health Impact Project.* http://www.healthimpactproject.org (accessed November 24, 2014).

Hoffmann, S., M. B. Batz, and J. G. Morris, Jr. 2012. Annual cost of illness and quality-adjusted life year losses in the United States due to 14 foodborne pathogens. *Journal of Food Protection* 75(7):1292-1302.

IFT (Institute of Food Technologists). 2009. Making decisions about the risks of chemicals in foods with limited scientific information. An IFT Expert Report funded by the IFT Foundation. *Comprehensive Reviews in Food Science and Food Safety* 8:269-303.

IHME (Institute for Health Metrics and Evaluation). 2013. *GBD 2010 heat map.* http://vizhub.healthdata.org/irank/heat.php (accessed June 14, 2014).

IHME. 2014. *Overweight and obesity patterns (BMI≥25) for both sexes adults (20+).* http://vizhub.healthdata.org/obesity (accessed June 16, 2014).

Interagency Task Force on Antimicrobial Resistance. 2012. *A public health action plan to combat antibiotic resistance.* http://www.cdc.gov/drugresistance/actionplan/aractionplan.pdf (accessed November 24, 2014).

International Association for Food Protection. 2011. *Procedures to investigate foodborne illness,* 6th ed. New York: Springer.

IOM (Institute of Medicine). 2000. *Dietary reference intakes for thiamin, riboflavin, niacin, vitamin B6, folate, vitamin B12, pantothenic acid, biotin, and choline.* Washington, DC: National Academy Press.

IOM. 2005. *Preventing childhood obesity. Health in the balance.* Washington, DC: The Na-

tional Academies Press.
IOM. 2006a. *Food marketing to children and youth: Threat or opportunity?* Washington, DC: The National Academies Press.
IOM. 2006b. *Seafood choices: Balancing benefits and risks*. Washington, DC: The National Academies Press.
IOM. 2010. *Dietary reference intakes for calcium and vitamin D*. Washington, DC: The National Academies Press.
IOM. 2011. *Finding what works in health care: Standards for systematic reviews*. Washington, DC: The National Academies Press.
IOM. 2012. *Accelerating progress in obesity prevention: Solving the weight of the nation*. Washington, DC: The National Academies Press.
IOM. 2014. *Dietary reference intakes tables and application*. http://www.iom.edu/Activities/Nutrition/SummaryDRIs/DRI-Tables.aspx (accessed November 24, 2014).
IOM and NRC (National Research Council). 2003. *Scientific criteria to ensure safe food*. Washington, DC: The National Academies Press.
IOM and NRC. 2010. *Enhancing food safety. The role of the Food and Drug Administration*. Washington, DC: The National Academies Press.
ISU/UI Study Group (Environmental Health Sciences Research Center CAFO Air Quality Study Iowa State University/University of Iowa Study Group). 2002. *Iowa Concentrated Animal Feeding Operations Air Quality Study*. http://www.public-health.uiowa.edu/ehsrc/pubs/cafo-aqs.html (accessed November 24, 2014).
Jensen, M. D., D. H. Ryan, C. M. Apovian, J. D. Ard, A. G. Comuzzie, K. A. Donato, F. B. Hu, V. S. Hubbard, J. M. Jakicic, R. F. Kushner, C. M. Loria, B. E. Millen, C. A. Nonas, F. X. Pi-Sunyer, J. Stevens, V. J. Stevens, T. A. Wadden, B. M. Wolfe, and S. Z. Yanovski. 2014. *2013 AHA/ACC/TOS guideline for the management of overweight and obesity in adults: A report of the American College of Cardiology/American Heart Association Task Force on Practice Guidelines and The Obesity Society*. *Circulation* 129(25 Suppl 2):S102-S138.
Kant, A. K., and B. I. Graubard. 2012. Race–ethnic, family income, and education differentials in nutritional and lipid biomarkers in US children and adolescents: NHANES 2003-2006. *American Journal of Clinical Nutrition* 96(3):601-612.
Kavlock, R., and D. Dix. 2010. Computational toxicology as implemented by the US EPA: Providing high throughput decision support tools for screening and assessing chemical exposure, hazard and risk. *Journal of Toxicology and Environmental Health. Part B, Critical Reviews* 13(2-4):197-217.
Kennedy, E., and L. Meyers. 2005. Dietary reference intakes: Development and uses for assessment of micronutrient status of women—a global perspective. *American Journal of Clinical Nutrition* 81(5):1194S-1197S.
Krebs-Smith, S. M., and P. Kris-Etherton. 2007. How does MyPyramid compare to other population-based recommendations for controlling chronic disease? *Journal of the American Dietetic Association* 107(5):830-837.
Krewski, D., D. Acosta, Jr., M. Andersen, H. Anderson, J. C. Bailar III, K. Boekelheide, R. Brent, G. Charnley, V. G. Cheung, S. Green, Jr., K. T. Kelsey, N. I. Kerkvliet, A. A. Li, L. McCray, O. Meyer, R. D. Patterson, W. Pennie, R. A. Scala, G. M. Solomon, M. Stephens, J. Yager, and L. Zeise. 2010. Toxicity testing in the 21st century: A vision and a strategy. *Journal of Toxicology and Environmental Health, Part B, Critical Reviews* 13(2-4):51-138.
Langer, A. J., T. Ayers, J. Grass, M. Lynch, F. J. Angulo, and B. E. Mahon. 2012. Nonpasteurized dairy products, disease outbreaks, and state laws—United States, 1993-2006. *Emerging Infectious Diseases* 18(3):385-391.

Leibel, R. L. 2008. Energy in, energy out, and the effects of obesity-related genes. *New England Journal of Medicine* 359(24):2603-2604.

Lopez, R. P. 2007. Neighborhood risk factors for obesity. *Obesity (Silver Spring)* 15(8):2111-2119.

Ludwig, D. S., and H. A. Pollack. 2009. Obesity and the economy: From crisis to opportunity. *Journal of the American Medical Association* 301(5):533-535.

Macdiarmid, J. I., J. Kyle, G. W. Horgan, J. Loe, C. Fyfe, A. Johnstone, and G. McNeill. 2012. Sustainable diets for the future: Can we contribute to reducing greenhouse gas emissions by eating a healthy diet? *American Journal of Clinical Nutrition* 96(3):632-639.

Maki, K. C., J. L. Slavin, T. M. Rains, and P. M. Kris-Etherton. 2014. Limitations of observational evidence: Implications for evidence-based dietary recommendations. *Advances in Nutrition* 5(1):7-15.

Malik, V. S., A. Pan, W. C. Willett, and F. B. Hu. 2013. Sugar-sweetened beverages and weight gain in children and adults: A systematic review and meta-analysis. *American Journal of Clinical Nutrition* 98(4):1084-1102.

Malnick, S. D., and H. Knobler. 2006. The medical complications of obesity. *QJM* 99(9):565-579.

Mariner, W. K., and G. J. Annas. 2013. Limiting "sugary drinks" to reduce obesity—who decides? *New England Journal of Medicine* 368(19):1763-1765.

Marmot, M. G., G. D. Smith, S. Stansfeld, C. Patel, F. North, J. Head, I. White, E. Brunner, and A. Feeney. 1991. Health inequalities among British civil-servants—the Whitehall II study. *Lancet* 337(8754):1387-1393.

Mason, J. B. 2011. Unraveling the complex relationship between folate and cancer risk. *Biofactors* 37(4):253-260.

Moshfegh, A., J. Goldman, and L. Cleveland. 2005. *What we eat in America, NHANES 2001-2002: Usual nutrient intakes from food compared to dietary reference intakes.* http://www.ars.usda.gov/main/site_main.htm?modecode=80-40-05-30 (accessed November 24, 2014).

Moshfegh, A., J. Goldman, J. Ahuja, D. Rhodes, and R. LaComb. 2009. *What we eat in America, NHANES 2005-2006: Usual nutrient intakes from food and water compared to 1997 dietary reference intakes for vitamin D, calcium, phosphorus, and magnesium.* http://www.ars.usda.gov/main/site_main.htm?modecode=80-40-05-30 (accessed November 24, 2014).

NASS (National Agricultural Statistics Service). 2011. *2011 Iowa agricultural statistics: USDA National Agricultural Statistics Service, Iowa Field Office and Iowa Farm Bureau.* http://www.nass.usda.gov/Statistics_by_State/Iowa/Publications/Annual_Statistical_Bulletin/index.asp (accessed November 21, 2014).

NEL (Nutrition Evidence Library). 2014a. *Nutrition evidence library.* http://www.nel.gov (accessed November 24, 2014).

NEL. 2014b. *Conclusion grading chart (2010 DGAC).* http://www.nel.gov/topic.cfm?cat=3210 (accessed November 24, 2014).

Nestle, M., and M. Nesheim. 2012. *Why calories count: From science to politics.* Berkeley, CA: University of California Press.

Newton, A., M. Kendall, D. J. Vugia, O. L. Henao, and B. E. Mahon. 2012. Increasing rates of vibriosis in the United States, 1996-2010: Review of surveillance data from 2 systems. *Clinical Infectious Diseases* 54(Suppl 5):S391-S395.

Ng, M., T. Fleming, M. Robinson, B. Thomson, N. Graetz, C. Margono, E. C. Mullany, S. Biryukov, C. Abbafati, S. F. Abera, J. P. Abraham, N. M. Abu-Rmeileh, et al. 2014. Global, regional, and national prevalence of overweight and obesity in children and adults during 1980-2013: A systematic analysis for the Global Burden of Disease Study 2013. *Lancet* 384(9945):766-781.

Nord, M. 2013. Food insecurity in U.S. households rarely persists over many years. *Amber Waves*. Washington, DC: U.S. Department of Agriculture, Economic Research Service.

NRC (National Research Council). 2009. *Science and decisions: Advancing risk assessment.* Washington, DC: The National Academies Press.

NRC. 2011. *Improving health in the United States: The role of health impact assessment.* Washington, DC: The National Academies Press.

NRDC (Natural Resources Defense Council). 2010. *Still poisoning the well. Atrazine continues to contaminate surface water and drinking water in the United States.* http://www.nrdc.org/health/atrazine/files/atrazine10.pdf (accessed November 24, 2014).

Nwankwo, T., S. S. Yoon, V. Burt, and Q. Gu. 2013. Hypertension among adults in the United States: National Health and Nutrition Examination Survey, 2011-2012. *NCHS Data Brief* (133):1-8.

O'Connor, A. M., B. Auvermann, D. Bickett-Weddle, S. Kirkhorn, J. M. Sargeant, A. Ramirez, and S. G. Von Essen. 2010. The association between proximity to animal feeding operations and community health: A systematic review. *PLoS ONE* 5(3):e9530.

Ohlhorst, S. D., R. Russell, D. Bier, D. M. Klurfeld, Z. Li, J. R. Mein, J. Milner, A. C. Ross, P. Stover, and E. Konopka. 2013. Nutrition research to affect food and a healthy life span. *American Journal of Clinical Nutrition* 98(2):620-625.

Paulot, F., and D. J. Jacob. 2014. Hidden cost of U.S. agricultural exports: Particulate matter from ammonia emissions. *Environmental Science & Technology* 48(2):903-908.

Perez-Morales, E., M. Bacardi-Gascon, and A. Jimenez-Cruz. 2013. Sugar-sweetened beverage intake before 6 years of age and weight or BMI status among older children; systematic review of prospective studies. *Nutrición hospitalaria* 28(1):47-51.

Pingali, P. L. 2012. Green revolution: Impacts, limits, and the path ahead. *Proceedings of the National Academy of Sciences of the United States of America* 109(31):12302-12308.

Pope, C. A., M. Ezzati, and D. W. Dockery. 2009. Fine-particulate air pollution and life expectancy in the United States. *New England Journal of Medicine* 360(4):376-386.

Popkin, B. M. 2011. Agricultural policies, food and public health. *EMBO Reports* 12(1):11-18.

Pretty, J. 2008. Agricultural sustainability: Concepts, principles and evidence. *Philosophical Transactions of the Royal Society of London, Series B, Biological Sciences* 363(1491):447-465.

Price, J. H., J. Khubchandani, M. McKinney, and R. Braun. 2013. Racial/ethnic disparities in chronic diseases of youths and access to health care in the United States. *BioMed Research International* 2013:1-12.

Rohner, F., M. Zimmermann, P. Jooste, C. Pandav, K. Caldwell, R. Raghavan, and D. J. Raiten. 2014. Biomarkers of nutrition for development—iodine review. *Journal of Nutrition* 144(8):1322S-1342S.

Rohr, J. R., and K. A. McCoy. 2010. A qualitative meta-analysis reveals consistent effects of atrazine on freshwater fish and amphibians. *Environmental Health Perspectives* 118(1):20-32.

Rolls, B. J., E. L. Morris, and L. S. Roe. 2002. Portion size of food affects energy intake in normal-weight and overweight men and women. *American Journal of Clinical Nutrition* 76(6):1207-1213.

Rutkow, L., J. S. Vernick, J. G. Hodge, Jr., and S. P. Teret. 2008. Preemption and the obesity epidemic: State and local menu labeling laws and the Nutrition Labeling and Education Act. *Journal of Law, Medicine and Ethics* 36(4):772-789.

Scallan, E., R. M. Hoekstra, F. J. Angulo, R. V. Tauxe, M. A. Widdowson, S. L. Roy, J. L.

Jones, and P. M. Griffin. 2011a. Foodborne illness acquired in the United States—major pathogens. *Emerging Infectious Diseases* 17(1):7-15.

Scallan, E., P. M. Griffin, F. J. Angulo, R. V. Tauxe, and R. M. Hoekstra. 2011b. Foodborne illness acquired in the United States—unspecified agents. *Emerging Infectious Diseases* 17(1):16-22.

Seligman, H. K., and D. Schillinger. 2010. Hunger and socioeconomic disparities in chronic disease. *New England Journal of Medicine* 363(1):6-9.

Shier, V., R. An, and R. Sturm. 2012. Is there a robust relationship between neighbourhood food environment and childhood obesity in the USA? *Public Health* 126(9):723-730.

Solis, C., K. Veenema, A. A. Ivanov, S. Tran, R. Li, W. Wang, D. J. Moriarty, C. V. Maletz, and M. A. Caudill. 2008. Folate intake at RDA levels is inadequate for Mexican American men with the methylenetetrahydrofolate reductase 677tt genotype. *Journal of Nutrition* 138(1):67-72.

Stanton, T. B. 2013. A call for antibiotic alternatives research. *Trends in Microbiology* 21(3):111-113.

Stover, P. J. 2006. Influence of human genetic variation on nutritional requirements. *American Journal of Clinical Nutrition* 83(2):436S-442S.

Stuckler, D., and M. Nestle. 2012. Big food, food systems, and global health. *PLoS Medicine* 9(6):e1001242.

Suitor, C. W., and L. B. Bailey. 2000. Dietary folate equivalents: Interpretation and application. *Journal of the American Dietetic Association* 100(1):88-94.

Todd, J. E., L. Mancino, and B.-H. Lin. 2010. *The impact of food away from home on adult diet quality*. Washington, DC: U.S. Department of Agriculture, Economic Research Service.

Tooze, J. A., S. M. Krebs-Smith, R. P. Troiano, and A. F. Subar. 2012. The accuracy of the Goldberg method for classifying misreporters of energy intake on a food frequency questionnaire and 24-h recalls: Comparison with doubly labeled water. *European Journal of Clinical Nutrition* 66(5):569-576.

Trumbo, P. R. 2008. Challenges with using chronic disease endpoints in setting dietary reference intakes. *Nutrition Reviews* 66(8):459-464.

Trumbo, P. R., S. I. Barr, S. P. Murphy, and A. A. Yates. 2013. Dietary reference intakes: Cases of appropriate and inappropriate uses. *Nutrition Reviews* 71(10):657-664.

USDA (U.S. Department of Agriculture). 2014. *A series of systematic reviews on the relationship between dietary patterns and health outcomes*. Alexandria, VA: USDA/Center for Nutrition Policy and Promotion. http://www.nel.gov/vault/2440/web/files/Nutrition%20Education%20Systematic%20Review%20Report%20-%20CHAP%201-5_FINAL.pdf (accessed November 24, 2014).

USDA and HHS (U.S. Department of Health and Human Services). 2010a. *Nutrition and your health: Dietary guidelines for Americans, 2010*, 7th ed. Washington, DC: USDA.

USDA and HHS. 2010b. *Report of the Dietary Guidelines Advisory Committee on the Dietary Guidelines for Americans, 2010, to the Secretary of Agriculture and the Secretary of Health and Human Services*. Washington, DC: USDA.

Vandenberg, L. N., T. Colborn, T. B. Hayes, J. J. Heindel, D. R. Jacobs, Jr., D. H. Lee, T. Shioda, A. M. Soto, F. S. vom Saal, W. V. Welshons, R. T. Zoeller, and J. P. Myers. 2012. Hormones and endocrine-disrupting chemicals: Low-dose effects and nonmonotonic dose responses. *Endocrine Reviews* 33(3):378-455.

Venegas-Caleron, M., O. Sayanova, and J. A. Napier. 2010. An alternative to fish oils: Metabolic engineering of oil-seed crops to produce omega-3 long chain polyunsaturated fatty acids. *Progress in Lipid Research* 49(2):108-119.

Ver Ploeg, M., V. Breneman, T. Farrigan, K. Hamrick, D. Hopkins, P. Kaufman, B-H. Lin, M. Nord, T.A. Smith, R. Williams, K. Kinnison, C. Olander, A. Singh, and E. Tuckermanty. 2009. *Access to affordable and nutritious food measuring and understanding food deserts and their consequences: Report to Congress.* Washington, DC: U.S. Department of Agriculture, Economic Research Service.

Wansink, B., and S. B. Park. 2001. At the movies: How external cues and perceived taste impact consumption volume. *Food Quality and Preference* 12(1):69-74.

Wansink, B., J. E. Painter, and J. North. 2005. Bottomless bowls: Why visual cues of portion size may influence intake. *Obesity Research* 13(1):93-100.

WCRF/AICR (World Cancer Research Fund/American Institute for Cancer Research). 2007. *Food, nutrition, physical activity, and the prevention of cancer: A global perspective.* Washington, DC: AICR.

Westerterp, K. R., and J. R. Speakman. 2008. Physical activity energy expenditure has not declined since the 1980s and matches energy expenditures of wild mammals. *International Journal of Obesity* 32(8):1256-1263.

Whitaker, R. C., S. M. Phillips, and S. M. Orzol. 2006. Food insecurity and the risks of depression and anxiety in mothers and behavior problems in their preschool-aged children. *Pediatrics* 118(3):e859-e868.

WHO (World Health Organization). 2013. *State of the science of endocrine disrupting chemicals—2012: An assessment of the state of the science of endocrine disruptors prepared by a group of experts for the United Nations Environment Programme (UNEP) and WHO.* Edited by A. Bergman, J. J. Heindel, S. Jobling, K. A. Kidd, and R. Thomas Zoeller. Geneva, Switzerland: WHO/United Nations Environment Programme.

Wilde, P., J. Llobrera, and N. Valpiani. 2012. Household food expenditures and obesity risk. *Current Obesity Reports* 1(3):123-133.

Young, L. R., and M. Nestle. 2007. Portion sizes and obesity: Responses of fast-food companies. *Journal of Public Health Policy* 28(2):238-248.

4 美国食品系统的环境效应

美国食品系统（在第 2 章中描述）被广泛认为对环境有直接和间接的效应。食品系统中各部分对环境的影响程度取决于各种自然和人为驱动的过程。例如，在过去的 50 年中，随着矿物肥料的使用增加，美国农业的生产力大幅度增长，但矿物肥料的使用也存在对环境的负面效应，如温室气体（GHG）排放量增加和水质恶化。当然，在食品制造和配送过程中，化石燃料的燃烧也能造成温室气体的排放。

农业生产的持续集约化[①]对环境产生了相当显著的影响。根据 2012 年的农业普查，在美国有 210 万个农场和牧场，其中 2/3 的牲畜或农作物销售价值低于 2.5 万美元。相反，大型农场（约 8 万个）只占总农场数量的 4%，却负责着现今美国 2/3 的农业生产（USDA，2014b）。集约化农业生产变得更加高效，这降低了单位产品的成本（因此，可能降低消费者的花费），同时，也可以改变单位产品对环境造成的影响。例如，Capper 等（2009）报道了在乳制品生产上取得的历史性的进步，2007 头奶牛每生产 10 亿 kg 牛奶能够产生 43%的甲烷和 56%的一氧化二氮，比过去 1994 头奶牛产生的甲烷和一氧化二氮都要低。在牛肉行业也存在着相同的趋势（Capper，2011），在这段时间内，牛的数量减少了 40%，但是生产出的牛肉总量却保持不变（USDA，2014b）。另外，如果动物粪便不能得到妥善处理（集中动物饲养方式，CAFO[②]），那么将会导致区域空气和水的质量出现问题。CAFO 会滋扰邻近社区并对邻近社区居民造成健康问题，包括灰尘、气味、烟雾和气体排放，因此经常会面临公众监督。此外，来自 CAFO 的径流可能会通过病原体污染水或下游农业区，而导致食品安全问题。越来越多的 CAFO 试图通过从动物住房收集粪便，并将其置于净化设备如堆肥机或厌氧消化器中，来将废物转化为能量，从而降低其所造成的危害。

过度使用有机和无机氮肥，会污染地表和地下水，这种危害可能会在短时间内或几十年后影响当地社区及距离当地几英里远的社区。这种影响在社区内可能会（与 CAFO 造成的影响）有所不同，因为社区内的弱势群体可能没有资源来确保安全的饮用水源（环境污染物对一般人群造成的健康效应及其差异效应，分别在第 3 章和第 5 章中讨论）。

虽然美国食品系统对环境造成的影响常常是不利的，但是当前的系统对环境也是可以产生益处的（图 4-1）。尤其是当农产品生产商采用生态学方法时，可以实现碳固存、生物多样性保护、美化景观、食品和纤维的持续生产（Robertson and Swinton，2005；Swinton et al.，2007；Zhang et al.，2007）。生态学方法要求行动者不仅要认识到管理方法的选择如何在时间和空间上影响环境，而且还要知道对于众多生态系统服务[③]，如何

---

① 农业集约化有多种定义，但都是指增加农业投入，提高固定土地面积的生产力或产量，而不是指扩大耕地

② CAFO 是一种在规定的小面积土地上用饲料饲养动物的农业企业。环境保护局已经划定了三类企业，按能力分为大、中、小三类。每个类别的相关动物单元根据物种和能力而有所不同

③ 生态系统服务是野生生物或生态系统为人们提供的所有积极的益处。益处可以是直接或间接的，小的或大的

进行管理才可以显著地减弱这些影响，除此之外，还要知道这种权衡是在所难免的（Robertson and Swinton，2005）。

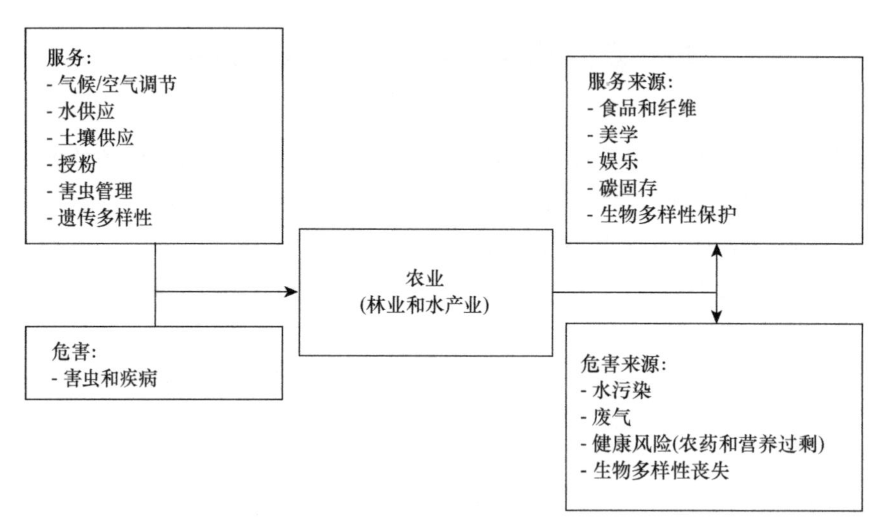

图 4-1　农业生态系统服务

来源：Swinton et al.，2007。经许可转载

商业上，农业生产者主要生产食品、纤维和燃料产品来出售，他们大多数在生态系统服务方面也具有很高的价值，特别是那些能提供直接利益的（如增强的土壤肥力和有机物质）生产者。然而，许多生产者相信，能提供潜在利益的生态系统服务（如气候或水质量调节）在没有财政鼓励和技术资源的情况下，是需要昂贵的成本的（Ma et al，2012；Smith and Sullivan，2014）。当评估食品系统的环境效应时，了解食品系统中的行为者如何做出决定，也是很重要的。

广义地说，美国食品系统的环境效应可以分为三类：①环境污染物；②自然资源的消耗和补充；③种群和群落被破坏。在本章中，分别简单讲述了每个类别的环境效应，突出了每个类别主要的环境特征和效应机制。本章还进一步讨论了环境效应的动态特征，包括了解人类行为如何直接和间接、积极和消极地影响环境的重要性。本章结尾用一个基本的概述总结了各种用于量化动态环境系统性能的方法，包括直接测量、使用指标和模拟建模。附录 B 的表 B-1～表 B-4 包括了用于量化环境效应的数据源、指标和模型的综合性清单。

潜在的环境效应及相关机制的分类

环境污染和污染物

在过去的 50 年中，美国食品系统的产品产量大幅度增加。虽然食品产量比以往任何时候都高，但目前的系统也会导致在图 4-2 所示的污染生命周期中所描述的非预期的环境效应。污染物被排放到环境中，经过运输和/或转化，最终沉积在可能对人类和生态系统健康产生负面效应的位置。常常会通过执行条例来处理这些对人类和生态系统健康产生的负面效应，以减少或消除污染物的排放。

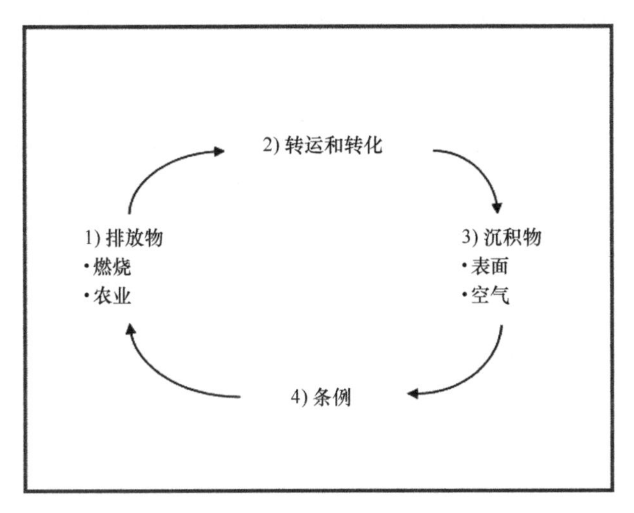

图 4-2 污染生命周期。各级管理条例（联邦、州和地方）解决对人类和生态系统健康的负面效应

科学界经过相当大的努力，已经鉴定出了环境污染物的身份、命运和运输路径，这些环境污染物与美国食品和农业系统中的污染物存在着关联。这些污染物包括营养物（即氮、磷）、农药、药物、病原体、气体和吸入剂（即氨、氮氧化物、甲烷、气味和细颗粒物或 PM）与土壤沉积物（包括化学品和可能存在的生物体）。当污染物浓度达到污染水平时，会导致水、土壤、空气或栖息地的恶化并对人类健康产生潜在的危害。例如，营养丰富的径流可导致下游水域的富营养化[①]（EPA，2011），过度的温室气体排放可导致全球变暖（EPA，2013），农药可以在径流或地下水回灌中扩散，这可能会对人类、水生生物和野生动植物造成毒性危害（Gilliom et al.，2006）。这些污染物在环境中降解的程度取决于许多因素，包括但不限于污染物的浓度、暴露时间、生物降解和生物累积的程度，以及暴露的频率。下面集中讨论污染物的主要类别（营养物、农药、沉积物和病原体）和导致环境污染的机制。关于氮作为营养污染物和农业生产中污染物的更多的讨论见第 7 章附件 4。

在美国，农业活动会释放大量与空气质量和气候变化相关的排放物，特别是氨（农业活动占据总排放量约 90%）、还原硫（未定量）、$PM_{2.5}$[②]（约 16%）、PM_{10}（约 18%）、甲烷（约 29%）和一氧化二氮（72%）（Aneja et al.，2009）。一旦这些物质被释放到空气中，它们将会经历各种转化（Aneja et al.，2001）。例如，大量的氨会在源发地附近沉积，而氨可以很容易地转化为铵，后者可以扩散到距源发地很远的地方。作为大气中最普遍的基础物质，氨也可以很容易地与酸性的氮和硫反应，形成颗粒物（即 $PM_{2.5}$）。碳

① 富营养化指植物和藻类生长过量，是由光合作用所需的一个或多个限制性生长因子（如阳光、二氧化碳和营养肥料）的可用性增加所导致的

② $PM_{2.5}$ 是指直径小于 2.5μm 的颗粒物质

分子可以从一种形式转化为另一种形式。例如，挥发性有机化合物[①]（VOC）可在有机物质的发酵和分解及化石燃料燃烧期间产生，当在氮氧化物（NO_x）和光照存在的条件下，有助于臭氧的形成（Shaw et al.，2007）。臭氧可以形成烟雾，这是美国部分地区最严重的空气质量问题之一，如加利福尼亚州。一些 VOC 也可以引起一些健康问题，如刺激眼睛、鼻子和咽喉（EPA，2014）。

图 4-3 展示了主要（如氨）和次要（如细颗粒物、$PM_{2.5}$）的空气排放物质通常是通过风运输并最终进行干或湿沉积的，这些可以影响生态系统（如富营养化、酸化）和人体健康（如呼吸道健康）。

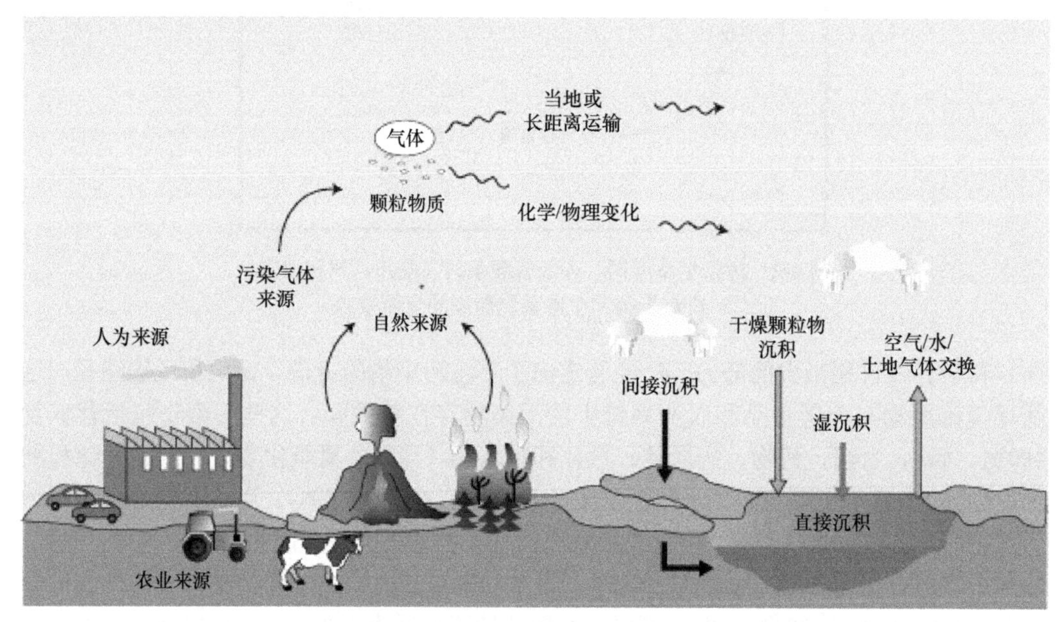

图 4-3 大气排放、运输/转化和沉积（彩图请扫封底二维码）

来源：经 Macmillan 出版有限公司许可转载：Aneja V. P.，W.H. Schlesinger，and J.W. Erisman. 2008. Farming pollution. *Nature Geoscience*, 1(7): 409-411

当污染物经过地下水以上的土壤和不饱和带进入到含水层（地下水），或当地表水质受到农田径流或排水系统的影响时，就会发生水污染。农业生产中，氮、磷、盐度和病原体是导致水质出现问题的主要因素。氮和磷是影响水质的主要营养污染物。肥料中的氨或者化肥中所含的其他形态的氮在土壤中会经历硝化作用，形成硝酸盐。硝酸盐容易被作物吸收，但如果氨或其他形态的氮的供应超出植物的需求时（即农艺率），过量的部分将渗入到地下水（第 7 章，附件 4）。另外，磷通常会与土壤颗粒结合，并且水体的大多数污染是由土壤侵蚀或来自农田的可溶性磷酸盐直接进入径流所引起的。

病原体

即使美国是全球范围内最安全的食物供应地之一，仍有数百万例食源性疾病发生

① 挥发性有机化合物是指来自某些固体或液体的气体，包括各种化学物质，其中一些可能具有短期和长期的不利于健康的影响

（第 3 章）。畜牧业是微生物的重要来源，这些微生物中有一些是病原体，包括细菌，如沙门氏菌、大肠杆菌 O157：H7 和弯曲杆菌。其他至关重要的病原体有诺如病毒、梭状芽胞杆菌和葡萄球菌。集中动物饲养方式、放牧地和动物粪便的排放地都是水道和农产品病原体的潜在来源地。当将粪便作为肥料施加到作物和农产品，而且农产品在消费前没有经过适当洗涤时，这些病原体可以通过污染粪便从而导致人类食源性疾病的发生。例如，2006 年，大肠杆菌 O157：H7 的暴发与受污染的菠菜有关。类似地，粪便有可能污染牲畜屠宰加工厂的肉，这可能会潜在地导致人类食源性疾病的发生，特别是在肉未煮熟的情况下。

农药

合成农药的出现，就像合成肥料的用量增加一样，通过保护作物免受害虫损害使得作物产量增加。1988～2007 年，除了特定的某些农药中活性成分的年使用量存在微小的增加和减少，农业上其他农药中活性成分的年使用量仍然保持相对不变，如图 4-4 所示。

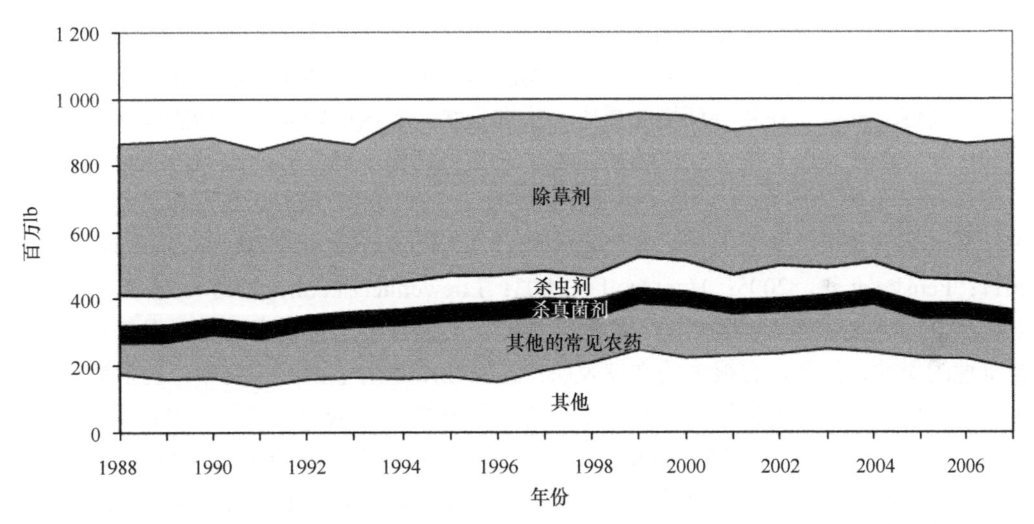

图 4-4　农业市场部门根据农药类型估计的 1988～2007 年美国农药活性成分的年用量
来源：Grube et al.，2011

虽然农药的使用已经允许以较低的成本增加食品和纤维的生产，但是在各种作物中广泛使用农药会增加环境污染的可能性。

农药及其相关的降解产物易于通过空气、水和沉积物的途径流通到其他地方，导致非目标生物体（包括人类）可能暴露在急性和/或慢性毒性条件。这种毒性取决于农药的性质，施用期间和施用后的环境条件，以及农民的管理实践。农药或其降解产物可以存在于施用期间的漂流物中，由风或耕作活动产生的粉尘中，灌溉或降雨期间的表面径流中，或径流的沉积物中。它们也可以通过土壤浸入到地下水中，或挥发到空气中并沉积在附近或相当远的地面上。2007 年，美国地质勘探局（USGS）的一项评估报告报道了在发达流域的溪流中，农药化合物的检测率超过 90%（Gilliom，2007）。他们在美国的农业区域进行了一次抽样调查，发现在 97%的水流和 61%的浅层地下水区中都能检测到农药。此外，在92%的鱼组织样品和57%的水体底泥中都检测到了有机氯化合物，其中大多数不再使用，被认为是“遗留”农药。

因为生态系统通常会暴露于不同浓度的农药化合物及其降解产物的混合物中，所以很难去评估环境毒性，特别是如果只评估一种农药（Gilliom，2007）。由于使用目前登记的农药和历史上使用的半衰期较长的农药，如有机氮农药，毒性进一步复杂化。此外，由于缺乏一个综合性农药使用数据库，研究评估农药对环境和人类健康的风险是很受限制的，除了在某些州，如加利福尼亚。在扁桃仁生产中的农药风险研究中，加利福尼亚的研究人员通过采用农药使用报告（PUR）数据库和农药使用风险评估（PURE）指标，来评估农药使用带来的空气、水和土壤的风险（Zhan and Zhang，2012，2014），从而克服了这种限制。PUR 中包含的空间和时间数据与 PURE 指标的使用相结合，表明已向更环保的昆虫控制措施转变，如油和苏云金芽孢杆菌（Bt）代替水质不友好型的有机磷化合物，然而这也表明除草剂的使用量增加可能与除草剂的抗性有关（Zhan and Zhang，2014）。

美国食品系统使用的农药类型和数量是由许多不同的因素决定的。这些因素包括食品营销标准和消费者需求、不同的有害生物压力、由工人和消费者暴露导致的真实和感观的人类健康问题、在各种环境介质中（特别是水）农药或降解化合物的检测，以及天然和工程（即转基因）抗害虫作物的使用量增加。例如，对由毒死蜱和二嗪农引起的水生毒性和人类健康问题的担忧，使得除虫剂从有机磷杀虫剂转变成了拟除虫菊酯杀虫剂，其水溶性较低，并且对哺乳动物毒性较低（Anderson et al.，2003；Bradman et al.，2011；Fenske et al.，2005；Hunt et al.，2003；Loewenherz et al.，1997）。参见第 5 章对农民和农场工人暴露影响的讨论。虽然这种转变已经减少了有机磷酸盐对水质和人类健康毒性的影响，但是，有很多的文献表明，在农业用地的下游沉积物中，包括海洋受纳水体，检测到了更多的拟除虫菊酯和更大的水生毒性（Amweg et al.，2005；Anderson et al.，2014；Ding et al.，2010；Domagalski et al.，2010；Weston et al.，2013）。由于环境条件、宿主植物的存在和天敌的种群数量发生了变化，应对有害生物暴发的农药使用总是在变化，但是应对侵入性有害生物农药的使用可能更为重要，特别是当现有的天然生物防御系统不足或不能胜任时。2000 年美国大豆蚜虫在一种重要的经济型作物中被检测到，这是侵入性有害生物暴发的一个例子，最终导致这些在以前很少使用农药的地方对农药的需求大大增加。大豆蚜虫的化学处理方法包括用拟除虫菊酯和有机磷酸盐处理叶子，以及用新烟碱处理种子（Ragsdale et al.，2011）。图 4-5 说明为了预防大豆蚜虫，作为种子处理剂的新烟碱类化合物吡虫啉和噻虫嗪，以及作为叶子处理剂的拟除虫菊酯化合物 λ-氯氟氰菊酯的使用量大大增加。

自然资源的消耗和补充

美国的食品和农业系统依赖于大量的自然资源，特别是耕地和水。这些自然资源的可用性和质量不仅受到人为因素的影响（例如，含水层受农药和化肥的污染或由于不正当的耕作被过度侵蚀），而且受到人类无法控制的因素的影响（如洪水和干旱）。在某些情况下，资源的消耗率可以与补充率或再生率相匹配。例如，灌溉的用水率与雪地融化或降雨对地表水和地下水的补给相匹配。或者，资源的消耗率超过再生率，会导致农业生产所依赖的资源基础缓慢或快速地被损耗。

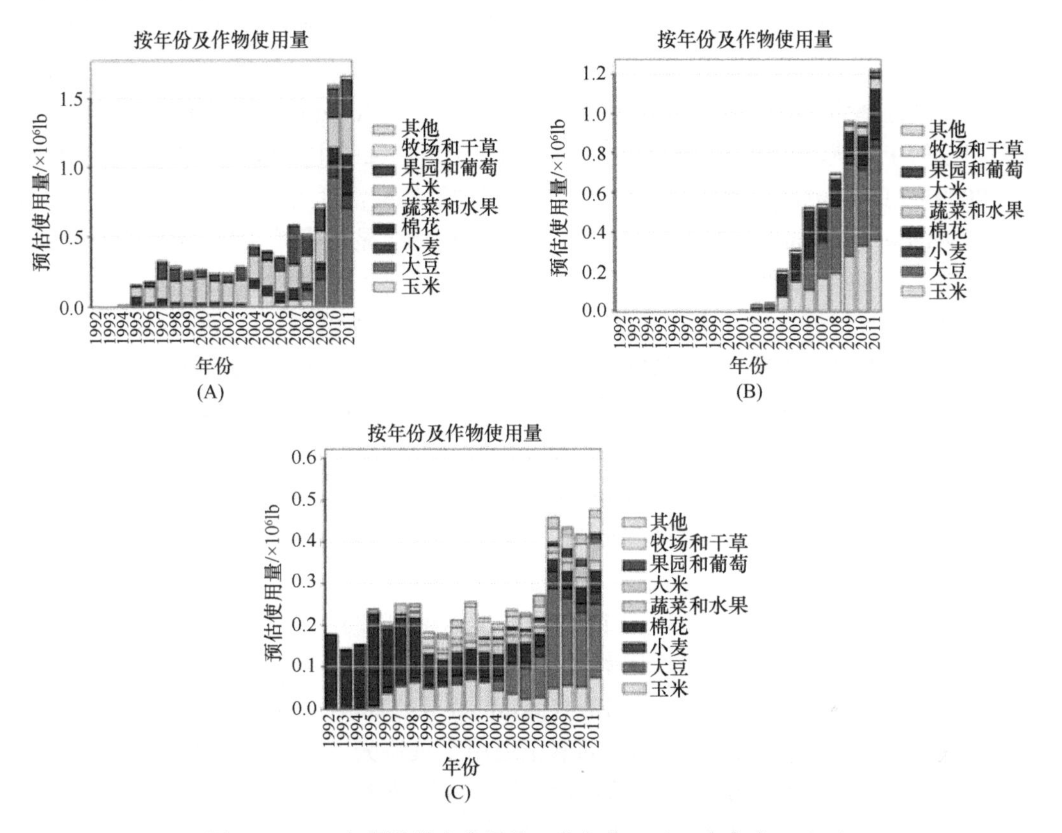

图 4-5 2011 年预估的农业用量：吡虫啉（A），噻虫嗪（B）和λ-氯氟氰菊酯（C）（彩图请扫封底二维码）

来源：改编自美国地质调查局农药全国合成项目 https://water.usgs.gov/nawqa/pnsp/usage/maps/index.php

随着 1935 年建立美国农业部（USDA）水土保持局，该局在 1994 年被更名为自然资源保护局（NRCS），需要在农业、牧场和森林更好地管理土壤与水资源的这种意识已经开始在美国形成。由 NRCS 提供财政和技术支持，继续帮助土地所有者实施自然资源保护战略，以解决土壤侵蚀、水质、水分保持和野生动物栖息地的问题。然而，气候变化和极端天气，如强降雨或干旱，以及在同样或更少的耕地上生产出更多粮食的这种需求，将需要再次承诺在发展并实施经济可行的保护战略的基础上，重新致力于进一步的研究和扩展能力，以尽量减少自然资源的库存和流失之间的不平衡。

土壤来源

土壤侵蚀与土壤形成之间的失衡揭示了农业是如何通过净资源耗竭来对环境产生深远的影响的。侵蚀是一个几乎存在于所有土壤中的自然过程，其速率取决于多位点特异性因素，包括气候条件和地形。这个过程存在两个阶段：土壤颗粒从土壤表面脱离及随后的运输和沉积。当降雨率超过土壤的渗透能力时，水的侵蚀可发生在表面[①]、小河[②]和沟渠[③]；当土壤干燥、松散、表面裸露、平滑及几乎没有物理障碍来阻挡空气运动时，可能会发生风蚀（Magdoff and van Es，2009）。

侵蚀可能是与农业相关的最重要的土地退化过程（Cruse et al.，2013）。在不同形式的土地管理下，土壤侵蚀速率的直接比较显示为 1.3～1000 倍的差异，通常原生植被区的平均侵蚀速率为 0.05mm/年，农业区为 3.94mm/年（Montgomery，2007）。由耕作和种植引起的土壤扰动与暴露是在农业管理下加速土地侵蚀的主要原因（Magdoff and van Es，2009；Montgomery，2007）。农业土壤的侵蚀往往会消耗土壤有机质、肥力和持水能力（Magdoff and vanEs，2009），因此，作物产量将会显著降低（den Biggelaar et al.，2004；Fenton et al.，2005）。

土壤是通过母岩风化及来自动植物和微生物中的有机物的添加与转化形成的。对比一代人的时间跨度和农业用地侵蚀的速度，这是一个比较缓慢的地质过程。在全世界 18 个流域的调查中，Alexander（1988）发现土壤形成速率为 0.002～0.09mm/年，平均值为 0.04mm/年。

Wakatsuki 和 Rasyidin（1992）也在全世界多个地点研究了土壤动力学，并估计土壤形成的平均速率为 0.06mm/年。Cruse 等（2013）报道了在艾奥瓦州，对于农作物集中生产的 4 个土壤区，土壤形成的平均速率为 0.11mm/年。

2010 年美国农业部（NRCS，2013）评估出美国农田的平均片蚀和细沟侵蚀速率为 6.1Mg/(hm^2·年)，该年的风蚀平均速率为 4.6Mg/(hm^2·年)。浅沟中的水侵蚀也是土壤流失的一种重要形式（Cruse et al.，2013；Gordon et al.，2008），但并没有使用广泛使用的土壤侵蚀评估工具对其进行评估，如修正通用土壤流失方程 2（USDA，2008）和水侵蚀预测模型（USDA，2012）。尽管如此，结合片蚀速率、细沟侵蚀速率和风蚀速率，美国农田侵蚀速率的最小平均值为 10.7Mg/(hm^2·年)(图 4-6)。假设土壤密度为 1.3Mg/m^3，则该侵蚀速率相当于每年土壤会损失 0.82mm。

虽然以 0.82mm/年的速率从农田侵蚀土壤似乎看起来无足轻重，但是它至少比土壤形成的速率大一个数量级。从艾奥瓦州土壤动力学评估中可以看出这种失衡的后果，其中包含一些美国最具生产力的雨水灌溉农田。根据由 Cruse 等（2013）报道的 4 个艾奥瓦州土壤区的土壤形成平均速率（0.11mm/年）和由美国农业部（NRCS，2013）报道的艾奥瓦州农田由片蚀、细沟侵蚀和风蚀引起的平均侵蚀速率（0.98mm/年），得出土壤净损耗速率为 0.87mm/年。从一个历史背景角度来看，土壤的净损耗为每世纪 87mm。

尽管由于侵蚀，美国农田损失了大量的表层土，但作物产量相比过去一个世纪是普遍增加的，这主要是因为技术的发展，当然也包括肥料的使用率大幅度增加，这些掩盖了土壤退化的潜在效应。然而，正如 Cruse 等（2013）所指出的，在 22 世纪，利用技术的进步，特别是那些与植物遗传学相关的技术，土壤质量将一定会被保持或改善，特

① 表面侵蚀指通过雨滴冲击和浅层表面流动去除薄层中的土壤。这会导致最好的土壤颗粒的流失，这些土壤颗粒中含有大部分可用营养物质和有机物质

② 小河是浅层排水道，当地表水集中在围场凹陷处时，会侵蚀土壤

③ 沟渠指深度超过 30cm 的通道，当较小的水流集中时，通过土壤切割通道形成沟渠

别是土壤供应越来越多的水和营养物质的能力。在这一方面，改变耕作和种植方式对于减少侵蚀将是至关重要的，特别是少耕和免耕技术的应用增多，更多地使用覆盖作物，以及更广泛地使用多年生草坪植物（Magdoff and van Es，2009；Montgomery，2007）。

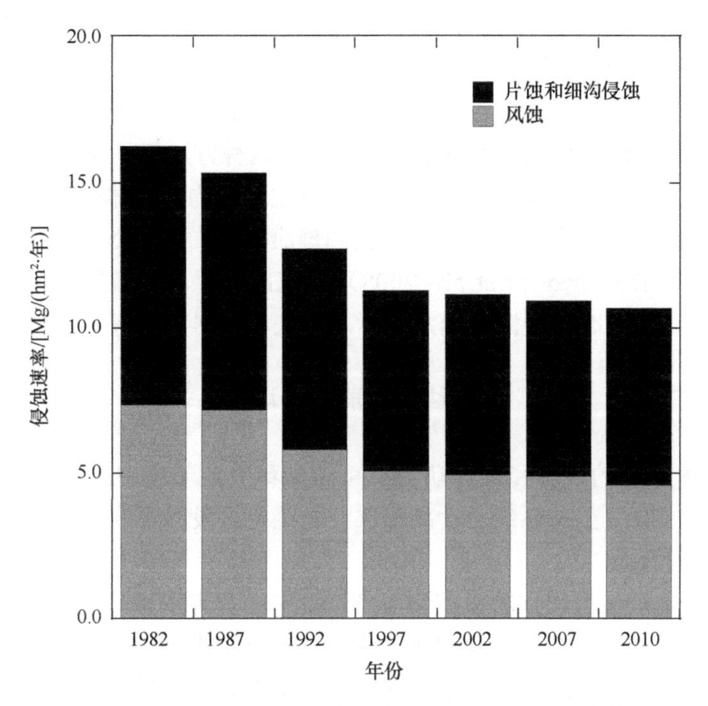

图 4-6 1982～2010 年片蚀、细沟侵蚀和风蚀的预估平均侵蚀速率，每公顷每年兆克数［Mg/(hm²·年)］

来源：NRCS，2013

水供应

虽然灌溉农田只占美国总农田的 15%～20%，但是它大约占据了用于蔬菜生产的土地的 70%，用于果园作物的土地的 80%，以及用于稻米生产的土地的 100%（Schaible and Aillery，2012）。灌溉技术的发展、城市和农业用户之间的水资源竞争、干旱的空间和时间格局、来自灌溉作物的生物燃料生产，如玉米，以及具有不同用水效率和利润特征的国内和国际作物市场的变化，需要在水资源利用和水资源补给之间取得平衡。一般来说，美国各地的地下水开采速率相对于补给速率都在增加（Konikow，2013）。在一些情况下，如对于奥加拉拉（高原平原）含水层上的农田，取水和补给之间的失衡证明了维持当前作物生产水平可能过于昂贵或不切实际（Konikow，2013）。

大部分美国灌溉农田仍然采用相对缺乏效率的灌溉系统（Schaible and Aillery，2012）。作者指出灌溉农业的长期可持续性将取决于采用创新的、更有效的灌溉系统。其中一些创新包括土壤和植物水分传感设备、商业灌溉调度服务及帮助生产者制定灌溉决策的仿真模型等。目前在加利福尼亚的中央谷评估了另一种方法，即在非干旱年份，使用多余的地表水可以起到人工补充地下水的作用（Scanlon et al.，2012）。

在美国供水有限和地下水容易透支的地区（最常见的原因是周期性严重干旱），重复利用的水越来越多地用于灌溉可食用和不可食用的作物。在 2007 年农业普查中，农场和牧场灌溉调查（USDA，2009）报道，美国超过 180 万英亩的农田使用循环水灌溉，循环水即以前用于灌溉作物的水。此外，超过 70 万英亩的农田使用非饮用水再利用的再生废水灌溉（USDA，2009）。美国农业部认识到美国许多生产食品和纤维的地方干旱越来越频繁和严重，为确保到 2025 年农业用水的安全，美国农业部将水的再利用确定为 6 个广泛领域之一，并重点关注相关研究、教育和推广工作（Dobrowolski and O'Neill，2005）。水的再利用能显著减少地下水的损耗，但这种方法仍然面临挑战。这些挑战包括供应和需求之间的平衡，储蓄水面临的来自野生动植物病原体的污染风险，盐度增加对作物产量的负面效应，与新兴污染物相关的健康问题，以及公众对将再利用水用于可食用作物的看法（Dobrowolski et al，2008）。USGS 提供了大量的农业对水质影响的信息（另见附录 B，USGS 数据源的选定指标、方法、数据和模型）。

种群和群落破坏

生态系统内物种的种群和群落动力学可能受释放到环境中的污染物水平和自然资源可用性转变的影响。生态系统对食品和农业系统各阶段的影响程度取决于管理决策及由此产生的环境反应。

例如，广谱农药应用于作物以控制生产过程中的有害生物，但这可能对在生态系统的养殖和非养殖区域的非目标授粉昆虫产生显著的不利影响。由农药暴露和各种其他驱动因素导致的授粉昆虫的缺失，将会影响野生植物种群和群落的多样性及昆虫授粉作物的产量，特别是水果和坚果。目前关于全球范围内授粉昆虫数量下降的一篇评论倡导更多的投入，从而去更好地理解和实施“农业环境计划”，以保护授粉服务（Potts et al.，2010）。

萨克拉门托-圣华金三角洲提供了另一个关于管理决策如何影响生态系统平衡的例子。在加利福尼亚中央谷的南部，大量的农田依赖于从三角洲取水，该州三分之二的家庭也是如此。同时，三角洲为许多野生的鱼、鸟、哺乳动物和爬行动物提供了重要的栖息地。例如，约洛疏洪泛区是一个鲑鱼繁殖和作物生产的肥沃地区（Garnache and Howitt，2011）。农业和普通群体对供水的高需求，特别是在干旱期间，会显著影响三角洲的种群和群落动力学。Lund 等（2008）指出了关于三角洲生态系统水的供应和需求之间的平衡的规划工作的重要性。保持这个想法优先于任何决策将会提高为农业和环境提供福利的可能性。这份报告提出了一个“生态系统解决方案”，包括战略，如协调规划工作、尽量减少有害物质和入侵物种进入三角洲、创造野生动物友好型农业及恢复栖息地多样性。这两个例子说明了管理决策是如何对生态系统的健康产生预期和非预期的后果的，强调了更全面地理解农业和环境之间的相互联系及意识到这些联系的复杂性质的重要性。

环境效应的复杂性

从第 2 章和本章之前的讨论中应该清楚地认识到，美国食品和农业系统构成了一个典型的耦合社会生态系统，在该系统中，人与环境的关键组成部分，包括土壤、水、空气、阳光和多样化的生物群，有着不可分割的联系（Rivera-Ferre et al.，2013）。自然资源被用来为美国和其他国家的居民生产食物、饲料、燃料和纤维，占据了美国经济的很大一部分。不过，近年来社会对食品和农业系统的需求已超出生产和盈利能力，包括更好地管理自然资源和提高对环境质量的保护。

与大多数其他生态系统不同，农业生态系统明确反映了人类的知识、技术、劳动、态度和目的，这些反过来会受更广泛的社会经济因素的影响，如市场、法规和教育。农民、决策者、商人和消费者反复做出影响农业生态系统的组成部分和性能的决定。因此，农业生态系统是动态的，可以迅速做出改变来响应社会、经济及物理性、生物性和技术性因素。

因为美国的食品和农业系统有很多相互关联的成分和过程，有关调整或改善系统中的一部分的方法可能会对其他部分产生重大的影响。与生产力和环境目标相关的优化系统性能取决于几组任务和信息的类型。这些包括识别多个相互作用并相互依赖的系统组分、了解这些部分如何相关、量化系统组件状态、监控材料和能源进出系统的流动情况与确定关键决策点影响系统动态性。在某些情况下，可以设计、实施和监测实证性实验，用以比较农业生产、加工和分配的对比系统的表现。在其他情况下，可以使用从一系列来源获得的经验数据开发模型来比较系统性能特征。对于这两种方法，重要的是要认识到相关环境效应的动态特征。

环境效应的特点

食品、农业和环境三者的相互作用在美国显得至关重要，有以下 3 个原因：这 3 个系统占用大量的土地面积，消耗大量资源，以及在农业与非农业生态系统之间有较强的关联。美国国土面积为 916 万 km^2，其中农田占到 18%，牧场或其他用于放牧的土地占到 27%。在美国大陆内部，农业土地面积占到 54%（Nickerson et al.，2011）。对水的利用体现了美国食品和农业系统对自然资源的不成比例的影响。用于食品和农业生态系统的淡水资源，占到了美国淡水利用总量的 80%（ERS，2013）。

将农业生态系统中的营养物、农药和其他物质输出（即流出）到非农业生态系统（即流入），其数量是巨大的。例如，Alexander 等（2008）估计，每年有近 100 万 t 的氮从位于密西西比河流域上游的农田进入墨西哥湾，从而导致沿海低氧区的形成。每年有 3.4 万 t 除草剂阿特拉津应用到美国农田（Grube et al.，2011），其中约 1%进入相关的河流，超过了维护水生生物和人类健康水平的阈值（Gilliom et al.，2006；Larson et al.，1999）。Heathcote 等（2013）对艾奥瓦州 32 个湖泊的沉积趋势进行了研究，发现尽管进行了一些水土保持工作，过去 50 年的农业集约化仍然导致湖泊由侵蚀引起的土壤沉积的速度加快。农场和大气之间的气体流通也很重要。化肥和粪肥作为主要的耕作方式，约占美国温室气体一氧化二氮排放量的 74%，以及氨气和其他氮氢化合物排放量的 84%（EPA，2011，2013）。

这些例子正说明了美国食品和农业系统对环境造成了影响，也说明了食品和农业系统的复杂性特征。特别的是，这包括了可能的污染物排放地点之间的距离和它们最终影响的地方的空间位移。该系统的环境效应也可能会有时间滞后性，几个月甚至几年都看不到或无法识别。例如，若干年时间里，鸟类数量的下降并不被认为与20世纪40年代和50年代的氯化烃杀虫剂，如DDT、狄氏剂的使用相关。因它们的毒性包括生殖毒性，而不仅仅是直接死亡，并且由于农药通过食物链富集而导致“生物放大”之前浓度还未达到临界水平（Mineau，2002），因果关系最初难以辨别。到了20世纪70年代，随着对这类农药对非目标生物的巨大影响的理解加深，大多数化学物质在许多发达国家被禁止或严格限制。目前，人们有关注生态新烟碱类杀虫剂的影响，它介绍了在20世纪90年代，因其相对于有机磷和氨基甲酸酯类化合物具有较低的哺乳动物毒性，现已广泛应用于整个美国的农业。新的数据表明，这些化合物可能是造成蜜蜂种群数量下降的主要因素，通过对行为、健康和免疫的慢性影响，以及对病原体和寄生虫的易感性增加（Di Prisco et al.，2013；Henry et al.，2012；Pettis et al.，2012）。

农业生态系统的时间滞后性也可能存在积极和令人满意的效果，如土壤氮素肥力的增加，以及对矿物化肥需求的减少，这种情况发生在固氮作用如苜蓿和其他非固氮作用轮作时（Peoples et al.，1995）。

食品和农业系统的环境效应也可能是间接的。通过循环和交织连接的物种可能出现间接的影响，由管理措施或者系统组成和配置的改变对一个物种产生的影响可能会被其他物种所减弱。新烟碱类杀虫剂通过病原体和寄生虫对蜜蜂产生的影响可以说明这个概念。一种被称为“目标有害生物复活”的现象也可以说明这一概念，即在施用化学物质进行控制后，害虫的种群会迅速增加，通常会达到高于施加控制措施前的水平（Dutcher，2007）。尽管杀虫剂可能会消灭99%以上的目标害虫种群，但它很少消除所有的害虫；然而，它经常会杀死大部分目标害虫的天敌，并破坏这种有效天敌存在的食物链（Bottrell，1979；NRC，1996）。目前有很多害虫天敌较少，这些幸存害虫的种群迅速增加，给作物生产带来越来越大的威胁。另外，通过在农业景观中保持自然和半自然植被，可以增强天敌对农作物害虫的生物防治，从而使天敌能够在为它们提供避难所和资源的栖息地中活动，这些地区在农田中可能稀缺（Power，2010）。Losey和Vaughan（2006）估计，将昆虫捕食者和寄生生物作为农作物害虫的天敌来减少作物虫害损失和降低杀虫剂的使用，每年能为美国节省45亿美元。因此，忽略或错误预估这些间接影响会为美国食品和农业系统带来严重的经济损失。

像食品和农业系统这种复杂系统通常具有非线性效应，即在管理措施或者系统组成或配置方面发生较小的变化，最终可导致无效应或者不成比例的巨大效应。后者的影响对农业生态系统中的物理和生物过程尤为重要。例如，在田间试验比较用于玉米和大豆生产的土地利用模式，Helmers等（2012）指出，用10%的退耕还林区转换重建草原植被，最终水域土壤沉积物减少96%。破坏非目标动物内分泌系统的农药也可以表现出非线性、非比例效应，暴露于低浓度或中等浓度，相对于高浓度而言，能引起同等的或更大的激素水平的变化。扰乱内分泌系统的农药已被发现可以改变生长发育速率、免疫系统功能和其他健康参数（Rohr and McCoy，2010；Vandenberg et al.，2012）。低水平、生态学相关浓度的暴露被认为是造成两栖动物种群数量下降的原因（Hayes et al.，2002，2010）。

虽然食品和农业系统对环境产生了巨大压力，但环境因素也会影响食品和农业系统的各个方面，尤其是作物和家畜的生产率。值得注意的是，环境压力，特别是干旱、洪水，温度极高、极低，病虫害侵扰，在空间和时间上都缺乏可预测性。因此，系统的一个关键特征是当物理和生物因素引起应激时，环境所体现出的韧性程度。韧性系统在被扰动后，因抵制压力变化而快速反弹；而非韧性系统在压力作用下反应剧烈而且恢复（如果有的话）缓慢。Pimentel 等（2005）在一项长期耕作实验中发现了韧性的差异，实验包括传统管理模式下玉米-大豆交替种植和有机管理模式下更多样化的轮换种植。在 5 年干旱期间，生长季降水量低于平均水平的 70%，多样化的有机系统中玉米产量却高出 28%～34%。这种效果要归功于伴随着土壤贮水量和植物可利用水量增加的较高的土壤有机质水平。韧性也可以在虫害管理对作物多样性的影响方面得以体现。Blackshaw（1994）发现，在连续种植小麦的田间，禾本科杂草旱雀麦的平均密度和种群密度的年度差异显著高于小麦和油菜轮番种植的田地。一般来说，多种作物轮作系统为减少杂草侵扰的威胁，同时减少对除草剂的投入提供了重要的契机（Nazarko et al.，2005），可以考虑将其用于解决与控制抗除草剂杂草相关的日益严重的问题（Beckie，2006）。

由于食品和农业系统覆盖了一个广泛的地理区域并与多种生物、多个经济环节交叉，对系统配置中的变动若不加以仔细分析，则可能造成难以预料的后果。例如，人们一直倡导生物燃料的生产，以减少化石燃料的使用和限制温室气体排放，但是一些分析师认为，由于环境恶化它也可以导致间接土地利用变化效应[①]，因为一个地区从食品和饲料生产转向生物燃料生产可能会导致别的地区草原和林地转换为耕地，同时会增加净二氧化碳（CO_2）排放量，造成水土流失，养分排放（Fargione et al.，2008；Searchinger et al.，2008；Secchi et al.，2010）。目标害虫抗药性的演变也体现了农业管理措施可以引起非预期的影响，而此类影响本可以通过对其他替代管理系统的分析予以避免。自 20 世纪 90 年代中期引进抗除草剂草甘膦的转基因作物以来，草甘膦的使用量在美国增加了 10 倍（USGS，2014），这是在美国农业上使用最频繁的农药，并在杂草种群遗传学上有很强的选择力。与此同时，抗草甘膦杂草已变得越来越普遍和有问题（Heap，2014）。在寻找方法来解决这个问题时，Mortensen 和 colleagues（2012）断定简单叠加新的额外的抗除草剂基因于作物基因组中，是不可能避免再次产生抗除草剂杂草的；而一个更有效的办法是采用不同的策略，制定和执行综合杂草管理系统，如轮作、覆盖种植、种植竞争性的作物品种，并恰当地使用耕作方式和应用除草剂。

食品和农业系统的多维度的特点能够为解决复杂问题提供多种途径。例如，增加食品产量不是为持续增长的人口提供食品的唯一途径。从这个角度来说，食品系统具有这个特点是幸运的，因为增加食品产量往往需要更多的土地（通过将更多的森林和草地转换为耕地作物生产）或者需要加强对现有耕地的化肥和农药的使用，随之而来的是温室气体排放的加剧，生物多样性的丧失，水污染和水土流失等环境问题。通过减少食物浪费和改变饮食结构使植食性的食品比例更大，从而使食品可供应量增加（Foley et al.，2011）。2010 年，美国在零售和消费者水平的 1950 亿 kg 食品中，估计有 31%未被食用（Buzby et al.，2013）。分析由全球饮食模式的根本转变带来的后果，Cassidy 等（2013）得到的结论是，专门种植作物供人类直接消费而不是作为动物饲料和生物燃料，可以使

① 间接土地利用变化效应指在一个地区增加生物燃料的生产将影响在其他地区扩大土地的种植

食物热量供应增加高达 70%，这足以养活 40 亿人。这种转变的影响在美国尤为深刻，现在美国的玉米作为全国种植量最大的作物，主要是用于动物饲料和生物燃料生产（ERS，2014；Foley，2013）。

影响环境的人为驱动因素

这看起来似乎很矛盾，人类通过消耗、污染、打破自然环境的平衡来破坏自己的栖息之地。但维护自然环境是人类众多生存目标中的一个。当不同的人和不同的群体处在其特定的社会经济和生物物理背景中时，人类的行为才更有意义。正如环境是一个动态的系统，人类行为也显示出具有空间性、时间滞后性和非线性的反馈——这些还伴随着随机的影响。

人类的任何一个决定都是在其需求、动机、受限的资源、不全面的信息掌控和有限的理性思考等背景下做出的。人类社会的规则，就像法律和市场规则，取决于决策者的利益（Schmid，2004）。特别的，也是最重要的行为当属与自然环境有关的财产权利——一个人拥有哪些物质和如何拥有属于自己的物质。对于环境的影响，有两种产权尤其重要。当一个决策者影响另一个人的财富时就存在经济外部性。这个词来自于这样一个事实，即受影响人的福利在决定之外。这种外部性可能是积极的（例如，自己收获蜂蜜的同时邻家的树也受粉了）（Meade，1952），也可能是消极的（例如，下游用来游泳的河水会受到上游农药污染的影响）。但关键的是缺少财产权利的外围人群在不采取特定行动的情况下难以避免受到外部的影响。因此，决策者需要考虑部分而不是全部的公共成本和效益。对于个体而言最好的，对于公众可能并非如此。

财产权利影响环境行为的第二个例子是公共财产资源的共享（就像放牧公地或者大气圈）（Blaikie and Brookfeld，1987）。在这两种情况下，没有人有权利禁止其他人使用、消耗甚至滥用资源。因此，对个人而言，最佳的选择并非如此，因为现在资源已被过度地开发。

由于许多重要的环境因素在农业生产过程中对食品系统有影响，接下来的部分是要先调查农民的决策过程，然后再讨论食品系统中的其他参与者，如农产品加工者、经销商和消费者。

私营生产者的角度

大部分食品生产者是以农业为生的农民。虽然诸多证据显示农民关心环境的管理，但调查一再表明，盈利能够压倒一切（Ma et al.，2012）。在美国，农民拥有很宽泛的权利来使用他们的土地，只要不造成直接的或可检测到的危害（Norris et al.，2008）。然而，他们的行动可能会通过空气、水，或者是生物变化引发经济外部性影响，这些都是间接的且通常很难测量。

氮肥在玉米种植上利润最大化的应用方式阐明了一个经济外部性可以导致环境退化的逻辑过程。首先要注意的是，肥料、土地和玉米都是属于农民的私人财产。但农场下的含水层、附近的溪流、大气都没有所有者——它们是共同财产资源。玉米产量通常随氮肥施用量的增加而增加，但产量的增速逐渐降低，并最终到达其“停滞阶段”，原因是遗传产量潜力或其他投入的短缺。对于玉米的生产者，他可以决定用于玉米的氮肥的多少，利润最大化的标准规则是施加更多的肥料，直到增加肥料的回报正好等于获得和传播该肥料的成本。在此之前，增加氮肥的用量会获得更多的玉米。伴随着氮肥用量的增加和玉米产量的停滞，施用的氮肥没有作用于玉米植株。相反，它转化为硝酸盐，随水排入河流，最终可能使海洋缺氧（Alexander et al.，2008），或转化为温室气体一氧化二氮排放到大气中（McSwiney and Robertson，2005；Shcherbak et al.，2014）。因为水和空气是公共资源，所以其他人使用这些环境介质作为废物接收者的成本是农民决定的外部因素。类似的外部成本可能会从农民的其他私人理性决策中产生。例如，以具有生物多样性的自然环境为代价种植高利润的作物，为有益物种如鸣禽、传粉者和某些农业害虫的天敌提供栖息地。

共享财产的动态性导致公共资源耗竭，如奥加拉拉（高原）的含水层。在 21 世纪，自农民得知这个半干旱高原地区下有一个巨大的含水层以来，农作物产量通过灌溉得以大幅增加。然而，当前时代的降雨量较低，含水层的补给量相形见绌，大量抽水导致堪萨斯州西部的地下水减少了 30%，尽管抽取更深处的地下水增加了私人成本，但地下水仍然在继续走向枯竭（Steward et al.，2013）。

社会观点和环境政策

虽然农业中环境问题受特定逻辑的影响，但解决了这些问题也可能就保护了公共利益。一个决策者拥有采取影响他人的行动的权利，但这一事实并不意味着这些行动是不可避免的。像 Ronald Coase（1960）的著名假说，它仅仅意味着受影响的各方必须使用权利来防止伤害。环境管理机构、环保团体、每个食品系统部门的参与者都采取了各种强制性和自愿性的方法来缓解美国食品系统对环境的影响（框 4-1）。

框 4-1
环境缓解干预措施的例子

法律/法规

- 《清洁水法案》
- 《清洁空气法案》
- 《联邦杀虫剂、杀菌剂和灭鼠剂法案》
- 《濒危物种保护法案》
- 《1990 年沿海地区再授权法修正案》
- 《安全饮用水法案》
- 《资源保护及恢复法案》
- 《食品质量保护法案》

·《有毒物质控制法案》
·《国家环境空气质量标准》
·《与作物保险补贴相关的保护法规》(Sodsaver 计划)

自愿性（奖励计划）

· 农业管理援助（AMA）
· 保护储备计划（CRP）
· 保护管理计划（CSP）
· 环境质量激励计划（EQIP）
· 农业保护基金计划
· 健康森林保留计划（HFRP）

教育/技术援助

· 美国农业部（USDA）自然资源保护服务保护技术援助计划
· 美国农业部州和当地资助的合作推广办事处

因为美国的农民拥有广泛的产权，可以依照个人意愿管理自己的土地，所以美国农业环境保护政策的重点是为农民的环境服务支付费用。自 1985 年以来，根据历史上系列农业法案开展的各种联邦计划（最新的是《2014 年农业法案》）（USDA，2014a），通过分担环境管理实践的成本（如根据环境质量激励计划）来向农民支付环境服务的费用，提供保护效益的租赁农田（如保护储备计划），支付工作地的环境服务费用（如保护管理计划）。在私营部门，努力扩大建立生态系统服务市场，如提供清洁饮水或野生动物栖息地。虽然目前这样的市场还比较小，但它们的出现提出了一系列重要的问题，即如何确保环境管理实践真正提高环境质量（“额外性”）和为由同一管理实践产生的不同服务而支付是否有意义（“堆叠”生态系统服务）（Cooley and Olander，2012；Hanley et al.，2012；Woodward，2011）。

保护公共利益的另一种方法是通过法规直接限制行为或制定污染物限量。在这种情况下，公众持有权利，如清洁水和空气，因此污染者必须承担成本使其达到清洁标准。一个典型的例子，即相关条例及公民、地区和国家层面的志愿性的计划遏制了不必要的养分流失与产生的污染物被排放到空气及水中。通常，这些监管办法的减排的任务不仅是要避免对生态系统的影响，还要避免这些排放对人体健康的影响。

《清洁空气法案》授权美国国家环境保护局（EPA）设置 6 种污染物的空气质量标准，即一氧化碳、铅、二氧化氮、PM 直径小于 10μm 的颗粒物（PM_{10}）、PM 直径小于 2.5μm 的颗粒物（$PM_{2.5}$），以及臭氧和二氧化硫（EPA，2009a）。一级标准解决公共卫生问题，二级标准保护公众的利益（如可见物污染和环境效应）（EPA，2008；Pope et al.，2009）。农业产生的主要空气污染物是 PM、氨和挥发性有机化合物，以及亚硫酸氢化物。目前，联邦没有规范农业中氨和直接的挥发性有机化合物在大气中的排放标准，但氨可以促进 PM 的形成（Pinder et al.，2007），挥发性有机化合物可以促进臭氧的形成（EPA，2008）。

人们最为关心的是温室气体，包括二氧化碳、甲烷和一氧化二氮。这些气体有不同的增加地球大气中热量的潜力，被称为全球变暖潜能[①]。目前，美国既不要求强制报表也不控制温室气体排放总量。在州级，根据 32 号法案，加利福尼亚州成为美国第一个规范报表和控制温室气体排放总量的任务的州（《2006 年加利福尼亚州全球变暖对策法案》）。本法案并不免除农业部门的温室气体排放量。

《清洁水法案》（CWA）于 1972 年通过，1977 年和 1987 年修订，为 EPA 利用国家污染物排放消除系统（NPDES）许可证制度规范点源污染的地表水提供了依据。除了某些农业设施，如大型动物饲养场，农业排放被归类为非点源，因此可以豁免点源 NPDES 许可证制度。1987 年 CWA 的修正案承认非点源污染（NPS）是美国的重大障碍。根据 319 条，确定了地表水及其相关的非点源管理方案。这一计划提供拨款以支持技术、教育方案的制定和实施，并且最重要的是为水质监测提供资金，以确定非点源实施项目的有效性。通过该方案处理农业生产引起的非点源污染，包括营养流失、泥沙化、病原体和农药。

正如 2004 年美国国家水质量报告显示，农业非点源污染仍是破坏地表水水质的主要问题（EPA，2009b），被认为是河流和湖泊的水质影响的主要来源。加利福尼亚州实施了更多的水质条规来处理农业非点源污染问题。灌溉土地管理方案由加利福尼亚州水资源管理局（水资源部）实施，为了规范农业灌溉土地的排放物，种植者要么遵守废物排放要求（WDR），要么达到豁免条件。该方案允许灌溉排放物产生，但要根据监测水体的水质和管理措施的执行情况，纠正出现的任何损害。2014 年 SWRCB 报道，大约有 600 万英亩、4 万农民已参加该方案。

除了向环境服务和管理法规提供资金支持以控制污染物外，还有其他方法旨在鼓励改善环境管理工作。这些鼓励方法包括颁发环保性能认证证书。认证证书可能有助于告知消费者看不见的生产工艺过程的特征或保护农民免于涉嫌管理工作不善的诉讼。美国农业部的有机认证是其中最著名的，但还有其他各种各样的关于农业环境管理工作的认证和特定实践，如农药安全或地下水保护（Greene，2001；Segerson，2013；Waldman and Kerr，2014）。

系统性能的量化方法

本节将列出一些用于捕获环境效应的相关的测量与建模方法。它描述了用于环境影响评估的一系列方法，以及对于在不使用多种方法组合的情况下难以建立明确因果关系的理解。进行环境影响评估首先要确定影响有多大。一些环境效应可以被直接测量到，而其他弥散的/分散的或难以观察的影响则需要使用间接方法测量，或者采用数学模型进行模拟。生命周期评估（LCA）通常用于说明一个产品在其整个生命周期的环境效应。

大量数据包括环境效应可从美国国家环境保护局、美国农业部、美国地质勘探局和私营部门获得（附录 B，表 B-3）。美国地表水质量是由美国地质勘探局国家水资源信息系统跟踪。空气质量和化学毒素是由美国国家环境保护局的空气质量系统和 ECOTOX

① 全球变暖潜能是温室气体在大气中有多少热量的相对量度

数据库跟踪。耕作对环境的影响是由美国农业部的农业资源管理调查和 NRCS 数据库跟踪，而食品农药残留由美国农业部农药数据计划所涵盖。

除直接的环境效应大小外，对于食品系统其他环节反馈或反应效应的测量同样重要。

直接测量

直接测量方法旨在直接定量测量关键的生态系统属性和选定的实体之间的因果关系（Lindenmayer and Likens，2011）。直接测量方法的一个优点是，只要直接测量的实体是基于回答精心设计的待研究系统的问题来选择的，那么它就能够用于建立有效的监测方案，以及成功地实践管理法规。如果要搞清楚乳制品中含有的贾第虫和隐孢子虫是否来源于当地的饮用水，最直接有效的回答此问题的方法就是测量该地区不同位置的地下水。只要提供足够的资源，在这种情况下直接测量就可以回答一些具体的环境问题。

虽然直接测量方法具有其优势，但是它在量化环境效应方面存在着明显的缺陷和限制。它往往需要大量的时间和劳动力。此外，它需要一个彻底的量化系统，但是现在通常是没有一个良好的衡量和评价所需的所有环境过程与因素的方法（Bockstaller and Girardin，2003；Lindenmayer and Likens，2011）。技术的进步使对生物、化学物质（如致病菌、农药、养分）的分析变得更容易和更经济，但一些生态系统的评价，如土壤生物多样性，需要使用更容易和更具成本效益的替代测量方法来进行（Eckschmitt et al.，2003）。通常用化学和生物毒性测试来确定导致水质下降的污染物，但不太昂贵的生物测量技术，如 EPA 快速生物评估法，可以检测到潜在的污染问题（Barbour et al.，1999）。

指标

指标是用于检测和评估环境条件在应对环境压力时的改变。环境和生态指标衡量各种环境参数，包括植物的健康（水分胁迫、养分含量、病虫害损失）、生物多样性、生态系统服务、水生毒性、土壤侵蚀、放射物和水质。与直接测量相比，指标方法的优势是更具成本效益，需要更少的时间来获得结果，并且可以在时间和空间上对环境压力因素做出可预测的反应。表 4-1 提供了各种抽样指标，用于衡量美国食品系统造成的环境条件影响。框 4-2 描述了水蚤是一种生物学指标。

表 4-1　示例指标和相关的环境状态监测

指标	环境监测的状态
太阳诱导叶绿素荧光（SIF）	农业生产力，作物光合作用
水生无脊椎动物	小溪和河流的生物健康、污染、水质
鱼体内的热休克蛋白	河水和溪流的热污染
地衣和苔藓	空气污染
鸟的视觉与听觉遥感	生物多样性
粪便指标（如大肠杆菌）	水质
土壤有机质、pH、堆积密度	土壤健康

框 4-2

水蚤，一个反映环境状态的生物学指标

在环境压力因素下指示种经常被用来评价生态系统的完整性。选择适当的指示种需要对环境压力很敏感，并允许利用及时和具有成本效益的方式对生态系统的完整性进行检查（Carignan and Villard，2002）。一些最常见的指示种是那些用于监测农业和非农活动对水环境影响的物种。

水蚤，小型淡水甲壳类动物，常利用其对水生环境中的物理和化学变化敏感，以及在水生食物网中的重要作用，在实验室条件下容易培养的特点进行水质监测。在淡水系统中作为一个指标物种被广泛使用，目前已经创建了一个对许多环境压力急性和亚急性反应的庞大数据库，如杀虫剂、重金属、沉淀。

遥感、地理信息系统（GIS）、全球定位系统技术值得特别关注，因为它们允许通过各种频繁可靠的环境指标测量方法来评估特定地点和全球范围内的环境条件。Atzberger（2013）对农业遥感的研究进展的评论突出了这项技术，该技术在减少美国食品系统的环境效应方面能提供潜在作用。

仿 真 建 模

仿真模型被用于估计难以观察的环境影响的大小或概率。仿真模型能链接到食品系统的多个组成部分，也可以预测间接影响，动态模型能够捕捉导致延误和间接影响的反馈信息。当仿真模型结合随机变量一起运行时，如天气数据，也可以捕捉到重要的环境效应，而这些环境效应只发生在超出阈值的特定条件下。使用这种模型的一个应用实例是预测赤潮的影响。有害藻类大量繁殖是罕见的，但在 2011 年夏天的暴雨期间，农业磷被冲进美国莫米河，河的温度迅速升高，随后对伊利湖渔业和海滩造成了毁灭性的影响（Michalak et al.，2013）。在第 7 章，着重介绍了仿真模型的一般使用方法，本节将介绍用于环境效应的重要的仿真建模方法。

对于环境评估而言，有两大类的模拟建模，分别是生物物理和社会经济。有一些生态系统服务模型，如由自然资本项目开发的 InVEST，试图在 GIS 背景下链接生物物理和社会经济部分，这对评估替代性土地利用和土地管理是有利的。

生物物理模型

根据它们所关注的环境介质（土壤、植物、动物、水、生物多样性、空气、气候）不同，生物物理模型变化很大。它们在空间尺度（领域、流域、气域、全球）上也有所不同（附录 B，表 B-4 中的示例）。

大多数水和空气污染物是几种基本生化或地球化学反应的中间产物或副产物，即分解、氨化、硝化、脱氮、氨-氨平衡、氨挥发、发酵等。将基本反应纳入建模框架是必不可少的。生物地球化学模型，如 DNDC（反硝化/分解）（Li et al.，2012）已被开发，用来模拟土壤、牲畜和作物环境排放量的反应。例如，像 DNDC 这样的模型利用理论概念（如水和气体的形成及转移），以及驱动这些的经验测量参数来预测在需氧和厌氧条件下的水和空气的排放。

一组重要的生物地球化学模型预测作物生长和相关的环境效应（EPIC，CENTURY/DAYCENT）（Gassman et al.，2005；Hanks and Ritchie，1991；Parton et al.，1987）。这些模型从土壤和天气的特定位置绘制参数，并将这些参数与植物遗传学和管理方法的数据结合，以预测作物生长和产量及关键元素（特别是碳、氮、磷）在周围土壤中和进入植物的相关运动。它们通常与侵蚀模型［如通用土壤流失方程 2（RUSLE2）或水蚀预测项目（WEPP）］或预测水携带侵蚀土壤沉积物和溶解营养物质的水文模型［如土壤水体评价模型（SWAT）或农业管理系统的地下水负载效应（GLEAMS）］有关（Arnold et al.，1998），允许在地下水或地表流域水平上的地球化学运动的聚集。

另一类重要的物理模型模拟和预测气候变化。在全球范围内，大气环流模型以十年为时间步长预测全球气候变化。这些模型广泛用于测试政策和技术情景，以减缓气候变化，并模拟人类需要适应的条件。政府间气候变化专门委员会的全球气候预测经常用于为农业模型（如上文所述）产生参数，以模拟如何使食品生产适应预测的气候变化（IPCC，2013）。

社会经济模型

对于环境评估，社会经济模型旨在模拟人类行为及其如何影响环境。用于环境评估的主要经济模型集中于生产者和市场。在地方和区域尺度上，生产者模型倾向于采用给定的价格假定农民利润最大化（Weersink et al.，2002）。然而，生产者或消费者行为的变化将引发价格的变化，这在可计算一般均衡（CGE）模型中被捕获到（在第 7 章讨论）。用于农业环境影响评估的主要 CGE 模型包括森林和农业部门优化模型（FASOM）和全球贸易分析项目（GTAP），这两个模型都用于评估农业政策面临气候变化的影响（Hertel et al.，2010；Schneider，2007）。经济模型和环境模型的联系将在第 5 章的复杂反馈建模背景中作进一步讨论。

生命周期评估

LCA 是一种描述产品或服务（如 1kg 牛肉或生菜）在其生命周期中的环境评估的方法。基于产品的库存数据和在生命周期的每个阶段排放到环境中的排放物，它被用于生化和能量流动。有关资源和排放的数据在整个生命周期中进行测量和汇总，并分类为特定的环境效应类别（如气候变化、酸化、富营养化）。LCA 达到每个影响类别的值，并且结果以每个研究产品的单位（即功能单位）表示，其通常表示为某种属性产品的重量（例如，每千克脂肪的碳排放和牛奶中的蛋白质）。LCA 压倒性地应用于能源使用和温室气体排放。例如，在乳制品行业，已经对温室气体排放进行了仔细研究（Rotz et al.，2010）。值得注意的是，直到最近，即使在一个食品生产部门内进行 LCA，也几乎没有观察到一致性。例如，已经为美国牛肉部门进行了 21 次同行评审的 LCA，其方法学有很大差异，因此不可能对其结果进行比较。Battag Liese 等（2013）最近对美国牛肉行业最全面的整个生命期 LCA 进行分析。然而，全球 LCA 方法，尤其是畜牧业方法缺乏统一，这导致联合国粮食及农业组织开展了一个名为畜牧环境评估和绩效伙伴关系（LEAP）的 3 年项目，该项目旨在开发一个符合全球国际标准化组织（ISO）标准的 LCA 方法，以确保畜牧业的环境评估遵循的是科学一致的方法，而不是个人偏见。希望所得到的 LEAP 指南适用于食品系统的其他部门，以便对当前生产的过程和减缓的潜在效应进行完整与中肯的环境评估。

总　　结

美国的食品系统在很大程度上依赖于气候、土壤和水资源，从而使高产和多样化的农业蓬勃发展。美国当前农业系统的环境效应既有积极的一面，也有消极的一面，既能产生预期的后果，也能产生非预期的后果。对当前系统的任何评估都必须认识到，农业生产系统在许多情况下可能会耗尽土地和水等自然资源，破坏生态系统平衡，涉及使用环境污染物如农药和氮，并对人类健康提出挑战。与此同时，可以通过促进水土保持，减少营养物和农药排放，促进碳固存，并允许从动物饲养操作中进行适当的粪肥处理的管理实践来减轻对环境的影响。本章综述了食品生产系统的环境效应，并讨论了其突出特点，以及影响食品系统环境效应的人类行为驱动因素，包括从私人生产者的视角和更广泛的社会目标进行考虑。

因为污染物排放地点与非目标领域或物种的丰度和健康状况之间可能存在很大差异，所以对食品系统环境的评估往往难以实施。氮径流和其对远距离水生态系统的影响正是一个很好的例子。类似地，在某些污染物排放造成的影响变得明显之前可能会发生长时间延迟，如硝酸盐对地下水的影响。受农药使用影响的物种之间的相互关系网也有可能发生，但不是很明显。忽略通过多种物种表达的农业实践的间接影响可能会导致更严重的长期影响。

由食品系统导致环境效应的途径显示出这一复杂系统的特征，表现在这些效应是动态的、具有适应性的，受到滞后和反馈的影响，并且包括许多相互依赖的作用因素。正如本章阐明的那样，食品系统的环境效应与健康、社会和经济领域相互交织。衡量这些领域内和它们之间的相互依赖性，会带来分析和建模方面的挑战，因此可能需要特殊方法。将在第 6 章详细阐述复杂的自适应系统的特点，在第 7 章介绍适用于评估食品系统环境效应的分析方法。

参 考 文 献

Alexander, E. B. 1988. Rates of soil formation: Implications for soil-loss tolerance. *Soil Science* 145:37-45.

Alexander, R. B., R. A. Smith, G. E. Schwarz, E. W. Boyer, J. V. Nolan, and J. W. Brakebill. 2008. Differences in phosphorus and nitrogen delivery to the Gulf of Mexico from the

Mississippi river basin. *Environmental Science and Technology* 42(3):822-830.

Amweg, E. L., D. P. Weston, and N. M. Ureda. 2005. Use and toxicity of pyrethroid pesticides in the Central Valley, California, USA. *Environmental Toxicology and Chemistry* 24(4):966-972.

Anderson, B., J. W. Hunt, B. M. Phillips, P. A. Nicely, K. D. Gilbert, V. de Vlaming, V. Connor, N. Richard, and R. S. Tjeerdema. 2003. Ecotoxicologic impacts of agricultural drain water in the Salinas River, California, USA. *Environmental Toxicology and Chemistry* 22:2375-2384.

Anderson, B., B. Phillips, J. Hunt, K. Siegler, J. Voorhees, K. Smalling, K. Kuivila, M. Hamilton, J. A. Ranasinghe, and R. Tjeerdema. 2014. Impacts of pesticides in a Central California estuary. *Environmental Monitoring and Assessment* 186(3):1801-1814.

Aneja, V. P., P. A. Roelle, G. C. Murray, J. Southerland, J. W. Erisman, D. Fowler, W. A. H. Asman, and N. Patni. 2001. Atmospheric nitrogen compounds II: Emissions, transport, transformation, deposition and assessment. *Atmospheric Environment* 35:1903-1911.

Aneja, V. P., W. H. Schlesinger, and J. W. Erisman. 2008. Farming pollution. *Nature Geoscience* 1(7):409-411.

Aneja, V. P., W. H. Schlesinger, and J. W. Erisman. 2009. Effects of agriculture upon the air quality and climate: Research, policy, and regulations. *Environmental Science and Technology* 43(12):4234-4240.

Arnold, J. G., R. Srinivasan, R. S. Muttiah, and J. R. Williams. 1998. Large area hydrologic modeling and assessment—Part I, model development. *Journal of the American Water Resources Association* 34(1):73-89.

Atzberger, C. 2013. Advances in remote sensing of agriculture: Context description, existing operational monitoring systems and major information needs. *Remote Sensing* 5:949-981.

Barbour, M. T., J. Gerritsen, B. D. Snyder, and J. B. Stribling. 1999. *Rapid bioassessment protocols for use in streams and wadeable rivers: Periphyton, benthic macroinvertebrates and fish*, 2nd ed. EPA 841-B-99-002. Washington, DC: U.S. Environmental Protection Agency, Office of Water.

Battagliese, T., J. Andrade, I. Schulze, B. Uhlman, and C. Barcan. 2013. *More sustainable beef optimization project: Phase 1 final report*. Florham Park, NJ: BASF Corporation.

Beckie, H. J. 2006. Herbicide-resistant weeds: Management tactics and practices. *Weed Technology* 20:793-814.

Blackshaw, R. E. 1994. Rotation affects downy brome (*Bromus tectorum*) in winter wheat (*Triticum aestivum*). *Weed Technology* 8:728-732.

Blaikie, P., and H. Brookfield. 1987. The degradation of common property resources. In *Land degradation and society*, edited by P. Blaikie and H. Brookfield. London, UK: Methuen. Pp. 186-207.

Bockstaller, C., and P. Girardin. 2003. How to validate environmental indicators. *Agricultural Systems* 76:639-653.

Bottrell, D. R. 1979. *Integrated pest management*. Washington, DC: Council on Environmental Quality.

Bradman, A., R. Castorina, D. Boyd Barr, J. Chevrier, M. E. Harnly, E. A. Eisen, T. E. McKone, K. Harley, N. Holland, and B. Eskenazi. 2011. Determinants of organophosphorus pesticide urinary metabolite levels in young children living in an agricultural community. *International Journal of Environmental Research and Public Health* 8(4):1061-1083.

Buzby, J. C., H. F. Wells, and J. Bentley. 2013. ERS's food loss data help inform the food waste discussion. *Amber Waves* June 2013. http://www.ers.usda.gov/amber-waves/2013-june/ers-food-loss-data-help-inform-the-food-waste-discussion.aspx#.U1lc2sfqIzE (accessed

November 25, 2014).

Capper, J. L. 2011. The environmental impact of beef production in the United States: 1977 compared with 2007. *Journal of Animal Science* 89(12):4249-4261.

Capper, J. L., R. A. Cady, and D. E. Bauman. 2009. The environmental impact of dairy production: 1944 compared with 2007. *Journal of Animal Science* 87(6):2160-2167.

Carignan, V., and M. A. Villard. 2002. Selecting indicator species to monitor ecological integrity: A review. *Environmental Monitoring and Assessment* 78:45-61.

Cassidy, E. S., P. C. West, J. S. Gerber, and J. A. Foley. 2013. Redefining agricultural yields: From tonnes to people nourished per hectare. *Environmental Research Letters* 8(3):1-8.

Coase, R. 1960. On the problems of social cost. *Journal of Law and Economics* 3:1-44.

Cooley, D., and L. Olander. 2012. Stacking ecosystem services payments: Risks and solutions. *Environmental Law Reporter* 42(2):10150-10165.

Cruse, R. M., S. Lee, T. E. Fenton, E. Wang, and J. Laflen. 2013. Soil renewal and sustainability. In *Principles of sustainable soil management in agroecosystems*, edited by R. Lal and B. A. Stewart. Boca Raton, FL: CRC Press. Pp. 477-500.

den Biggelaar, C., R. Lal, R. K. Wiebe, H. Eswaran, V. Breneman, and P. Reich. 2004. The global impact of soil erosion on productivity. Effects on crop yields and production over time. *Advances in Agronomy* 81:49-95.

Di Prisco, G., V. Cavaliere, D. Annoscia, P. Varricchio, E. Caprio, F. Nazzi, G. Gargiulo, and F. Pennacchio. 2013. Neonicotinoid clothianidin adversely affects insect immunity and promotes replication of a viral pathogen in honeybees. *Proceedings of the National Academy of Sciences of the United States of America* (46):18466-18471.

Ding, Y., A. D. Harwood, H. M. Foslund, and M. J. Lydy. 2010. Distribution and toxicity of sediment-associated pesticides in urban and agricultural waterways from Illinois, USA. *Environmental Toxicology and Chemistry* 99(1):149-157.

Dobrowolski, J. P., and M. P. O'Neill. 2005. *Agricultural water security listening session final report*. Washington, DC: U.S. Department of Agriculture Research Education and Economics.

Dobrowolski, J., M. O'Neill, L. Duriancik, and J. Throwe. 2008. *Opportunities and challenges in agricultural water reuse: Final report*. Washington, DC: U.S. Department of Agriculture Cooperative State Research, Education, and Extension Service.

Domagalski, J. L., D. P. Weston, M. Zhang, and M. Hladik. 2010. Pyrethroid insecticide concentrations and toxicity in streambed sediments and loads in surface waters of the San Joaquin Valley, California, USA. *Environmental Toxicology and Chemistry* 29(4):813-823.

Dutcher, J. D. 2007. A review of resurgence and replacement causing pest outbreaks in IPM. In *General concepts in integrated pest and disease management*, edited by A. Ciancio and K.G. Mukerji. Dordrecht, The Netherlands: Springer. Pp. 27-43.

Eckschmitt, K., T. Stierhof, J. Dauber, K. Kreimes, and V. Wolters. 2003. On the quality of soil biodiversity indicators: Abiotic and biotic parameters as predictors of soil faunal richness at different spatial scales. *Agriculture Ecosystems and Environment* 98:273-283.

EPA (U.S. Environmental Protection Agency). 2008. *National air quality: Status and trends through 2007*. Washington, DC: EPA. http://www.epa.gov/air/airtrends/2008/report/TrendsReportfull.pdf (accessed March 1, 2014).

EPA. 2009a. *National ambient air quality standards (NAAQS)*. Washington, DC: EPA. http://epa.gov/air/criteria.html (accessed March 1, 2014).

EPA. 2009b. *National water quality inventory: Report to Congress. 2004 Reporting cycle.* EPA 841-R-08-001. Washington, DC: EPA.

EPA. 2011. *Reactive nitrogen in the United States–an analysis of inputs, flows, consequences, and management options*. EPA-SAB-11-013. Washington, DC: EPA. http://yosemite.epa.gov/sab/sabproduct.nsf/WebBOARD/INCSupplemental?OpenDocument (accessed November 25, 2014).

EPA. 2013. *Inventory of U.S. greenhouse gas emissions and sinks: 1990-2011*. EPA 430-R-13-001. Washington, DC: EPA. http://www.epa.gov/climatechange/Downloads/ghgemissions/US-GHG-Inventory-2013-Main-Text.pdf (accessed November 25, 2014).

EPA. 2014. *An introduction to indoor air quality. Volatile organic compounds (VOCs)*. http://www.epa.gov/iaq/voc.html#Health_Effects (accessed November 25, 2014).

ERS (Economic Research Service). 2013. *Irrigation and water use*. Washington, DC: U.S. Department of Agriculture Economic Research Service. http://www.ers.usda.gov/topics/farm-practices-management/irrigation-water-use.aspx#.Us8MH_a6X2A (accessed November 25, 2014).

ERS. 2014. *Corn*. Washington, DC: U.S. Department of Agriculture, Economic Research Service. http://www.ers.usda.gov/topics/crops/corn/background.aspx#.U1liscfqIzF (accessed November 25, 2014).

Fargione, J., J. Hill, D. Tilman, S. Polasky, and P. Hawthorne. 2008. Land clearing and the biofuel carbon debt. *Science* 319:1235-1238.

Fenske, R. A., C. Lu, C. L. Curl, J. H. Shirai, and J. C. Kissel. 2005. Biologic monitoring to characterize organophosphate pesticide exposure among children and workers: An analysis of recent studies in Washington State. *Environmental Health Perspectives* 113(11):1651-1657.

Fenton, T. E., M. Kazemi, and M. A. Lauterbach-Barrett. 2005. Erosional impact on organic matter content and productivity of selected Iowa soils. *Soil and Tillage Research* 81:163-171.

Foley, J. A. 2013. It's time to rethink America's corn system. *Scientific American* March 2013. http://www.scientificamerican.com/article.cfm?id=time-to-rethink-corn (accessed November 25, 2014).

Foley, J. A., N. Ramankutty, K. A. Brauman, E. S. Cassidy, J. S. Gerber, M. Johnston, N. D. Mueller, C. O'Connell, D. K. Ray, P. C. West, C. Balzer, E. M. Bennett, S. R. Carpenter, J. Hill, C. Monfreda, S. Polasky, J. Rockstrom, J. Sheehan, S. Siebert, D. Tilman, and D. P. M. Zaks. 2011. Solutions for a cultivated planet. *Nature* 478:337-342.

Garnache, C., and R. Howitt. 2011. *Species conservation on a working landscape: The joint production of wildlife and crops in the Yolo Bypass floodplain*. Selected paper, annual meeting of the Agricultural and Applied Economics Association, Pittsburgh, PA, July 24-26. http://purl.umn.edu/103973 (accessed November 25, 2014).

Gassman, P. W., J. R. Williams, V. W. Benson, R. C. Izaurralde, L. M. Hauck, C. A. Jones, J. D. Atwood, J. R. Kiniry, and J. D. Flowers. 2005. *Historical development and applications of the EPIC and APEX models*. Working Paper 05-WP 397. Ames: Center for Agriculture and Rural Development, Iowa State University.

Gilliom, R. J. 2007. Pesticides in U.S. streams and groundwater. *Environmental Science and Technology* 41(10):3408-3414.

Gilliom, R. J., J. E. Barbash, C. G. Crawford, P. A. Hamilton, J. D. Martin, N. Nakagaki, L. H. Nowell, J. C. Scott, P. E. Stackelberg, G. P. Thelin, and D. M. Wolock. 2006. *The quality of our nation's waters: Pesticides in the nation's streams and ground water, 1992-2001*. Circular 1291. Reston, VA: U.S. Department of Interior and U.S. Geological Survey. http://pubs.usgs.gov/circ/2005/1291 (accessed November 25, 2014).

Gordon, L. M., S. J. Bennett, C. V. Alonso, and R. L. Binger. 2008. Modeling long-term soil losses on agricultural fields due to ephemeral gully erosion. *Journal of Soil and Water Conservation* 63:173-181.

Greene, C. R. 2001. *U.S. organic farming emerges in the 1990s: Adoption of certified systems*. Agriculture Information Bulletin No. 770. Washington, DC: U.S. Department of Agriculture, Economic Research Service, Resource Economics Division.

Grube, A., D. Donaldson, T. Kiely, and L. Wu. 2011. *Pesticide industry sales and usage: 2006 and 2007 market estimates*. Washington, DC: U.S. Environmental Protection Agency. http://www.epa.gov/opp00001/pestsales/07pestsales/market_estimates2007.pdf (accessed November 25, 2014).

Hanks, J., and J. T. Ritchie. 1991. *Modeling plant and soil systems*. Madison, WI: Society of Agronomy, Crop Science Society of America, and Soil Science Society of America.

Hanley, N., S. Banerjee, G. D. Lennox, and P. R. Armsworth. 2012. How should we incentivize private landowners to "produce" more biodiversity? *Oxford Review of Economic Policy* 28(1):93-113.

Hayes, T. B., A. Collins, M. Lee, M. Mendoza, N. Noriega, A. A. Stuart, and A. Vonk. 2002. Hermaphroditic, demasculinized frogs after exposure to the herbicide atrazine at low ecologically relevant doses. *Proceedings of the National Academy of Sciences of the United States of America* 99:5476-5480.

Hayes, T. B., P. Falso, S. Gallipeau, and M. Stice. 2010. The cause of global amphibian declines: A developmental endocrinologist's perspective. *Journal of Experimental Biology* 213:921-933.

Heap, I. 2014. *International Survey of Herbicide Resistant Weeds. Weeds resistant to EPSP synthase inhibitors (G/9)*. http://www.weedscience.org/summary/MOA.aspx?MOAID=12 (accessed November 25, 2014).

Heathcote, A. J., C. T. Filstrup, and J. A. Downing. 2013. Watershed sediment losses to lakes accelerating despite agricultural soil conservation efforts. *PLoS ONE* 8(1):e53554.

Helmers, M. J., X. Zhou, H. Asbjornsen, R. Kolka, M. D. Tomer, and R. M. Cruse. 2012. Sediment removal by prairie filter strips in row-cropped ephemeral watersheds. *Journal of Environmental Quality* 41:1531-1539.

Henry, M., M. Beguin, F. Requier, O. Rollin, J.-F. Odoux, P. Aupinel, J. Aptel, S. Tchamitchian, and A. Decourtye. 2012. A common pesticide decreases foraging success and survival in honey bees. *Science* 336:348-350.

Hertel, T. W., W. E. Tyner, and D. K. Birur. 2010. The global impacts of biofuel mandates. *Energy Journal* 31(1):75-100.

Hunt, J. W., B. S. Anderson, B. M. Phillips, P. N. Nicely, R. S. Tjeerdema, H. M. Puckett, M. Stephenson, K. Worcester, and V. de Vlaming. 2003. Ambient toxicity due to chlorpyrifos and diazinon in a central California coastal watershed. *Environmental Monitoring and Assessment* 82(1):83-112.

IPCC (Intergovernmental Panel on Climate Change). 2013. *Fifth assessment report: Climate change 2013*. http://www.ipcc.ch/report/ar5 (accessed November 25, 2014).

Konikow, L. F. 2013. *Groundwater depletion in the United States (1900–2008). Scientific Investigations Report*. Reston, VA: U.S. Department of the Interior, U.S. Geological Survey. http://pubs.usgs.gov/sir/2013/5079/SIR2013-5079.pdf (accessed November 25, 2014).

Larson, S. J., R. J. Gilliom, and P. D. Capel. 1999. *Pesticides in streams of the United States—initial results from the National Water-Quality Assessment Program*. U.S. Geological Survey Water-Resources Investigations Report No. 98-4222. Sacramento, CA: U.S. Geological Survey.

Li, C. S., W. Salas, R. H. Zhang, C. Krauter, A. Rotz, and F. Mitloehner. 2012. Manure-DNDC: A biogeochemical process model for quantifying greenhouse gas and ammonia emissions from livestock manure systems. *Nutrient Cycling in Agroecosystems* 93(2):163-200.

Lindenmayer, D. B., and G. E. Likens. 2011. Direct measurement versus surrogate indicator species for evaluating environmental change and biodiversity loss. *Ecosystems* 14:47-59.

Loewenherz, C., R. A. Fenske, N. J. Simcox, G. Bellamy, and D. Kalman. 1997. Biological monitoring of organophospate pesticide exposure among children of agricultural workers in central Washington State. *Environmental Health Perspectives* 105(12):1344-1353.

Losey, J. E., and M. Vaughan. 2006. The economic value of ecological services provided by insects. *Bioscience* 56:311-323.

Lund, J., E. Hanak, W. Fleenor, W. Bennett, R. Howitt, J. Mount, and P. Moyle. 2008. *Comparing futures for the Sacramento-San Joaquin Delta*. San Francisco: Public Policy Institute of California. http://www.ppic.org/content/pubs/report/R_708EHR.pdf (accessed November 25, 2014).

Ma, S., S. M. Swinton, F. Lupi, and C. B. Jolejole-Foreman. 2012. Farmers' willingness to participate in payment-for-environmental-services programmes. *Journal of Agricultural Economics* 63(3):604-626.

Magdoff, F., and H. van Es. 2009. *Building soils for better crops: Sustainable soil management*, 3rd ed. Waldorf, MD: U.S. Department of Agriculture, Sustainable Agriculture Research and Education Program.

McSwiney, C. P., and G. P. Robertson. 2005. Nonlinear response of N_2O flux to incremental fertilizer addition in a continuous maize (*Zea mays* L.) cropping system. *Global Change Biology* 11(10):1712-1719.

Meade, J. E. 1952. External economies and diseconomies in a competitive situation. *The Economic Journal* 62(245):54-67.

Michalak, A. M., E. J. Anderson, D. Beletsky, S. Boland, N. S. Bosch, T. B. Bridgeman, J. D. Chaffin, K. Cho, R. Confesor, I. Daloğlu, J. V. DePinto, M. A. Evans, G. L. Fahnenstiel, L. He, J. C. Ho, L. Jenkins, T. H. Johengen, K. C. Kuo, E. LaPorte, X. Liu, M. R. McWilliams, M. R. Moore, D. J. Posselt, R. P. Richards, D. Scavia, A. L. Steiner, E. Verhamme, D. M. Wright, and M. A. Zagorski. 2013. Record-setting algal bloom in Lake Erie caused by agricultural and meteorological trends consistent with expected future conditions. *Proceedings of the National Academy of Sciences of the United States of America* 110(16):6448-6452.

Mineau, P. 2002. Bird impacts. In *Encyclopedia of pest management*, edited by D. Pimentel. New York: Marcel Dekker. Pp. 101-103.

Montgomery, D. R. 2007. Soil erosion and agricultural sustainability. *Proceedings of the National Academy of Sciences of the United States of America* 104:13268-13272.

Mortensen, D. A., J. F. Egan, B. D. Maxwell, M. R. Ryan, and R. G. Smith. 2012. Navigating a critical juncture for sustainable weed management. *Bioscience* 62:75-84.

Nazarko, O. M., R. C. van Acker, and M. H. Entz. 2005. Strategies and tactics for herbicide use reduction in field crops in Canada: A review. *Canadian Journal of Plant Science* 85:457-479.

Nickerson, C., R. Ebel, A. Borchers, and F. Corriazo. 2011. *Major uses of land in the United States, 2007*. Economic Information Bulletin No. (EIB-89). Washington, DC: U.S. Department of Agriculture, Economic Research Service. http://www.ers.usda.gov/publications/eib-economic-information-bulletin/eib89.aspx#.UtQZsPa6X2A (accessed November 25, 2014).

Norris, P. E., D. B. Schweikhardt, and E. A. Scorsone. 2008. The instituted nature of market information. In *Alternative institutional structures: Evolution and impact*, edited by S. S. Batie and N. Mercuro. London, UK: Routledge. Pp. 330-348.

NRC (National Research Council). 1996. *Ecologically based pest management: New solutions for a new century*. Washington, DC: National Academy Press.

NRCS (Natural Resources Conservation Service). 2013. *Summary report: 2010 National resources inventory*. Washington, DC: Natural Resources Conservation Service. http://www.nrcs.usda.gov/Internet/FSE_DOCUMENTS/stelprdb1167354.pdf (accessed November 25, 2014).

Parton, W. J., D. S. Schimel, C. V. Cole, and D. S. Ojima. 1987. Analysis of factors controlling soil organic-matter levels in Great Plains grasslands. *Soil Science Society of America Journal* 51(5):1173-1179.

Peoples, M. B., D. F. Herridge, and J. K. Ladha. 1995. Biological nitrogen fixation: An efficient source of nitrogen for sustainable agricultural production? *Plant and Soil* 174:3-28.

Pettis, J. S., D. van Engelsdorp, J. Johnson, and G. Dively. 2012. Pesticide exposure in honey bees results in increased levels of the gut pathogen *Nosema*. *Naturwissenschaften* 99:153-158.

Pimentel, D., P. Hepperly, J. Hanson, D. Douds, and R. Seidel. 2005. Environmental, energetic, and economic comparisons of organic and conventional farming systems. *Bioscience* 55:573-582.

Pinder, R. W., P. J. Adams, and S. N. Pandis. 2007. Ammonia emission controls as a cost-effective strategy for reducing atmospheric particulate matter in the eastern United States. *Environmental Science and Technology* 41:380-386.

Pope, C. A. III, M. Ezzati, and D. W. Dockery. 2009. Fine-particulate air pollution and life expectancy in the United States. *New England Journal of Medicine* 360:376-386.

Potts, S. G., J. C. Biesmeijer, C. Kremen, P. Neumann, O. Schweiger, and W. E. Kunin. 2010. Global pollinator declines: Trends, impacts, and drivers. *Trends in Ecology and Evolution* 25(6):345-353.

Power, A. G. 2010. Ecosystem services and agriculture: Tradeoffs and synergies. *Philosophical Transactions of the Royal Society, Series B* 365:2959-2971.

Ragsdale, D. W., D. A. Landis, J. Brodeur, G. E. Heimpel, and N. Desneux. 2011. Ecology and management of the soybean aphid in North America. *Annual Review of Entomology* 56:375-399.

Rivera-Ferre, M. G., M. Ortega-Cerda, and J. Baugartner. 2013. Rethinking study and management of agricultural systems for policy design. *Sustainability* 5:3858-3875.

Robertson, G. P., and S. M. Swinton. 2005. Reconciling agricultural productivity and environmental integrity: A grand challenge for agriculture. *Frontiers in Ecology and the Environment* 3(1):38-46.

Rohr, J. R., and K. A. McCoy. 2010. A qualitative meta-analysis reveals consistent effects of atrazine on freshwater fish and amphibians. *Environmental Health Perspectives* 118:20-32.

Rotz, C. A., F. Montes, and D. S. Chianese. 2010. The carbon footprint of dairy production systems through a partial lifecycle assessment. *Journal of Dairy Science* 93:1266-1282.

Scanlon, B. R., C. C. Faunt, L. Longuevergne, R. C. Reedy, W. M. Alley, V. L. McGuire, and P. B. McMahon. 2012. Groundwater depletion and sustainability of irrigation in the US High Plains and Central Valley. *Proceedings of the National Academy of Sciences of the United States of America* 109:9320-9325.

Schaible, G. D., and M. P. Aillery. 2012. *Water conservation in irrigated agriculture: Trends and challenges in the face of emerging demands*. Economic Information Bulletin No. (EIB-99). Washington, DC: U.S. Department of Agriculture, Economic Research Service.

Schmid, A. A. 2004. *Conflict and cooperation: Institutional and behavioral economics*. Oxford, UK: Blackwell.

Schneider, U. A., B. A. McCarl, and E. Schmid. 2007. Agricultural sector analysis on greenhouse gas mitigation in U.S. agriculture and forestry. *Agricultural Systems* 94:128-140.

Searchinger, T., R. Heimlich, R. A. Houghton, F. Dong, A. Elobeid, J. Fabiosa, S. Tokgoz, D. Hayes, and T. Yu. 2008. Use of U.S. croplands for biofuels increases greenhouse gases through emissions from land-use change. *Science* 319:1238-1240.

Secchi, S., L. Kurkalova, P. W. Gassman, and C. Hart. 2010. Land use change in a biofuels hotspot: The case of Iowa. *Biomass and Bioenergy* 35:2391-2400.

Segerson, K. 2013. When is reliance on voluntary approaches in agriculture likely to be effective? *Applied Economic Perspectives and Policy* 35(4):565-592.

Shaw, S. L., F. M. Mitloehner, W. Jackson, E. J. DePeters, J. G. Fadel, P. H. Robinson, R. Holzinger, and A. H. Goldstein. 2007. Volatile organic compound emissions from dairy cows and their waste as measured by proton-transfer-reaction mass spectrometry. *Environmental Science and Technology* 41:1310-1316.

Shcherbak, I., N. Millar, and G. P. Robertson. 2014. Global metaanalysis of the nonlinear response of soil nitrous oxide (N_2O) emissions to fertilizer nitrogen. *Proceedings of the National Academy of Sciences of the United States of America* 111(25):9199-9204.

Smith, H. F., and C. A. Sullivan. 2014. Ecosystem services within agricultural landscapes—farmers' perceptions. *Ecological Economics* 98:72-80.

Steward, D. R., P. J. Bruss, X. Y. Yang, S. A. Staggenborg, S. M. Welch, and M. D. Apley. 2013. Tapping unsustainable groundwater stores for agricultural production in the High Plains Aquifer of Kansas, projections to 2110. *Proceedings of the National Academy of Sciences of the United States of America* 110(37): E3477-E3486.

Swinton, S. M., F. Lupi, G. P. Robertson, and S. Hamilton. 2007. Ecosystem services and agriculture: Cultivating agricultural ecosystems for diverse benefits. *Ecological Economics* 64(2):245-252.

USDA (U.S. Department of Agriculture). 2008. *User's reference guide: Revised Universal Soil Loss Equation Version 2 (RUSLE2)*. Washington, DC: USDA/Agricultural Research Service.

USDA. 2009. *2007 Census of agriculture farm and ranch irrigation survey (2008)*. Washington, DC: U.S. Department of Agriculture, National Agricultural Statistics Service. http://www.agcensus.usda.gov/Publications/2007/Online_Highlights/Farm_and_Ranch_Irrigation_Survey/fris08.pdf (accessed November 25, 2014).

USDA. 2012. *Water erosion prediction project (WEPP)*. Washington, DC: USDA/Agricultural Research Service. http://www.ars.usda.gov/Research/docs.htm?docid=10621 (accessed November 25, 2014).

USDA. 2014a. *Agricultural Act of 2014: Highlights and implications*. http://www.ers.usda.gov/agricultural-act-of-2014-highlights-and-implications.aspx#.VAsz-BaNaul (accessed November 25, 2014).

USDA. 2014b. *2012 Census of agriculture. United States*. Washington, DC: USDA.

USGS (U.S. Geological Survey). 2014. *Pesticide national synthesis project: Glyphosate*. Reston, VA: U.S. Geological Survey, National Water-Quality Assessment Program. http://water.usgs.gov/nawqa/pnsp/usage/maps/show_map.php?year=2011&map=GLYPHOSATE&hilo=L&disp=Glyphosate (accessed November 25, 2014).

Vandenberg, L. N., T. Colborn, T. B. Hayes, J. J. Heindel, D. R. Jacobs, Jr., D. H. Lee, T. Shioda, A. M. Soto, F. S. vom Saal, W. V. Welshons, R. T. Zoeller, and J. P. Myers. 2012. Hormones and endocrine-disrupting chemicals: Low-dose effects and nonmonotonic dose responses. *Endocrine Reviews* 33:378-455.

Wakatsuki, T., and A. Rasyidin. 1992. Rates of weathering and soil formation. *Geoderma* 52:251-262.

Waldman, K. B., and J. M. Kerr. 2014. Limitations of certification and supply chain standards for environmental protection in commodity crop production. *Annual Review of Resource Economics* 6(1):429-449.

Weersink, A., S. Jeffrey, and D. J. Pannell. 2002. Farm-level modeling for bigger issues. *Review of Agricultural Economics* 24(1):123-140.

Weston, D. P., Y. Ding, M. Zhang, and M. J. Lydy. 2013. Identifying the cause of sediment toxicity in agricultural sediments: The role of pyrethroids and nine seldom-measured hydrophobic pesticides. *Chemosphere* 90:958-964.

Woodward, R. T. 2011. Double-dipping in environmental markets. *Journal of Environmental Economics and Management* 61(2):153-169.

Zhan, Y., and M. Zhang. 2012. PURE: A web-based decision support system to evaluate pesticide environmental risk for sustainable pest management practices in California. *Ecotoxicology and Environmental Safety* 82:104-113.

Zhan, Y., and M. Zhang. 2014. Spatial and temporal patterns of pesticide use on California almonds and associated risks to the surrounding environment. *Science of the Total Environment* 472:517-529.

Zhang, W., T. H. Ricketts, C. Kremen, K. Carney, and S. Swinton. 2007. Ecosystem services and dis-services to agriculture. *Ecological Economics* 64(2):253-260.

5　美国食品系统的社会和经济效应

和前面所讨论的环境和健康指标一样，大多数社会和经济产出都能够反映出复杂的因果过程，而且它们会因时间、空间结构、市场条件、监管力度及系统参与者适应性机制的不同而具有广泛差异。在本章，我们会列举与美国食品系统特点相关的主要社会和经济效应类别，并且对整个系统的综合表现进行总结。我们将分析的重点放在以下三大类：①收入水平、富裕程度和分配的公平程度；②更多显示生活质量的指标，如工作环境、工作满意度、选择追求品味和个性化生活方式的自由度；③对工人健康和福利的相关影响。

涉及的群体大致可分为三类：①与农业生产直接相关的人（如农民）；②参与食品系统其他环节的人（如参与加工、制造、食品服务和零售的人）；③消费者。食品生产、加工和供应也能影响社会层面的措施，如经济发展和基础设施。

社会和经济效应各有特点，差别明显，但二者关系密切。因此，我们把两者一起放在本章加以阐述。在本章开篇，我们对食品系统中关键部门的社会和经济效应进行了综述。为了探讨这些效应，我们需要说明相关数据来源和衡量指标。附录 B 中的表 B-1～表 B-4 详细列出了这些数据的来源。本章的重点是以市场为基础的经济效应，包括食品系统内关键部门可衡量的财务变化及关于市场表现的宏观指标（如产出、效率）。本章并不打算评估社会效应带来的与市场无关的经济价值，我们已在第 4 章探讨过环境效应带来的经济价值的评估方法。此外，不同的社会群体（妇女、少数族裔、移民）受到的影响也不同，明确这一点非常重要，不过这里并没有对不同结果在道德、伦理、法律层面进行归纳。只有在掌握了最全面的信息、利益相关方和决策者的文化、政治和道德观点后，才能选出最优的社会和经济效应类别。

对食品生产部门的潜在社会和经济效应

收入、财富和分配公平

食品生产部门包括农民、农场主、渔民、雇工、他们的家人和同社区的居民（基本上是农村和小城镇，但也包括其他）。生产部门的职业包括种植、照料和收获初级粮食、牲畜与水产品（FCWA，2012）。美国约 40%的土地用于农业，2013 年 210 万农业生产者创造出 4000 亿美元的销售额（55%来自农作物，45%来自牲畜），农业净收益超过 1000 亿美元（ERS，2014i；USDA，2014b）。

总体来看，在过去 60 年，美国农业产出以每年 2.5 倍的速度飞快增长（图 5-1）。更令人赞叹的是，虽然产量飞速增长，但要素投入的总量并没有太大波动（资本、劳动力、购置的投入要素）（Wang and Ball，2014）。产量的增长主要归因于劳动力、资本和技术质量的提升。尽管美国农业“要素生产率”（每单位投入的产出量）的年均增长速度在过去20年明显减缓，近10年更是降到了不足1%，但是自1948年以来的几十年间，“要素生产率”的年均增长一直维持在1.49%（ERS，2014a）。生产率的减退与农业研究投入（特别是国有企业）的减少密切相关，也可能和主要农作物达到了生物产量高峰有关（Alston et al.，2009）。

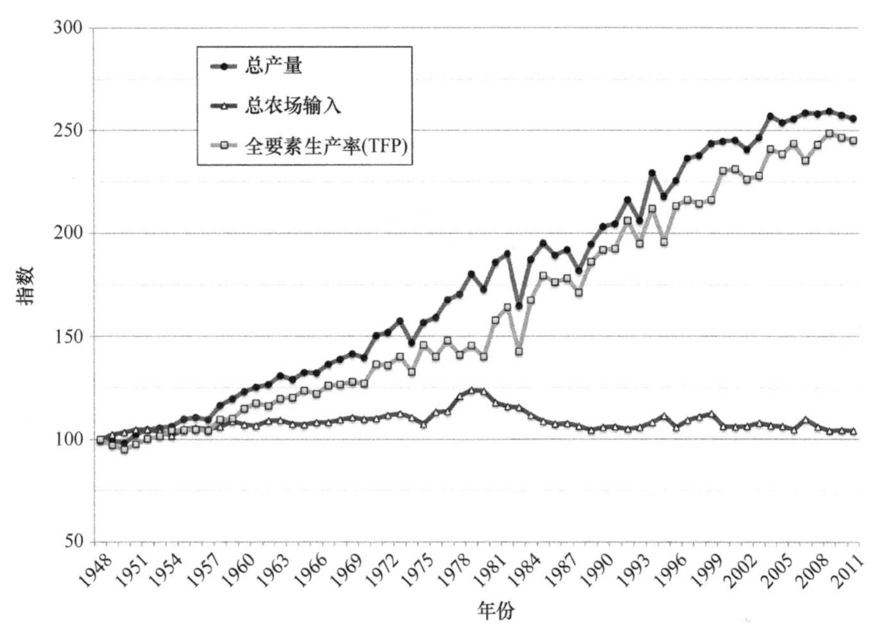

图5-1 1948～2011年，美国农业总产量、总投入和要素生产率指数
来源：ERS，2014a；Wang and Ball，2014

有趣的是，从20世纪中期开始，产量增加所需的投入要素发生了巨大的改变（图5-2）。特别是劳动力的投入减少了近80%，资本的投入大体不变（降低了12%），而购置的可变投入则翻了一番。资本投入的组合也发生了变化，土地投入在过去60年缓慢减少，固定设备的重要性在20世纪70年代时迅速凸显，在20世纪后期时又逐渐减弱。最终，在购置的投入要素中，化肥占据了非常大的比重——20世纪70年代中期几乎翻了三番，直到2011年一直维持在这个水平（每年波动都比较大）。这表示，劳动力和土地投入的减少对推动产量增长造成的消极影响被其他投入（如技术、计算机化、化肥和农药）的增加抵消了。

美国农业的经济回报和竞争力的塑造依赖于各种不同的公共政策，包括关于支持商品价格、农作物保险补贴、刺激出口市场、影响劳动力和环保的公共政策（第2章）。政府在能源、交通、通信、价格信息、市场协调、融资机会和税务优惠等基础设施上的投资同样影响着农业的发展。20世纪政府在基础和应用研究上的投入也给纳税人带来了高额的经济回报，并且为一段时间内高速的技术变革和产量提高奠定了基础（Fuglie and Heisey，2007；Kinsey，2013）。

尽管总产量和要素生产率在过去这段时间显著提高，但扣除通货膨胀因素，美国农业的净收益总额在过去40年基本持平（图5-3）。因为占比最大的资产通常都是土地，农场在过去 50 年创造了巨大的财富，在 1960～2012 年，扣除价格因素后资产价值增加了 170%。

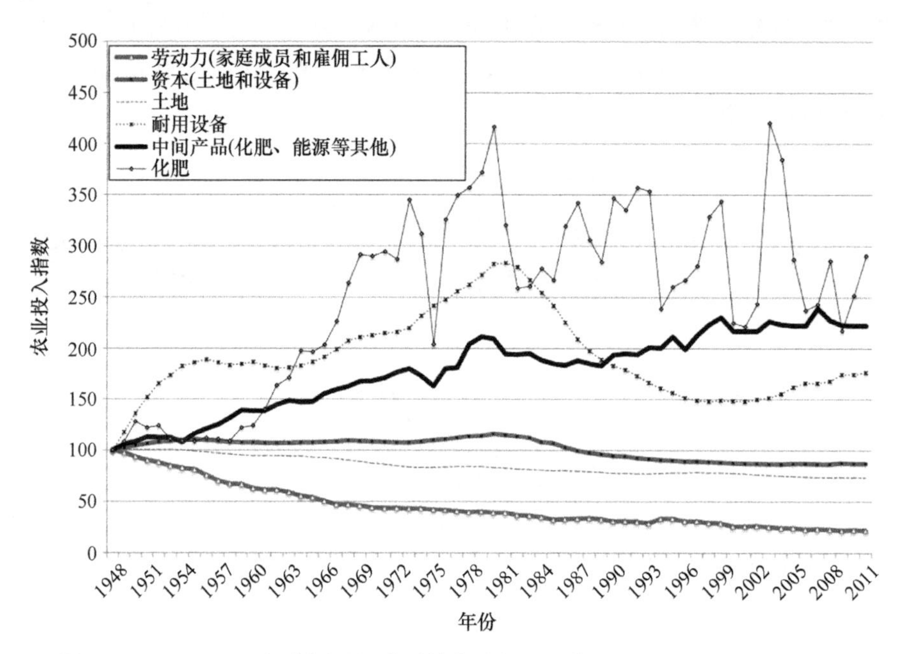

图 5-2 1948～2011 年美国不同类型的农业投入指数（彩图请扫封底二维码）
来源：ERS，2014a

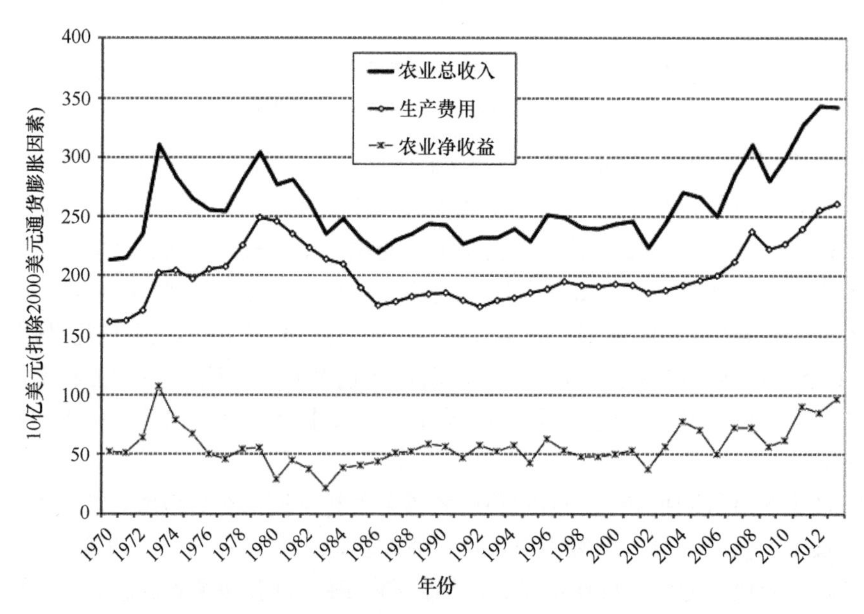

图 5-3 1970～2013 年扣除通货膨胀因素后的农业销售总价值、生产费用和净收益
来源：ERS，2014j

农业收入分配不均衡，不同类型和规模的农场收入也有很大差别（O’Donoghue et al.，2011）。2012 年，美国所有农场中规模最大的农场（销售总额可超过 100 万美元）仅占 4%，但创造的销售额却占美国农产品总销售额的 66%，在当年国家农业净收入总

量中所占的比重更大（USDA，2014b）。

近几十年来，经营农场的家庭的经济福利得到了很大提升，特别是相对于美国普通家庭来说（图 5-4）（ERS，2014b）。但是，整体的平均数据掩盖了农民家庭收入的真实差别，以及大多数农民家庭的主要收入来源于非农产业这样一个事实（图 5-4）。例如，2012 年美国 57%的农场销售总额不足 1 万美元，这些经营者是典型的净亏损代表（ERS，2014b）。这类农场中有些是城市居民当作业余爱好经营的，他们有其他工作，依靠非农收入生活（Fernandez-Cornejo，2007；Hoppe et al.，2010）。那些总销售额低于 25 万美元的

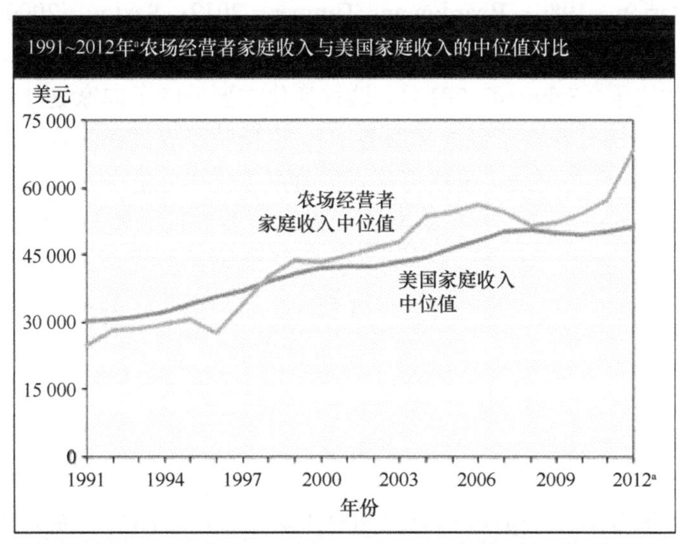

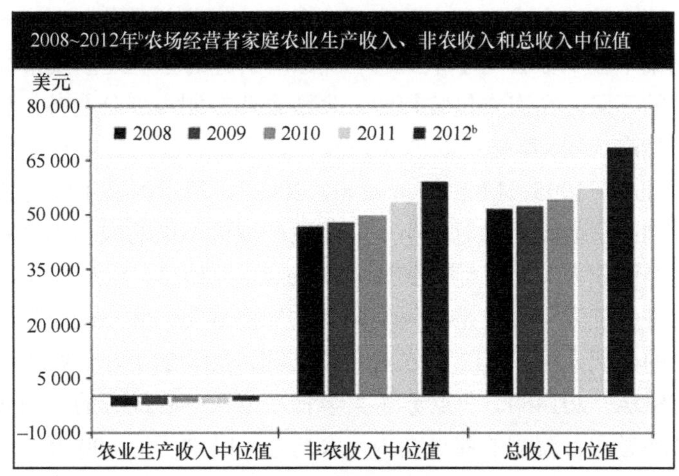

图 5-4 农场经营者的家庭收入和家庭农场的平均家庭收入（彩图请扫封底二维码）

数据截止到 2013 年 11 月 26 日

a 2012 年估算值和前几年估算值之间的差别反映出 2012 年农业资源管理调查局在调查方法和执行方式上的改变，以及农场家庭经济形势的变化。来源：美国农业部，美国农业部经济研究所和国家农业统计局，农业资源管理调查局和美国人口调查局，当前人口调查。

b 2012 年估算值和前几年估算值之间的差别反映出 2012 年农业资源管理调查局在调查方法和执行方式上的改变，以及农场家庭经济形势的变化。来源：美国农业部，美国农业部经济研究所和国家农业统计局，农业资源管理调查局。

来源：ERS，2014b

农场，大概有 7 万美元的平均家庭收入来自非农就业和非工薪收入（Hoppe et al.，2010）。根据美国农业部（USDA）的最新估算，农场家庭非农收入约 60%来自经营者和家中其他成年人的工作薪酬。另外 20%来自转移支付（如社会保险）或者投资的利息和分红。剩下的 20%中大部分来自非农就业收入（ERS，2014b）。相反，那些销售总额超过 35 万美元的商业农场，2012 年的平均农业家庭总收入可超过 20 万美元，而农场净收入几乎可占到总收入的 75%（ERS，2014b）。

随着美国食品系统的发展，食品供应链中每个环节的整体效率和相对经济实力已经发生了变化（Marion，1986；Reardon and Timmer，2012；Sexton，2000，2013）。如第 2 章（图 2-5）所示，消费者平均食品支出的 17%可算作农业部门的农场总收入，低于 1950 年的 40%的比重（Schnepf，2013）。这种变化主要反映了向家庭外食品消费的转变（食品支出中较大一部分花在了制备和服务上），也反映了农民和消费者之间加工和营销渠道数量与技术复杂性的增加。虽然消费者的食品支出中只有一小部分流入农业，但农场主的经济福利并不一定就会受到损害。大规模商业农场的收入通常高于美国普通家庭，许多农场主都很富裕。规模最大、技术最先进的农场经营对全国总产量的贡献越来越大，并且更好的装备可以满足一线处理者和加工者的需求（由于可以从较少的生产者那里获得更多质量稳定的产品，因此交易成本会更低）。然而，一线处理者和加工者的构成改变会影响一部分农民的收益。例如，在高度整合的肉类和家禽业中，加工者/制造商可以同时拥有买方垄断和卖方垄断力量。也就是说，他们可以设定支付给供应商的价格和自己产品的价格（MacDonald，2008）。在这个领域，支付给农民报酬已经发展成为一个“竞赛系统”，家禽生产者根据自己相对于其他生产者的生产能力获得报酬。在这个系统中，农民不太能确定自己的产品在季末能卖出什么样的价格（Leonard，2014）。市场份额越来越集中在少数公司手中，这一现象所引起的担忧还涉及市场竞争的潜在损失和市场透明度的下降。在肉类包装行业，少数企业控制大部分业务，独立农民（没有与包装公司签订生产合同）可能难以进入开放和竞争性的市场（Key and McBride，2007；Marion and Geithman，1995；McEowen et al，2002）。最近的文献综述表明，肉类价格或消费者福利受到的负面效应相对较小，但是生产规模不同的农场和企业，或食品供应链中不同部门的经济收入分配可能受到影响（Sexton，2013，U.S. GAO，2009）。

美国农场的许多工人实际上是农场经营者的家庭成员，并不领取报酬，因此很难确定参与生产农业的确切人数。2012 年农业普查估测，全国 210 万个农场中有 320 万自称的“经营者”（USDA，2014b）。明尼苏达大学食品工业中心最近的一项研究估计，包括无报酬的家庭劳动者和有薪酬的雇员在内，农场总共吸纳了近 600 万劳动力，占全国劳动力的 5%（TFIC，2014）。相比之下，国家农业统计局的农业劳动力调查估计，约有 200 万个体经营者和家庭成员在农场工作，被雇用的家庭外农场工人略多于 100 万人（ERS，2013b）。

虽然雇工在整个农场劳动力中所占比例较小，但许多农场经营者和家庭成员并不是在农场全职工作。根据现在的估算，雇工在美国农场承担了近 60%的全职劳动力工作（Martin and Jackson-Smith，2013）；他们的贡献越来越重要（Henderson，2012；O’Donoghue et al.，2011；Sommers and Franklin，2012）。60%～80%的农场雇佣工人在作物农场工作，他们大多数是外国人，一半是非法劳工（Martin，2013；Wainer，2011）。

美国农场的雇佣工人往往工资较低，且每年的工作时间少于大多数美国职工，这导致许多农场工人家庭长期就业不足、失业和贫困。绝大多数被雇用的农作物工人集中在水果、蔬菜和园艺产业，因为这些地方仍然普遍适用劳动密集型作物管理方法。在2010年，农作物工人每小时平均收入不到10美元，每周平均收入约为美国工人平均工资或薪水的三分之二（Martin and Jackson-Smith，2013）。因此，农场工人的贫困率在30%～40%，是美国所有职业类别中最高的（Pena，2010；USDOL，2005）。非美国公民的农场工人贫困率甚至更高，是美国公民农场工人的三倍（Kandel，2008）。

生 活 质 量

农场所有者

由于农业的经济回报时常存在波动，低于现行的资本和劳动力的市场回报率（Cochrane，1993），经济学家和社会学家一直在寻求农场经营者坚持务农的动机（Gardner，2002；Reinhardt and Barlett，1989）。开始和坚持务农的动机包括渴望保持家庭传统，自己当老板，在户外工作，花时间和孩子在一起，并培养他们的职业道德（Barlett，1993；Gasson and Errington，1993）。

然而，越来越令人担忧的是，现代农业的高投资成本和不确定的经济回报使年轻农民很难成功进入该领域。美国农民的平均年龄从1978年的50岁上升到2012年的58岁，美国小于35岁的主要农场经营者越来越少（图5-5）（USDA，2014b）。在一定程度上，这种转变反映了人口的总体老龄化，但这也是新农场持续减少，以及家族农场企业在过去40年间传代继承减少的结果。

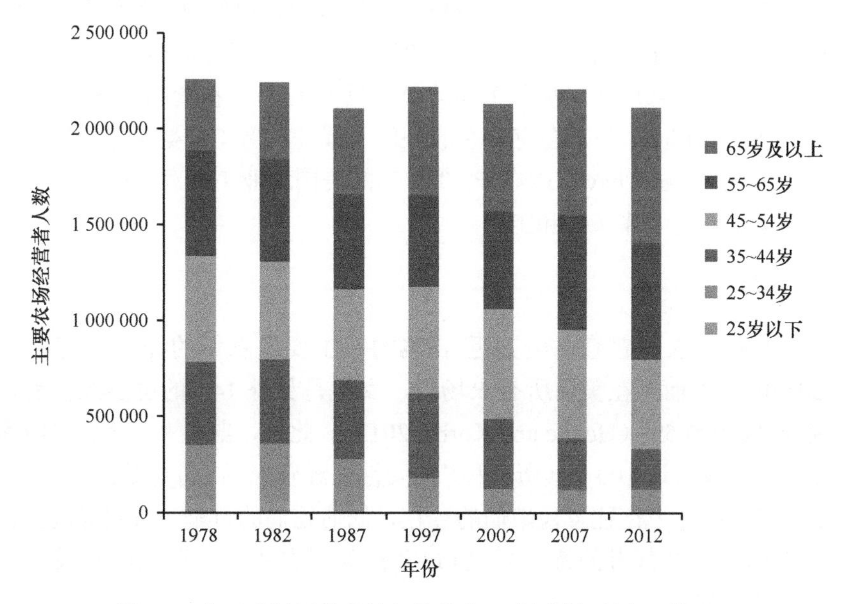

图5-5 主要农场经营者的年龄分布（彩图请扫封底二维码）

来源：USDA，2009，2014b

虽然对美国农场家庭的定性研究始终在强调生活质量结果对农业活力的重要性，但很难找到生活质量对农民和农场家庭产生积极影响的定量指标。其中一个指标是农民经营者对日常工作分配或生产实践的决策控制权。一个典型的例子是美国农业合同生产的稳步增长，如今其生产和销售合同占据了美国农业近40%的产量（MacDonald and Korb，2011）。在一些畜牧部门，特别是肉牛、肉猪和家禽，绝大多数生产都是按照合同进行的。独立生产者的传统现货市场（非谈判）交易（Lawrence，2010）已转向与高度整合的肉类包装行业开展合同营销，并最终实现纵向整合（见第2章及以下），这既有利也有弊。纵向整合的好处在于效率更高，产品供应（对集成企业来说）更可靠，价格更稳定，为农民制定投入和种植/管理战略提供更可靠的帮助。其他利弊因合同而异（ERS，1996）。然而，由于与农业企业议价能力的不对等，农民失去了一些企业自治权和资产决策权（Stofferahn，2006）。例如，生产者通常承担大部分的固定资本投入，但是他们对生产工艺的控制较少，而且需要依赖期货合约（MacDonald and Korb，2008; MacDonald and McBride，2009）。此外，个体农民发现他们的产品在竞争性现货市场博得一席之地越来越难（Key and McBride，2007; MacDonald and McBride，2009; Marion and Geithman，1995；Sexton，2000；Ward，2007）。

农场工人

雇佣的农场工人面临着非常恶劣的工作条件，并且生活质量远低于大多数美国人。许多农场工人住在不符合标准的房子中，无法掌控自己的工作进度或就业情况。约15%的美国农场工人为了确保连续就业，不得不从一个农场迁移到另一个农场（Seattle Global Justice，2014）。这会破坏家庭结构和子女的教育经历（Kandel，2008）。

如上所述，一半以上的农业劳动人口是外国人，许多都没有得到合法的美国工作许可。许多农场工人没有公民身份和移民身份，这常常导致他们缺乏经济和政治话语权，使他们容易遭受剥削（Hall and Greenman，2014）。劳工统计局的评估显示，在农业及其相关行业的所有私营部门中，加入工会的员工只占1.2%，在食品服务和饮料企业中，其占1.8%（BLS，2014c）。与工会有联系的外国人或非法劳工的数量难以准确估算，但是由移民农场工人Cesar Chavez成立于1962年的美国农业工人联合会等其他组织仍在致力于改善农场工人的工作条件和工资。

女性和民族/人种

根据2012年的农业普查，美国近83%的“主要”农场的经营者是白人和男性（USDA，2014b）。然而，在美国所有农场中，女性是另外14%的主要经营者，而这一比例在1982年仅为约5%（Hoppe and Korb，2013）。此外，当算上一级、二级和三级经营者时，2012年美国有近100万（所有种族）女性在经营农场（占总数的30%）（USDA，2014b）。尽管官方统计中往往忽视她们的存在，低估她们的贡献（直到最近人口普查才列举了每个农场主要经营者的特征），但妇女在美国农业中一直发挥着很重要的作用（Hoppe and Korb，2013）。

其他族裔的农场主历来是被忽视的群体，不过近年来也发生了变化。从历史上看，自 1920 年以来，非洲裔美国农民和佃农的数量下降了 98%（Banks，1986），这一趋势与政治、经济和文化歧视有关（Wood and Gilbert，2000）。最近，西班牙人、美洲印第安人、非洲裔美国人和亚洲人拥有的农场数量都分别超过了 2007 年时的统计数据（USDA，2014b）。尤其是 2007～2012 年，西班牙人拥有的农场的数量增加了 21%。尽管由女性和其他种族与族裔群体经营的农场的份额随着时间的推移逐渐增多，但许多农场的销售额都低于 5 万美元（显示出农场规模较小）（USDA，2014b）。具体来说，女性经营的农场中有 91%、西班牙裔美国人经营的农场中有 85%、美洲印第安人经营的农场中有 92%、黑人经营的农场中有 94%、亚洲人经营的农场中有 65%，销售额都低于 5 万美元。

农村社区

农场经营者和农场工人的经济绩效和生活质量可以算是社区生活和福利的重要贡献者，特别是在农业地区，农业是当地社会和经济活动的主要驱动力。研究人员了解到，当地经济基础为农业的农村社区更容易出现经济停滞和人口减少的现象（Isserman et al.，2009）。农场规模的扩大和生产的专业化可能导致当地采购模式的减少，以及吸引非农业发展的农场景观设施的减少（Foltz et al.，2002；McGranahan and Sullivan，2005）。传统上，具有相对公平的资产所有权模式并依赖家庭劳动力的小农经济体系与社区社会领域和当地企业的健康动态息息相关（Goldschmidt，1978；Labao and Stofferahn，2008；Lyson，2004）。证据还表明，更多样化的农业系统可以产生生态和美学景观效益，提高生活质量（Deller et al.，2001；Flora，1995；Santelmann et al.，2004）。

拥有大量农场工人的农村社区常常难以满足这一群体独特的社会服务和教育需求（Findeis et al.，2002）。加利福尼亚中央谷的农场工人城镇和美国其他农村社区相比，人均收入最低，公共服务最为匮乏，财政状况压力也最大（Martin，2009）。

健　康

获得医疗保健福利

农场经营者及家庭。农场经营者及其家庭，与数百万其他美国人一样，需要想办法获得负担得起的医疗保险，并且考虑工作中的健康和安全问题。随着《患者保护与平价医疗法案》（ACA）[①]的实施，美国大多数个体和家庭的健康保险覆盖模式正在改变。据推测，无力承担健康保险的农户现在有资格通过 ACA 获得医疗保障。美国农业部的综合报告显示，在实施 ACA 之前，农场经营者家庭中有 9.3%的人没有健康保险，低于美国整体人口中没有健康保险的人所占的比例（ERS，2014j）。以农业为主业的家庭最有可能缺乏健康保险，如从事乳制品生产的家庭（ERS，2014j）。农户如果没能获得雇主资助的健康保险（通常来自非农工作），那么每年平均需要支付 6000 美元的保险费。

大量文献证明，生活在农村地区的人不能平等地获得医疗保障（Murray et al.，2006；Probst et al.，2007；Syed et al.，2013）。因为大多数农民居住在农村地区，许多人必须

① 2010 年 3 月 23 日颁布的《患者保护与平价医疗法案》，公共法 111-148

去离家很远的地方才能接触到医疗系统。大约60%的农场经营者居住在农村地区，这些地区已经出现医生短缺的现象（Jones et al.，2009b）。美国卫生福利部的卫生专业人员短缺地区的数据显示，17%的务农人口居住在基层医疗资源短缺的地区（HRSA，2014；Jones et al.，2009a）。与一般人群相比，他们更不容易获得口腔和心理健康方面的治疗（Jones et al.，2009a）。不过，在ACA实施之前，农户的健康保险覆盖率与美国一般人口相同（图5-6）。

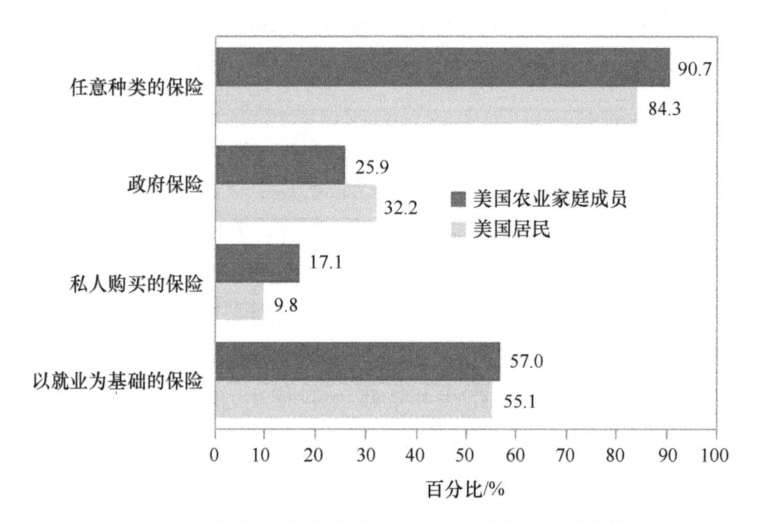

图5-6 美国农业家庭成员和美国居民的医保来源

个人持有的医疗保险可能不止一种

农场工人。农场移民工人和周期性农工是不同的群体：大多数移民工人出生在外国，通常来自墨西哥和中美洲，居住在临时住房；而周期性农工主要出生在美国，是社区的永久居民（Seattle Global Justice，2014）。两者在获得社会和医保服务方面都面临挑战。例如，几乎没有移民工人能享受医保。缺乏交通工具、时间不便、成本、语言和频繁搬迁是其他障碍（Seattle Global Justice，2014）。由移民地位低下造成的延误护理也使移民工人的健康状况更加恶化（Bail et al.，2012）。

除了低工资之外，周期性农工和移民工人还很少能获得重要的保护，如职工赔偿保险（NCFH，2012）。根据“农工正义”机构宣传组汇编的数据，只有13个州和华盛顿哥伦比亚特区、波多黎各与美属维尔京群岛要求雇主给移民和周期性劳工提供职工赔偿保险或同等福利；有16个州没有强制要求（Farmworker Justice，2009）。这种保障的缺失很关键，因为当工人生病或受伤时，他们无法得到赔偿；请假的工人也很可能会失去工作。大多数食品系统工人，包括农场工人，没有或不知道他们是否有带薪病假，因此在生病时也得继续工作（FCWA，2012）。根据ACA的要求，非美国公民不能获得保险，食品系统雇用了许多非法入境的移民，这些人仍然无法获得保障（NILC，2014）。而那些合法的移民只有可能获得有限的医疗护理保障（NILC，2014）。

对健康和生命安全的影响

农业生产具有健康和安全风险。现代农业涉及使用大型机械和潜在的危险农用化学制品。农业是美国最危险的职业之一[①]（McCurdy and Carroll，2000；NIOSH，2010）。2006～2009 年，农业、林业和渔业工人的职业死亡率明显高于其他行业（图 5-7）。意识到这个行业的风险，国会在 1990 年指示美国国家职业安全卫生研究所（NIOSH）制定具体的战略，以应对农民工及其家人受伤和感染疾病的高风险。在美国国家职业安全卫生研究所的努力下，农业、林业和渔业部门设立了若干战略目标，有针对性地指导特定领域（包括外伤和听力损伤）的研究和合作（CDC，2014b）。商业捕鱼也受到了美国国家职业安全卫生研究所的特别关注，因为每 10 万名工人中就有 124 人死亡，远高于十万分之四的美国整体工人死亡率（NIOSH，2014）。

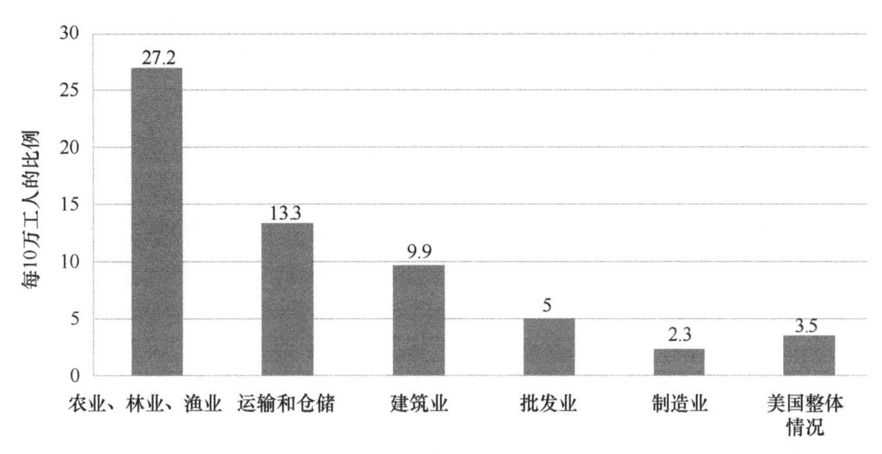

图 5-7 2006～2009 年职业死亡率

来源：http://www.cdc.gov/niosh/programs/agff[2014-11-24]

接触化学品也是一个很重要的方面，政府正在努力推进对农业化学品使用的监测，而此前所有国家监测系统都没有很好地监测到与农药相关的中毒事件（Geiser and Rosenberg，2006；NIOSH，2011）。根据 Calvert 及其同事（2008）的研究，农场工人中毒事件的总发生率为 53.6/10 万，而非农场工人为 1.38/10 万。受影响的工人中约三分之一是农药处理人员，其余的是农场工人，他们会接触到废弃的农药设备或被喷药的植物和动物原料。已报道的症状种类繁多（大多数严重程度偏低），最常见的是神经或知觉系统症状、胃肠道刺激、眼部问题及皮肤和呼吸道刺激。与其他农业工人相比，加工和包装工厂的工人最容易发生急性中毒。农业化学制品问题的规模不容易掌握。加利福尼亚是唯一强制性要求上报农药中毒事件的州（Geiser and Rosenberg，2006；NIH/EPA/NIOSH，2014）。

虽然与非农业工人相比，农民吸烟、患癌症和心血管疾病的概率较低（Jones et al.，2009a），但有证据表明他们也会遭受高水平的焦虑、压力、抑郁和自杀（Fraser et al.，2005；Freire and Koifman，2013；Roberts et al.，2013）。呼吸障碍、皮炎和与肌肉及骨骼损伤相关的慢性疼痛也很常见。而农业和大多数产业相比，还有一点特殊性，即会涉及大量的儿童和其他家庭成员，这些人在农场工作和生活，可能会导致额外的健康和安全风险。农业作业可能会增加他们受伤、生病和接触有毒化学品的风险。

① 2004 年，美国农场每小时约有 9.2 起工伤事件发生，死亡率接近 26/100 000

对食品产业的潜在社会和经济效应

如第 2 章所述，多样化的美国食品和纺织系统约占国内生产总值（GDP）的 5%（ERS，2014e），提供了美国约五分之一的就业机会（King et al.，2012）。食品产业的非农业部分已成为最重要的就业来源。2012 年，美国消费者购买食品的经济价值中近 90%都是由非农业部分创造的（第 2 章图 2-6）。非农业部分主要负责运输和转化，使原始农产品成为可食用的食品。非农业部分的分支（第 2 章图 2-1）包括技术和投入供应商、一线处理者和食品制造商、批发/物流供应商、食品零售店和食品服务机构。此外还有包含食品银行（一种通过储藏周转食物解决社会饥饿问题的慈善机构，译者注）和食品货架、废弃食品处理的二级市场。

工人和社区的收入、财富与社会福利

在本节中，我们着重强调美国食品供应链中，农业生产之后的各主要分支环节参与者在社会和经济回报上的差异。这些环节相互依赖，任何一环的变化都会影响其他环节的表现及食品的价格和供应。每环节（和跨环节）存在的竞争压力已成为技术和组织结构变化的主要驱动力（如合并、垂直整合、市场扩张和市场差异化）。相应的，这会给劳工带来经济效益、就业机会和劳动回报，并给消费者提供更多的食品选择。

Robert King 等（2012）最近的一项研究概述了美国食品产业中各主要分支环节的总体和各类就业机会及工资/福利。他们发现食品系统中约有 2300 万工人，这些工人的平均年收入略超过 1.9 万美元（不到 2007 年美国工人整体平均年收入的一半）（图 5-8）。

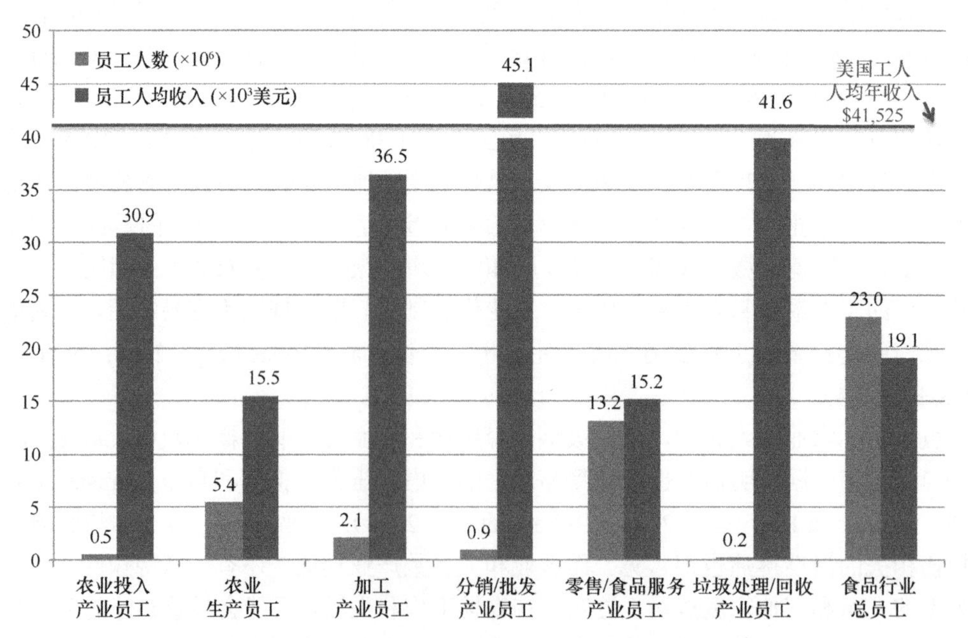

图 5-8 美国食品产业员工人数（彩图请扫封底二维码）

来源：King et al.，2012；2007 年数据。http://foodindustrycenter.umn.edu/prod/groups/cfans/@pub/@cfans/@tfic/documents/article/cfans_article_404726.pdf[2014-11-24]

到目前为止，零售和食品服务环节的工人人数最多，年均收入较低。两个分支环节（分销/批发和废物回收）工人的平均收入略高于全国 4.1525 万美元的水平；食品加工和制造业工人及农业投入工人的平均工资略低于全国水平。

技术和农业投入环节

初级生产环节的农民从农业投入环节获得了多种多样的材料和服务。这些投入包括种子、化学品、设备、动物健康服务、动物育种/遗传学、融资和现代商业农业所需的信息。如第 2 章所述，在过去几十年中，由于众多的合并和收购，农业投入环节经历了合并统一。许多农业投入品公司现在成为全球化企业，各种类型的投入被整合到少数几个公司部门。

该环节的组织形式和盈利水平。历史上，许多一线处理公司及投入供应商的组织形式为农业合作社，他们为社员提供燃料、化学品、种子和其他投入要素。合作社成员每年根据自己的盈利情况向合作社支付红利。合作社将许多小型生产者联系起来，给予他们大量购买折扣，并为他们的产品找到市场。营销、供应和服务合作社的总数从 1990 年的 4663 家下降到 2007 年的 2549 家，这是由合作社合并、农民转向其他渠道进行销售造成（USDA，2014a）。与此同时，合作社成员的人数从 410 万下降到 250 万，而净销售额从 773 亿美元增加到 1278 亿美元。2007 年合作社成员获得的平均回报率是 1990 年的三倍（USDA，2014a）。

全球化、技术创新和结构重组为提供优质产品的大型农业企业创造了竞争优势，从而实现了规模经济效益。除了提供投入要素外，许多大型农业投入品供应商还与农民签订合同，收购他们的农业产出。在垂直一体化作业中，生产、加工和分销环节更紧密的联系可以带来许多好处（例如，提高效率，标准更统一的食品，以及为消费者提供更优惠的价格）。然而，一体化也可能对就业产生负面效应（如令本环节的就业机会减少），使规模较小的个体公司无法获得充足的资源来参与竞争。

食品和农业投入品企业的合并会导致市场力量的变化，并会影响食品链各环节之间的经济回报分配（Myers et al.，2010；Sexton，2013）。较大的公司通常比大多数小公司承担更多的研究和开发成本，他们必须收回这些成本，以及资本、监管、劳动力和其他成本。由于这些大公司属于规模经济，他们虽然有提高价格的能力，但不总是意味着他们就可以提高价格。当一个行业中企业数量较少时，竞争会越发激烈，甚至可能导致价格降低（Chung and Tostao，2012；Sexton，2013）。然而，就农业投入企业来说，如果可以提高作物和牲畜的产量或品质，卖出更好的价钱，那么农民愿意支付更高的价格购买他们的产品。如图 5-9 所示，1990～2012 年，大多数农业投入品的价格比农产品的价格上涨得更快（Fuglie et al.，2012）。

工人。如图 5-8 所示，与美国食品供应链的其他环节相比，农业投入环节的工人数量相对较少，大约有 50 万人，他们的平均收入在整个食品产业链中排名第三，每年约为 3 万美元。

鉴于许多农业投入品企业的全球性和对化学与生物学技能的要求，这类工作对高素质人才的需求可能会增加。

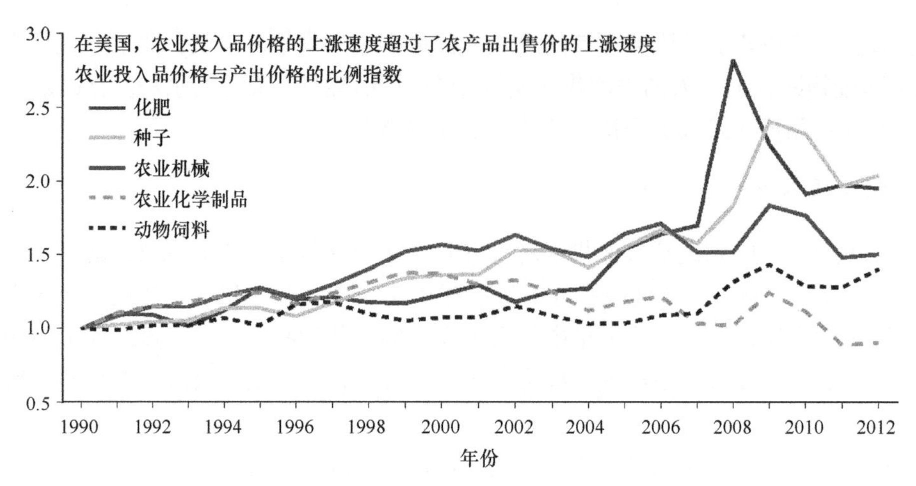

图 5-9　农业投入品的价格（彩图请扫封底二维码）

农产品销售价格除以美国农民购买农业投入品的价格（指数，1990=1.00）

来源：Fuglie et al.，2012

社区。农业投入品供应商一直以来对农村社区的经济健康和就业做出了很大贡献，特别是那些在当地交易中心拥有、管理或至少维持生产和销售业务的社区。由于大规模农业耕作通常距离外地企业很远，而且一般会（以折扣价）大批量购买投入品，因此投入品供应商的重组会导致一些零售网点（如销售农业机械和化学品的网点）的合并（Foltz et al.，2002；Sfiligoj，2012）。农业和农业投入品企业的结构变化最终会导致许多农村社区中，在当地拥有农业投入和供应业务的企业减少经济机会，特别是远离工业和交通中心的社区（Drabenstott，2000；Foltz and Zeuli，2005；Kilkenny，2010；Lambert et al.，2009）。

食品加工和生产

这一环节由两类群体组成：①负责接收、包装和存储生鲜农产品的一线处理者，他们将农产品进行初级处理后运送到食品供应链下游；②食品加工者和生产商，他们将原材料转化为包装好的、可食用、可存储的安全食品，供消费者或食品服务机构进行最终加工和食用（第 2 章）。

许多公司会与农民签订生产合同，从而保证以预定的价格购买一定数量的产品，并确保原料符合买方的质量规格。这种安排的好处是能够减轻农民的风险，以免他们找不到市场或无法掌握收获后的销售价格。这样做还可以在市场不可预测的情况下对冲价格下跌的风险。公司的合同还提供技术咨询并设定质量和安全标准，有助于确保生产出的产品质量统一，能被下游市场接受。加工企业和零售商对于产品大小一致和质量的要求在合同农业中占重要地位。

该环节的组织结构。一线处理者的组织结构变化会影响竞争压力和农民的回报，如畜牧业供应链的垂直协作会导致业务关系发生变化。在家禽业，生产者获得报酬的多少由自身与其他农民的相对生产力差距决定，并且他们无法掌握季末时的产品销售价格（Leonard，2014）。市场份额集中在少数公司手中也可能导致市场竞争的削弱和市场透明度的下降。

食品加工商和生产商往往是大公司，许多公司甚至是跨国公司。他们专注于研究消费者的喜好来设计食品，以提高企业的市场份额。美国的食品和饮料厂广泛分布在全国各地，但自20世纪80年代以来，一些地区的食品和饮料厂数量有所下降（Edmonson，2004；ERS，2014c）。

食品加工和生产部门创造的价值约占美国整体制造业创造价值的14%（ERS，2014c）。食品加工商和生产商会根据零售商的销售情况和订单的反馈不断进行调整。如第2章图2-6所示，食品制造业创造的价值约占食品供应链整体附加值的16%，仅次于食品服务业。2011年，肉类加工和生产创造的价值在食品制造业中占比最大（17%），其次是饮料（16%）、面包和玉米饼制品（11%）、水果和蔬菜（10%）及乳制品（10%）（ERS，2014c）。美国人口普查报告显示，2011年美国有14 487家食品加工和生产公司，其中有1510家肉类和421家家禽公司，3097家饮料公司，2813家烘焙公司，1798家水果和蔬菜保鲜公司，1007家乳制品公司和4050家软饮料制造商（U.S. Census Bureau，2014）。

工人。总体来说，食品加工和生产环节有150万工人，占美国制造业总劳动力的14%，非农业劳动力的1%。这些工人中有32%在肉类加工部门，9%在乳制品制造部门，17%在烘焙部门，11%在水果和蔬菜部门（ERS，2014f）。2011年，肉类和家禽业员工的人均工资分别为4.1万美元和2.9万美元（U.S. Census Bureau，2014）。谷物和油籽压榨业员工的人均工资高于全国平均水平，每年为7.3万美元。2011年，水果和蔬菜加工业员工的人均工资为5.7万美元（U.S. Census Bureau，2014）。

人口普查统计报告显示，2011年美国食品制造业内每个企业（工厂）平均有2661名员工，人均工资为5.309万美元。食品制造业13%的销售收入用于员工工资（U.S. Census Bureau，2014）。整体来看，美国制造业内每家企业平均有2102名员工，每名员工的平均工资为7万美元（U.S. Census Bureau，2014）。

在2013年，一家食品生产厂的小时工每小时工资为12.5～14.00美元（BLS，2013）。按每小时13美元计算，全职工人每年的收入为27 040美元。工厂会雇用技术工人和非技术工人，即使是非技术工人也必须熟悉如何处理动物、食品，会使用重型设备和/或计算机控制设备。技术工人需要接受过食品科学、化学、管理和营销方面的正规教育。

最近对2456名食品科技人员进行的一项调查显示，2013年他们的平均工资为9万美元，其中66%的人在食品行业工作。这些人拥有高等学历，是本科生或者研究生。约90%的人可以享受医疗保险和退休投资计划（Kuhn，2014）。数据证明这个行业中存在具有吸引力的就业机会。但同时也存在很多领着最低工资的兼职工人。

工人健康和安全。食品加工工人经常会在制造厂中工作，操作搅拌、烹饪或加工原料的设备（BLS，2014b）。畜禽屠宰和加工行业长期以来一直存在着高的伤亡和患病概率（OSHA，2014）。加工工人通常在充满噪声的、极热（操作烹饪机器的工人）或者极寒（冷冻或冷藏人员）的环境里工作。这些班次的绝大部分都由工人负责，他们还需要费力清洁或操作大型设备。因此肌肉骨骼损伤，特别是下背部疼痛是主要的职业病。与重复运动相关的伤害也占了一大部分，特别是在加工厂、流水线上的工人，他们必须在上班期间重复地进行相同的运动。其他风险还包括工厂的地板，可能会增加滑倒、绊倒和跌倒的风险。

社区。由于社区的社会和经济福利受各种因素的影响，因此难以将社区发展与某一个行业或企业的存在与否相挂钩。因为农村社区的经济规模相对较小，多样化程度较低，所以更容易受到当地商业或就业机会变化的影响。最近的例子就是20世纪80年代和90年代，肉类加工厂从主要城市地区迁到乡镇，产生了广泛的社会和经济效应（Artz，2012；Stull et al.，1995）。

批发和物流供应商（分销环节）

食品系统内的这一环节负责食品和农产品在不同环节之间的运输和储存。它涉及仓储、货运和其他运输方式，以及采购服务。这一环节对偏远地区和远离粮食生产地的城市至关重要，因为它能确保这些地区的粮食供应。同时，它也对全球贸易至关重要。

该环节的组织结构。2011年，美国总共有3810家食品、饮料和农产品类批发公司（U.S. Census Bureau，2014）。

在食品服务方面，传统批发商仍然占据主导地位，因为他们可以为许多小型零售企业提供特殊订单服务。农业投入环节中也存在批发商。普查数据列出的批发公司中，有9%从事农业用品批发，另有9%从事初级农产品批发（U.S. Census Bureau，2014）。

传统批发环节中不包括数量众多的食品银行，它们的批发对象是全国各地的食品商店。其中最大的非营利批发商是消除美国饥饿组织（Feeding America）及其成员，如第二丰收中心（Second Harvest Heartland）。消除美国饥饿组织有200个食品银行成员，负责收集食物并将其重新分配到美国每个县的食品货架、施粥所和其他慈善供给机构。在2013年，他们分发了超过38.78亿lb的食物（Feeding America，2014a）。这个数量在图2-2列出的可食用食品总量中仅占0.06%，但每年能提供超过30亿顿餐饭。除了提供额外的膳食，捐赠食物或现金的食品公司和个人还可以获得慈善税收减免，公司还能够节省废料处理成本。

工人。食品和农产品批发公司雇用的工人至少有357 790人，平均每家78人（U.S. Census Bureau，2014）。他们是食品产业内的高薪工人，年均工资可达到5.7万美元。食品和农产品批发环节6%的销售收入用于支付工人工资。

批发部门所需的技能是多种多样的，从体力劳动者到卡车司机、叉车操作员、仓库管理员、优化装载卡车和卡车路线效率的计算机程序员、销售和采购专家及食品安全专家（如冷链管理者）。工人技能、技能发挥的替代市场和工人所在地域的不同决定了他们的收入。此外，消除美国饥饿组织报告，批发部门在2013年使用了860万h的志愿劳动（Feeding America，2013）。

工人健康和安全。除了仓储以外，分销环节的另一个重要组成部分就是运输(FCWA，2012)。分销环节的工人，特别是那些参与仓储的工人面临的健康和安全风险是重复的运动和搬运。由于重复的运动、弯腰和屈膝及不当的搬运技术，仓库工人最容易出现慢性损伤（Free Library，2014）。安全报告显示，这些工人缺乏个人防护设备，这令他们在工作时容易受伤。工人在装仓和装车时大多用叉车，这大大降低了他们搬运重物的危险，但在封闭空间中的运行速度会有潜在风险。由于分销涉及货物运输，因此机动车碰撞是导致死亡和受伤的重要原因。机动车碰撞是美国出现与工作有关的死亡事故的首要原因（CDC/NIOSH，2014）。运输食品的卡车司机会面临所有的运输危险，包括由路线和行程造成的压力与疲劳、疾病、夜间驾驶及搬运重物造成的背部损伤。

食品零售店

这个分支环节包括传统的杂货店和越来越多的大卖场，而在大卖场食品销售也占有一席之地。零售商店还包括便利店和一系列较新的场所，如药店、带便利店的加油站、特色食品和线上（网络）食品公司。2013 年食品零售店的销售总额为 7423 亿美元，占全部食品销售额（14 000 亿美元）的 53%，其余的食品销售额是由食品服务企业销售（ERS，2014d）。

该环节的组织结构。很大程度上由于大卖场的价格竞争，该环节内的商店已经开始整合，以适应信息和运输技术，从而使他们能最大限度地削减库存。吸引和维系客户的新策略始于 20 世纪 90 年代中期，包括使用信息技术跟踪客户的购买记录，制定忠诚度计划，降低价格和/或找到大卖场未填补的市场定位。在激烈的竞争之下，零售业分裂成两部分：一部分是商品价格较低的大型公司；另一部分是专门销售特色食品和服务的小规模精品店，价格相对较高。大卖场可以维持较低的食品价格，因为它们能依赖利润更高的综合商品销售来进行平衡。食品零售店中食品周转的数量和速度需要高效的物流、数据整合和分析技术，以及运输节能方案。这些有助于零售店获得巨大的购买力，包括决定产品质量和安全规程、数量、时间和价格的能力。供应商有义务满足大型零售商的需求。例如，美国主要制造商销售的所有产品中，大约三分之一是通过国内最大的零售公司、同时也是世界上第二大的公开交易公司销售的。零售商在进货时越来越多地使用自己的品牌标签，进一步降低了国内和国际品牌食品生产商的市场力量。

大型食品零售商（拥有超过 100 家商店的零售商）已经建立了自己的分销仓库，从而将大多数产品的批发商踢出局。这使得他们能够降低成本并进行价格竞争。在全国，折扣店的价格比传统杂货店低 7.5%，这给所有食品零售卖家带来了价格压力（ERS，2014h）。

工人。总体来说，56 786 家食品和饮料零售公司雇用了超过 240 万名工人，平均每个公司有 43 人（U.S. Census Bureau，2014）。这些员工包括保管员、质检员和管理人员。这个环节还包括在零售店的烘焙和熟食摊位烹饪与准备食物的工人及清洁设施的工人（FCWA，2012）。每位员工的人均工资为 25 600 美元，占销售收入的 19%。人均工资低于总体零售企业人均 28 000 美元的水平，后者占销售收入的 11%（U.S. Census Bureau，2014）。

零售部门对劳动力的技术要求一般不高，除了管理人员。虽然食品零售店的低门槛给大多数社区提供了就业机会，但许多工人的工资往往接近最低工资水平。2014 年，平均收入为 25 600 美元，是美国单人贫困收入水平的 114%，几乎和四口之家的贫困收入水平（23 850 美元）持平（HHS，2014）。

工人健康和安全。零售业的工作涉及搬运重物和使用具有潜在危险的设备，工人可能会面临背部受伤、撕裂或截肢的风险。此外，工作压力和轮班等社会心理因素也是该行业员工需要着重注意的。

食品服务企业

这个环节包括独立餐厅、中档连锁店、快餐服务（快餐店）、酒店和饮料店。它们满足特定客户群体的口味，经常是食品创新的领导者。当然，该环节也包括机构团体内的餐饮服务，如学校、医院、监狱、流动厨房及餐车。

该环节的组织结构。食品服务业至少有125 951家公司和约400万名员工。每家公司平均雇用32人；员工工资占销售收入的27%以上（U.S. Census Bureau，2014）。这是一个劳动密集型产业，主要是因为它在很大程度上算是服务业，几乎无法用资本代替劳动。大多数食品服务场所的食品成本不超过其总成本的三分之一。

2013年，食品产业整体销售额的47%是由该环节完成的，与过去几十年的销售分工情况一致（ERS，2014g）。然而，美国农业部经济研究所的数据显示，快餐店的销售额在20世纪80年代中期增长速度最快，而同一时期，机构团体餐饮的销售额呈下降趋势（图5-10）。

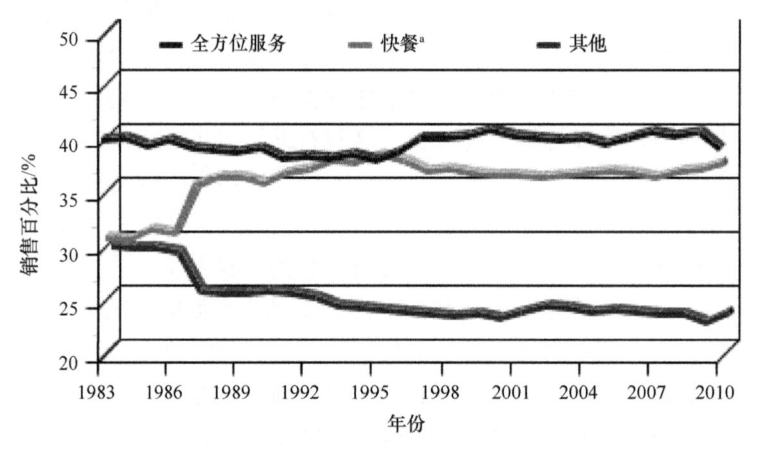

图5-10 食品销售（彩图请扫封底二维码）

a 快餐不包括合同餐饮和特许经营

来源：ERS，2014g

工人。2014年食品服务行业工人的平均年收入为24 857美元，与四口之家23 850美元的贫困收入水平大致相同（HHS，2014；U.S. Census Bureau，2014）。这个行业除了对管理层和部分厨师的能力水平有要求之外，技能门槛相对较低，几乎能够为每个社区提供就业机会。

毫无悬念，人员流动也是零售业的一个问题，经常发生在那些被克扣过工资的工人（如没有加班费或者小费被侵占）身上（FCWA，2012）。大多数情况下，即便是规模最大的公司也存在工资不平等的情况（Kelly et al.，2012）。然而，值得注意的是，虽然发生了许多工资违约的例子，但也有许多正面的例子展现工人工资、职业流动性和良好的供应链政策与计划（Kelly et al.，2012；Liu，2012）。

工人健康和安全。食品服务行业人员需要为客户提供各种服务、准备食品、进行清洁工作。轮班制度非常普遍，在2012年，约有一半的员工属于兼职状态（BLS，2014b）。食品和饮料服务及其相关领域工作者大多数时间都要站着，还需搬运托盘等重物。在就餐高峰时段，员工需要快速有效地为客户提供服务。这类员工受到的伤害往往是非致命的，主要是滑/绊/跌倒、烧伤和外科创伤，这可能导致他们在一段时间内无法工作。

食品服务业的青年工人数量众多，主要是因为不同时段的轮班制可以让工作时间更灵活，这点比较吸引年轻人。年轻工人的工伤率很高，部分原因是工作地点的几类危险因素（如湿滑的地板、刀具和烹饪设备的使用）（CDC，2014c）。1998～2006年，年轻工人因工伤在急诊部门接受治疗的概率大约是25岁及以上工人的两倍（CDC，2014c）。除了这些危险因素外，缺乏经验和安全培训也可能会增加年轻工人的工伤风险（CDC，2014c）。

许多食品服务业员工没有带薪病假。针对600多名食品系统工人的一项调查发现，只有21%的人确认有带薪病假（其余的人要么是没有，要么是不知道自己是否有带薪病假）（FCWA，2012）。报告还记录，工人由于需要维持产出需求，不得不长时间工作，而且无法休息（CDC，2014a）。在被诸如病毒或其他传染性疾病感染的情况下，员工很容易通过食物和饮料将疾病传播给他人。由于没有带薪病假，员工为了挣钱，会尽快返回工作岗位。食品服务业通常非常繁忙，如果员工在繁忙时段（如节假日和周末）没能来上班，那么就很有可能会被解雇。

美国食品系统中员工的综合福利

几百年来一直有文献描述食品系统中的贫困和不公（van de Cruze and Wiggins，2008）。证据表明，食品行业40%的工作岗位的薪酬与国家贫困线水平持平；只有13.5%的岗位年收入可以达到国家贫困水平线的150%（FCWA，2012）。正如本章前面的部分所述，食品行业内有一些工人获得适宜的工资，但还有许多人没有达到，而且他们在这些工作中很少或没有职业流动性。2010年的估计显示，美国食品行业各环节员工的每小时工资中位值相差不多（生产、加工、分销和服务环节工人的每小时工资中位值为9～13美元），但同一环节内部不同岗位之间的收入差异很大（Kelly et al.，2012）。例如，2012年美国前100名首席执行官中，8人来自食品系统，他们的总收入超过10 300名食品服务业工人的总收入（FCWA，2012）。

全球领先的5家公司拥有前景明朗的政策和发展计划，其中有4家是欧洲公司。美国公司可以着重向它们学习如何使工资合理，改善人员流动性，以及取得其他社会和经济方面的进步（Kelly et al.，2012）。《财富》发布了一份年度名单，列举了100家美国就业条件最佳的企业。2014年的名单里有3家杂货公司，2家连锁餐厅和2家食品生产企业。在这7家公司中，员工的平均工资为45 684～115 007美元，而小时工的年均工资则为26 240～52 318美元。值得注意的是，这些公司不提供薪酬福利或医疗保险，但员工赞同的是灵活的工作时间、培训和升迁机会、公司内部的儿童看护和健身中心或有偿的健康俱乐部福利（*Fortune* magazine，2014）。

食品企业的业绩和对经济的贡献

规模和盈利能力是衡量公司绩效的两个指标。《财富》500 强每年会列出在美国注册和经营的排名前 500 的上市公司。该列表不包括任何行业的私有公司，可用于比较食品行业与其他行业的公司。公司按总收入排名，对它们的盈利能力也有报道（*Fortune* magazine，2014）。这些公司的盈利能力反映出它们对整体经济、股东财富及员工稳定就业的贡献。2013 年，500 强公司中有 39 家来自食品行业，它们的年收入为 65 亿～4693 亿美元。表 5-1 显示了美国 500 强公司中的食品公司在食品供应链中的分布情况，其中来自食品生产和零售环节的企业最多。

表 5-1 《财富》500 强中的食品和农业公司数量，根据总收入和盈利能力排序

属于《财富》500 强		500 强中的排名范围		利润在总收入中所占百分比		
		高	低	平均	低	高
农业投入品公司	2	27	69	2.0		
食品生产公司	18	43	452	6.7	–2.0	19.0
食品批发和分销公司	4	65	500	2.0	–2.0	5.0
食品零售公司	10	1	378	2.6	–3.0	6.0
食品服务公司	5	111	328	10.0	1.0	20.0
属于食品产业的公司	39	27	600			

来源：*Fortune* magazine，2014

一般来说，食品制造业最大的利润来自食品生产（主要是大型跨国公司）和服务环节。生产企业及其投资者获得的经济回报超过了大多数其他环节，一定程度上是因为该行业通过并购和全球化市场实现了相对较高的集中度。在食品服务行业，消费者也会为食物以外的体验和便利付费；有好几家食品服务企业都属于全球连锁。

导致该行业利润下滑的原因包括原材料价格的波动和私有零售商店品牌代替（国际）国内大品牌的流行趋势。上升的商品价格往往被远期对冲，以减少不确定性，消除制造成本和产品批发价格的波动。当下，食品生产商擅长以各种私人品牌销售产品，以减轻来自其他私有店铺品牌的竞争压力。批发商可能是受冲击最大的群体，因为零售商可以直接与加工商合作，将产品输送到商店，或建立自己的配送中心和物流系统。而针对食品服务部门的批发业务是一个例外。

食品零售店一直以来的盈利压力主要来自激烈的横向竞争。因为消费者想要去高端商店寻求更加物美价廉的产品或独特的产品和购物体验，许多商家出局了。零售业分流开始于 20 世纪 90 年代，一方面是大卖场，另一方面是销售有机等特殊食品或自有品牌的精品店。位于两者之间的杂货店正在消失。杂货店的销售利润一般只占 2%，说明利润微薄（FMI，2013）。

对美国消费者的潜在社会和经济效应

也许，衡量成功的食品系统的主要指标就是为居民提供充足、平价、安全、高品质、营养的食物的能力。本报告显示，对大多数人来说，美国的食品系统大多数时间都能够达到这些目标，但大量与饮食相关的疾病（第 3 章）和食品安全问题指明了其需要改善的地方。几十年来，研究人员认识到所有关于食物、采购和消费的决定都受多个变量的影响，其中包括人们生活的社区；在这些社区可获得的食物；他们受到的影响，如广告和营销；以及他们对环境、农业、全球化等诸多因素的看法。食品系统是不断变化的，在过去几十年中，美国消费者的饮食习惯、周围文化和环境的变化也造成了消费偏好的转变。在未来几十年对这种转变进行评估是非常必要的。

食品成本和开支

与其他社会和经济变量相比，收入对饮食行为的边际效应可能最强：高收入家庭在食品上的开销更大，食用质量更高；低收入家庭更多购买的是普通品牌和折扣食品（Contento，2010），而且主要在家做饭。2009 年，收入最低层家庭在食品上花费了 3500 美元，而最高层家庭的开支比他们的三倍还要多，约为 10 800 美元（BLS，2010）。尽管在过去的 50 年中，家庭收入中食品开支的比重已从约 18%下降到约 10%（ERS，2013a），但在 2012 年，最贫困家庭的食品开支几乎占到家庭总收入的 35%，远远高于排位最高的家庭的比重（7%）（BLS，2014a）（图 5-11）。

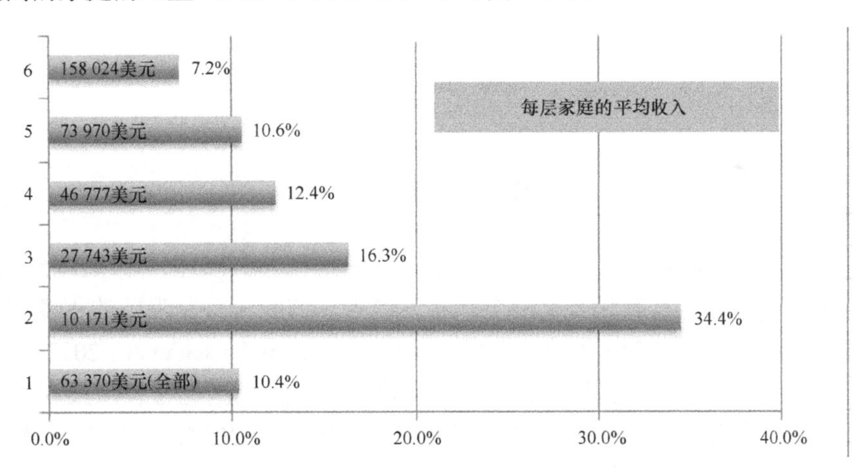

图 5-11　收入中食品开支的比重

1=总人口；2=最低收入水平家庭；3=二级收入水平家庭；4=三级收入水平家庭；5=四级收入水平家庭；6=最高收入水平家庭

来源：BLS，2014

低收入和高收入家庭购买和消费的食物不同，用于在家吃饭（FAH）和在外面吃饭（FAFH）的开销比重也不同。所有种类食品的实际开销，包括水果和蔬菜在内（Ludwig and Pollack，2009），都随收入水平的提高而增加，最高收入水平的增加速度是其他水平的 2.5 倍（BLS，2012）。

衡量美国食品系统如何满足消费者需求的指标是食品价格的变化速度和食品开支在收入中所占的百分比。历史上，零售店食品的消费者价格指数（CPI）[①]低于或等于整

① 消费者价格指数（CPI）衡量的是一段时间内城市消费者购买商品和服务所支付价格的平均变化

体通货膨胀水平，1990～2005 年为 2%～3%（Volpe，2013）。自 2005 年以来，由于在一定程度上受国际市场短缺、天气和其他因素影响，食品 CPI 波动较大。2006～2012 年，食品 CPI 上涨了 20%，而整体 CPI 上涨了 14%。这导致食品平均开支在可支配收入中的比重从 9.5%增加到了 10%以上（Volpe，2013）。

生产、加工和运输食品的成本会影响食品的价格和 CPI。降低这些成本就可以降低食品价格及其通货通胀率。图 5-12 显示了 2006～2012 年食品 CPI 相对于整体 CPI 的情况。

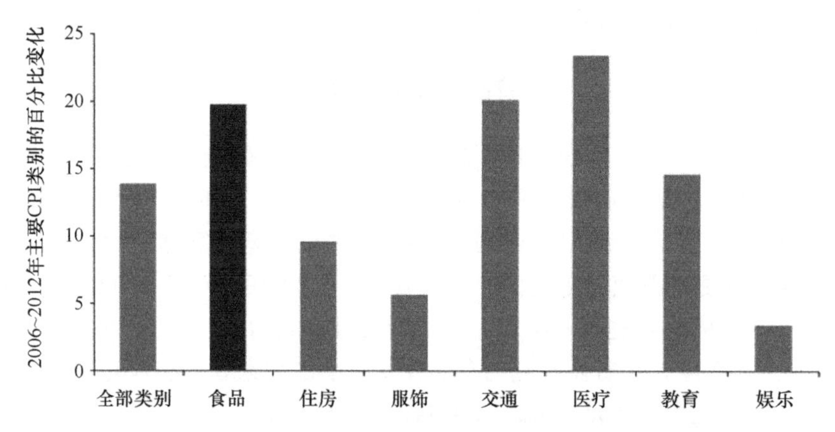

图 5-12　食品的消费者价格指数（彩图请扫封底二维码）

2006～2012 年，食品价格通货膨胀高于物价总体通货膨胀。CPI=消费者价格指数

来源：Volpe，2013

食品保障和供应

大多数美国家庭有食品保障，也就是说，他们有可靠的食品供应渠道。自 2000 年以来，美国农业部通过具有代表性的全国年度调查，监测无食品保障的程度和严重性（Gundersen et al., 2011）。2012 年的调查报告显示（Coleman-Jensen et al., 2013），约 8.8%的家庭（1060 万人）被列为享有较低的食品保障（调查的根据是在食品摄入量未明显减少的前提下，食品的质量、种类或需求下降）（USDA，2014c）。另有 5.7%的家庭（700 万人）的食品保障程度非常低，其中一些家庭成员“因资源有限而被迫缩减食物摄入量，有时正常饮食习惯会被打乱”（Coleman-Jensen et al.，2013，p.v）。有孩子的家庭约 10%被归类为无食品保障群体。2000 年的食品保障情况比现在要好。随着经济衰退的开始，2007～2008 年食品保障情况开始恶化，之后并没有大体好转。2012 年，1.2%有孩子的家庭会在一年中的某段时间面临食品保障的缺失（Coleman-Jensen et al.，2013）。

食品保障的短缺由多个动态因素决定，其中最重要的是收入；收入在联邦贫困线下的家庭中有 40%缺乏食品保障，而收入超过贫困线 185%的家庭中只有 7%是这种情况（Coleman-Jensen et al.，2013）。然而，收入不是唯一的因素：没有流动资产的家庭更有可能缺乏食品保障，收入波动与食品保障也有关系（Gundersen et al.，2011）。无稳定住房也是一个意料之中的影响因素（Ma et al.，2008）。非裔、西班牙裔、年轻人或教育程度较低的人也经常与食品保障短缺挂钩（Gundersen et al.，2011）。经济研究所通过对食品保障数据的进一步分析发现，2001～2012 年，食品保障状况的逐年变化在 92%的程度上是由于 3 个国家层面的经济学指标——失业率、通货膨胀和食品价格的变化（Nord et al.，2014）。

许多研究表明，缺乏食品保障会给儿童、青少年和成年人带来一系列健康和心理社会问题（Gundersen and Kreider，2009；Huang et al.，2010；Kirkpatrick et al.，2010；Nord，2009；Seligman et al.，2007，2010；Whitaker et al.，2006）。缺乏食品保障的儿童更容易患哮喘和认知障碍，并出现行为问题；数学成绩落后；留级的数量可能是正常儿童的两倍，退学的数量可能是正常儿童的三倍（Alaimo et al.，2001）。缺乏食品保障的青少年患抑郁症的可能性是有食品保障青少年的两倍，自杀的可能性是有食品保障青少年的五倍（Alaimo et al.，2002；Ashiabi，2005）。缺乏食品保障的成年人患心脏病、抑郁或焦虑的风险更大（Seligman et al.，2010；Whitaker et al.，2006），并且在食品严重不足的情况下，成年人患糖尿病的可能性是那些从不缺乏食品保障的人的两倍甚至更多（Seligman et al.，2007）。此外，糖尿病患者如果缺乏食品保障，那就更难遵循糖尿病的饮食要求，并且需要更多的医疗协助（Nelson et al.，2001；Seligman et al.，2012）。由于这些个人层面的后果，食品保障的缺乏还会增加教育（例如，如果儿童因为缺乏食品保障而无法正常学习，那就需要更高的教育投入）和医疗的社会成本（Brown et al.，2007）。

有人认为，如果在食品供应的利润超过社会成本的情况下市场仍无法提供充足的食物，那么食品短缺就是市场失灵造成的（Rocha，2007）。食物本身是一种私人商品，但食品保障是一种公共商品，因此政府已经采取措施帮助缓解部分问题。约 60%缺乏食品保障的家庭参加了一个或多个政府营养或食品项目（Feeding America，2014b）。这些项目，如补充营养援助计划（SNAP）、学校午餐计划（SLP）和妇女、婴儿和儿童特别补充营养计划（WIC）有助于改善低收入家庭的食品保障状况，增加生产和加工企业的收入，减少其他公共服务的支出（Kinsey，2013）。2013 年，超过 4700 万人获得了营养补充援助项目的帮助。约 70%的受助对象是有孩子的家庭，25%以上的受助对象是有老年人或残疾人的家庭（CBPP，2014）。同年，主要由劳动适龄人口构成的家庭首次成为资助的对象（Yen，2014）。应当指出，美国补充营养援助计划的乘数效应是相当可观的。考虑到直接和间接影响，如果受助者的零售食品支出达 10 亿美元的话，农业生产环节就可以获得 2.67 亿美元的收入，加工环节可以获得 8700 万美元的收入，并可增加近 3000 个就业机会（Hanson，2010）。

即使有补充营养援助计划的资助，在 2012 年，与规模和组成一致的典型食品充裕的家庭相比，缺乏食品保障的家庭购买的食品仍然少得多（Coleman-Jensen et al.，2013）。这在一定程度上是由于 3 个关键障碍，限制了补充营养援助计划资助低收入家庭以保证良好营养状况的能力：①缺乏准备食物的时间，在许多情况下需要家庭购买附加值多的食品或方便食品；②许多地方食品零售网点有限（如超市和大卖场），较难购得成本合理的营养食品；③不同地区的食品价格差别较大，这意味着高生活成本地区的居民获得的实际资助比低成本地区的少（IOM，2013）。此外，用来计算食品券福利的假设并没有考虑到其他费用（如住房费用）的变化，这些费用在过去几十年大幅增加，导致贫困家庭没有那么多钱去购买充足的食物。

缺乏食品保障的必然结果是有限的食品供应，也就是在离家一定距离的范围内买不到营养、平价的食物。食品供应问题有以下几类：在低收入地区缺乏超市；缺乏到超市或大卖场的交通工具；价格较高、健康食品少的小商店太多（Ver Ploeg et al.，2009）。这种空间上的复合现象在英国被描述为“食物沙漠”，指人们的住处离超市较远并且没有相应的交通工具（Cummins and Macintyre，1999）。来自美国农业部几个下属机构的一大批研究人员和政策分析人员对这个问题进行了研究，结果表明，在许多情况下，“食物沙漠”一词不准确或不适用（Ver Ploeg et al.，2009）。事实上，美国农业部的分析发现，只有一小部分住在低收入地区的低收入家庭不方便去超市或大型杂货店（约占美国总人口的 3%，其中许多人居住在农村地区）。此外，低收入家庭会去食品价格较低的店铺购物。2012 年，82%的补充营养援助计划的优惠是在超市或大型杂货店使用的（CBPP，2014）。最近的研究发现，在美国许多地方，低收入街区和富人区相比有更多的杂货店、超市、24 小时餐馆，以及快餐店和便利店（Lee，2012）。然而，这些研究结果并不意味着低收入地区商店的食品质量和富人区一样高，也没有表明低收入家庭，尤其是特困家庭在采购和准备餐食时没有困难（Ver Ploeg et al.，2009）。

影响食品购买决定的因素

从维系生计的单个家庭到全球层面，消费者都处在食物链的终端，他们的健康和福利使得食品生产在每个社会都处于至关重要的位置。对当代食品系统的文献梳理一番，可以发现消费者对食品系统的需求要素，如降低食用不安全食品导致的疾病风险，丰富的选择余地，平价、美味、便利的食品，能够以不过度损害自然资源的环保方式生产具有文化需求特色的食品和原料，以及体现创新的烹饪趋势。在过去的几十年中，以上这些指标在食品选择的主要决定因素的研究成果（Contento，2010）和国际食品信息理事会基金会每年进行的食品和健康调查反馈中都有所体现（IFIC，2014a）。在最近的一次调查中，针对哪些因素对购买食品和饮料具有显著或重大影响的问题显示，排在第一位的是口味（90%受访者选择这一点），第二是价格（73%），然后是健康卫生（71%）、便利性（51%）和可持续性（38%）（IFIC，2014a）。下面将详细解释这几个影响因素。

口味

人类生来就无法抵抗甜食的诱惑，不喜欢吃具有酸味或苦味的食物。随着时间的推移，人类逐渐发展了对盐和脂肪的喜好（Contento，2010）。然而，这些与生俱来的口味倾向并不具有决定性，人们对某种特定食物的喜好多是后天形成的。随着重复消费，对新食品的偏好会逐渐增强。因此，如果儿童（或成人）经常食用富含糖、脂肪或盐的食物或经常看此类食物的宣传广告，他们也会越来越熟悉并偏好此类原本陌生的食物（Contento，2010）。这些研究成果部分解释了人们对于电视广告给孩子推荐高脂、高糖、高盐垃圾食品的高度关注。2009 年，食品广告公司花费了 18 亿美元，针对 2～17 岁的年轻人投放广告（Powell et al.，2013）。人们往往喜欢吃卡路里含量高的食物，这是一种对食物稀缺状况的适应能力，但是在食物较为充裕的环境下则恰恰相反。许多食品公司正在采取一系列行动，以重新塑造美国人的味蕾，让他们期待并接受含盐、糖较低的食物和饮料，但进展较为缓慢（Kinsey，2013）。营养教育工作者对此已经进行了几十年的努力，但与食品企业相比，他们手上的资源相当有限（Contento，2010）。

价格

食品价格经常变化，其背后的原因多种多样。在 1980～2010 年，食品的整体消费者价格指数远低于碳酸饮料、非酒精饮料和全脂奶的消费者价格指数，水果和蔬菜的消费者价格指数略高，新鲜水果和蔬菜的消费者价格指数则更高（Wendt and Todd，2011）。然而，美国农业部研究人员的一项研究表明，许多主要水果和蔬菜的价格没有出现不成比例的上涨（Kuchler and Stewart，2008）。此外，不论是以重量还是按份计算时，健康食品的成本事实上反而低于较不健康食品，较不健康食品指的是含有较高的饱和脂肪、糖、钠或是不符合膳食指南建议的食品（Carlson and Frazao，2012）。

1938～2007 年价格弹性估计值的总结是对价格指数的补充（Andreyeva et al.，2010）。价格弹性的定义是由产品价格变化 1%而引起的购买数量的百分比变化。几年来，价格弹性高的食品有非家用食品、软饮料、果汁、牛肉猪肉。价格弹性低的食品有动植物油脂、奶酪、糖果、糖、鸡蛋。这表明后者受价格变化的影响较小。

相比于年轻、低收入和女性消费群体，年长、高收入及男性消费者不容易受到价格因素的影响（IFIC，2013）。Just 和 Payne（2009）的研究认为，总体来说，大多数消费者对价格和收入的变化不是很敏感，但是他们往往对脂肪、盐和糖含量较高的食物的价格变化较为敏感，尤其是价格出现下降时。Lowenstein（2013）指出，1980～2000 年，食品的相对价格下跌了近 15%，其中加工食品价格跌幅最大，他指出，若干经济报告将这个时期肥胖人数增加归因于价格变化带来的卡路里摄入量增加。

健康

健康的概念包括营养价值，与微生物污染及农药残留物、毒素等相关的食品安全问题。最近的一次调查显示（IFIC，2014a），健康对于影响食品和饮料购买的重要性在近两年显著增加。与低收入消费者相比，高收入消费者整体来说购买更健康的食物的可能性略高，但所有消费者购买的食品组合都远未达到美国农业部膳食指南的要求（Volpe and Okrent，2012）。妇女和老年消费者在采购食品时会更看重健康因素。

然而大部分消费者所理解的健康因素还仅仅停留在表面水平（Just，2013），因此他们可能选购的很多食品都并非有益于健康。食品生产商和营销人员研究与分析了不同的消费者行为模式，其中包括理智型、情感型和尝试型购买（Shiv and Fedorikhin，1999）。生产商明白消费者会受到多种因素的影响，如产品及其替代和互补的商品的价格、卡路里含量、产品规格、包装的形状和颜色、产品货架位置等。如果愿意，他们也会调整营销策略（Just，2013）。

方便

从 20 世纪 50 年代开始，越来越多的妇女加入劳工队伍，加上其他社会和文化的变迁，都使得人们对方便购买、容易制作的食物的需求不断上升。从那时起，方便食品成为一类必需的食品。方便食品指的是制作简单、储存期长的预制食品。方便食品广受消费者的青睐，因为制作时不需要花费太多的时间精力，而且有的方便食品的价格比自己购买原料在家做饭还要低（Kinsey，2013）。消费者认识到这些食品通常保质期长，适合长途运输或长期储存（Kinsey，2013）。国际食品信息委员会最近的一次调查显示，四分之三的受访者认为加工工艺可以让食品保鲜时间更长，63%的人认为他们受益于现代食品生产和加工技术，排名最靠前的两个益处是食品安全状况的提升和保鲜时间的延长（IFIC，2014a）。

食品生产商也乐于推出方便食品，因为这些产品的利润率很高。例如，在美国盈利居于前十的食品生产类别中，有 6 个是方便/休闲食品：零食，曲奇、饼干、意大利面，巧克力，糖加工，冰淇淋和糖果（Cohen，2013）。这些食物中的大多数含有较高含量的糖、盐、饱和脂肪或总脂肪，或者没有什么营养价值。食品公司通过延伸生产线，升级新包装和推出全新产品来不断扩大方便食品的供应。在 2006～2010 年，每年进入市场的新食品饮料的平均数量为 21 368 个（ERS，2013c）。加工食品和方便食品的畅销意味着食品公司逐渐改造着人们的饮食习惯（Belasco and Scranton，2002）。因为商店中的商品数量如此之多，消费者必须花更多的时间才能做出购买决定（Kinsey，2013）。此外，消费者每天要做出 200 多次与食品相关的决定，并且常常依赖于习惯、正确或错误的观念，从而最终做出不明智的选择（Wansink and Sobal，2007）。

满足便利的需求导致了快餐店的迅速兴起，并且在不同类型的商店和公共场所存在不同形式的食品销售。此外，忙碌的生活也意味着消费者越来越多地将饮食与其他活动结合起来，如工作、驾驶、看电视及使用网络、电子邮件和手机（Kinsey，2013），因此人们也倾向于食用方便及易于食用的食品。这些饮食行为似乎加重了美国的肥胖问题（Harvard School of Public Health，2012）。

便利性对于食品选择的影响愈加显著，一个测算方法就是在家与在外就餐的花费的比例。2012 年，美国家庭用于外出就餐的花费平均占食品支出总额的 49.5%（参照第 2 章，图 2-3，表 2-3）。在最低收入家庭的食品支出（美元）总额中，30%用于外出就餐，70%用于在家吃饭；然而在收入前 20%的家庭中，外出就餐和在家做饭的花费相近。

在 1977～1978 年和 2005～2008 年，因外出就餐而摄取的热量从 18%增加到了 32%（Lin and Guthrie，2012）。此外，与外出就餐相比，在家吃饭的脂肪摄入量则大幅下降。饱和脂肪中热量摄入主要来自于快餐，高于在餐厅、学校和家里就餐（Lin and Guthrie，2012）。

随着餐厅和快餐店的不断发展，从 1965～2008 年，各个社会经济群体准备食物的时间，以及每天在家吃饭而摄取的热量都在减少（Smith et al.，2013）。最大幅度的下降发生在 1965 年和 1992 年，随后则较为平稳，但是很多美国人不知道如何做饭。其他研究表明，用于准备食物的时间长短可能因收入高低的不同而不同。一项研究发现，60%以上的低收入消费者平均每周做 4 次正餐（次数高于中等收入家庭），他们平均一周准备两次烹饪预制食物（Share Our Strength，2012）。

可持续性

缺乏对食品安全和健康（短期和长期）的信任，以及政府表现出其保障能力的不足，导致消费者开始寻求某些具有优势的食品，如有机作业、经过人性化处理的动物和鱼类，以及诸多不同的可持续业务（Kinsey，2013）。声称对可持续性有所了解的消费者的百分比持续上升，许多人表示可持续性对他们来说比较或非常重要（IFIC，2014a）。可持续性中最重要的几个方面包括保护自然栖息地，确保充足平价的全球粮食供应，减少农药使用量（IFIC，2014a）。另一项全国调查（Cone Communications，2014）发现，77%的美国人认为他们的食品购买决定的确把可持续性考虑在内。35%的消费者表示，他们会选购当地生产的食品和饮料。32%的消费者会购买有机食品和饮料，20%的消费者选择购买使用回收或可回收包装的食品饮料，尽管这些产品通常附带着溢价（IFIC，2014b）。

2011 年，78%的美国成年人至少偶尔会购买有机食品，40%的人购买的有机食品较去年有所增加（OTA，2011）。在销售的所有有机食品中，水果和蔬菜约占到了 35%，这些产品的主要优势是新鲜（OTA，2014）。2013 年有机食品销售额为 320 亿美元，相当于国内所有食品销售额的 4%（OTA，2014）。研究表明，与受教育程度较低的消费者相比，受教育程度较高的消费者更有可能购买有机产品，但是其他因素（如种族）对是否购买有机产品并没有一致的影响（Dimitri and Oberholtzer，2009）。例如，非洲裔美国人购买有机食品的可能性较低，但是当他们真的需要购买有机食品时，他们购买的数量往往比白人消费者还多（Stevens-Garmon et al.，2007）。

关于有机农业是否具有可观粮食产量的能力的疑问持续了许多年。然而，大量研究分析对比了全球范围内 300 个有机和非有机生产的案例，结果显示这两种不同生产方法的产量指标相近（Badgley et al.，2007）。然而，最近的综合荟萃分析显示，总体而言，有机产量通常低于常规产量，其差异取决于产地和系统的特征（Seufert et al.，2012）。随着对有机生产及其他替代/可持续食品生产系统的分析的完善，关于这一点的讨论未来还将继续。这一讨论是十分重要的，因为使用有机生产方法与非有机生产方法涉及其他领域的利弊影响，所以值得进一步探讨。例如，选择有机食品会带来生产力的下降，但这有利于健康和环境。这类利弊关系很重要但难以衡量（见第 7 章，附件 4“农业生态系统中的氮元素”）。在欧洲进行的一项多种环境效应的比较研究表明，有机生产和常规生产系统之间确实存在显著差异：有机生产系统的土壤有机质含量较高，能源消耗较低，而常规生产系统在氮浸出、一氧化二氮排放和土地利用程度方面较低。作者还指出，大多数研究表明有机农业对生物多样性的影响较小（Tuomisto et al.，2012）。在非有机生产系统中，使用合成农药以消灭或控制潜在的致病微生物对环境健康构成了大量威胁，在对美国 90%的水体、80%的鱼类、33%的主要含水层的分析中发现，农药的使用造成了水质下降（U.S. Fish and Wildlife Service，2014）。农药的使用也对濒危物种和传粉昆虫产生了不利影响（EPA，2014）。

一些消费者担忧他们所意识到的与当地生产者和企业主的直接社会和经济联系减弱，越来越同质化的食品零售环境及食品生产与运输的透明度缺失。本地食品，虽然没有普遍被接受的定义，在美国份额较小但销量逐渐增加。2008 年，本地食品的销售额为 48 亿美元，占全部初级农产品销售额的 1.9%（Low and Vogel，2011）。大多数销售发生在大都市地区，主要分布在美国东北部和西海岸（Tropp，2014）。大多数本地食品的销售是通过中间商业市场进行的，只有不到 25%来自直接营销，如在农贸市场（Low and Vogel，2011）。大约 75%的消费者每月至少购买一次当地生产的食品，近 90%的消费者认为本地食品非常或比较重要（Tropp，2014）。一些调查显示，采购本地生产食品的动机主要是新鲜/优质，支持当地经济和当地农场，并且消费者清楚地知道产品的来源（Martinez et al.，2010）。

消费者对可持续性的关注给主流食品供应链企业提出了更多的企业社会责任要求。旨在改善社会和环境表现的企业社会责任（可持续性）计划已促使许多食品加工企业和零售商在生产实践中采取了重大（很大程度上意料之外）的改变。零售公司要求供应商提供可持续生产和商业运作的认证，这一决定成为现代美国食品系统变革的最重要的驱动因素之一。

社会和经济效应的复杂性

如本章所述，任何食品系统配置都将产生积极和消极的社会、经济效应，无论选择其中哪一种都会是有得有失，因此需要比较权衡。比较美国食品系统的可选配置也是复杂的，因为不管选择哪一种配置，各类人群和不同的工业部门可能都会因此受到不同的积极或消极的影响。例如，系统中降低工业成本和消费者食品价格的系统效率也有弊端，如导致工作机会的减少和食品行业工人工资的降低。因此，这些复杂性对用于评估效应的方法论有影响，因为分离多重影响因素从而决定综合效应具有挑战性。在这一部分，我们将重点展示若干代表性实例，涉及社会经济维度里的成本和利润分配及其与健康、环境的相互关系。

效应的多样性

不同社会群体间的差异

本章探讨的社会和经济效应会对来自不同社会群体的个体带来差异化的影响。这些差异已经得到了广泛的研究，特别是关于它们对健康的影响（NIH/HHS，2014）。在探索食品系统的社会和经济效应时，要鉴别不同社会人口因素如收入、种族、民族、性别和公民身份等产生的影响，同时必须承认种族、民族与社会经济状态间具有统计相关性（SES，社会经济地位，是衡量教育、收入、职业的一个概念）（LaVeist，2005）。例如，美国黑人和西班牙裔美国人的社会经济地位比美国白人低（LaVeist，2005）。此外，美国人口中的种族居住隔离与健康和经济状况的差异也有关系（White et al.，2012；Williams and Collins，2001）。来自教育，职业、工作条件，收入或其他因素的社会经济效应和差异与人们的居住地息息相关（LaVeist et al.，2011）。因此，在理解与确定食品系统的社会和经济效应时，除了社会因素的混合效应，地理和社区或邻里层面的效应也应重点考虑。由于这些效应是在应用委员会所制定的框架（第 4 章）时衡量的，因此至少必须认识到这些社会和经济复杂性是客观存在的，并在情况允许时利用合适的统计方法加以解释。

食品供应与获取影响的地区及全球性差异

2012 年，美国食品系统生产的热量为平均每人每天 3688cal（Economist Intelligence Unit，2013），而全球每人每天的生产水平约为 2700cal。如上文所提到的，食品供应分布并不均衡（Coleman-Jensen et al.，2013；Economist Intelligence Unit，2013）。食品在全球范围内的易得与平价程度也非常多样化。全世界约有 8.42 亿人面临食品安全问题，但不安全程度因地域而异，其中大多数人居住在发展中国家（FAO，2013）。此外，这些年来各国在这一问题上取得的进展也不同（FAO，2013）。贫困水平与营养不良的普遍程度（FAO，2013）密切相关，这一因素可能会产生不利影响。2012 年由经济学人智库创建的全球食品安全指数（GFSI）是一项从可负担性、易得性和使用（质量安全）这 3 个维度衡量食品安全的指标，具体包含 27 个指标[①]。根据全球食品安全指数（GFSI），不管是从人数还是密集程度来说，亚洲/太平洋和撒哈拉以南的非洲都是食品不安全人口最多的地区（Economist Intelligence Unit，2014）。

食品安全区间的另一端则是发达国家，即美国和大多数欧洲北部国家。在每个国家，指标差异的原因植根于复杂的社会、政治和经济驱动因素，这些因素都导致贫困和食品安全问题。然而，在这种背景下，发达国家做出的与食品有关的干预措施也可能对世界其他地区产生重大的冲击，严重影响其他地区的穷人。例如，2008 年全球粮食危机部分是源于美国的生物燃料政策。食品价格的上涨很大程度上影响了一些国家，如柬埔寨，此国家是一个大米净进口国，其中大多数公民是已经接近贫困线的净购买者（Maltsoglou et al.，2010）。大米价格上涨导致许多柬埔寨人跌至贫困线以下。此外，联合国粮食及农业组织报告显示，食品生产者，特别是小农户比消费者对价格上涨更加敏感。

全球食品安全的另一个指标是食品的质量和安全性。与较贫穷的国家相比，发达国家食品供应多样性和安全性的改善带来了膳食充足性的提升。然而，在发展中国家，微量营养素的获取，蛋白质质量和饮食多样化的问题更为棘手（Economist Intelligence Unit，2013）。最近发表的一篇论文警告说，世界范围内日益增加的饮食相似性对健康和食品安全构成了威胁，因为许多国家，特别是那些欠发达国家，正在放弃种植多种传统作物而推广较为单一的作物（Khoury et al.，2014）。

结构变化对区域经济社会的影响

食品供应链中，企业规模和组织的结构性变化所产生的影响在不同地区不尽相同。总体来说，在应对这一变化的过程中，农村地区处于不利地位，并且相对会更难适应由工业整合、联合和全球化所带来的经济变化。这是因为农村的经济多样化程度较低，不具备城市地区的聚集优势，并且个人雇员或企业主被强有力的竞争者取代后选择的余地

---

① 例如，食品可负担性是通过食物消费占家庭总支出的百分比，生活在贫困线以下的人口比例，人均国内生产总值，农业进口关税，是否存在食品安全保障计划和农民是否能获得融资机会来计算的

有限。事实上，为农村地区提供服务成本更高，而且在一个地区通常很难看到超过一个以上的大型零售连锁店共存的局面，从而导致竞争水平低、供给单一化、许多食品价格偏高的局面出现。

在近期的改变中，不同地区的表现好坏不尽相同。土壤优质、气候条件有利、农业基础设备发展成熟的地区在种植作业整合及高值生产系统集中方面进度更快。那些临近城区市场的区域更有能力充分利用当地和地区食品市场的发展机会。对特定商品有利的趋势将为以此为特产或具有生产竞争优势的地区带来效益。例如，自 2000 年以来，快速发展的玉米乙醇市场可能为玉米产地带来丰厚的利润，但同时也会增加以玉米作为主要饲料源的畜产区域的生产成本，导致盈利能力下降。

社会、经济与环境效应间的相互作用

环境效应与整个食品供应链的盈利能力或效率之间存在着一种此消彼长的关系。美国食品系统为了提供充足的廉价食品，也对环境造成了显著的影响。反过来说，治理因农业生产而产生的相关环境问题也可能会增加消费者的成本并降低生产效率。然而，并非所有环保成效的提高都是以牺牲效率为代价的。例如，更有效地使用养分注入（即更准确地将养分供应与作物需要相匹配）可以降低养分流失到环境中的风险。使用“精准农业”技术可以为生产者节省一些可变投入成本，并可能会减少环境损害，但是这项技术的应用速度比预期要慢。（Schimmelpfennig and Ebel，2011）

因为在美国的大多数地区，农业都是最主要的土地利用形式，所以生产实践和种植模式的变化可能会影响农村居民的生活质量。具有高产出、高效率特征的生产系统（如封闭式农业作业或大规模的单一田间作物生产）会损害农村景观的宜人之处，使得农村地区不适于非农业居民居住。一个影响生产者和消费者的共同的环境问题是水源数量和质量的下降。农场生产和食品制造带来了水源质量和数量的变化，这对小城镇和城市居民可用水的成本与质量有直接影响（请参考第 3 章中关于社会、经济和健康效应之间的相互作用，第 7 章的附件 4 中详细说明了粮食产量和不同氮肥管理方法的环境与健康效应之间的折中平衡）。

社会、经济与健康效应间的相互作用

健康、收入和社会经济地位以多种方式相互关联。总体来说，高收入个体比低收入个体寿命更长，更健康（Deaton and Paxson，2001）。一部分原因是他们在安全方面花费更多（例如，驾驶更新、更大、更安全的汽车；居住环境污染更少、更安全），并且获得了更好的医疗和保险服务。身体健康的个体收入可能更高，因为他们因残疾或疾病而损失的工作天数相对较少，同时医疗花费也更低，但这一影响并不能用于解释收入与健康关系的密切程度（Smith，1999），也不能用于解释出生自高收入父母的孩子通常更健康（Case et al.，2002）。即便是排除收入因素以后，社会经济地位与健康仍然具有相关性（Marmot，2002）。一个原因可能是缺乏日常活动（如地位较低的员工在工作中具有较少的灵活性）的自主性，其所产生的压力会带来不利的健康影响。健康和收入与社会经济地位之间的一些联系也可能与教育相关。研究表明，与教育程度低的个体相比，受过良好教育的个体通常拥有具有较高薪水、更稳定的工作，较低的慢性疾病风险，积极的健康习惯和更长的寿命（RWJF，2013）。

食品系统与社会和经济效应的关联方法

在确定食品系统的社会和经济效应时，需要利用在必要规模上（如国家、区域或地方规模）测得的有效、可靠的数据。然而，当前的一些数据需求和数据空白对于准确测算这些效应提出了挑战。第 7 章就综合探索食品系统效应所需的方法进行了更为透彻的讨论。我们在这里介绍在衡量食品系统的社会和经济效应时应考虑的一些关键的方法性问题。

数据需求，衡量标准和分析方法

在对食品系统不同配置产生的社会和经济效应进行评估并提出相应的干预措施（参见框 5-1 中的干预案例）时，确定评估社会和经济效应的关键指标或衡量标准是十分必要的。框 5-2 中概括的主要类别是这些衡量标准的有据可查的示例。

框 5-1
社会或经济效应的干预案例

政策法规

·《农业法案》(《2014 年农业法案》) 的就业和培训计划，重新分配《农业法案》的投入，强调支持农村社区发展，降低对农场经营的补贴。

·《国家最低工资法》。

·《公平劳动标准法案》，其中包括对最低就业年龄、一天中青年工作时长及他们可能从事的工作做出了限制。

·政府粮食援助项目［如补充营养援助计划（SNAP），妇女、婴儿和儿童特别补充营养计划（WIC）］。

·《营养标签和教育法案》，其中规定营养成分标签须告知消费者包装食品的详细营养成分。

·在 1970 年设立美国职业安全卫生管理局（OSHA），以确保某些部门男女员工的工作安全和健康。

·《移民法》，可能影响在农场和食品系统就业的外国工人的数量与成本。

·《劳动法》，将加强对农场和食品系统工人健康与安全的保护。

·《反垄断监管法规》，确保独立畜牧业经营者能公平参与市场竞争。

·通过《患者保护与平价医疗法案》(ACA) 获得可负担的健康保险。(不适用于非美国公民。）

·美国国家职业安全卫生研究所（NIOSH）战略，以降低农业工人，商业渔民及其家庭成员在工作中受伤和患病的高风险（如加强对化学试剂接触的监管力度）。

·美国国家职业安全卫生研究所国家职业研究议程（NORA）计划，为特定部门工作场所的健康和安全研究确定优先顺序，以更好地指导政策的制定和实施。

自愿项目

·增加对基础设施的公共投资和加强对当地新兴食品加工与销售体制上的支持。

教育努力

·产品包装前标注营养信息，以告知消费者产品的显著优点。

·美国国家职业安全卫生研究所教育研究中心和农业与安全健康中心。

框 5-2

经过筛选的衡量经济社会效应的若干类标准

收入、财富和权益

·总产量（国内生产总值）

·要素生产率

·产业盈利能力

·平均净农业收入

·家庭人均收入和中位收入

·产业集中程度

·职工赔偿

·贫困率

·失业率

生活质量

·工作环境（工作时间、福利、流动率、安全性）

·社区福利

·创业/管理控制（合同、债务、垂直整合）

·性别和种族平等

·经济实力（公民身份、工会化）

·工伤比例（非致命与致命）

食品供应

·食品成本与支出

- 食品安全性
- 食品可获得性
- 食品质量（口味、健康、便利、可持续性）

广泛的食品和农业数据，包括价格、成本、投入、生产水平、收入、粮食易得率和环境效应都是由美国农业部（USDA）统计编制，并由国家农业统计局和经济研究所向公众发布的。消费者食品支出可从美国劳工统计局（BLS）的年度调研报告获取。美国农业部（USDA）的营养政策和促进中心提供食品价格数据库。关于食品生产者的信息可以通过美国农业部（USDA）年度调查和农业普查数据查询获取。农业资源管理调查能够追溯整个农业生产过程，包括影响农业生产力和环境的化学品与机械使用情况。其他联邦机构，包括美国劳工统计局和疾病预防控制中心，也会收集关于整个食品部门工人的职业安全和健康的数据，不过这些数据通常是基于行业层面，而不是具体的职业层面。附录 B 归纳了在哪里可以找到这些关键数据库的信息，以及衡量这些效应的标准。

然而，许多方面的数据还是空白的。现有的国家数据集适用于经济和社会成果的总体估算，如工人总数、部门产出、生产率、利润率，特别是大规模农场。然而由于缺乏数据，很难对小规模农场，或按地区、时间或特定部门进行类似的估算。此外，虽然一些现有的国家数据集按照关键的社会人口统计因素（如种族、民族、性别和入境身份）归纳数据，但是在区域和地方层面往往缺失类似的数据统计。因此，兼顾社会和经济效应的关键社会人口因素，按不同尺度进行分层估测的能力也受到了限制。因此，当关注这些指标时，分析人员常常需要从某一尺度的发现外推，从而得到上述效应的估计。再者，有时连用于推算的数据都不可获得。例如，衡量一些重要社会效应的变量指标，如幸福感和职业流动机会，缺乏有效可靠的数据。对于绝大多数都是农业工人的流动人口或入境移民来说，这些标准甚至更难识别。收入水平，财富和公平分配衡量起来也很困难。这些指标几乎都是个人上报，并且几个数据集中关于这些变量的数据高度缺失，原因是受访者认为这类数据太私密或较为敏感，或者他们可能不清楚自己的收入（Davern et al.，2005）。当出现数据缺失的情况时，重要的是确定数据缺失是否是随机的，以及是否可以正确使用数据填充技术。

现有数据的空白要求我们使用定量方法（如调查）和定性方法（如焦点小组关键信源访谈）收集原始数据。虽然原始数据的收集需要投入大量的人力物力，但这对于填补数据空白，以及提供现有离散二手数据的分析背景都是非常有价值的。例如，2013 年，美国农业部对参加补充营养援助计划的家庭进行了深入访谈，随后公布了该计划的利用情况和整体食品安全情况（USDA，2013）。许多文献资源描述了定性数据的收集和分析，研究者应该在采用这种分析方法之前对数据进行审核（Creswell，2007；Miles and Huberman，1994；Richards and Morse，2012）。

当涉及消费者时，一些数据库中关于追求口味和生活方式偏好的选择自由度的信息也是空白的。然而，许多经济学期刊都已经发表了关于如何评估重要经济原理的方法（Capps and Schmitz，1991；Huang and Haidacher，1983；Nelson，1994；Phillips and Price，

1982；Reed and Levedahl，2010；Reed et al.，2005；Richards and Padilla，2009；Talukdar and Lindsey，2013；Unnevehr et al.，2010）。消费者行为的经济理论认为，一种商品（如食品）的数量会与价格反向变化，并与消费者的收入直接相关。价格和收入是消费者需求模型中的关键变量，通常使用线性和非线性回归技术（一类标准统计工具）进行分析。将需求量作为价格和收入的函数进行建模，同时也考虑其他社会人口因素（如性别、个人或家庭收入）或环境变量。在衡量经济效应时加入这些指标可以更好地回答一个重要的问题：当价格或收入发生 1%的变化时，将带来多少产品数量的百分比变化？需求分析是针对整体市场需求而非个体行为的概念，是分析市场趋势和行为最有用的工具。分析时通常应用时间序列数据集。附录 B 提供了可用的数据、计量标准和方法的详细列表。

虽然价格和收入是有用的变量，但它们并不能完全解释消费者的食品选择。因此，分析人员使用回归技术，通过分析许多其他变量（可能包括或不包括价格和收入因素），来审视食品消费模式和食品选择、购买与销售。这些技术有助于理解存在于不同变量之间的相关程度，如特定营养产品的消费和消费者年龄、性别或住址之间的关系。因为这些模型不是建立在经济理论的基础上，所以并不是严格的需求分析，但它们已经被广泛应用于了解消费者如何选择食品，以及这些选择会如何影响他们的健康和幸福。这些模型的数据通常是通过问卷调查的方法收集的，调查对象包括个体消费者或家庭整体。这些类型的数据有若干缺陷，包括记忆偏差，可能会导致对食物摄入量的低估。

除了传统的消费者需求和消费研究外，一些研究者还应用家庭经济学理论进行了研究，该理论将“时间价值”纳入分析（Andorka，1987；Becker，1965；Deaton and Paxson，1998；Juster and Smith，1997；Kinsey，1983；Whitaker，2009）。这种由 Gary Becker 开拓的分析方法也已被应用于研究食品消费，因为获取食物所需的时间与家庭食物的选择也息息相关。用于分析这些模型的数据几乎都是对个人或家庭选择和行为的调查数据。

最近，行为经济学理论（Just and Wansink，2009；Kahneman and Tversky，1979；List，2004；Riedl，2010；Smith，1985；Umberger and Feuz，2004；Wansink，2006）更好地帮助了人们理解消费者如何选择食品。这是经济学和心理学的结合，通过阐明为什么消费者做出看似不合理的选择，来增强对需求/消费分析的解释力（例如，他们实际做出的选择会与所说的不同，或是选择满足一时之快，但长期看来却有害）。前景理论中涵盖了关于人们如何管控风险和不确定性的研究，有助于解释这种行为。

分析食品需求和食品选择的一个挑战是缺乏能够回答当前许多问题所需的数据。例如，为了确定肥胖的相关因素，需要掌握关于个人食品消费、食品价格、家庭特征及健康习惯和疾病的详细数据。通常情况下，很难在一个数据集中找到以上所有数据。缺乏二手数据在一定程度上促进了实验经济学的发展，研究人员通过拍卖博弈①等技术收集原始数据。

用于理解不同食品系统效应的数据也很匮乏。由于这方面的研究有限，与消费模式、工人和生产有关的社会和经济效应的衡量指标也相对缺乏。当讨论寻找其他食品系统的建议时，这些数据的缺失可能会束缚评估社会和经济效应的能力。

---

① 拍卖博弈指的是参与者对售予出价最高者的商品进行独立竞标

为理解农场和食品市场的动态机制及食品供应链中关键群体的行为而发展和改进的模型，对于评估食品系统变化所产生的社会和经济效应非常重要。食品价格影响食品的获取和选择，因此它们对食品系统意义重大。价格随着供给和需求的变化而变化，特别是在政策、新技术和食品工业结构出现变化时。市场模型模拟供给和需求变化如何反向影响市场化的价格和数量。其中一些模型不仅适用于预测食品价格和数量，而且可能会预测由土地利用变化而导致的温室气体排放。两个模拟国际贸易和市场效应的可计算一般均衡模型分别是全球贸易分析项目（GTAP）与国际农产品贸易政策分析（IMPACT）模型，在附录 B，表 B-4 中均有介绍。森林和农业部门最优化模型（FASOM）（Schneider et al.，2007）是一个可计算部分均衡模型，它模拟的农林部门情况比前面两个模型更加详细，但它没有模拟出世界经济非农业部分的反馈。食品和农业政策研究所负责维护一个专有的计量经济学部分均衡模拟模型，它主要是根据当前政策和市场条件来对未来的价格和市场做出详细的预测（Meyers et al.，2010）。

证据的标准

随机对照试验（RCT）在研究食品系统的社会和经济效应方面作用有限。几乎所有的社会科学研究都使用观察性研究设计，尽管在某些情况下，会运用群体随机试验来探索试验组设置的差异（如学校）。因为观察性甚至准实验研究不只是一种规范，社会科学学者提出了如下问题：如何找到一个项目或干预手段的可靠证据，以及证据的标准应该是什么（Boruch and Rui，2008；Flay et al.，2005）。在过去的两年中，人们已经建立了一些组织来制定覆盖社会科学多学科的证据分级方案，包括标准预防研究委员会和美国教育部工作信息交换中心（Boruch and Rui，2008）。

Campbell 协作网创建于 2000 年，是 Cochrane 协作网的姊妹团体，后者成立于 1993 年，旨在评述回顾有关健康和保健干预措施有效性的研究（Boruch and Rui，2008）。Campbell 协作网则专注于社会科学研究领域的审视。Cochrane 协作网在研究中加入了随机对照试验（RCT），与此不同，Campbell 协作网在其证据标准中对准实验研究给予了充分认可。这为进一步对食品系统相关领域的社会科学文献进行综述提供了机会。目前，关于农民财富、食品安全、土地产权、水资源和环境卫生的作用的证据综述可以在 Campbell 协作网的数据库中查询（Campbell Collaboration，2014）。

改善的机会

由于资金有限，许多有价值和广泛运用的国家数据集正在被淘汰或修改，或面临被淘汰的风险。虽然这些数据集的完整描述和缩减程度不在本节的讨论范围之内，但是囊括评估农业和食品系统重要指标的若干数据集正在萎缩，抽样方法被改变，数据收集间隔变长，所有这些都是节约成本措施的一部分。支持维护这些数据库的原因有几点，包括监测带来的巨大效益。监测数据资料能够帮助监控随时间的变化趋势，确定通知优先级设置的风险与结果变化，制定有针对性的政策和项目并评估干预措施的效果。在号召为维持这些重要的国家数据系统加强投资时，应该强调这些数据对循证决策的价值和必要性。

总　结

作为规模宏大的生物经济的重要组成部分，美国的食品系统产生了积极与消极的社会和经济效应。本章有选择地简要介绍了几种社会和经济效应，这些效应部分来源于食品系统，并由政策背景和响应所介导。这些效应可分为：①收入、财富水平和分配公平；②生活质量；③工人的健康和福利。为了促进干预措施的设计从而尽可能减少负面结果，必须考虑上述重要的效应及其分布与相互作用。例如，具体某项政策对总体经济财富和收入及其分配的影响是什么？对劳动者福利会产生什么影响？对农村社区会产生什么影响？食品系统中的哪些部门会获益，哪些会受损？食品系统中不同部门劳动者的工作条件和就业机会会发生什么变化？消费者食品的成本和供应会受到什么影响？第7章所提出的分析框架旨在确保对上述问题的丰富内涵进行细究。

参考文献

Alaimo, K., C. M. Olson, and E. A. Frongillo. 2001. Food insufficiency and American school-aged children's cognitive, academic, and psychosocial development. *Pediatrics* 108(1):44-53.

Alaimo, K., C. M. Olson, and E. A. Frongillo. 2002. Family food insufficiency, but not low family income, is positively associated with dysthymia and suicide symptoms in adolescents. *Journal of Nutrition* 132(4):719-725.

Alston, J. M., J. M. Beddow, and P. G. Pardey. 2009. Agriculture. Agricultural research, productivity, and food prices in the long run. *Science* 325(5945):1209-1210.

Andorka, R. 1987. Time budgets and their uses. *Annual Review of Sociology* 13:149-164.

Andreyeva, T., M. W. Long, and K. D. Brownell. 2010. The impact of food prices on consumption: A systematic review of research on the price elasticity of demand for food. *American Journal of Public Health* 100(2):216-222.

Artz, G. M. 2012. Immigration and meatpacking in the Midwest. *Choices* 27(2)1-5.

Ashiabi, G. 2005. Household food insecurity and children's school engagement. *Journal of Children and Poverty* 11:1, 3-17.

Badgley, C., J. Moghtader, E. Quintero, E. Zakem, M. J. Chappell, K. Aviles-Vazquez, A. Samulon, and I. Perfecto. 2007. Organic agriculture and the global food supply. *Renewable Agriculture and Food Systems* 22(2):86-108.

Bail, K. M., J. Foster, S. G. Dalmida, U. Kelly, M. Howett, E. P. Ferranti, and J. Wold. 2012. The impact of invisibility on the health of migrant farmworkers in the southeastern United States: A case study from Georgia. *Nursing Research and Practice* 2012:760418.

Banks, V. J. 1986. *Black farmers and their farms.* Rural Development Research Report No. 59. Washington, DC: U.S. Department of Agriculture, Economic Research Service.

Barlett, P. F. 1993. *American dreams, rural realities: Family farms in crisis.* Chapel Hill, NC: University of North Carolina Press.

Becker, G. S. 1965. A theory of the allocation of time. *Economic Journal* 75(299):493-517.

Belasco, W., and P. Scranton. 2002. *Food nations: Selling taste in consumer societies.* New York: Routledge.

BLS (Bureau of Labor Statistics). 2010. Food for thought. *Spotlight on statistics.* November. http://www.bls.gov/spotlight/archive.htm (accessed February 11, 2014).

BLS. 2012. *Consumer expenditure survey. Table 1202. Income before taxes: Annual expenditure means, shares, standard errors, and coefficient of variation*. http://www.bls.gov/cex/2012/combined/income.pdf (accessed November 21, 2014).

BLS. 2013. *Labor force statistics from the Current Population Survey. Table 39: Median weekly earnings of full-time wage and salary workers by detailed occupation and sex*. http://www.bls.gov/cps/cpsaat39.htm (accessed November 24, 2014).

BLS. 2014a. *Consumer expenditure survey. Table 1101. Quintiles of income before taxes: Annual expenditure means, shares, standard errors, and coefficient of variation, Consumer Expenditure Survey, 2012*. http://www.bls.gov/cex/2012/combined/quintile.pdf (accessed November 21, 2014).

BLS. 2014b. *Occupational outlook handbook, 2014-15 edition*. http://www.bls.gov/ooh (accessed February 2, 2014).

BLS. 2014c. Union members–2013. *News Release* USDL-14-0095. http://www.bls.gov/news.release/pdf/union2.pdf (accessed November 21, 2014).

Boruch, R., and N. Rui. 2008. From randomized controlled trials to evidence grading schemes: Current state of evidence-based practice in social sciences. *Journal of Evidence Based Medicine* 1(1):41-49.

Brown, J. L., D. Shepard, T. Martin, and J. Orwat. 2007. *The economic cost of domestic hunger*. Sodexo Foundation. http://www.sodexofoundation.org/newsletter/pdf/economic_cost_of_domestic_hunger.pdf (accessed November 22, 2014).

Calvert, G. M., J. Karnik, L. Mehler, J. Beckman, B. Morrissey, J. Sievert, R. Barrett, M. Lackovic, L. Mabee, A. Schwartz, Y. Mitchell, and S. Moraga-McHaley. 2008. Acute pesticide poisoning among agricultural workers in the United States, 1998-2005. *American Journal of Industrial Medicine* 51(12):883-898.

Campbell Collaboration. 2014. *The Campbell Collaboration library of systematic reviews*. http://www.campbellcollaboration.org/lib (accessed November 22, 2014).

Capps, O., and J. D. Schmitz. 1991. A recognition of health and nutrition factors in food demand analysis. *Western Journal of Agricultural Economics* 16(1):21-35.

Carlson, A., and E. Frazão. 2012. *Are healthy foods really more expensive?: It depends on how you measure the price*. Economic Information Bulletin No. 96. Washington, DC: U.S. Department of Agriculture, Economic Research Service.

Case, A., D. Lubotsky, and C. Paxson. 2002. Economic status and health in childhood: The origins of the gradient. *American Economic Review* 92(5):1308-1334.

CBPP (Center on Budget and Policy Priorities). 2014. *Policy basics: Introduction to SNAP*. http://www.cbpp.org/cms/index.cfm?fa=view&id=2226 (accessed November 15, 2014).

CDC (Centers for Disease Control and Prevention). 2014a. *For food handlers. Norovirus and working with food*. http://www.cdc.gov/norovirus/food-handlers/work-with-food.html (accessed February 11, 2014).

CDC. 2014b. *The National Institute for Occupational Safety and Health (NIOSH)*. http://www.cdc.gov/niosh (accessed February 11, 2014).

CDC. 2014c. *Young worker safety and health*. http://www.cdc.gov/niosh/topics/youth (accessed February 11, 2014).

CDC/NIOSH (CDC/National Institute for Occupational Safety and Health). 2014. *Motor vehicle safety*. http://www.cdc.gov/niosh/topics/motorvehicle (accessed November 22, 2014).

Chung, C., and E. Tostao. 2012. Effects of horizontal consolidation under bilateral imperfect competition between processors and retailers. *Applied Economics* 44(26):3379-3389.

Cochrane, W. W. 1993. *The development of American agriculture: A historical analysis*, 2nd ed. Minneapolis, MN: University of Minnesota Press.

Cohen, J. 2013. *Food industries' healthy margins*. http://www.ibisworld.com/media/wp-content/uploads/2013/05/Food-Industries.pdf (accessed November 22, 2014).

Coleman-Jensen, A., M. Nord, and A. Singh. 2013. *Household food security in the United States in 2012*. Economic Research Report No. ERR-155. Washington, DC: U.S. Department of Agriculture, Economic Research Service.

Cone Communications. 2014. *Food issues trend tracker*. http://www.conecomm.com/2014-food-issues (accessed November 22, 2014).

Contento, I. 2010. *Nutrition education: Linking research, theory, and practice*, 2nd ed. Sudbury, MA: Jones and Bartlett.

Creswell, J. W. 2007. *Qualitative inquiry and research design. Choosing among five approaches*, 2nd ed. Thousand Oaks, CA: Sage Publications, Inc.

Cummins, S., and S. Macintyre. 1999. The location of food stores in urban areas: A case study in Glasgow. *British Food Journal* 101:545-553.

Davern, M., H. Rodin, T. J. Beebe, and K. T. Call. 2005. The effect of income question design in health surveys on family income, poverty and eligibility estimates. *Health Services Research* 40(5):1534-1552.

Deaton, A., and C. Paxson. 1998. Economies of scale, household size, and the demand for food. *Journal of Political Economy* 106(5):897-930.

Deaton, A., and C. Paxson. 2001. Mortality, education, income and inequality among American cohorts. NBER Working Paper No. 7140. In *Themes in the economics of aging*, edited by D. A. Wise. Chicago, IL: University of Chicago Press. Pp. 129-165.

Deller, S. C., T. H. Tsai, D. W. Marcouiller, and D. B. K. English. 2001. The role of amenities and quality of life in rural economic growth. *American Journal of Agricultural Economics* 83(2):352-365.

Dimitri, C., and L. Oberholtzer. 2009. *Marketing U.S. organic foods: Recent trends from farms to consumers*. Economic Information Bulletin No. EIB-58. Washington, DC: U.S. Department of Agriculture, Economic Research Service.

Drabenstott, M. 2000. A new structure for agriculture: A revolution for rural America. *Journal of Agribusiness* 18(1):61-70.

Economist Intelligence Unit. 2013. *Global food security index 2013: An annual measure of the state of global food security*. http://foodsecurityindex.eiu.com/Resources (accessed November 18, 2014).

Economist Intelligence Unit. 2014. *Global food security index*. http://foodsecurityindex.eiu.com/ (accessed November 18, 2014).

Edmonson, W. 2004. Economics of the food and fiber system. *Amber Waves*. http://www.ers.usda.gov/amber-waves/2004-february/data-feature.aspx#.VFjiC8lNc3g (accessed November 22, 2014).

EPA (U.S. Environmental Protection Agency). 2014. *Protecting bees and other pollinators from pesticides*. http://www2.epa.gov/pollinator-protection (accessed November 22, 2014).

ERS (Economic Research Service). 1996. *Farmers' use of marketing and production contracts*. Agricultural Economic Report No. (AER-747). http://www.ers.usda.gov/publications/aer-agricultural-economic-report/aer747.aspx (accessed January 6, 2015).

ERS. 2013a. *Ag and food statistics: Charting the essentials*. http://www.ers.usda.gov/publications/ap-administrative-publication/ap062.aspx#.UvoOoPvwv3s (accessed February 11, 2014).

ERS. 2013b. *Farm labor*. Background. http://www.ers.usda.gov/topics/farm-economy/farm-labor/background.aspx#.VEfDWxbYetM (accessed October 22, 2014).

ERS. 2013c. *New products*. http://www.ers.usda.gov/topics/food-markets-prices/processing-marketing/new-products.aspx (accessed November 22, 2014).

ERS. 2014a. *Agricultural productivity in the U.S. Overview*. http://www.ers.usda.gov/data-products/agricultural-productivity-in-the-us.aspx#.U_-SjWPkpQB (accessed November 24, 2014).

ERS. 2014b. *Farm household income (historical)*. http://www.ers.usda.gov/topics/farm-economy/farm-household-well-being/farm-household-income-%28historical%29.aspx#.Uvl3pPvcjTp (accessed February 10, 2014).

ERS. 2014c. Food and beverage manufacturing. http://www.ers.usda.gov/topics/food-markets-prices/processing-marketing/manufacturing.aspx#.VEcFNEtd09c (accessed November 4, 2014).

ERS. 2014d. *Food expenditures*. http://www.ers.usda.gov/data-products/food-expenditures.aspx (accessed November 24, 2014).

ERS. 2014e. *Indicator table*. March 14, 2014. http://www.ers.usda.gov/amber-waves/2014-march/indicator-table.aspx#.VFjoypV0y71 (accessed November 4, 2014).

ERS. 2014f. *Manufacturing*. http://www.ers.usda.gov/topics/food-markets-prices/processing-marketing/manufacturing.aspx#.Uvowa_vwv3t (accessed February 11, 2014).

ERS. 2014g. *Market segments*. http://www.ers.usda.gov/topics/food-markets-prices/food-service-industry/market-segments.aspx#.Uvo36_vwv3t (accessed February 11, 2014).

ERS. 2014h. *Policy issues*. http://www.ers.usda.gov will/topics/food-markets-prices/retailing-wholesaling/policy-issues.aspx#.UvowI_vwv3t (accessed February 11, 2014).

ERS. 2014i. *U.S. and state farm income and wealth statistics*. http://ers.usda.gov/data-products/farm-income-and-wealth-statistics.aspx#.Uvl1r_vcjTo (accessed February 10, 2014).

ERS. 2014j. *Wealth, farm programs, and health insurance*. http://www.ers.usda.gov/topics/farm-economy/farm-household-well-being/wealth,-farm-programs,-and-health-insurance.aspx#.Uvl7ZPvcjTp (accessed February 10, 2014).

FAO (Food and Agriculture Organization of the United Nations). 2013. *The state of food insecurity in the world 2013. The multiple dimensions of food security*. Rome, Italy: FAO.

Farmworker Justice. 2009. *State workers' compensation coverage for agricultural workers*. http://www.farmworkerjustice.org/sites/default/files/documents/6.3.a.1State_Workers_Comp_Information_for_Health_Centers_11-09.pdf (accessed February 10, 2014).

FCWA (Food Chain Workers Alliance). 2012. *The hands that feed us: Challenges and opportunities for workers along the food chain*. Los Angeles, CA: FCWA.

Feeding America. 2013. *Solving hunger together. 2013 annual report summary*. http://www.feedingamerica.org/our-response/about-us/annual-report (accessed October 28, 2014).

Feeding America. 2014a. *About us*. http://feedingamerica.org/how-we-fight-hunger/about-us.aspx (accessed November 23, 2014).

Feeding America. 2014b. *Hunger and poverty fact sheet*. http://www.feedingamerica.org/hunger-in-america/impact-of-hunger/hunger-and-poverty/hunger-and-poverty-fact-sheet.html (accessed November 23, 2014).

Fernandez-Cornejo, J. 2007. *Off-farm income, technology adaptation, and farm income performance*. Economic Research Report No. ERR-36. Washington, DC: U.S. Department of Agriculture, Economic Research Service.

Findeis, J. L., A. M. Vandeman, J. M. Larson, and J. L. Runyan. 2002. *The dynamics of hired farm labour: Constraints and community responses*. New York: CABI Publishing.

Flay, B. R., A. Biglan, R. F. Boruch, F. G. Castro, D. Gottfredson, S. Kellam, E. K. Moscicki, S. Schinke, J. C. Valentine, and P. Ji. 2005. Standards of evidence: Criteria for efficacy, effectiveness and dissemination. *Prevention Science* 6(3):151-175.

Flora, C. B. 1995. Social capital and sustainability: Agriculture and communities in the Great Plains and Corn Belt. *Research in Rural Sociology and Development* 6(6):227-246.

FMI (Food Marketing Institute). 2013. *Grocery store chains net profit—Percent of sales*. http://www.fmi.org/docs/default-source/facts-figures/grocery-store-chains-net-profit_2013.

pdf?sfvrsn=2 (accessed November 23, 2014).

Foltz, J., and K. Zeuli. 2005. The role of community and farm characteristics in farm input purchasing patterns. *Review of Agricultural Economics* 27(4):508-525.

Foltz, J. D., D. Jackson-Smith, and L. Chen. 2002. Do purchasing patterns differ between large and small dairy farms? Econometric evidence from three Wisconsin communities? *Agricultural and Resource Economics Review* 31(1):28-38.

Fortune magazine. 2014. *2014 top U.S. companies (Fortune 500 and 100 best companies to work for).* http://money.cnn.com/magazines/fortune/fortune500/2013/full_list/index.html?iid=F500_sp_full (accessed November 23, 2014).

Fraser, C. E., K. B. Smith, F. Judd, J. S. Humphreys, L. J. Fragar, and A. Henderson. 2005. Farming and mental health problems and mental illness. *International Journal of Social Psychiatry* 51(4):340-349.

Free Library, The. 2014. *Ergonomics in the warehouse.* http://www.thefreelibrary.com/Ergonomics+in+the+warehouse%3a+warehouse+workers+face+the+highest+rates...-a092082589 (accessed February 11, 2014).

Freire, C., and S. Koifman. 2013. Pesticides, depression and suicide: A systematic review of the epidemiological evidence. *International Journal of Hygiene and Environmental Health* 216(4):445-460.

Fuglie, K., and P. Heisey. 2007. *Economic returns to public agricultural research.* Economic Brief No. EB-10. Washington, DC: U.S. Department of Agriculture, Economic Research Service.

Fuglie, K., P. Heisey, J. King, and D. Schimmelfennig. 2012. Rising concentration in agricultural input industries influences new farm technologies. *Amber Waves* 10(4):1-6.

Gardner, B. L. 2002. *American agriculture in the twentieth century: How it flourished and what it cost.* Cambridge, MA: Harvard University Press.

Gasson, R., and A. J. Errington. 1993. *The farm family business.* Wallingford, UK: CAB International.

Geiser, K., and B. J. Rosenberg. 2006. The social context of occupational and environmental health. In *Occupational and environmental health: Recognizing and preventing disease and injury*, edited by B. S. Levy, D. H. Wegman, S. L. Baron, and R. K. Sokas. Philadelphia, PA: Lippincott Williams & Wilkins. Pp. 21-39.

Goldschmidt, W. 1978. *As you sow: Three studies in the social consequences of agribusiness.* Montclair, NJ: Allanheld, Osmun, and Co.

Gundersen, C., and B. Kreider. 2009. Bounding the effects of food insecurity on children's health outcomes. *Journal of Health Economics* 28:971-983.

Gundersen, C., B. Kreider, and J. Pepper. 2011. The economics of food insecurity in the United States. *Applied Economic Perspectives and Policy* 33(3):281-303.

Hall, M., and E. Greenman. 2014. The occupational cost of being illegal in the United States: Legal status, job hazards, and compensating differentials. *International Migration Review.* http://onlinelibrary.wiley.com/doi/10.1111/imre.12090/pdf (accessed November 23, 2014).

Hanson, K. 2010. *The Food Assistance National Input-Output Multiplier (FANIOM) model and the stimulus effects of SNAP.* Economic Research Report No. ERR-103. Washington, DC: U.S. Department of Agriculture, Economic Research Service.

Harvard School of Public Health. 2012. *TV watching and "Sit Time."* http://www.hsph.harvard.edu/obesity-prevention-source/obesity-causes/television-and-sedentary-behavior-and-obesity (accessed November 24, 2014).

Henderson, R. 2012. Industry employment and output projections to 2020. *Monthly Labor Review* 135(1):65-83.

HHS (U.S. Department of Health and Human Services). 2014. *Poverty guidelines*. http://aspe.hhs.gov/poverty/14poverty.cfm (accessed March 6, 2014).

Hoppe, R. A., and P. Korb. 2013. *Characteristics of women farm operators and their farms*. Economic Information Bulletin No. 111. Washington, DC: U.S. Department of Agriculture, Economic Research Service.

Hoppe, R., J. MacDonald, and P. Korb. 2010. *Small farms in the United States: Persistence under pressure*. Economic Information Bulletin No. EIB-63. Washington, DC: U.S. Department of Agriculture, Economic Research Service.

HRSA (Health Resources and Services Administration). 2014. *HPSA designation criteria*. http://bhpr.hrsa.gov/shortage/hpsas/designationcriteria/designationcriteria.html (accessed February 10, 2014).

Huang, J., K. M. Mata Oshima, and Y. Kim. 2010. Does household food insecurity affect parenting and children's behaviors? Evidence from the Panel Study of Income Dynamics (PSID). *Social Service Review* 84(3):381-401.

Huang, K. S., and R. C. Haidacher. 1983. Estimation of a composite food demand system for the United States. *Journal of Business and Economic Statistics* 1(4):285-291.

IFIC (International Food Information Council Foundation). 2013. *2013 Food and Health Survey. Consumer attitudes toward food safety, nutrition and health*. http://www.foodinsight.org/articles/2013-food-and-health-survey (accessed November 24, 2014).

IFIC. 2014a. *2014 Food and Health Survey. Consumer attitudes toward food safety, nutrition and health*. http://www.foodinsight.org/articles/2014-food-and-health-survey (accessed November 24, 2014).

IFIC. 2014b. *2014 IFIC consumer perceptions of Food Technology Survey*. http://www.foodinsight.org/2014-foodtechsurvey (accessed November 24, 2014).

IOM (Institute of Medicine). 2013. *Supplemental Nutrition Assistance Program: Examining the evidence to define benefit adequacy*. Washington, DC: The National Academies Press.

Isserman, A. M., E. Feser, and D. E. Warren. 2009. Why some rural places prosper and others do not. *International Regional Science Review* 32(3):300-342.

Jones, C., T. Parker, M. Ahearn, A. Mishra, and J. Variyam. 2009a. *Health status and health-care access of farm and rural populations*. Economic Information Bulletin No. EIB-57. Washington, DC: U.S. Department of Agriculture, Economic Research Service.

Jones, C., T. Parker, and M. Ahearn. 2009b. Taking the pulse of rural health care. *Amber Waves* September 1.

Just, D. 2013. Consumer preferences and marketing as drivers of the food system. Paper presented at the Institute of Medicine/National Research Council Committee on a Framework for Assessing the Health, Environmental, and Social Effects of the Food System Meeting, Washington, DC, September 16.

Just, D. R., and C. R. Payne. 2009. Obesity: Can behavioral economics help? *Annals of Behavioral Medicine* 38(Suppl 1):S47-S55.

Just, D. R., and B. Wansink. 2009. Smarter lunchrooms: Using behavioral economics to improve meal selection. *Choices* 24(3):1-7.

Juster, F. T., and J. P. Smith. 1997. Improving the quality of economic data: Lessons from the HRS and AHEAD. *Journal of the American Statistical Association* 92(440):1268-1278.

Kahneman, D., and A. Tversky. 1979. Prospect theory—Analysis of decision under risk. *Econometrica* 47(2):263-291.

Kandel, W. 2008. *Profile of hired farmworkers. A 2008 update*. Economic Research Report No. ERR-60. Washington, DC: U.S. Department of Agriculture, Economic Research Service.

Kelly, M., H. Lang, G. Bhandal, and C. Electris. 2012. *Worker and social equity in food and* agriculture. Practices at the 100 largest and most influential U.S. companies.* Boston, MA: Tellus Institute and Sustainalytics.

Key, N., and W. D. McBride. 2007. *The changing economics of U.S. hog production.* Economic Research Report ERR-52. Washington, DC: U.S. Department of Agriculture, Economic Research Service.

Khoury, C. K., A. D. Bjorkman, H. Dempewolf, J. Ramirez-Villegas, L. Guarino, A. Jarvis, L. H. Rieseberg, and P. C. Struik. 2014. Increasing homogeneity in global food supplies and the implications for food security. *Proceedings of the National Academy of Sciences of the United States of America* 111(11):4001-4006.

Kilkenny, M. 2010. Urban/regional economics and rural development. *Journal of Regional Science* 50(1):449-470.

King, R. P., M. Anderson, G. DiGiacomo, D. Mulla, and D. Wallinga. 2012. *State level food system indicators.* http://foodindustrycenter.umn.edu/Research/foodsystemindicators/index.htm (accessed November 24, 2014).

Kinsey, J. 1983. Working wives and the marginal propensity to consume food away from home. *American Journal of Agricultural Economics* 65(1):10-19.

Kinsey, J. 2013. Expectations and realities of the food system. In *U.S. programs affecting food and agricultural marketing*, edited by W. J. Armbruster and R. Knutson. New York: Springer Science + Business Media. Pp. 11-42.

Kirkpatrick, S., L. McIntyre, and M. L. Potestio. 2010. Child hunger and long-term adverse consequences for health. *Archives of Pediatric and Adolescent Medicine* 164(8):754-762.

Kuchler, F., and H. Stewart. 2008. *Price trends are similar for fruits, vegetables, and snack foods.* Economic Research Report No. ERR-55. Washington, DC: U.S. Department of Agriculture, Economic Research Service.

Kuhn, M. E. 2014. Salaries back on track. *Food Technology* 68(2):22-30.

Labao, L., and C.W. Stofferahn. 2008. The community effects of industrialized farming: Social science research and challenges to corporate farming laws. *Agriculture and Human Values* 25:219-240.

Lambert, D., T. Wojan, and P. Sullivan. 2009. Farm business and household expenditure patterns and local communities: Evidence from a national farm survey. *Review of Agricultural Economics* 31(3):604-626.

LaVeist, T. A. 2005. Disentangling race and socioeconomic status: A key to understanding health inequalities. *Journal of Urban Health* 82(2 Suppl 3):iii26-iii34.

LaVeist, T., K. Pollack, R. Thorpe, Jr., R. Fesahazion, and D. Gaskin. 2011. Place, not race: Disparities dissipate in southwest Baltimore when Blacks and whites live under similar conditions. *Health Affairs (Millwood)* 30(10):1880-1887.

Lawrence, J. D. 2010. Hog marketing practices and competition. *Choices* 25(2):1-11.

Lee, H. 2012. The role of local food availability in explaining obesity risk among young school-aged children. *Social Science and Medicine* 74(8):1-11.

Leonard, C. 2014. *The meat racket.* New York: Simon & Schuster.

Lin, B.-H., and J. Guthrie. 2012. *Nutritional quality of food prepared at home and away from home, 1977-2008.* Economic Information Bulletin No. EIB-105. Washington, DC: U.S. Department of Agriculture, Economic Research Service.

List, J. A. 2004. Neoclassical theory versus prospect theory: Evidence from the marketplace. *Econometrica* 72(2):615-625.

Liu, Y. Y. 2012. *Good food + good jobs for all. Challenges and opportunities to advance racial and economic equity in the food system.* New York: Applied Research Center.

Low, S. A., and S. Vogel. 2011. *Direct and intermediated marketing of local foods in the United States.* Economic Research Report No. ERR-128. Washington, DC: U.S. Department of Agriculture, Economic Research Service.

Lowenstein, G. 2013. Behavioral economics: Implications for the food environment and choices. In *Sustainable diets: Food for healthy people in a healthy planet: Workshop summary*. Washington, DC: The National Academies Press. Pp. 108-116.

Ludwig, D. S., and H. A. Pollack. 2009. Obesity and the economy: From crisis to opportunity. *Journal of the American Medical Association* 301(5):533-535.

Lyson, T. 2004. *Civic agriculture: Reconnecting farm, food, and community*. Medford, MA: Tufts University Press.

Ma, C. T., L. Gee, and M. B. Kushel. 2008. Associations between housing instability and food insecurity with health care access in low-income children. *Ambulatory Pediatrics* 8(1):50-57.

MacDonald, J. M. 2008. *The economic organization of U.S. broiler production*. Economic Information Bulletin No. EIB-38. Washington, DC: U.S. Department of Agriculture, Economic Research Service.

MacDonald, J. M., and P. Korb. 2008. *Agricultural contracting update, 2005*. Economic Information Bulletin No. EIB-35. Washington, DC: U.S. Department of Agriculture, Economic Research Service.

MacDonald, J. M., and P. Korb. 2011. *Agricultural contracting update: Contracts in 2008*. Economic Information Bulletin No. EIB-72. Washington, DC: U.S. Department of Agriculture, Economic Research Service.

MacDonald, J. M., and W. D. McBride. 2009. *The transformation of U.S. livestock agriculture: Scale, efficiency, and risks*. Economic Information Bulletin No. EIB-43. Washington, DC: U.S. Department of Agriculture, Economic Research Service.

Maltsoglou, I., D. Dawe, and L. Tasciotti. 2010. *Household level impacts of increasing food prices in Cambodia*. Rome, Italy: The Bioenergy and Food Security Project, FAO.

Marion, B. W. 1986. *The organization and performance of the U.S. food system*. Lexington, MA: D.C. Heath.

Marion, B., and F. E. Geithman. 1995. Concentration-price relations in regional fed cattle markets. *Review of Industrial Organization* 10:1-19.

Marmot, M. 2002. The influence of income on health: Views of an epidemiologist. *Health Affairs* 21(2):31-46.

Martin, P. 2009. *Importing poverty?: Immigration and the changing face of rural America*. New Haven, CT: Yale University Press.

Martin, P. 2013. Immigration and farm labor: Policy options and consequences. *American Journal of Agricultural Economics* 95(2):470-475.

Martin, P., and D. Jackson-Smith. 2013. Immigration and farm labor in the U.S. *National Agricultural and Rural Development Policy Center Policy Brief* 4. http://www.nardep.info/uploads/Brief_FarmWorker.pdf (accessed November 24, 2014).

Martinez, S., M. S. Hand, M. Da Pra, S. Pollack, K. Ralston, T. Smith, S. Vogel, S. Clark, L. Tauer, L. Lohr, S. A. Low, and C. Newman. 2010. *Local food systems: Concepts, impacts, and issues*. Economic Research Report No. ERR-97. Washington, DC: U.S. Department of Agriculture, Economic Research Service.

McCurdy, S. A., and D. J. Carroll. 2000. Agricultural injury. *American Journal of Industrial Medicine* 38(4):463-480.

McEowen, R. A., P. C. Carstensen, and N. E. Harl. 2002. The 2002 Senate farm bill: The ban on packer ownership of livestock. *Drake Journal of Agricultural Law* 7:267-304.

McGranahan, D., and P. Sullivan. 2005. Farm programs, natural amenities and rural development. *Amber Waves*. http://www.ers.usda.gov/amber-waves/2005-february/farm-programs,-natural-amenities,-and-rural-development.aspx#.VKvZCXtWeT9 (accessed

January 6, 2015).

Meyers, W. H., P. Westhoff, J. F. Fabiosa, and D. J. Hayes. 2010. The FAPRI global modeling system and outlook process. *Journal of International Agricultural Trade and Development* 6(1):1-20.

Miles, M. B., and A. M. Huberman. 1994. *Qualitative data analysis: An expanded sourcebook*, 2nd ed. Thousand Oaks, CA: Sage Publications, Inc.

Murray, C. J., S. C. Kulkarni, C. Michaud, N. Tomijima, M. T. Bulzacchelli, T. J. Iandiorio, and M. Ezzati. 2006. Eight Americas: Investigating mortality disparities across races, counties, and race-counties in the United States. *PLoS Medicine* 3(9):1513-1524.

Myers, R. J., R. J. Sexton, and W. G. Tomek. 2010. A century of research on agricultural markets. *American Journal of Agricultural Economics* 92(2):376-402.

NCFH (National Center for Farmworker Health). 2012. *Facts about farmworkers.* http://www.ncfh.org/docs/fs-Facts%20about%20Farmworkers.pdf (accessed November 24, 2014).

Nelson, J. A. 1994. Estimation of food demand elasticities using Hicksian composite commodity assumptions. *Quarterly Journal of Business and Economics* 33(3):51-68.

Nelson, K., W. Cunningham, R. Andersen, G. Harrison, and L. Gelberg. 2001. Is food insufficiency associated with health status and health care utilization among adults with diabetes? *Journal of General Internal Medicine* 16:404-411.

NIH/EPA/NIOSH (National Institutes of Health/Environmental Protection Agency/National Institute for Occupational Safety and Health). 2014. *Agricultural health study.* http://aghealth.nih.gov (accessed November 24, 2014).

NIH/HHS. 2014. *NIH health disparities strategic plan and budget, fiscal years 2009-2013.* http://www.nimhd.nih.gov/documents/NIH%20Health%20Disparities%20Strategic%20Plan%20and%20Budget%202009-2013.pdf (accessed April 30, 2014).

NILC (National Immigration Law Center). 2014. *Affordable Care Act.* http://www.nilc.org/immigrantshcr.html (accessed February 10, 2014).

NIOSH. 2010. *Worker safety on the farm.* DHHS (NIOSH) Publication No. 2010-137. http://www.cdc.gov/niosh/docs/2010-137 (accessed January 5, 2015).

NIOSH. 2011. *NIOSH pesticide poisoning monitoring program protects farmworkers.* DHHS (NIOSH) Publication No. 2012-108. http://www.cdc.gov/niosh/docs/2012-108 (accessed January 5, 2015).

NIOSH. 2014. *Commercial fishing safety.* http://www.cdc.gov/niosh/topics/fishing (accessed October 25, 2014).

Nord, M. 2009. *Food insecurity in households with children: Prevalence, severity, and household characteristics.* Economic Information Bulletin No. EIB-56. Washington, DC: U.S. Department of Agriculture, Economic Research Service.

Nord, M., A. Coleman-Jensen, and C. Gregory. 2014. *Prevalence of U.S. food insecurity is related to changes in unemployment, inflation, and the price of food.* Economic Research Report No. ERR-167. Washington, DC: U.S. Department of Agriculture, Economic Research Service.

O'Donoghue, E. J., R. A. Hoppe, D. E. Banker, R. Ebel, K. Fuglie, P. Korb, M. Livingston, C. J. Nickerson, and C. Sandretto. 2011. *The changing organization of U.S. farming.* Economic Information Bulletin No. EIB-88. Washington, DC: U.S. Department of Agriculture, Economic Research Service.

OSHA (Occupational Safety and Health Administration). 2014. *Meat packing industry.* https://www.osha.gov/SLTC/meatpacking/index.html (accessed February 11, 2014).

OTA (Organic Trade Association). 2011. *Seventy-eight percent of U.S. families say they purchase organic food.* http://www.organicnewsroom.com/2011/11/seventyeight_

percent_of_us_fam.html (accessed November 24, 2014).

OTA. 2014. *American appetite for organic products breaks through $35 billion mark*. http://www.organicnewsroom.com/2014/05/american_appetite_for_organic.html (accessed November 24, 2014).

Pena, A. A. 2010. Poverty, legal status, and pay basis: The case of U.S. agriculture. *Industrial Relations* 49(3):429-456.

Phillips, K. S., and D. W. Price. 1982. A comparative theoretical analysis of the impact of the Food Stamp Program as opposed to cash transfers on the demand for food. *Western Journal of Agricultural Economics* 7(1):53-66.

Powell, L., J. Harris, and T. Fox. 2013. Food marketing expenditures aimed at youth. *American Journal of Preventive Medicine* 45(4):453-461.

Probst, J. C., S. B. Laditka, J. Y. Wang, and A. O. Johnson. 2007. Effects of residence and race on burden of travel for care: Cross sectional analysis of the 2001 U.S. National Household Travel Survey. *BMC Health Services Research* 7:40-53.

Reardon, T., and C. P. Timmer. 2012. The economics of the food system revolution. *Annual Review of Resource Economics* 4:224-263.

Reed, A. J., and J. W. Levedahl. 2010. Food Stamps and the market demand for food. *American Journal of Agricultural Economics* 92(5):1392-1400.

Reed, A. J., J. W. Levedahl, and C. Hallahan. 2005. The generalized composite commodity theorem and food demand estimation. *American Journal of Agricultural Economics* 87(1):28-37.

Reinhardt, N., and P. Barlett. 1989. The persistence of family farms in United States agriculture. *Sociologia Ruralis* 29(3-4):203-225.

Richards, L., and J. Morse. 2012. *README FIRST for a user's guide to qualitative research*, 3rd ed. Thousand Oaks, CA: Sage Publications, Inc.

Richards, T. J., and L. Padilla. 2009. Promotion and fast food demand. *American Journal of Agricultural Economics* 91(1):168-183.

Riedl, A. 2010. Behavioral and experimental economics do inform public policy. *Finanzarchiv* 66(1):65-95.

Roberts, S. E., B. Jaremin, and K. Lloyd. 2013. High-risk occupations for suicide. *Psychological Medicine* 43(6):1231-1240.

Rocha, C. 2007. Food insecurity as market failure: A contribution from economics. *Journal of Hunger and Environmental Nutrition* 1(4):5-22.

RWJF (Robert Wood Johnson Foundation). 2013. *Why does education matter so much to health?* http://www.rwjf.org/content/dam/farm/reports/issue_briefs/2012/rwjf403347 (accessed November 24, 2014).

Santelmann, M. V., D. White, K. Freemark, J. I. Nassauer, J. M. Eilers, K. B. Vache, B. J. Danielson, R. C. Corry, M. E. Clark, S. Polasky, R. M. Cruse, J. Sifneos, H. Rustigian, C. Coiner, J. Wu, and D. Debinski. 2004. Assessing alternative futures for agriculture in Iowa, USA. *Landscape Ecology* 19(4):357-374.

Schimmelpfennig, D., and R. Ebel. 2011. *On the doorstep of the information age*. Economic Information Bulletin No. EIB-80. Washington, DC: U.S. Department of Agriculture, Economic Research Service.

Schneider, U. A., B. A. McCarl, and E. Schmid. 2007. Agricultural sector analysis on greenhouse gas mitigation in U.S. agriculture and forestry. *Agricultural Systems* 94(2):128-140.

Schnepf, R. 2013. *Farm-to-food price dynamics*. Washington, DC: Congressional Research Service.

Seattle Global Justice. 2014. *United States farmworker fact sheet*. http://www.seattleglobaljustice.org/wp-content/uploads/fwfactsheet.pdf (accessed November 24, 2014).

Seligman, H. K., A. B. Bindman, E. Vittinghoff, A. M. Kanaya, and M. B. Kushel. 2007. Food insecurity is associated with diabetes mellitus: Results from the National Health and Nutrition Examination Survey (NHANES) 1999-2002. *Journal of General Internal Medicine* 22(7):1018-1023.

Seligman, H. K., B. A. Laraia, and M. B. Kushel. 2010. Food insecurity is associated with chronic disease among low-income NHANES participants. *Journal of Nutrition* 140(2):304-310.

Seligman, H. K., E. A. Jacobs, A. Lopez, J. Tschann, and A. Fernandez. 2012. Food insecurity and glycemic control among low-income patients with type 2 diabetes. *Diabetes Care* 35(2):233-238.

Seufert, V., N. Ramankutty, and J. Foley. 2012. Comparing the yields of organic and conventional agriculture. *Nature* 458:229-232.

Sexton, R. J. 2000. Industrialization and consolidation in the U.S. food sector: Implications for competition and welfare. *American Journal of Agricultural Economics* 82(5):1087-1104.

Sexton, R. J. 2013. Market power, misconceptions, and modern agricultural markets. *American Journal of Agricultural Economics* 95(2):209-219.

Sfiligoj, E. 2012. *Ag retail consolidation trending up*. http://www.croplife.com/special-reports/state-of-the-industry/ag-retail-consolidation-trending-up (accessed November 24, 2014).

Share Our Strength. 2012. *It's dinner time: A report on low income families efforts to plan, shop and cook healthy meals*. http://www.nokidhungry.org/cmstudy (accessed November 24, 2014).

Shiv, B., and A. Fedorikhin. 1999. Heart and mind in conflict: The interplay of affect and cognition in consumer decision making. *Journal of Consumer Research* 26:278-292.

Smith, J. P. 1999. Healthy bodies and thick wallets: The dual relationship between health and socioeconomic status. *Journal of Economic Perspectives* 13(2):145-166.

Smith, L. P., S. W. Ng, and B. M. Popkin. 2013. Trends in U.S. home food preparation and consumption: Analysis of national nutrition surveys and time use studies from 1965-1966 to 2007-2008. *Nutrition Journal* 12:45.

Smith, V. L. 1985. Experimental economics—Reply. *American Economic Review* 75(1):265-272.

Sommers, D., and J. C. Franklin. 2012. Overview of projections to 2020. *Monthly Labor Review* 135(1):3-20.

Stevens-Garmon, J., C. L. Huang, and B.-H. Lin. 2007. Organic demand: A profile of consumers in the fresh produce market. *Choices* 22(2):109-116.

Stofferahn, C. 2006. *Industrialized farming and its relationship to community well-being: An update of a 2000 report by Linda Lobao*. Prepared for the state of North Dakota, Office of the Attorney General. http://www.und.edu/org/ndrural/Lobao%20&%20Stofferahn.pdf (accessed November 24, 2014).

Stull, D. D., M. J. Broadway, and D. Griffith. 1995. *Any way you cut it: Meat processing and small-town America*. Lawrence, KS: University of Kansas Press.

Syed, S. T., B. S. Gerber, and L. K. Sharp. 2013. Traveling towards disease: Transportation barriers to health care access. *Journal of Community Health* 38(5):976-993.

Talukdar, D., and C. Lindsey. 2013. To buy or not to buy: Consumers' demand response patterns for healthy versus unhealthy food. *Journal of Marketing* 77(2):124-138.

TFIC (The Food Industry Center). 2014. *Indicator data*. http://foodindustrycenter.umn.edu/Research/foodsystemindicators/indicatordata/index.htm (accessed February 10, 2014).

Tropp, D. 2014. *Why local food matters: The rising importance of locally-grown food in the United States food system—A national perspective*. USDA Agricultural Marketing Service. http://www.ams.usda.gov/AMSv1.0/getfile?dDocName=STELPRDC5105706

(accessed November 24, 2014).

Tuomisto, H., I. Hodge, P. Riordan, and D. MacDonald. 2012. Does organic farming reduce environmental impacts? A meta-analysis of European research. *Journal of Environmental Management* 112:309-320.

Umberger, W. J., and D. M. Feuz. 2004. The usefulness of experimental auctions in determining consumers' willingness-to-pay for quality-differentiated products. *Review of Agricultural Economics* 26(2):170-185.

Unnevehr, L., J. Eales, H. Jensen, J. Lusk, J. McCluskey, and J. Kinsey. 2010. Food and consumer economics. *American Journal of Agricultural Economics* 92(2):506-521.

U.S. Census Bureau. 2014. *Enterprise statistics. Table 7. Summary statistics for enterprises by industry: 2011*. http://www.census.gov/econ/esp (accessed November 17, 2014).

U.S. Fish and Wildlife Service. 2014. *Environmental quality. Pesticides and wildlife*. http://www.fws.gov/contaminants/Issues/Pesticides.cfm (accessed November 24, 2014).

U.S. GAO (U.S. Government Accountability Office). 2009. *Concentration in agriculture*. GAO-09-746R. http://www.gao.gov/new.items/d09746r.pdf (accessed November 24, 2014).

USDA (U.S. Department of Agriculture). 2009. *2007 Census volume 1, Chapter 1: U.S. national level data. Table 1*. http://www.agcensus.usda.gov/Publications/2007/Full_Report/Volume_1,_Chapter_1_US (accessed February 10, 2014).

USDA. 2013. *SNAP Food Security In-Depth Interview Study*. http://www.fns.usda.gov/snap-food-security-depth-interview-study (accessed November 24, 2014).

USDA. 2014a. *Cooperative directory and data*. http://www.rurdev.usda.gov/BCP_Coop_DirectoryAndData.html (accessed February 11, 2014).

USDA. 2014b. *2012 Census of agriculture. United States*. http://www.agcensus.usda.gov/Publications/2012 (accessed February 11, 2014).

USDA. 2014c. *Definitions of food security*. http://www.ers.usda.gov/topics/food-nutrition-assistance/food-security-in-the-us/definitions-of-food-security.aspx (accessed October 29, 2014).

USDOL (U.S. Department of Labor). 2005. *A demographic and employment profile of United States farm workers. Findings from the National Agricultural Workers Survey (NAWS) 2001-2002*. Research Report No. 9. U.S. Department of Labor. http://www.doleta.gov/agworker/report9/toc.cfm (accessed January 6, 2015).

VanDeCruze, D., and M. Wiggins. 2008. *Poverty and injustice in the food system. A report for Oxfam America*. Durham, NC: Student Action with Farmworkers. http://ducis.jhfc.duke.edu/wp-content/uploads/2010/06/Poverty-and-Injustice-in-the-Food-System.pdf (accessed February 11, 2014).

Ver Ploeg, M., V. Breneman, T. Farrigan, K. Hamrick, D. Hopkins, P. Kaufman, B-H. Lin, M. Nord, T.A. Smith, R. Williams, K. Kinnison, C. Olander, A. Singh, and E. Tuckermanty. 2009. *Access to affordable and nutritious food measuring and understanding food deserts and their consequences: Report to Congress*. Washington, DC: U.S. Department of Agriculture, Economic Research Service.

Volpe, R. 2013. Price inflation for food outpacing many other spending categories. *Amber Waves*. http://www.ers.usda.gov/amber-waves/2013-august/price-inflation-for-food-outpacing-many-other-spending-categories.aspx#.VKvOxntWeT9 (accessed January 6, 2015).

Volpe, R., and A. Okrent. 2012. *Assessing the healthfulness of consumers' grocery purchases*. Economic Information Bulletin No. EIB-102. Washington, DC: U.S. Department of Agriculture, Economic Research Service.

Wainer, A. 2011. Farm workers and immigration policy. *Briefing paper* 12. http://www.bread.

org/institute/papers/farm-workers-and-immigration.pdf (accessed November 24, 2014).

Wang, S. L., and E. Ball. 2014. Agricultural productivity growth in the United States: 1948-2011. *Amber Waves* January/February. http://www.ers.usda.gov/amber-waves/2014-januaryfebruary/agricultural-productivity-growth-in-the-united-states-1948-2011.aspx#.VKvaLHtWeT- (accessed January 6, 2015).

Wansink, B. 2006. *Mindless eating*. New York: Bantam Books.

Wansink, B., and J. Sobal. 2007. Mindless eating: The 200 daily food decisions we overlook. *Environment and Behavior* 39(1):106-123.

Ward, C. E. 2007. *Feedlot and packer pricing behavior: Implications for competition research*. Paper presented at Western Agricultural Economics Association annual meeting, Portland, OR, July 29 to August 1, 2007. http://ageconsearch.umn.edu/bitstream/7365/2/sp07wa01.pdf (accessed November 24, 2014).

Wendt, M., and J. Todd. 2011. *Effect of food and beverage prices on children's weights*. Economic Research Report No. ERR-118. Washington, DC: U.S. Department of Agriculture, Economic Research Service.

Whitaker, J. B. 2009. The varying impacts of agricultural support programs on US farm household consumption. *American Journal of Agricultural Economics* 91(3):569-580.

Whitaker, R. C., S. M. Phillips, and S. M. Orzol. 2006. Food insecurity and the risks of depression and anxiety in mothers and behavior problems in their preschool-aged children. *Pediatrics* 118(3):e859-e868.

White, K., J. S. Haas, and D. R. Williams. 2012. Elucidating the role of place in health care disparities: The example of racial/ethnic residential segregation. *Health Services Research* 47(3 Pt 2):1278-1299.

Williams, D. R., and C. Collins. 2001. Racial residential segregation: A fundamental cause of racial disparities in health. *Public Health Reports* 116(5):404-416.

Wood, S., and J. Gilbert. 2000. Returning African American farmers to the land: Recent trends and a policy rationale. *The Review of Black Political Economy* 27(4):43-64.

Yen, H. 2014. The new face of food stamps: Working-age Americans. *AP: The Big Story*, January 27.

第三部分　框　　架

6 美国食品和农业系统是一个复杂自适应系统

美国食品系统具有许多复杂自适应系统的特征，无论是从其结构（第2章）来说，还是从效应（第3～5章）来说。从复杂的系统观点角度分析，可以为理解现有食品系统配置和潜在替代食品系统配置的动态性提供重要的见解。本章首先描述了复杂自适应系统（CAS）的特性，以食品系统中的特有案例为例，分析并酌情参考该报告中其他章节的内容。本章接下来讨论了这些特性对于建立一个充分全面的框架有什么影响，包括分析某个特定因素如何从健康、环境、社会和经济效应方面影响食品系统的复杂动态。

复杂自适应系统

复杂自适应系统由许多异质性部分组成，它驱动系统行为的方式不能简单地通过单独分析各个部分来理解，而应当看作一个整体考虑其互动影响。无论是社会、物理还是生物系统，通常都具有一些相似的特性（Hammond，2009；Holland，1992；Miller and Page，2007）。从不同的科学和政策的角度分析这些特性及其影响已对理解系统行为提供了重要见解。这些角度包括社会科学（Axelrod，1997；Axtell et al.，2002；Epstein，2002，2007；Schelling，1978；Tesfatsion and Judd，2006），公共卫生（Auchincloss and Roux，2008；Diez Roux，2007；Epstein，2009；Eubank et al.，2004；Homer and Hirsch，2006；Huang and Glass，2008；IOM，2012；Longini et al.，2005；Luke and Stamatakis，2012；Mabry et al.，2008，2010），生物（Axelrod et al.，2006；Segovia-Juarez et al.，2004），商业（Sterman，2000），土地、生态系统管理（Parker et al.，2003；Schluter and Pahl-Wostl，2007）。以下每一节描述了一个复杂自适应系统重要的普遍性质，然后通过具体实例说明了其对美国食品和农业系统的适用性。

个性和适应

复杂系统通常包含各种各样的自主行为体。根据各地实际情况、动机、接受信息的程度、环境信号或规模水平不同，这些自主行为体可能有很大区别。行为体的分散互动通常是系统行为的关键驱动力。同时，随着时间的推移，行为体本身经常会根据其他行为体的反应或系统状态的变化来调整适应。不同个体的适应速度不尽相同，并且适应形式也不一样。在美国食品和农业系统中可以看到各种不同的个体类型和适应过程。系统中的人类行为体包括消费者、农民、劳动者、食品加工者、制造商、分销商、食品服务提供商和研究人员。较高层次的行为体包括跨国公司、政府、监管机构和大学，他们可以作为统一的行为体，发挥重要作用。较小规模的行为体包括病原菌、农业害虫，甚至遗传材料（如在 resistome[①]中）也是独特的行为体代表。

在现代工业化社会中，各种各样的人类行为体和集体机构行为体在塑造食品系统的结构和动态方面发挥着重要作用。个体行为体每天做出的决定都会影响食品系统，这些个体行为体包括农民，田间工人，银行家，作物顾问，谷物升降机操作员，肉类包装工人，公司产品研发人员，广告商，杂货店经理，卡车司机，厨师，服务员，家庭食品看门人，营养学家，垃圾清理员，反饥饿和环境活动家，州、联邦立法者，政府工作人员，研究人员和医生等（仅举一些例子）。消费者做出的关于吃什么，在哪里吃，何时及如何购买的决定是大多数国家食品供应链发展的根本驱动因素。这些决定同样也影响了食品系统的健康、环境、社会和经济效应的辅助结果，因为它们也影响生产什么食品、如何生产、如何提供，以及我们的机体对我们食用的食品会有什么反应（或对不愿意食用的食品有什么反馈）。单独行为体如果在一个组织或机构中做出决定，会受到一些选择的限制，并且这可能会改变他们做出决定的成本和收益。大型农业投资公司，食品加工和分销公司，零售杂货店和餐饮连锁店，以及机构食品购买者（如学校和医院）的领导者本身就是行为体，他们的商业决策会影响这些公司的员工或消费者个人的选择。市场调研的成果指导广告该如何引导消费者做出有利于营销者的选择。政治家和公共机构领导者制定税收、监管、贸易和研究政策，来应对社会价值观和政治权力的转变，这反过来也约束了食品公司和个体行为者。

食品系统中个体行为体的适应过程各不相同，如从改变消费者偏好到改变农业实践，再到耐药性的演变。因此，食品系统的变化对食品供应链的各个子系统及跨空间的子系统都有影响，这不是简单的“连锁反应”，因为干预措施可以触发适应性反应。不是所有的行为体都能适应任何特定的系统变化，同时并非所有的适应都有“有益的”（或可感知的）效果。综合考虑到由任何变化引起的一整套适应性反应（多种行为体），对于充分理解类似的系统效应是重要的。例如，引入除草剂耐受性作物（如 Roundup Ready™ 大豆）不仅减少了耕作时间和土壤侵蚀，而且降低了每英亩的劳动力和能源使用，将土地流转转化为作物利用，并促进除草剂抗性杂草的进化（Barrows et al.，2014）。

反馈与相互依存

正如复杂系统通常包含各种不同（但相互作用）的行为体一样，它们通常也含有几个不同的（但是有潜在连接关系）机制或路径。这些可能涉及一个系统的不同层面（如享乐奖励路径驱动一些饮食行为，这涉及机体内微观级的生物过程，其周围的物理环境，与他们有联系的社会或市场进程），他们经常互相影响，从而形成系统中因素的相互依存。肥胖是由多种相互依存的因素驱动的典型例子（第 3 章）。复杂系统的一个重要特征是，系统中的行为体或不同因素之间存在反馈。反馈描述了一个动态过程，其中系统一部分的变化会影响另一部分，而这反过来又会对前者造成影响（通常有时间滞后）。在一个复杂系统中，反馈可以跨越不同的规模（如在某个生物体内和在其周围的环境中），也可以跨越不同的部门（如经济、健康和社会），或跨越不同的空间（如美国消费

① Resistome 指的是在一组中抗生素抗性基因及在致病性和非致病性细菌中的前体

者和南美农业)。反馈可以是积极的（强化作用），也可以是消极的（平衡作用）。

在美国的食品和农业系统中可以发现许多反馈和相互依存的例子。如图 6-1 所示，食品系统可以被概念化为一种转变过程，一方面它取决于自然资源和人类社会给它的反馈，另一方面它也给自然资源和人类社会创造重要的反馈。自然资源，如空气、土壤、水和动植物（授粉媒介、害虫的天敌）对农业生产及制造面包奶酪和葡萄酒等许多食物至关重要。然而，食品系统产生的资源消耗和污水也影响了未来的自然资源状况。在图 6-1 中，可以看出这些在 0～1 变化。同样，食品系统也依赖于许多人类系统机制，它们管控我们的健康、市场、政策和一般福利。这些人类系统提供生产和分配粮食所需的劳动力、企业家精神、资本和技术。再一次，食品系统产生的反馈在未来也对人类系统有一定的影响。

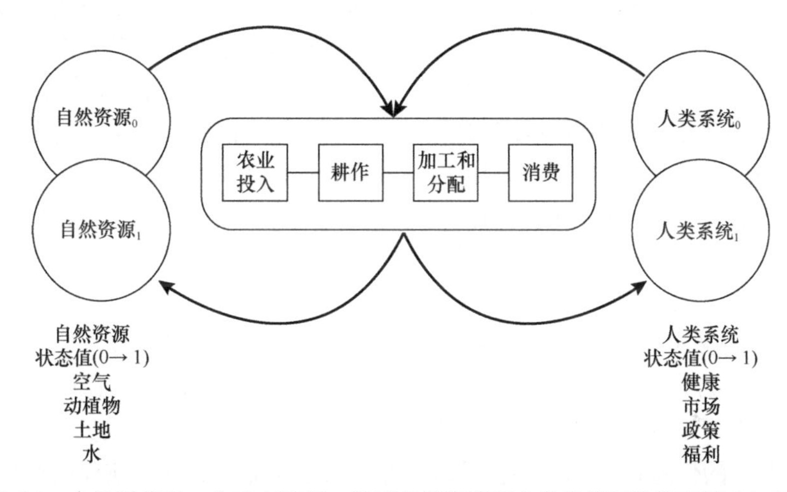

图 6-1　食品系统是一个动态过程，说明自然资源和人类系统间的相互影响与变化

另一个突出的反馈例子也引发了广泛的担忧，即昆虫，害虫，杂草和植物、动物病原体对农药和抗生素抗性的演变，现在治理这些问题每年要花费数十亿美元。这些花销说明限制抗性的选择压力的强度不够且无效，此抗性是由最初实行的无效的化学防治造成的，并且这一问题较为普遍。鉴于能够控制有害生物和病原体的新化学品有限，以及考虑到抗性生物体传播遗传物质的能力，这种形式的反馈和相互依存可能会严重影响未来在食品、农业和卫生系统中的选择管理。

某些放牧行为也可能降低牧场系统的生产力，因为放牧可能会减少植被覆盖，降低土壤营养物含量和水积累，并且形成这种反馈机制（Gordon et al.，2008）。同样，人们试图通过增加母鸡自由放养的房舍来增加动物福利，这一政策努力在某些情况下也对动物的健康造成了负面的影响，因为自由放养增加了母鸡对病原体的暴露及同类啄食相残的情况（第 7 章，附件 5）。

在食品系统的社会经济方面也能够发现复杂的反馈案例。市场供需关系会影响价格，价格的变化对生产者和消费者的行为起到了激励作用。许多粮食谷物具有完善的期货市场及现行行情，允许价格根据对未来供求的预期进行调整。有时，市场会带来出乎意料的间接影响，如美国当年颁布了生物燃料授权令，导致全球玉米价格上涨，但同时也促使人们将更多的土地转为农业用途，以种植玉米（Hayes et al.，2009；Searchinger et al.，2008）。事实上，这个例子突出说明了一点，即市场效应不仅限于价格反馈（价格因素会对买家和卖家产生激励效应），市场也影响着缺乏明确产权的商品和服务的可用性。在这方面有一个明显的例子，气候稳定，作为一项全球生态系统服务，由于缺乏明确产权，市场无法管控温室气体排放（尤其是由于间接的土地利用排放的温室气体），因此需要采取政策干预。影响政策设计的政治反馈机制又体现了食品系统的另一层复杂性。

异质性

复杂自适应系统（CAS）中的活动者和过程通常体现出强烈的异质性——他们可以强有力地塑造系统各处的局部动态，但是方式却各成一家。例如，系统内的活动者可能有不同的目标、不同的决策程序、不同的信息、不同的局部环境暴露或对各自行动的不同的约束。这些差异导致系统内的活动者在面临变化时会产生不同的适应机制或反应。异质性通常发生在不同类型的活动者之间（如上所述）。例如，跨国公司面临的信息和约束可能与消费者截然不同；农作物害虫与致病菌的行为模式也不相同。但是，在同一类型的活动者之间也可能存在明显的异质性。例如，消费者的收入、健康状况或偏好可能各不相同；食品服务经营者可能在不同地方面临不同的监管制度；而各农场在土壤组成、规模和销售量上也必然不同（第 5 章）。

水果和蔬菜摄入量可谓是食品系统中不同类型活动者之间具有异质性的典型事例（第 7 章，附件 3）。水果和蔬菜摄入水平的变化可能涉及农民、农场工人、食品制造商、零售商、营销人员、餐馆、学校食品服务工作者和采购食品的家庭成员，每个人都有不同的动机，获得的信息也不同，要想评估外部干预在食品领域的影响就必须要考虑信息来源的构成。

社会经济、空间和文化异质性还会使食品系统中的变化对不同亚群体产生不同程度的影响（第 5 章）。散养鸡蛋就是一个很好的例子。由于散养鸡的饲养成本高于在笼子里饲养的鸡，因此这种生产方法的转移可能会导致市场价格的大幅增加。对鸡蛋的需求相对缺乏弹性，因此以鸡蛋为廉价蛋白质来源的低收入家庭受价格上涨的影响最大。忽略消费者之间的差异将掩盖这类转变所产生的不同影响。

人口异质性也是食品系统健康效应的主要考虑因素（第 3 章），其中风险因素、外部接触和最终导致的疾病可能都有很大差异。

空间复杂性

复杂系统通常包含可以强力塑造其内在动态的空间组织。这些空间组织可以控制活动者的互动、反馈、反馈速度，以及整个系统的异质性。自然地理（无论是天然的还是人工建造的）和网络（无论用于连接联系人、材料或信息流，还是不同群体，如物种之间的）都是空间组织的例子。在食品和农业系统中，空间组织的要素包括供应链、市场细分、各州和县不同地理特异性的混杂、国际边界、生态系统和食品网。空间结构很重要，因为它可以通过塑造活动者所处的局部环境而造成直接影响，它也可以形成长远影响，控制环境随时间的变化（如污染等环境变化中的空间置换；参见第 4 章），它还可以造成间接的和可能的非预期影响（例如，耐药基因组的改变会使标靶害虫再现或产生抗生素抗性；参见第 7 章，框 7-7）。

由于美国许多地区都有广阔的耕地、草地和草原，因此农业生产系统对水质和水量及野生动物栖息地与人口密度有显著影响。农业生产系统对水、野生动物和其他自然资源的影响取决于一个关键因素，即系统单元的空间结构。例如，农作物种植区内非作物植物地带的连通可以给受保护鸟类提供迁徙走廊。树木、灌木和草地条带可以大大减少从农田流失到相邻溪流的土壤总量。同时，畜牧生产的空间集中情况会放大环境效应（第 4 章）。空间结构也是消费者行为（第 5 章）和健康效应（第 3 章）的重要驱动力。例如，地理空间（例如，食物供应情况、获取食品的便利性或广告的存在）和“社会”空间结构（例如，同类人群的交流网络）可以在很大程度上导致肥胖的产生（第 3 章）。人们可以很容易地从发病的空间模式中观察到空间结构在慢性疾病中所起的重要作用（第 3 章）。

动态复杂性

复杂系统中出现的反馈、相互依存和适应会产生具有特征属性的动态，通常包括大量的非线性结果或“临界点”、路径依赖和看似“意外”的系统行为，也就是说，系统水平的行为并不同于系统中个别组件行为的总和。系统结构相对较小的改变会对非线性结果产生很大的影响。食品系统中的例子包括退耕还林（耕地重新被改造为草原保护区，成为自然缓冲带）和流域土壤沉积物减少的关系（第 4 章）、体重增减引起的代谢变化（第 3 章）。食品系统中社会和生态系统（分别有各自的非线性过程）的相辅相成可能会导致整个系统在应对改变时产生更强的非线性效应（第 5 章）。

路径依赖是指其后期动态主要由早期事件决定的现象。食品系统中的例子包括早期营养经历在塑造之后的生活习惯、行为和慢性疾病风险方面的重要性（第 3 章）。

鱼类资源管理是体现工作中动态复杂性的重要（典型）案例（第 7 章，附件 1）。如果不仔细监测和管理的话，过度捕捞会经常导致鱼类种群在突然间急速崩塌。这种质变类型的发生，主要是因为过度捕捞会消耗现有的鱼群，并降低鱼群的繁殖再生速度。在全球范围内，90%的渔业属于充分或过度捕捞。对鱼类的需求增加和气候变化的影响将许多渔场逼到崩溃的临界点。在许多情况下，过渡到水产养殖并不能减轻对自然渔业的压力，因为鲱鱼、凤尾鱼和沙丁鱼的野生种群有时仍被用作水产养殖的饲料来源。

鉴于复杂系统中反馈的重要性，系统另一个特别重要的动态特性（如第 4 章中环境效应部分所述）是抵御物理和生物因素压力的能力，当然也有抵御社会和经济压力的能力。抵御所有类型压力的能力是指可以从突然的冲击和长期压力中恢复的能力。对农业系统来说，极端温度、干旱、洪水和害虫是经常性的却不可预测的生物物理性压力。同样，投入成本的快速增加、作物和牲畜市场价值的急剧下降，以及法规条例则是农业系统面临的社会经济压力。通常，农民可以采取行动，以尽量降低风险和对压力的敏感性（例如，增加灌溉系统以弥补降水不足，采购作物保险以弥补收入损失），但这些降低风险的措施可能会大幅度提高成本。其他方法，如种植系统多样化（农作物的播种时间、收获时间和对害虫的抵抗力都不同）可能会产生很少或不会产生额外成本。在政府补贴作物保险等的情况下，提高抵御能力的成本是由整个社会分摊的。

食品系统评估框架的启示

美国的食品和农业系统具有复杂自适应系统的许多特征，它具有多样化和适应性的个体活动者，他们之间具有大量的反馈和相互依赖性，它还拥有空间和时间上的异质性，以及通过自我调整去适应动态变化。将食品系统认定为复杂自适应系统对评估其效应和下一章中的框架具有重要意义（第 7 章）。复杂的系统观会突出系统特征，因此运用框架就可以找出和证明能够准确捕捉系统特征的途径和方法论。尽管没有一种方法论或途径能够同时捕获系统中的所有要素，但是上文论述的复杂系统的重要特性可以作为取舍的参考意见。在第 7 章中，委员会制定了一个框架，旨在从复杂系统的角度对食品系统进行评估，通过 6 个不同的步骤，用 4 种不同的方式探索这种复杂性。第 7 章还讨论了捕捉综合动态关键环节和重组的具体方法，但是并非所有的分析都（或应该）能够涵盖食品系统中的所有要素。

参 考 文 献

Auchincloss, A. H., and A. V. D. Roux. 2008. A new tool for epidemiology: The usefulness of dynamic-agent models in understanding place effects on health. *American Journal of Epidemiology* 168(1):1-9.

Axelrod, R. 1997. *The complexity of cooperation: Agent-based models of competition and collaboration*. Princeton, NJ: Princeton University Press.

Axelrod, R., D. Axelrod, and K. J. Pienta. 2006. Evolution of cooperation among tumor cells. *Proceedings of the National Academy of Sciences of the United States of America* 103(36):13474-13479.

Axtell, R. L., J. M. Epstein, J. S. Dean, G. J. Gumerman, A. C. Swedlund, J. Harburger, S. Chakravarty, R. Hammond, J. Parker, and M. Parker. 2002. Population growth and collapse in a multiagent model of the Kayenta Anasazi in Long House Valley. *Proceedings of the National Academy of Sciences of the United States of America* 99(Suppl 3):7275-7279.

Barrows, G., S. Sexton, and D. Zilberman. 2014. Agricultural biotechnology: The promise and prospects of genetically modified crops. *Journal of Economic Perspectives* 28(1):99-120.

Diez Roux, A. V. 2007. Integrating social and biologic factors in health research: A systems view. *Annals of Epidemiology* 17(7):569-574.

Epstein, J. 2002. Modeling civil violence: An agent-based computational approach. *Proceedings of the National Academy of Sciences of the United States of America* 99(3):7243-7250.

Epstein, J. M. 2007. *Generative social science*. Princeton, NJ: Princeton University Press.

Epstein, J. 2009. Modeling to contain pandemics. *Nature* 460:687.

Eubank, S., H. Guclu, V. S. Kumar, M. V. Marathe, A. Srinivasan, Z. Toroczkai, and N. Wang. 2004. Modelling disease outbreaks in realistic urban social networks. *Nature* 429(6988):180-184.

Gordon, L. J., G. D. Peterson, and E. M. Bennett. 2008. Agricultural modifications of hydrological flows create ecological surprises. *Trends in Ecology & Evolution* 23(4):211-219.

Hammond, R. 2009. Complex systems modeling for obesity research. *Preventing Chronic Disease* 6:1-10.

Hayes, D., B. Babcock, J. Fabiosa, S. Tokgoz, A. Elobeid, T.-H. Yu, F. Dong, C. Hart, E. Chavez, S. Pan, M. Carriquiry, and J. Dumortier. 2009. Biofuels: Potential production capacity, effects on grain and livestock sectors, and implications for food prices and consumers. *Journal of Agricultural and Applied Economics* 41(2):465-491.

Holland, J. H. 1992. *Adaptation in natural and artificial systems*. Cambridge, MA: MIT Press.

Homer, J. B., and G. Hirsch. 2006. System dynamics modeling for public health: Background and opportunities. *American Journal of Public Health* 96:452-458.

Huang, T. T., and T. A. Glass. 2008. Transforming research strategies for understanding and preventing obesity. *Journal of the American Medical Association* 300(15):1811-1813.

IOM (Institute of Medicine). 2012. *Accelerating progress in obesity prevention: Solving the weight of the nation*. Washington, DC: The National Academies Press.

Longini, I. M., Jr., A. Nizam, S. Xu, K. Ungchusak, W. Hanshaoworakul, D. A. Cummings, and M. E. Halloran. 2005. Containing pandemic influenza at the source. *Science* 309(5737):1083-1087.

Luke, D. A., and K. A. Stamatakis. 2012. Systems science methods in public health: Dynamics, networks, and agents. *Annual Review of Public Health* 33:357-376.

Mabry, P. L., D. H. Olster, G. D. Morgan, and D. B. Abrams. 2008. Interdisciplinarity and systems science to improve population health: A view from the NIH Office of Behavioral and Social Sciences Research. *American Journal of Preventive Medicine* 35(2 Suppl):S211-S224.

Mabry, P. L., S. E. Marcus, P. I. Clark, S. J. Leischow, and D. Mendez. 2010. Systems science: A revolution in public health policy research. *American Journal of Public Health* 100(7):1161-1163.

Miller, J. H., and S. E. Page. 2007. *Complex adaptive systems: An introduction to computational models of social life*. Princeton, NJ: Princeton University Press.

Parker, D. C., S. M. Manson, M. A. Janssen, M. J. Hoffmann, and P. Deadman. 2003. Multi-agent systems for the simulation of land-use and land-cover change: A review. *Annals of the Association of American Geographers* 93(2):314-337.

Schelling, T. C. 1978. *Micromotives and macrobehavior*. New York: W.W. Norton and Co.

Schluter, M., and C. Pahl-Wostl. 2007. Mechanisms of resilience in common-pool resource management systems: An agent-based model of water use in a river basin. *Ecology and Society* 12(2):4.

Searchinger, T., R. Heimlich, R. A. Houghton, F. X. Dong, A. Elobeid, J. Fabiosa, S. Tokgoz, D. Hayes, and T. H. Yu. 2008. Use of U.S. croplands for biofuels increases greenhouse gases through emissions from land-use change. *Science* 319(5867):1238-1240.

Segovia-Juarez, J. L., S. Ganguli, and D. Kirschner. 2004. Identifying control mechanisms of granuloma formation during m. Tuberculosis infection using an agent-based model. *Journal of Theoretical Biology* 231(3):357-376.

Sterman, J. D. 2000. *Business dynamics: Systems thinking and modeling for a complex world*. Boston, MA: Irwin McGraw-Hill.

Tesfatsion, L., and K. J. Judd. 2006. *Handbook of computational economics, Vol. 2: Agent-based computational economics*. Amsterdam, The Netherlands: North-Holland.

7 食品系统及其效应的评估框架

正如本报告其他部分所阐明的，美国的食品系统已经发展到了相当复杂的程度。在该系统中，新的政策、新的产品或者是新的技术都会造成多样的，甚至是出乎意料的影响。稳定可靠的用于评估食品系统对健康、环境、社会效应的体系框架需对该系统的复杂性有一个明晰的认识，并提供易于处理的解决方案。

本章将提出这样一个评估框架，其中包含一些关键原则、食品系统的重要特征及评估的具体步骤。同时，本章也将回顾成果交流的具体方法及如何吸引关键利益相关方参与加入的方式，并指导如何在预算范围内进行对复杂系统的深度分析。从这种意义上讲，不是所有的步骤或方法都会被平等地应用，这取决于研究者所选择的研究范围和研究话题。委员会认为离散问题的解决无须一整套的系统性分析方案，尽管评估者仍需要认清与研究相关的边界和含意，如那些被遗漏在分析过程之外的潜在的相关效应、因素和相互作用，以便其他研究者可以探讨相关的补充研究。在另一些情况下，可能已经有很多关于离散问题的数据。因此，我们需要对相关问题的研究文献进行一次较为系统的回顾，以综合考察研究结果，并识别未来研究所需要的数据或分析。

评 估 框 架

评估框架为指导评估提供了概念和实践性结构。基于可用的资源及评估的目的，一个好的框架能够识别出最佳实践方式以帮助做出完善的决定。食品系统评估框架的使用者主要是研究人员和政策决定者，如政府机构、私营企业或者倡议组织。其他的那些利益相关方本身可能并不是评估框架的使用者，但他们会是评估报告的接收方。以前的评估框架已经识别出若干关键步骤，其顺序依次为：确定问题、定义范围、确定方案、进行分析、综合结论，最后向利益相关方汇报。就环境评估（Powers et al.，2012）、健康影响评估（利益相关方参与整个评估过程）（NRC，2011）及风险评估（NRC，2009）等被广泛使用的评估框架而言，上述六大步骤均已被广泛应用。在进行评估时，我们的食品系统评估框架也将遵循上述六大步骤。

在不同的应用领域中，评估框架也会有所差异。应用领域的范围和复杂性及相关数据与分析方法，决定了与具体评估框架相关的原则。

评估食品系统对健康、环境、社会和经济效应的推荐框架

评估食品系统对健康、环境、社会和经济效应的推荐框架有四大原则，即如图 7-1 所示的四象限。这些原则依据的知识和证据来自于美国及全球食品系统的不同部分，以及从种子到餐桌提供食物的全产业链的众多部门和行为。无论是有意还是无意，食品系

统中任何一个部分的变化都会导致该系统其他部分的改变。因此，委员会建议采用综合性方法掌控食品系统，并对若干种类的潜在效应做出相应的解释。图 7-1 中上部两象限列出了与期望的评估范围相关的原则。

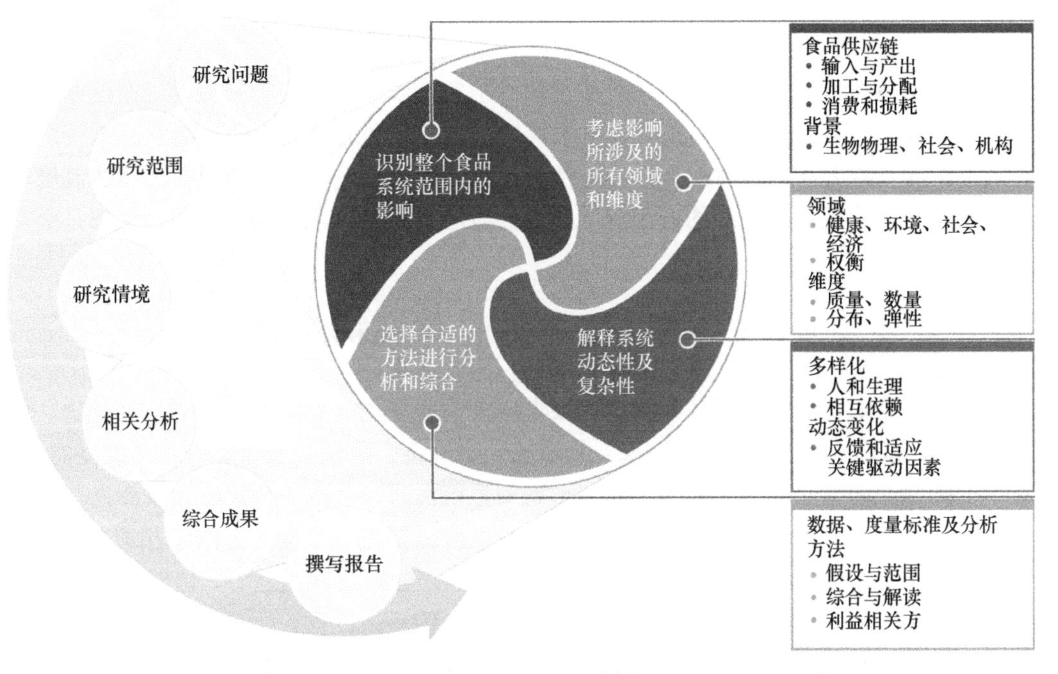

图 7-1 评估框架概念图。框架的 4 个原则在大圆中显示，是框架的核心。
这些原则在整个评估步骤中都需要考虑，而步骤在图中用小圆表示

1. 识别整个食品系统范围内的效应，以强调食物供应链中不同部门间的联系，以及生物物理学情境、社会情境、经济情境及制度性情境在其中所扮演的重要角色。

2. 考虑效应所涉及的所有领域和所有维度，以确保所做的评估能够平衡食品系统中诸多要素[①]，如健康、环境、社会、经济等多方面的效应。

下部两象限则强调了分析方法的选择标准，以适应食品系统复杂变化的特点。顺时针方向，依次如下。

1. 解释系统的动态性及复杂性，是将食品系统视为一个动态的、自适应的系统，其内部要素各异，不一定能准确预测系统水平的结果。

2. 选择合适的方法进行分析和综合，包括适用于系统分析的数据、度量标准及分析方法，同时明确在简化问题时所需要的任何假设。在这种意义上，“合适”意味着对所求目的而言适宜且能够实现。

上述 4 条原则和评估框架的六大步骤将在下文中予以进一步说明。

---

① 要素在这里指食品系统的构成元素，如政策介入、技术、市场条件或者是食品系统不同部分的组织性结构。这些要素可以被修饰或者改变，以取得特定目标，或者探索潜在驱动因素（如具有特定特征的食物需求的增长）对健康、环境、社会及经济作用间的相互关系可能产生的影响

原则 1：识别整个食品系统范围内的效应

第一条原则将食品系统视为一条由具有相互竞争的利益和目标的不同要素共同构成的供应链。积极或消极的健康效应、环境效应、社会效应及经济效应发生于整个食品供应链中，从农场的生产及第一次投入供应开始，然后到加工、生产、分销及物流环节，再到食品零售和食品服务部门，最终被消费者消费，以及作为废物被处理。在这一过程中，自然资源、市场、政策、技术、组织及信息等多方面的变化都会影响食品系统的运行。正如本书第 2 章所阐明的那样，将食品供应链及其相关的生物物理学情境和制度性情境结合起来才是食品系统的真正意义所在，而这在任何一项评估活动中，也都是必须要做到的。

原则 2：考虑效应所涉及的所有领域和所有维度

第二条原则要求任何评估活动都需要考虑食品系统的 4 个重要效应领域（健康、环境、社会、经济），同时也要关注每一领域的 4 个维度：数量、质量、分布、恢复能力。对于准确地评估当前形式的系统或其他形式的系统而言，上述 4 个效应领域都具有潜在的重要性。其次，每一领域内或不同领域间的效应需要进行平衡，并给予相应的评估。

在每一个领域中，4 种效应维度（数量、质量、分布及恢复能力）能够为评估者提供指导，帮助评估者从足够广泛的范畴去考虑潜在的后果。理论上，4 个维度都非常重要，并可作为科学测量的重要组成部分。实际上，根据评估内容的不同，这 4 个维度的相对重要性也会有所差异。即使考察相同的数据，不同的评估者也有可能对每个维度的相对重要性持有不同的立场，但是这四大维度在评估食品系统时的相关性却是不可否认的。

数量、质量、分布、恢复能力分别测量食品系统供给品的数量，供给的去向或对象及其可持续性的能力。食品系统的数量经常在一定的基准上下徘徊，因为数量上过少或者过多都会造成问题。正如饥饿和肥胖症与食物消费数量的关系那样，湖泊的营养缺失和富营养化与磷元素的过度消耗及消耗过低有关。食品系统数量特征的监控涉及食物生产所依赖的自然资源（如土壤）的消耗、退化或保护，以及从农业系统转移到环境的污染物数量（如营养素、肥料及温室气体等）。

质量维度描述结果的特征。如果结果是生产的食物，那么质量维度就会测度营养、口味及食品安全。如果结果是膳食，那么就像美国的《美国居民膳食指南》那样，质量维度会测度相较于基准而言的食物构成。此处，工作质量也被关注，与之相关的是薪酬和工作环境与社会性预期、法律预期及职工预期之间存在多大程度的一致性。

分布维度测度的是结果的去向。关于肥胖症的研究存在一个重要的分布维度，即处于不同种类人群中的消费者的肥胖率。对于食物获取而言，一个相关的分布维度是距离食品零售商的路程远近。而对于生物多样性而言，物种数量的空间分布则是关键性的分布维度特征。

恢复能力指的是食品系统在经历突然的打击和长期的压力时所具有的自我反弹的

修复能力［结合了 Conway（1987）的稳定性与可持续性两个概念］。恢复能力可以指某个食品系统对突然的打击和长期渐变的压力的反应方式。例如，当蜜蜂大量死于某种疾病时，恢复能力维度就会考察该食品系统继续提供那些依靠蜜蜂传粉而繁殖的农作物的能力。当某个粪便池突然垮塌时，恢复能力就会考察其相邻的河流如何恢复其生态系统功能。在经济情境下，若某大型超市宣布破产，恢复能力就会考察其他零售商满足消费者需求的速度及全面性。

上述 4 个维度是食品系统在健康、环境、社会、经济 4 个方面成果的体现。表 7-1 描述了涉及本报告的广泛效应领域的 4 个维度方面的内容。例如，通过阅读环境领域一栏，读者可以发现如何在 4 个维度进行测量。数量即为生产食品的数量；质量则为生物多样性和自然环境的优美；分布则为农用化学品的地域污染；恢复能力则为在干旱或洪水之后农业生产的恢复时间的长短。这四大维度因其测度方式的不同会有所差异，这是现实存在的问题，所以它们应当在评估食品系统内部的相关变化时遵守一定的基准。

表 7-1　关于如何通过 4 个维度测量食品系统效应领域的说明

领域 维度	健康	环境	社会和经济
数量	摄取健康所需的足量卡路里，但不至肥胖	农业用地和水域提供足量的食物产出	提高消费者和/或食品系统工作者的可支配收入
质量	安全的工作环境和/或安全食物的获取，营养满足居民膳食摄入指南	农业中的生物多样性和自然环境的质量	不同收入水平的人群都买得起多种食物
分布	所有人都可获得多种食物	农用化学品的地域污染	不同收入水平的人群的饮食成本
恢复能力	污染事件发生后受信赖的食品安全水平的恢复	在干旱或洪水之后的农业生产恢复时间的长短	主要雇主离开后，社区能保持生存能力

注：每个领域内的特定维度都具有更多的例子

评估食品系统中不同要素的优势取决于评估者的目标和价值观。如果不经过特定标准的比较判断，我们就无法确定一系列要素中哪个是“最佳的”。如果一个评估框架想要确定更好的要素，那么就必须明确不同的效果度量是如何被权衡与分级排序的。评估者若反对这些判断，势必会反对整个分析。一个有用的评估框架能提供真实客观的信息，对于这些维度的重要性持不同观点的人可以利用这些信息来根据他们自己的规范性偏好进行要素不同等级的划分（Nyborg，2012）。因而，对所有维度的考量仍是一个重要目标。

原则 3：解释系统的动态性及复杂性

如第 6 章所述，食品系统是一个复杂、多变且具有自适应性的系统。评估者应当将这些系统特征烂熟于心，并对食物链各阶段的参与者和过程的差异性进行解释。差异性与人相关，包括他们所用的工具、资源，他们相互间的关系及知识等。与之相似，生物物理的情境中也存在着丰富的差异性，包括领土、气候及其他自然资源。上述差异性特征相互间都是高度依存的。

系统中蕴含着动态变化的进程，不同的参与者（如人类和其他要素）以此调整自己的行为。正如农夫通过改变自己种植作物的种类、时间和方式来对市场经济变化的价格做出反应，害虫通过进化自己的生存模式来应对重复使用的除害方法。复杂的相互作用可以引发不断变化的效应，评估者需要从时间、空间和异质群体方面对相关效应做出解释。除此之外，评估者需要了解驱动力的潜在作用，如膳食习惯、食物消费模式、农牧政策及食物政策、市场价格、食物工业结构、技术、自然资源基础、气候条件的变化等。其他如健康、环境、社会和经济效应的驱动力可能主要来自于食品系统之外，如生活方式的改变、健康医疗政策、能源政策、跨界大气氮沉降，或非食品行业的就业机会。虽然范围的限制会将某些研究排除在效应和驱动因素的考虑范围之外，但是对于任何研究而言，了解计划之外相关内容的潜在作用依然是不可忽视的。

原则 4：选择合适的方法进行分析和综合

从根本意义上讲，评估的好坏几乎取决于所使用的数据和方法。为进行有意义的评估，需要谨慎地选择度量标准来进行数据与实证方法的评测。该情境下，合适的方法指的是那些与研究目的相契合且可供使用的方法。本文认为，合适的研究方法需要：①对整个食品系统内部的所有效应予以考虑；②在每个领域和每个效应维度内捕捉若干信息；③掌握系统的动态变化（如反馈、相互作用、异质性等）；④抓住与问题规模相适应的进程和结果；⑤能够满足利益相关方及政策制定者的核心关注点。

当前普及的论证标准主导了度量标准和方法的选择。由于不同领域的测评标准不同，因此健康、环境、社会及经济效应方面的论证标准也会存在较大差异。评估方法分为以下两个领域：①分析和预测食品系统内部变化效应的方法；②综合不同效应的结论的方法。两个领域内的常用方法都将在本章的后续部分予以总结，本书的附录中也将列举所选用的度量标准、分析方法、数据库及方法论。所用方法使用的假设、局限性、准确度、灵敏度及其他相关指标都应当在评估中予以明确。当进行新领域的评估，而相关的数据和既有的研究结果较为稀缺时，上述指标的明确显得格外重要。

评 估 步 骤

图 7-1 中的四大关键原则对后续的评估给予指导，6 个具体步骤则产生于更广泛的评估框架相关文献。如框 7-1 所示，第一，对所感兴趣的问题的描述，包括确定目标、问题或者关注点。第二，通过进一步界定范围，评估活动应当指出系统的特征，包括其边界、功能单元、进程、结果、利益相关方、关键干预和杠杆平衡点。由于没有任何评估可以做到完全全面，这一步界定范围的工作就决定了该项评估的广度和深度。第三，一项评估需清楚地辨识出所考察的情境，通常为基准情境、参照情境，并伴有适宜数量的替代项。上述要素都准备到位之后，第四，进行分析，分析的进行通常包括数据的选择（包括要求利益相关方填补数据缺口）、模型的选择及适宜分析方法的选择，以通过数量、质量、分布和恢复能力 4 个维度来评估食品系统复杂的动态变化。第五，分析结果必须得到综合解释，通常还要形成建议。第六，整个评估活动需要经撰写报告予以总结，并通过适宜的手段将之传递给利益相关方。

框 7-1

食品系统及其效应的评估步骤

1. 问题：用目标和目的来刺激需要
2. 范围：认清系统的特征，如边界、组成、进程及联系
3. 情境：确定基准情境（及合适的替代项）
4. 分析：进行评估
5. 综合：综合结果、解释结果
6. 报告：与关键的利益相关方交流评估结果

在整个评估过程中，利益相关方的作用是巨大的，尤其是需要他们按照分析的结果进行行动的时候。利益相关方能够帮助研究者发现那些对于研究者来说并不明显的问题，能够帮助研究者验证所选择的方法、度量标准及模型，还能够提供一些难以从其他信息来源获得的数据。与此同时，利益相关方的参与需要相关方面认真考虑具有广泛多样性的各种观点和视角，而且科学评估也可能需要与某些强大的利益相关方保持一定的距离，以防止出现利益冲突，并为客观且独立的决策创造空间。无论是在界定范围、情境营造的环节，还是在分析活动中都是如此。如何管理利益相关方的参与在评估步骤之后予以呈现。

本章的剩余部分将讨论所有上述的 6 个步骤，其中，将大篇幅阐述步骤 4 和步骤 5，即评估的分析过程和综合过程。

问题：激发评估需求、定义目标和目的

各种各样的问题和关注都会催生评估。必须得到认真思考和明确的是，建立对某个问题的表述通常基于利益相关方之间的相互作用、正式的公共健康与安全标准、对于该问题既有文献的回顾及该领域以往研究的重要结果。问题表述将发挥对评估的指导作用，包括评估的目标、目的、研究问题及未来所有的评估决策。

界定范围：认清系统的特征，如边界、组成、进程及联系

鉴于食品系统的复杂性，清晰地认识评估所涉及的范围是评估活动重要的一环。对食品系统的综合性分析将涉及整个食品供应链，要跨越所有效应领域和效应维度，还要对系统的动态变化和复杂性做出全面的解释。几乎所有分析者（极少数除外）都会选择缩小分析的范围。在以食品系统为整体的情境下，界定范围这一环节涉及选择合适的边界及假设，如图 7-1“选择合适的方法进行分析和综合”中所示。以此为起点，界定范围环节将按顺时针方向涵盖分析框架的其他 3 个象限。

界定评估范围的起点是在以食品系统为整体的情境下选定评估活动的主题。食品系统整体的情境既包含食品供应链，又涉及了生物物理学、社会及制度性的内涵。那么，

评估主题会通过食品系统的哪一部分来产生重大影响？食品系统的这些部分应该在分析边界以内。

接下来，第二个方面涉及的问题是：研究的关注点将可能会影响哪个领域？例如，一项关于饮食变化的研究可能对环境的作用不大，但会对健康问题产生较大影响。那么哪个维度更加重要呢？答案是：规模。一项目标明确的学校饮食研究对经济领域的影响可以忽略不计，但大规模的饮食政策干预就有可能会改变市场价格。如果假设是外源的，研究关注点不太可能影响到的效应领域和效应维度就有可能被排除在研究界限之外。

对系统动态和复杂性的考察即提出这样的问题：系统动态和异质性如何影响研究的主题？具体则是：影响可能持续多长时间？如果存在的话，重要的反馈过程和相互依赖性如何？是否有关键的干预或优势导致值得考虑的备选方案出现？对上述疑问的回答将基于对系统的定性概括，但他们同样能提供有用的预先判断：哪些地方需要经验性的分析，哪些不需要。更为具体地讲，上述问题的回答将影响相关因果关系的时间跨度和相关性程度、其他的边界，以及对于边界外所存在的内容的各种假设。

边界可能会在大的食品系统中划分出次级系统，如美国食品系统是世界食品系统的一部分（参见第 2 章，图 2-3），又如某种特定的食物商品是大的农牧体系的一部分（参见本书附件 5 中关于“鸡蛋”的例子）。这些边界可能会指定特定的时间段或者是特定的地理区间。在这些边界之内，评估活动将谋求对食品供应链的关键参与者或相关者进行相互关系和相互作用的描述，并对该变化在健康、环境、社会、经济领域所造成的影响进行描述。而在这些边界之外，就像对美国食品系统的分析通常会将世界其他部分的情况视为既定条件一样，评估活动通常假设条件或是外源性的变化是恒定的。系统分析的边界会受到研究问题特征的影响，它们通常依赖于利益相关方的投入，但有时也会由预算的限制决定（见本书第 192 页的讨论）。

在定义的边界之内，对系统特征的描述应当加以扩展，以确定那些产生利润的内源性的（或者说是内部决定的）过程和路径（Collins et al.，2011）。例如，本书附件 4 中关于氮元素案例的研究关注的是使用含氮肥料的农作物次级系统。该项研究并不考虑所定义的边界之外的内容，如农作物和畜牧生产，因为它们并不直接涉及氮元素。此外，该研究也不考虑消费者和食物总产量。该项研究所关注的过程和路径是内源性的或者是系统边界范围内的，且与氮元素相关，涉及使用者是谁、去向何方及其如何影响农作物、气候、水源等其他环境要素的问题。在界定范围阶段，确定评估过程的利益相关方特别有用，因为他们可以帮助确定潜在的数据或信息来源，以填补可能出现的数据缺口。

对于适宜的评估时间段的选择决定了将要考察的健康、环境、社会及经济效应的种类。效应有一系列不同的类型，有的是即时性效应，有的则是长期累积性的效应。健康效应分为急性或慢性，从食物中毒到肥胖症和心脏疾病。环境效应也是如此，既有狂风骤雨将之前施用的含氮肥料冲入伊利湖中，进而导致 2011 年和 2014 年藻类大暴发（Michalak et al.，2013）这样的情况出现，又有农业温室气体排放的逐渐增加导致气候逐渐变化（Robertson，2004）这样的表现。短期内出现的剧烈的社会和经济效应可能会与长期的效应有所不同，后者凸显了关键参与者动态变化的适应性反应。时间阶段的选择要与研究目标和系统边界相匹配，因为从本质上讲，时间阶段就是一种补充性的边界。

一些研究的研究领域比较窄，只关注食品供应链中的一两个环节或一个效应领域（如健康后果）。在这种情况下，委员会建议任何评估都至少应该了解特定评估界限之外的驱动力的潜在重要效应。虽然人们赞成尽可能地结合多领域、多维度的效应，但是通过研究范围之外的知识的了解有助于在关注一个易处理的评估领域的同时平衡综合性的重要性。

情境：确定基准（及合适的替代项）

评估需要描述系统的运行特征。大部分的评估会将系统运行与基准情境相比较，有时则会与一个或多个替代情境相比较。替代情境通常需要明确系统内部的潜在变化，如新的政策和新的技术，以反映某种干预。任何对食品系统的健康、环境、社会和经济效应的评估都应该明确考虑每个干预措施，包括干预发生的时间、地点及方式。利益相关方的输入能够帮助进行一系列真实情景选项的识别和定义。

将系统的某种状态简述为“现状”或“传统”而不进行进一步的表征是一种具有较强吸引力的方式。然而，由于食品系统处在不间断的变化过程之中（第 2 章），随着时间的推移，如果不能在某种基准情境中明确系统的状态，那么上述方式将会失去解释效力。而变化了的干预的描述则同样需要做到清晰明确，否则就无法说明是什么在变化，而又是什么保持不变。

分析：进行评估

基于预期的研究范围，分析过程需要应用合适的方法论来解释数据，并建立合适的模型来评估在相关替代情境下可能出现的健康、环境、社会及经济效应。分析的目标是为公共及私人决策提供科学实用的理论基础。在下一个主要阶段，评估者会更加细致地总结常见的评估方法论。

综合：综合结果、解释结论

食品系统的分析应当能够阐明可能出现的结果、程度，以及与不同替代结果之间的平衡。通常结果包括积极影响和消极影响，而且正如前文所述，科学评估的结果本身也许并不能对哪个情境是“最好的”给予指示性判断。因此，需要对不同的结果进行综合解释，以帮助整合不同结论，并将其纳入明确的信息或潜在的干预。最终，利益相关方和决策者的价值判断决定了如何衡量各种结果。在下一部分关于分析方法论的内容中，我们会讨论综合、解释及平衡验证的方法。

报告：与关键的利益相关方交流评估结果

报告涉及与关键的利益相关方交流评估结果和相关建议。利益相关方一般指评估结果的最终使用者，也可能是一般大众。报告的具体步骤通常包括撰写报告，其中包括评估方法、数据来源、分析工具及相关假设，与利益相关方进行互动，呈现评估结果，给出建议。尤其重要的是，必须确保撰写的报告表达清晰、通俗易懂且透明度高。除了单一的报告之外，不同的受众会需要不同的补充性总结文件。从实践的意义上讲，一篇简明扼要的实施摘要也是需要的。

与报告关系密切的还有信息传递，其目的是为广大的利益相关方传递关于评估意图、方法、结果及建议的信息。对于评估而言，将会用到不同的方式和媒介，包括公共会议、演讲及政策简报等。例如，风险分析的方法通常包括风险评估（科学要素）和风险管理（政策要素），除此之外，还包括风险交流，其目的是确保有效地与不同观众以不同的方式解释信息。在信息传递的过程中，利益相关方的存在有益于确保报告的撰写方式适宜于预期的受众，能够有效地吸引他们，并且得到关键政策决策者的认可。

分析：分析食品系统效应的方法

食品系统评估的正确实证方法和正确模型取决于评估的具体问题、评估的范围，以及研究所规定的情境。相关的分析方法根据两大类评估情境分为两种：①当前食品系统的具体配置（如政策或具体措施）；②可能的替代配置。关于食品系统当前具体配置的研究能够测评系统的可见效应。与之相反，考察食品系统可替代构成本质上就是一项“反事实”的研究，它寻求的是了解不同条件下可能出现的情况。在反事实研究中，仅仅通过观测现有系统来进行推进是非常困难的，需要使用其他方法。反事实研究对事实性研究提出的挑战与事先效应评估对事后效应评估造成的挑战是类似的（Alston et al.，1998）。

在决定选用哪种最具相关性的方法时，测评的 4 个维度——数量、质量、分布及恢复能力会与评估目的密切相关。无论是对于食物的生产和消费而言，还是对于食品系统的健康、环境、社会及经济效应而言，数量维度和质量维度都可以反映其总体性的平均效应。第三个维度——分布则需要考虑系统效应的异质性，包括随地理条件、时间条件及人口条件的变化而产生的差异。最后，恢复能力这一维度需要测评的是系统随时间的变化是如何运行的，包括其对可破坏其可持续性的压力和震荡的反应。

测评当前食品系统的数量和质量维度

对当前食品系统的数量和质量维度的测评需要关注两方面的内容，分别是描述系统和解释系统当前运行方式的缘由。理解因果关系是一项挑战，原因在于潜在的原因在通常情况下很容易与那些并非真正原因的相关效应混淆在一起。由于对潜在关系特征的错误把握或是测量误差，上述情况很有可能发生。例如，美国肥胖率的增加很明显与食物有关，但也完全有可能是越发严重的锻炼缺乏所导致的，或者是社会和经济性因素导致的（Hammond，2009）。如果一项评估忽视了关于肥胖症的非食物类决定因素的话，那么得出的结论就很有可能存在偏差。这就要求评估者若要了解食品系统效应的原因，首先需要构建一个包含所有造成相关效应的可能原因的概念化模型。这种概念化模型能够带来两大好处。首先，它能够降低评估者对预想之外的可能原因视而不见的可能性。其次，它能够降低因果混杂难分的可能性。唯有测评当前食品系统的可靠度量标准，为概念化模型提供信息支持，上述优势才能得以显现。

评估者若要了解食品系统效应的原因，第二要求便是选用合适的度量标准。度量标准可以被分为 3 种类型：①直接测量的数据；②间接测量的指示性数据；③模拟模型提供的人工数据（甚至可能是“伪数据”）。它们代表着对现实的规划或推断。

直接测量所得的数据是黄金标准，但在很多情况下，直接测量要么成本过高（如美国湖泊中所有的污染物），要么无法实现（如商业农地里肥料中的一氧化二氮排放）。此外，所有的测量，即使是直接测量，都有可能产生误差（框 7-2）。

框 7-2

直接测量的数据、指标和模型中的测量误差

一切测量都难免存在误差。正如两位卓越的统计学家所言，“从本质上讲，所有模型都是错误的，但有些模型是有用的”（Box and Draper，1987，第 424 页）。即使对于直接测量所得的数据，测量值与真实值之间也几乎不是直接等同的，原因在于测量行为本身并不完全一致。我们所说的误差即测量值与真实值间的差异。在这种意义上，“误差”所指的并不是一种错误，而是强调不同因素使得测量结果偏离真实值。

测量误差包括随机误差和系统误差，后者也叫偏差。随机误差可以通过重复与平均的测量手段予以应对，所以其在两种误差中相对好处理。对系统误差的处理则比较麻烦，因为其涉及的对真实效应的高估或低估是始终存在的。选择偏差是一种常见的系统误差，当所选的样本无法代表整体时，选择偏差就已出现。举个例子，通过在白天采访超市里的食物采购者来获得数据，这就排除了那些无法进行采购或不在日间采购食物的人的相应数据。社会科学研究采用了各种各样的方法以减少统计混淆，无论是采用随机对照试验（Moffitt，2004）还是采用社区干预的群体随机试验（Cornfield，1978；Donner and Klar，2000），还是对统计方法和研究进行特别的设计以控制选择偏差的效应（Barrett and Carter，2010；Deaton，2010；Heckman et al.，1998）。

指示性数据能够测量相关的潜在现象或概念，但也不是一种完美的手段。例如，卫星能记录从地球表面反射出去的光谱的数据。这种对反射光的测量与不同的植物种类之间存在着高度的相关关系，这就使得美国农业部每年得以绘制出不同的美国农作物地图，其原理就在于光的反射能够显示农作物的位置。然而，基于遥感指示性数据而绘制的美国农作物地图所显示的陆地面积要小于最近一次农业普查中所报告的数值（Johnson，2013）。这或许是由于在将遥感得到的光波波长与地面真实种植的农作物建立联系时发生了转化性偏差。

模拟模型也可能存在误差，会导致误导性的结果。在等式、算法及组成等式的各种变量中，都可能出现遗漏或指标错误。可靠的模型需要进行合理性、有效性的证明及校准、灵敏度分析，以发现错误并进行预测能力的改进（Arnand et al.，2007；Howitt，

1995)。然而，即使是经过良好验证的模型也无法进行完美的预测。

3种度量标准（直接测量的数据、间接测量的指示性数据、模拟模型提供的人工数据）都可能存在测量误差。无论对于哪种度量标准而言，系统误差都应极力避免。随机误差会影响精确度，但可以通过重复测量与平均的手段予以克服。虽然相较于直接测量的数据而言，指示性数据和模型的模拟数据看上去不太可取，但当直接测量的成本过高或无法实现时，这些手段还是会被使用。

指示性的间接测量有时比直接测量性价比更高，尤其是对于空间扩散效应。水蚤是一种可以作为水源性生态毒素的指标性物种，水质监测可以通过测量水蚤的数量来进行。与之相似，遥感技术使得利用光波波长的反射系数（反射率）等指标来识别植物，以及在观察者并不在场的地方利用音感识别野生动物成为可能。

描述当前食品系统的效应有其适宜的统计方法。多重回归模型（框 7-3）如果设计合理的话，就能够确认食品系统中重要的相互联系。如何进行合理的设计？关键在于解释变量中只包含外源的，或在系统外部确定的结果变量（以避免造成因果关系的混乱）（Intriligator，1978）。在解释多重回归模型的结果时，使用何种合理的统计学显著性水平取决于与当前研究最为相关的统计误差的种类。

框 7-3

统计效应检验

统计分析可以回答关于食品系统的很多重要问题，但是测量误差会使答案变得模糊不清。一种效应要有多大的程度才会显示出其意义？为了将常见的随机变动与有意义的效应作用区分开来，统计学家通常会在开始时假设没有影响。在这种“不存在”的假设之下，我们可以假定某个结果 Y 不受原因 X 的影响，而在替代性的假设之下，则可以假定原因 X 确实影响了结果 Y。统计学显著性差异的测定是为了表征可能性。如果零假设是成立的，却否定了零假设，实际则为没有影响（Mendenhall et al., 1986），此时犯了Ⅰ类错误。当错误否定零假设的结果较严重或代价较大时，上述方法是合适的。一个典型的例子是，假设一个公司正在研究一种降低食源性致病菌活性的新工艺，需要进行新工艺与已有工艺之间的比较。假定 X 和 Y 分别为新工艺与现有工艺的灭活过程。由于不同致病菌在不同灭活方式下表现出的灭活动力学不同，需要使用多重回归模型来检测与 X 相关的致病菌的灭活程度。在该公司将致病菌灭活的新工艺商业化之前，需要强有力的证据说明 X 灭活致病菌的效率至少与 Y 有一样的水平。显著性阈值（5%或 1%）的设定可尽可能降低错误结论出现的可能。

然而，对食品系统的很多效应，如成本低收益高而言，提高统计学显著性是不需要的。原因在于提高显著性可能会提高Ⅱ型错误出现的概率，即零假设是错误的，但却没有对其进行否定。假定 Y 指的是湖泊水质的提高，X 指的是农民使用成本低廉的农地维护手段，零假设即为 X 对 Y 没有影响。多重回归分析包括多重影响湖泊水质的因素，其中包括 X。设定 5%（Ⅰ型错误出现）的显著性水平需要有强大的证据来证明保护措施有效。但如果这种措施本身成本并不高，并且湖泊水质确实提高了，那么设定 20%的显著性水平就较为合适，即如果没有保护措施，能观察到水质提高的概率为 20%。

美国政府拥有一系列多种多样的大型数据库，它们对于评估食品系统的健康、环境、社会及经济效应非常有用。其中一些数据会在附录 B、表 B-3 中予以列出，在之前关于食品系统的健康、环境、社会及经济效应的章节中，其他的一些重要数据库也曾得到讨论。

必须谨记的一点是，我们对于数据的来源必须谨慎，只有这样才能判断其是否有益于对问题的考察和界限的确认。如果既有的信息来源不足以对研究问题进行合理的考察，那么研究者就应该考虑收集新的数据了。

在替代性食品系统构成中测评数量维度和质量维度

替代性食品系统的构成与当前占据主导地位的食品系统之间存在不同，这些构成元素在当前系统中或是没有，或是仅在某种规模水平（通常较小）下存在。这就导致直接测量或指示性测量对于预测较大规模的效应而言，要么不具备可行性，要么效力不足。既然食品系统是一个复杂的自适应系统，那么仿真建模就或许是预测某种食品系统效应的最佳工具（van Wijk et al.，2012）。仿真模型（框 7-4）可以用于运行“实验”，其中每一个替代系统均在相同条件下进行考察。

框 7-4
仿真模型的种类

仿真模型具有不同的种类，都能帮助测评食品系统评估分析维度（数量、质量、分布及恢复能力）的一种或几种。仿真模型的种类主要包括：描述性仿真模型、预测性仿真模型、回顾性仿真模型及规范性仿真模型（Schoemaker，1982）。描述性仿真模型通过描述系统的组成和过程来帮助人们了解系统。预测性仿真模型能够预测系统在未来的表现。回顾性仿真模型可以帮助人们对既有系统的表现进行诊断。规范性仿真模型则为人们提出实现某些目标的行动建议。此外，模型还可以根据其时间跨度、空间限度及参与者的数量来进行分类。统计学模型通常是以描述和回顾的方法对系统进行理解。通常，补充性的数据及科学理论知识可以提高统计学模型的质量，在生物统计学和计量经济学领域中也的确如此。食品系统的某些重要模型利用统计学来解释基本的关系或者是凭借关于已有经验的现有资料来推知未来。例如，物价和收入（需求的物价和收入弹性）改变，会导致消费者购买行为的改变；而营养成分则会影响儿童的生长率。微生物增长与灭活模型也可以用来预测食源性致病菌在食品中的行为。

某些重要的研究问题涉及对遥远未来的预测，或者是进行那些无法运用统计学知识分析的食品系统所经受的重创的分析。气候变化就是一个典型的例子。对于这类问题而言，强大的仿真模型可以提供有用的预测。这些模型主要包含数据、变量、参数及等式（模型的各个部分随着时间推移而发展，这些等式则被用于描述系统状态对上述发展的反应方式）（Dent and Blackie，1979；Law and Kelton，1991；van Dyne and Abramsky，1975）。

通常被用于研究复杂系统的仿真模型被称为基于主体的计算模型（ABM）。在这样的一个模型中，复杂动态变化通过系统中每一个参与者（即主体）的代入来进行模拟，每一个参与者需引入特定的初始条件及一系列自适应规定，从而进行各参与者之间及参与者与环境之间的相互作用。因此，无论是个体水平，还是总体水平，个体决策及非集中式相互作用的计算机模拟自下而上地表现出更为动态且更模式化的特征（Hammond，2009）。基于主体的计算模型在将复杂系统模型化这一方面具有若干优势。由于在基于主体的计算中，每一个参与者均被非常清晰地模拟，因此，在参与者类型和不同参与者对应的不同特征分布两方面，均能捕捉到其差异性。因而，基于主体的计算模型可以体现“无限理性”或者是行为经济中的见解。此外，基于主体的计算模型也能体现出空间的复杂性（如社会网络的地理复杂性）、参与者间的互动，以及随时间推移而发生的调整。基于主体的计算模型已经被广泛应用于社会科学和公共健康领域的多个主题之中，包括一些专注于食品系统的研究。

当研究问题专注于确认最佳策略时，规范性仿真模型就很适用。数学程序模型能够确认实现具体目标功能的最佳办法，经常被用于经济学目的，如降低满足营养需求的成本。可计算一般均衡模型代表了数学程序模型中非常重要的一个类别，能够捕捉到市场在价格和数量方面对一些系统性变化（由政策和技术等因素引发）的反应。动态程序模型则在固定的时间限度内实现最优化，即使它们可能因变化的时间限度而做出相应的调整（Chen et al.，2014）。

尽管模拟或许不能完全精确地代表现实，但这样的实验也具备某些优势。在现实世界中，一种替代性食品系统构成可能只有在有限的地域之内或者在特殊的市场或者政策条件下才能存在。这就会导致在现实世界中若将主导的食品系统和较小的替代性系统进行比较，可能会造成选择偏差这样的问题——也就意味着较小的系统没有被合理地放大。例如，相较于普通的食品而言，有机食品的产量相对较小且具有较高价格，该差价主要源自一些消费者花高价购买食品的意愿和能力。如果相同的有机食品得以大量出售，那么该差价就很有可能会缩小，以迎合那些不愿意或者没有能力按照当前价格购买该食品的消费者。

仿真模型与虚拟的实验研究设计（如实验室里进行的实验）结合起来效果最好。实验处理方式可以采取模拟具体场合、环境等的形式，如应对一系列不同的气候变化预测所做出的不同政策对策。进行模拟实验的最简单途径就是在均值水平的条件下比较不同的处理方式。这种颇具“决定性”色彩的模型所给出的结果可以被视为不同的替代性情境中最有可能出现的结果。此外，更为复杂的实验则用来比较不同情境中模拟结果的可能性分布，这是评估中分布和恢复能力维度的例证之一。

若用情境来描述当前无法观测的可能条件（如变化了的气候）以评估多重结果效应，仿真模型就会显得格外实用。由于模型的复杂性等特征，一系列不同的结果效应都可以拿来模拟并进行比较。例如，关于气候变化对农户效应的文献综述就可以包括广泛类型的仿真模型。人们考察了模型结果的影响，包括利润、食物自给自足、食品安全、风险及变异的气候变化等（van Wijk et al.，2012）。这些结果在范围上跨越健康、环境、社会、经济等多个效应领域。尽管学者意识到综合多种模型可以实现对更多种类不同效应的模拟，他们仍需要在协同建模方面进一步提升，即使是在农业生产的研究领域里也是如此。框 7-5 表述的是生物燃料市场中经济和环境效应及政策分析的综合性模型。

框 7-5

预测反馈和多重效应的综合模型：生物燃料政策分析

食品系统的复杂性使其在系统范围视角下的行为评估显得格外重要。与食品系统各个领域广泛联系的仿真模型能够捕捉人们在政策和市场选择中的反馈，也能显示出与之相关的对环境和健康作用的效应。发展得最好的人-生物物理模型由“生物经济”模型构成，这种“生物经济”模型建立了经济行为与生物物理工艺之间的联系。最近，关联的生物经济模型得到应用，其目的是评估生物能源政策如何影响食物和能源供应，以及如何影响环境。例如，有学者将生物燃料与环境政策分析模型（BEPAM）这一可计算一般均衡模型和温室气体模型——温室气体、管制排放和运输中的能源使用模型（GREET）进行联合，用以预测美国的国家生物燃料政策对于市场中食品价格和燃料价格的影响结果，以及与之相关的气候变化影响结果（Chen et al.，2014）。此外，在地区层面，也有学者在进行与之相似的生物燃料政策分析，他们将经济最优化模型与生物物理模型（EPIC）联合起来使用，以模拟在其他商品价格保持不变但有机燃料能源价格上涨时，农户追求利润最大化的行为所造成的对水质、土质及气候的影响（例如，Egbendewe-Mondzozo et al.，2011）。

分布和恢复能力维度的测量

对评估框架中分布维度的测量能够帮助评估者捕捉到这个世界的异质性。人类、食物、天气及地貌都显示出巨大的多样性。面对一些不良结果，一些人可能更容易受到伤害（例如，穷人对于食物价格的上涨无能为力，居住于较浅蓄水层之上的民众会更容易受到肥料使用所导致的地下水氮元素污染的影响，免疫力受到抑制的人则更容易受到食源性致病菌的侵袭）。理解在一系列可能条件下食品系统效应的分布维度，以及理解系统的恢复能力（食品系统遭受罕见困扰时的回弹能力），对于完成一项好的评估而言意义重大。

相较于平均数量和质量效应而言，系统的分布和恢复能力维度更加难以测量。原因在于这些维度受到的影响可能涉及广泛的时间和空间范围。对于当前的食品系统，我们可以测得许多结果的区间范围，这是因为我们能够进行观察。然而，我们对于“如果……那么……”这样的情境是无法进行观察的，也就是说我们无法观察可能将要出现的潜在现实，也无法观察可能已经出现的潜在现实。与之相反，我们只能观察到那些确实已经发生了的现实。主导某些变化（无论是确实已经发生了的变化还是可能已经发生了的变化）的潜在进程能够被人理解，然而变化的其他方面却可能依然是混乱不清且不被理解的。而如果潜在进程发生变化，那么依靠对历史数据的考察来理解当前食品系统真实的分布效应就几乎不可能实现。例如，如果气候由于温室气体的水平提升而发生变化，那么次年可能出现的所有气象条件就不可能与三十年前的相同。与之相同的演化进程也使得对恢复能力的测评变得非常困难，原因在于系统在过去有应对罕见破坏的回弹能力，但这也许并不表示该系统在未来也有能力实现回弹。

有些重要的食品系统效应产生于极端的条件之下。例如，如果农药在喷洒之后还未来得及被吸收就因为倾盆大雨的冲刷而流入饮用水供应系统之中，那么农药即使被妥善使用也仍然有可能对消费者的健康构成危险。对于类似罕见情形的适当关注，需要我们不仅重视平均数量和质量维度的效应，还要真正地测评任何已知效应突破阈值的可能性。突破阈值可能会激发极端的情形，造成不可逆转的后果，这不仅是分布维度的效应，更是恢复能力维度的效应，原因在于突破阈值可能会改变系统的恢复能力。我们可以利用有关极端效应可能性的信息来评估合理的安全限度，以降低非预期结果出现的可能性，如可溶解性含磷物质由于大雨的作用所导致的湖泊富营养化（Langseth and Brown，2011）。美国国家环境保护局（EPA）为一系列的有毒物质［包括农药残留及食品污染（NRC，2009）］制定了一系列的参考剂量（RfD）上限。理解阈值的本质和相关的规章及标准对于估计与模拟极端效应出现的可能性非常重要。例如，正如本书附录 1A 中的案例所示，在美国国家环境保护局（EPA）的参考剂量（RfD）上限之下，观测到危害作用的概率极大。所以，综合性的测评及对极端效应的模型化（如有毒物质的暴露-反应关系）应该关注结果的概率分布，而不是仅仅按照规章及标准的阈值进行测评（Cohen et al.，2005）。

经过验证的仿真模型一旦成功建立，就可以被应用于大规模的重复试验之中，与此同时，输入的数据则代表着所有可能的潜在现实条件（Law and Kelton，1991）。例如，作为对天气这样的随机输入的反应，随机模型提供了一系列可能的结果。其中，它们已经明确地包括了与关键变量和等式联系紧密的测量误差。模拟的结果输出可以转化为关键结果的经验概率分布。反过来，可以通过不同处理方式之间的比较，得出在极端情形下关于系统恢复能力与脆弱性的结论，并且能够根据不同的风险承受程度来指导相关决策（Arrow，1971；Hadar and Russell，1969；Pratt，1964）。随机模拟综合考虑了多种模型，可以为风险分析提供多重效应结果的可能性分布（van Wijk et al.，2012）。例如，Rabotyagov（2010）对于限制土壤中碳元素流失的政策非常感兴趣。他通过使用土壤和农作物模型进行随机模拟，来比较两项政策（一个是土地退耕，与之相对的是保护耕种）在艾奥瓦州的一个集水区中如何在不同时间不同地点影响土壤中的碳固存。随后，他将土壤环境作用的模拟数据与从美国农业部数据中抽取的成本数据结合起来，并使用了一个经济最优化模型，来评估哪项政策对于应对土壤碳元素流失而言最为有效（Rabotyagov，2010）。

通过运用仿真模型和相关数据库，评估团队必须决定是要建立一个新的模型还是继续使用既有模型。选择建立一个新的仿真模型的最佳理由是：新的模型是为评估者感兴趣的具体研究问题量身打造的。目前存在着一系列不同种类的仿真模型方法及评估模型有效性的方法（Anderson，1974；Hanks and Ritchie，1991；van Dyne and Abramsky，1975）。然而，如果既有的模型非常合适的话，使用既有模型的确合情合理。决定一个模型是否适用于所作评估的关键标准如下：该模型经历了科学界同行的考验，该模型在多重背景设定中都被验证有效，以及该模型对于特定时间范围、空间界限及所关注的关键组成的相互作用等因素都非常适用。知识丰富的模型设计者能够最好地利用既有的仿真模型，但通常需要进行一些程序调整，以应对新的研究问题。对于许多农业、环境及经济方面的评估而言，高质量的模型的确存在（附录 B，表 B-4）。

重新建立仿真模型或者调整既有的可靠模型来测评效应的分布和恢复能力维度可能会花费较大成本。至少对于收入和支出这样的财政测算而言，相较于模拟概率分布，成本更低的途径是估测在与基准水平相吻合的替代情境中达到价格或数量阈限所需要的具体条件（例如，当一个替代性的食品系统构成与当前的食品系统相匹配时）。收支平衡的分析是估测这类阈限的有效工具，通常被应用于价格或数量水平方面的收支平衡（Dillon，1993；Tyner，2010）。

综合分析：解释、综合与平衡

一个包含了所有这四类效应领域的综合性评估应该得出关于健康、环境、社会、经济的结果。这些效应中的任意单独一项对不同的人群意味着不同的结果，或者在不同的时间阶段产生不同的结果。设想假如一项评估发现了一个政策的改变将改善儿童的营养状况，耗尽地下水，降低农场的收入，降低零售食品的价格，降低农村人口的就业率，那么这项政策是否应该颁布呢？想要得出结论就需要综合分析这些不同的效应。

综合性评估是在多领域采用多种衡量的维度进行解释，如何综合这些结果来得出一个恰当的结论，或者是政策上的建议，是综合性评估的主要难点所在。尤其是当其他的选择也得到了评估之后，评估者往往会被要求通过一项或者多项标准来识别出哪一个是“最优选”。然而当结果有许多属性，而且需要进行平衡时，想要得出一个确切的答案就不太可能了。在食品系统这个例子中，质量、数量、分布及恢复能力代表了 4 个重要的维度——然而其中每一个维度所包含的属性或许对一部分人至关重要，而其他人却不在意。而且每个维度的属性也会随地区（不同的群体）和时间（不同的季度或年份）而产生变化。

想要评价对于结果的各种偏好时，只要考虑到不同结果之间的差异即可，有时不用考虑到某些属性的实际水平。例如，当比较不同食品价格的结果时，只需知道（不同食品的）价格之差或许就足够了，不需要知道每项结果下不同食品的确切价格。而对其他的一些属性而言，数值的绝对水平也是很重要的。例如，对于营养成分而言，如果膳食摄入量不足的话，提高摄入量的好处就显得尤为重要，然而如果膳食摄入量超过了应有的标准时，增加摄入量或许反而是有害的。

评估方式根据各项属性的总和的不同也会有程度上的差别。极端情况下，综合评估可以涵盖每项结果下的每一个相关属性的水平（或可涵盖某项结果下每个属性的差异，这是基本情况）。该信息可以以许多种形式呈现。例如，可以以图表的方式呈现，每一列对应一项相关属性，而每一行又展示了某一个特定结果的属性水平。信息也可以以雷达图或者蛛网图（图 7-2）的形式呈现。其中从图中心发出的每条射线代表了一个属性，而射线的长度显示了某一项结果的属性水平。雷达图可以用来比较不同情境下的各项属性的分布状况。

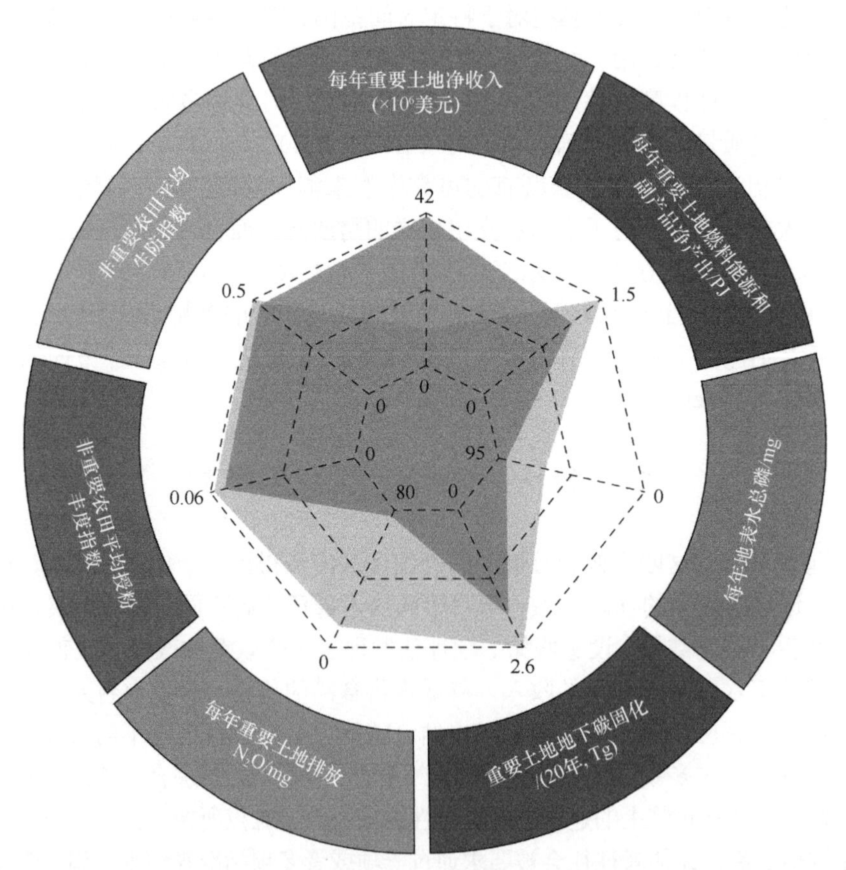

图 7-2 雷达图展示了与连作玉米（灰色）和生物能源作物（绿色）相关的生态系统服务的多维度的平衡（Meehan et al.，2013）。就像数轴上的数值所表示的那样，对一些维度而言，离图案中心越远越令人满意（如收入），而另一些维度则越近越好（如 P 或 N_2O 污染）。计量单位写在了外圈（彩图请扫封底二维码）

又或者，所有的属性或部分属性可以合计成一项指数。通过将属性水平求和，就可以得到一项非常简单的（或许是无意义的）指数。一项更加有用的指数可以是将一个结果的所有效益总和减去其所有成本（再与一个参考结果相比较）。

每种方法（采用指数或分解测量）都有其优势与劣势。分解法如表格或雷达图可以呈现大量信息，但是通常要依靠读者根据整体判断来给各项属性加和。而且，即使分析者不去给各项属性加和，他们依旧要挑选哪些属性需要列入报告中。不同读者关心的属性也不同，所以，一般而言，分析者需要涵盖所有的属性，只要有读者认为这个属性是相关的。如此一来，分析者很有可能就绘制了一个提供了太多信息的庞大的表格或者雷达图，这使得评价反而变得笨拙起来。这样的展示还必须要考虑到计量单位的问题。对于表格而言，计量单位的选择会使某项属性的水平相较于其他属性显得过大或过小。对于雷达图而言，在轴线上离中心最远的属性就会看起来最突出。如果所有的属性都按照"增长即有益"的方式来描述，那么对图表的诠释就会更简便。在图表中，一些属性的增长（或者某项属性的水平的增长）是有益的，而另一些的增长却有害（图 7-2），因此读者很难综合分析这些分解的信息。

一些证据表明，采用整体判断的方式进行评估不如采用数学公式将属性值加和的方法来得精确（Dawes et al.，1989；Sunstein，2000）。因为人类很难同时考虑多于 5 个的属性，在整体判断的评估中，一些属性会被赋予不恰当的权重。

属性水平可以通过很多方式合并成一个指数。一种理论研究法就是构建一个社会效应函数，其中包含了人们关心的所有效应（或属性）的权重，包括健康、环境、社会、经济等属性。社会效应函数会更多地考虑对社会因素更有利的结果。该函数（有时）是通过考虑社会应该如何在不同属性中平衡取舍而建立的（Keeney and Raiffa，1976）。然而，当每个人对结果给出不同的排序，阿罗不可能定理（Keeney and Raiffa，1976；Stokey and Zeckhauser，1978）告诉我们，并没有最好的办法来调和这些不同。

收益成本分析（BCA）和成本-效果分析（CEA）经常被用来帮助评估社会层面上的结果。收益成本分析意在估算结果的净货币效益（与一项参考结果相比）。净货币效益指的是个人在转向新的结果时获得的好处减去这个转变对个人有害的消耗。个人的收益和成本被定义为货币补偿，货币补偿引起的福利变化与结果变化一致。采用成本效益分析要求，在所有的属性水平的变化下都能估算出这些货币的量。成本-效果分析和收益成本分析是很类似的，其属性的表达都采用非货币单位，通常是物理单位（如多少吨的玉米产量或阻止癌症的案例数）或者一个综合了多个属性变化的单位（如质量调整寿命年——结合了致命与非致命的健康效应，用来测算扣除了死亡与疾病的健康时长的测量单位）。成本-效果分析可以被用来比较每单位收获（以非货币形式测量的属性）对应的成本（以货币形式测量的属性）。但是，在成本-效果分析中，需要单独回答收获和成本是否对应的问题。（想要更多地了解收益成本分析，详见 Boardman et al.，2010；Freeman，1993；Layard and Glaister，1994；Stokey and Zeckhauser，1978；想要更多地了解成本-效果分析，详见 Drummond et al.，2005；Gold et al.，1996。）

社会福利函数提供了另一种可创建某指数的方法，该指数意在解释对社会福利分配的各种思考（Adler，2012）。实用社会福利函数将社会中每个个人的福利相加。在这个社会福利函数下，无论是谁的福利增加了，都计作相同的一个效应单位。相反，优先社会福利函数用一个凹函数来调整每个人的福利，然后将所有人调整过的福利水平值再相加。这个凹函数使得一个原本幸福状态较差的人增加的每个单位的福利比原本较幸福的人增加的每单位福利所占权重更大。社会福利函数的一个重要的局限，在于为了用于在个人之间比较，社会福利函数要求在测量（总结）个人福利时的一些方法要一致（例如，这样我们就可以说从某个特定的改变中，两人之间谁收获更多）。社会福利函数的第二个局限，在于必须要规定出哪个社会福利指数是合适的，包括描绘了不平等的规避程度或者其他特征的数值参数的详细说明。尽管这些函数在理论中有一定说服力，但是它们鲜少被付诸实践。

将所有属性（效应）加起来合并到一个指数中，一方面，这种方式的优势在于加和公式是明晰的。另外，相对于分解属性而言，此种方法提升了分析的透明度。而另一方面，如果有人不赞同指数中属性权重的分配，就可以认为该指数无效。相比之下，分别展示每个独立属性（如在雷达图中所示）的好处在于利益相关方可以讨论并权衡各属性的利弊。

预 算 考 虑

食品系统的复杂和动态变化使得综合分析评估食品系统在健康、环境、社会、经济上的效应变得既昂贵又难以完成。但是如果聚焦到一些具体问题，并对之作质量评估，就可以以比较低的成本完成，虽然伴随着一些公认的局限性。

对于简化了的低成本的评估方法，应该首先要明确认识到该简化对结果会有怎样的影响。简化往往需要建立假设并降低有效性及外推结果的可能性。想要简化评估，应该从将食品系统视为一个整体开始。首先，应该明确有哪些假设是必需的，并能确认简化是合适并实用的。有一个常见的简化性的假设，叫作“其他条件不变”，该假设认为模型外的一切都是恒定不变的。另一种方式是限制关注，将重点集中在某些食品系统的效应（通常是因为预算限制了评估者所覆盖的专业能力范畴）。评估团队应该要明确缩小评估者专业领域范畴会带来的潜在效应，如评估者会因为自身专业和学科而影响到评估的客观公正。其次，对于每个为了简化而建立的假设，评估者应当衡量假设不成立的情况发生的可能性。如果确实可能会有这样的情况发生，那该假设就是不合适的。

一个拟定简化评估的实用办法是将食品系统的领域与维度都明确地列出来，并表明每一项都是如何处理的，以及相关的假设是什么。能明确地认识到研究范围背后的假设，这并不多见，几乎没有评估是明确记录了它的所有假设的。评估的一个原则就是朝着一个方向在评估中的每一步描述“基本”信息（容易收集，但是更受假设的限制）及“扩展”信息（更昂贵，但更不受假设的限制）。这个列举方式适用于综合害虫管理效应的多重领域评估（Swinton and Norton，2009）。

所有的研究都会作简化性的假设。想要列举出相关的假设，列个清单会是一个很有帮助的开始。框 7-6 提出了一系列问题来帮助检验隐含的假设中几个倾向于简化的复杂维度。在最初界定研究范围时就需要注意自己建立的这些假设是否正当。尤其是有没有什么主要的变量关系被省略了？动态反馈是否被省略或删减了？在人口层面上采取了什么程度的异质性？那环境设定上的多样性呢（如土地、水源、空气、生物多样性）？

框 7-6
简化的假设检验列表

1. 是否涵盖了整个食品供应链？
2. 有没有涉及全部 4 个领域和维度的效应？
3. 有没有考虑变量之间的互动和动态反馈过程？
4. 有没有考虑到人口的异质性和环境多样性？

将利益相关方融入研究

与国家科学院关于风险评估，科学与决策及健康影响评估的报告中所提到的宗旨一样，本委员会也将利益相关方的参与和投入视为所拟框架的重要组成部分。利益相关方的确定和参与起着核心的作用，这一点在上述报告中已经叙述过，1997 年总统/国会风险评估和风险管理委员会也已经说过。如今在本研究中，我们也支持这一观点。利益相关方在评估过程的每个阶段有潜力做出有价值的贡献。例如，从利益相关方处搜集到的信息可以帮助我们看清一些重要的问题，集中研究范围。这些信息也提供了当地关于利益和潜在效应的信息，为更可能为民众所接受的做法提出了建议；利益相关方还可以与研究者分享他们的观点与视角，帮助识别传播研究发现的渠道（NRC，2008，2011）。当数据缺乏时，利益相关方在评估过程中的参与就尤为重要。

促进利益相关方积极参与的技巧是多种多样的，但是所有方式都应该致力于解决和应对参与任何相关评估的每个利益集团所发现的障碍与挑战。先前的评估已经采用了公开社区会议、公共听证会、结构式小组访谈、调查问卷、网络研讨会、互动技术、公开的书面意见书（NAS，2003；NRC，2008，2009，2011）等方式来使利益相关方参与到评估中来。更进一步地使利益相关方参与评估的好的指导性做法可以参见一些文件，如在 Americas Workshop（2011）发表的 *Stakeholder Participation Working Group of the 2010 HIA*（*Health Impact Assessment*）、NRC（2008）、Israel 和 colleagues（1998），以及一份 Arnstein（1969）所撰写的论文。

本委员会还认识到在利益相关方的参与过程中会出现许多难题，所以执行食品系统评估的团队应该熟悉可能出现的困难，并与其他在解决这些问题上更有经验的团体商讨。以前的影响评估经验显示［如环境影响评估（EIA）、健康影响评估（HIA）］，参与过程有时会有利于那些有更多资源与专业知识的人，而将没什么资源的人排除在外（NRC，2008，2009，2011）。除了各方利益的代表，评估者也应仔细考虑主要领导人和正规团体是否被授权或有资格“代表”利益团体所在的阶层或者更广泛的民众的利益。

例如，一位行业协会的领导人往往代表他所在的协会的成员发言，又如行业高管代表了工人与消费者的利益。因此，采用参与的过程要求我们不仅要更仔细地考虑谁参与了这个过程，还要考虑谁被忽略了。利益相关方不可避免地会对问题持有偏见，而在有效的参与过程中，应该采取一些机制来让这些偏见透明化。有效的利益相关方的参与还会面临一些挑战，如评估者在参与方式上的专业知识及资源有限；民众对科学家、科学研究或公共参与过程的不信任；实际操作的困难如语言沟通障碍或读写障碍等问题（NAS，2003；NRC，2011）。最后，我们还应该注意，在将框架应用于一个高度分化又极具争议的问题时，科学评估过程应该与强大的利益团体的影响力保持一定距离和缓冲，以便于为评估的客观公正创造空间，使得与研究范围界定、场景规划及科学分析等评估活动有关的决策能更为独立。

框架的使用

本框架提供了一套设计套路，以评估食品系统在健康、环境、社会和经济方面的效应。它能激发使用者明确地思考系统的边界、动态、在空间和人群上的异质性，以及推动食品系统成型的推动力的范畴。这个框架必定是非常笼统的，因为任何具体的研究都将取决于研究的问题本身。绝大多数现存的研究，无论采用哪种方法论，都会定义一个较狭窄的研究边界来构建一个模型，查找或搜集合适的数据，并以对自己的目的有利的方式解释研究结果。不可避免的是，许多这样的研究都会假设除自身研究中的波动之外，“其余都保持不变”。本框架建议，其他的一切并非都是平等的，而且当评估出现问题时，任何有意义的评估都必须考虑到保持现状或有意策划的改变可能产生的和意料之外的结果。一个简明的关于抗生素抗性的例证（框 7-7）将展示如何实施本框架的几个步骤。5 个详细的其他案例也会被收录在本章附件中。

框 7-7

例证：抗生素抗性

最近，致病菌的抗生素抗性问题的出现已经成为一个全球性的公共卫生危机。这个问题如今已被视为 21 世纪世界面临的首大健康难题（CDC，2013；Marshall and Levy，2011；Smith et al.，2002；Woolhouse and Ward，2013）。抗性的增强将使我们在接下来的几十年中面临整个抗生素类别失效的问题，而目前抗生素还依然在人类医学治疗中占据核心地位（Wellington et al.，2013），并且对农业生产也至关重要（Teuber，2001）。

抗生素抗性问题为激发和诠释本报告中提出的框架提供了一个很好的案例。下面，我们将通过框架中的 6 个关键步骤，讨论对抗生素抗性问题的评估的重要考量，并强调所有 4 个框架主题的重要性。正如接下来会说明的那样，抗生素抗性问题对所有这4个领域都有所影响，同时又在整个食品系统中极具复杂性和多变性，还牵涉到食品系统与政策架构之间隐含的重要的利弊权衡。

应用框架的步骤

以下内容并不表示抗生素抗性问题的实施评估，而主要意在展现问题的特点和实施任何此类评估的每一步时要做出的考虑和决定。框架共有6个核心步骤：①问题与提问；②研究范围；③情境；④分析；⑤综合；⑥撰写报告。

确 定 问 题

评估应该从定义问题的核心元素开始，包括历史和食品系统的背景。抗生素抗性是一个自然发生的历史比较久的现象，但是它的程度和波及范围在近期的历史上发生了改变，原因很可能是人类在医疗和食品系统上越来越多地使用抗生素（CDC，2013；Gustafson and Bowen，1997；Marshall and Levy，2011；Teuber，2001；Wellington et al.，2013；Woolhouse and Ward，2013）。从20世纪初期起，人类开始广泛使用抗生素来治疗细菌感染引起的疾病。而后来，抗生素又开始被广泛用于食品系统中，主要是3种用途：①用于农场畜牧业与水产养殖业的动物疾病治疗；②用于预防兽群、鸟群或果园中的传染性疾病；③以预防性剂量用于提高生产和喂养效率（尤其是在畜牧业中）（Marshall and Levy，2011；Smith et al.，2002；Teuber，2001；Woolhouse and Ward，2013）[①]。抗生素用于促进生产的做法在20世纪50年代第一次得到提倡，并且因为使用成本的降低而得到了广泛传播（Gustafson and Bowen，1997；Marshall and Levy，2011）。如今在美国，关于抗生素在食品系统与人类医疗中的用量比较的估计说法不一。抗生素在全球的食品生产中的使用状况也大不相同（CDC，2013；Marshall and Levy，2011；Smith et al.，2002；Teuber，2001；Wellington et al.，2013；Woolhouse and Ward，2013）。然而大多数专家都一致认为抗生素抗性问题现在在两种状况中（人类与食品系统）已经很广泛了，人类医疗使用和农业使用都以复杂多样的途径，使得抗生素抗性问题变得日益严重（Woolhouse and Ward，2013）。

为了继续应用框架分析，评估团队应该明确要回答的问题。在日益严重的抗生素抗性问题上，有几个突出的问题，并且评估之间的相对关注点可能有所不同。例如，一个重要的问题是“目前美国食品系统（相对于人类医学）对抗生素抗性的持续增长与维持有什么影响？”其他相关的研究问题还有“食品系统的动态变化通过何种途径影响抗生素抗性？”及“食品系统或其政策的一个或多个改变对未来的抗生素抗性会产生什么影响？”有些评估可能要将几个问题联系起来回答。情境、数据和分析方法的选择也在某种程度上取决于对研究问题的选择。

① 水产养殖业中用于促进生产的抗生素的使用在北美地区已经被逐步停止（尽管进口海鲜可能还是被这样处理的）；在鱼的食物中添加抗生素的行为还在继续（Marshall and Levy，2011）

定义研究范围和情境

应用框架的接下来的几步是讨论研究的范围和情境。在这些步骤中，有两个主题对于一份好的评估十分重要。第一个主题是“认识问题对整个食品系统和在食品系统的生物物理、社会、经济、制度方面的效应”。对于抗生素抗性问题的评估而言，整个供应链的讨论应该是非常重要的——包括抗生素的药品生产，在治疗和促进生产方面的使用（如动物配种、水产养殖或水果繁殖），食物从业者出于医疗目的的使用，以及从食物到环境中消费者对耐药性细菌的暴露量（Marshall and Levy，2011；Smith et al.，2005；Teuber，2001；Wellington et al.，2013；Woolhouse and Ward，2013）。复杂环境也很重要，包括共生菌、食品生产和加工工作场所中，甚至全球水循环，人类的接触及动物的迁徙等效应下抗性基因的转移（Allen et al.，2010；Marshall and Levy，2011）。

第二个关键的主题是“考虑所有领域和效应的维度”。在抗生素抗性问题的案例中，现存证据表明在该报告中包含 4 个主要领域的多重效应。经济效应包括了抗生素使用带来的经济利益。例如，在降低成本预防传染病的同时，提高了食品生产力。同样也包括经济消耗，如由于抗生素抗性而产生的大量医疗支出（CDC，2013；Gustafson and Bowen，1997）。健康利益包括减少了人畜共患病，防止细菌及寄生虫进入食物链。而健康损失包括抗药性降低了有效治疗某些疾病的能力，还有由于抗生素抗性，如今的治疗不得不采用更具毒性或疗效更低的药品（CDC，2013；Marshall and Levy，2011；Wellington et al.，2013）。抗生素抗性在食品系统中可以通过两种方式影响人类健康，一种是通过食物摄入与动物直接接触，另一种是与环境中的细菌接触。环境效应已经不只是生态系统中土壤和水的抗药性增强了，随着抗生素的积累，非人类、非食物的物种都会受到影响（其中许多还是难以进行生物降解的）（Wellington et al.，2013）。

评估所需要的情境的选择（特定的食品系统架构），应该主要取决于第一步的具体研究问题的选择。关于食品系统和人类医疗对当下抗生素抗性问题的相对贡献，讨论系统的历史与现在是比较合适的。关于现状的改变对于未来抗生素抗性的影响，适当调整一下架构会更切题。

进 行 分 析

数据指标和分析方法的选择在某种程度上也取决于具体研究问题的选择。然而，主题的特征（这里指抗生素抗性问题）也会提供一些重要的指引。在应用框架时，用于分析的两个主题是至关重要的。

分析应该“解释系统的动态变化和复杂性”。这在抗生素抗性问题上尤其重要，因为证据表明一个复杂系统（第 6 章）的每个特点都是现存且重要的。适应性是抗生素抗性问题的核心——抗性的演变是一个细菌菌种随着时间而产生的适应性反应

（Allen et al.，2010；Smith et al.，2005）。抗生素抗性在种族内及种族间的出现和扩散是一个复杂的、动态变化的过程，涉及选择压力、人口动态变化及进化等过程（Marshall and Levy，2011；Smith et al.，2005；Wellington et al.，2013）。充分描述这个过程对于抗生素抗性改变的精确评估是至关重要的。有证据表明，任何干预到系统的时间和顺序都非常重要，并且抗生素抗性的动态发展是高度非线性的（Marshall and Levy，2011；Smith et al.，2002）。食品系统中（或之外）的因素之间的相互依赖也很重要。例如，抗性基因的选择可以是受到系统中抗生素使用总量及消费抗生素的动物数量的相互关系驱动（Marshall and Levy，2011）。同样，在食品系统中使用抗生素造成的影响取决于与系统外的传播动态的互动（如人类医疗体系）（Smith et al.，2005）。在食品系统中用于疾病预防与治疗的反馈记录，以及在食品生产和人类医疗中使用的抗生素药物种类的反馈记录都被正规归档（Marshall and Levy，2011；Phillips et al.，2004）。最后，空间复杂性在抗生素抗性问题上扮演着重要的角色。种群结构与迁徙（包括人与动物）塑造了抗生素抗性传播的动态结构。抗生素本身（及它的抗性基因）在空间中随风、尘土、洋流、昆虫和土壤而迁徙（Allen et al.，2010）。

分析的第二个主题是为主题选择合适的方法和数据度量。在抗生素抗性的案例上，数据方面的难题格外突出。抗生素抗性细菌和抗性基因的扩散在本质上很难测量，因为途径多样，且从源头到终点的传播链极长（Smith et al.，2005）。此外，数据也很匮乏。抗生素的使用数据在美国并没有被系统地采集。在世界大多数地区，用于促进生产的抗生素的使用是不规范的，而且完全没有数据记录（Marshall and Levy，2011；WHO，2014）。只有一些经验性的估算值可以被找到，用来回答一些问题，但是估算值都相差很大。例如，曾有人尝试估算抗生素在人类用药和在食品系统中用量的相对量差，这个估算值相差非常大，小到认为两种情况下使用量大致相当，大到认为食品系统用量远高于人类用药（Phillips et al.，2004；Smith et al.，2005）。在食品系统内部，估算用于促进生产的抗生素用量与用于治疗的用量之差的值也从大致相当到高出一个数量级（Phillips et al.，2004；Smith et al.，2005）。类似地，欧洲推出“天然实验”的项目，禁止使用非治疗性抗生素。研究者对“天然实验”的影响的解读也天差地别。一些研究发现了抗生素的使用和抗性的显著降低（Marshall and Levy，2011），而另一些研究发现这一禁止伴随着治疗用药的增加（Phillips et al.，2004）。新的测量方法如基因组测序和先进的分子检测技术使得填补这些空白变成可能（Marshall and Levy，2011；Woolhouse and Ward，2013），但他们还是不可能完全解决经验分析在这一领域的局限性。

一部分因为这个原因，也有一部分因为其捕捉动态变化及复杂性的能力，数学和计算机建模是当下研究抗生素抗性问题的最好、最具潜力的工具（Smith et al.，2002，2005；Wellington et al.，2013）。这些模型能够直接反映生物学的工作机制（有些已经非常清晰），也能模拟人口和空间的动态变化（Singer and Williams-Nguyen，2014；

Verraes et al.，2013）。这样的模型有时就能帮助预测政策选择可能产生的后果，以及指导干预措施实施的时机和实施方式（Singer and Williams-Nguyen，2014；Smith et al.，2002，2005；Wellington et al.，2013）。

综合分析与汇报

应用评估框架的最后几步是整合、解读分析结果，以及将成果汇报给各类读者。

在抗生素抗性的案例里，决定性数据的缺乏（迄今已完成的模型的数量有限）引起了在“应该做什么”这个问题上的争议（Marshall and Levy，2011；Woolhouse and Ward，2013）。“预警原则”使得欧洲联盟（简称欧盟）和美国食品药品监督管理局站在了预防和限制抗生素使用的一边（FDA，2014；Smith et al.，2005）。美国疾病预防控制中心提出抗生素在食品系统中出于促进生产的目的的使用“不是必需的，应该逐步停止”（CDC，2013）。美国食品药品监督管理局与行业共同提出了一个自愿原则的方案，用来逐步停止某些抗生素在食品生产过程中的使用。另外，许多人认为，恰当的风险评估还没有实施，在食品系统中限制使用抗生素很可能会产生成本昂贵的、可预见或不可预见的后果（Phillips et al.，2004）。这也体现了许多评估的一个重要方面——结果可能给出不确定或不明确的引导，但对判断起了重要作用。确实，评估也许不会达到平衡。一项评估应该要用不偏不倚、精确平衡的方式来展示结果，既不过分解读也不过少解读，并且还要认识到不同的读者会从报告中对于“应该做什么”这个问题得出不同的结论。

这个框架同时也强调了评估要面向（并融入）许多利益相关方的重要性。要把评估结果视为是以利益相关方为读者而做的报告。在抗生素抗性的案例中，潜在的利益相关方包括监管部门、畜牧业及水产业生产商、食品安全团体、医务人员与医院、保险公司、制药商、环境安全机构及消费者。

总　　结

本章提供了委员会推荐的一个分析框架。它可供决策者、研究人员和其他利益相关方使用，以检验干预措施产生的影响，以及评估特定的食品系统配置在健康、环境、社会及经济领域的效应。本委员会认识到一个系统的研究是一项成本昂贵的工作，所以对于由分析资源和财政资源较少导致研究范围受限的评估，我们也给出了一些建议。因此并不是所有的步骤和方法都要平等地使用，而应取决于评估者选择的研究范围和主题。同时，评估者应该清楚地认识到研究的界限和意义，对于一些分散的问题并没有必要去完整系统地分析。在其他例子中，可能有必要对相关问题的文献进行系统回顾，而不是进行全面的系统分析。

这个框架的目的是在食品和农业领域给评估与决策过程一些指引。然而，任何分析都只是实际决策的一个输入点，许多其他因素，如判断，也会影响决策，而这已超出了研究报告的范畴。这个框架适用于：①识别和预防一项干预措施无意中造成的影响；②提高利益相关方决策的透明度；③改善沟通并帮助人们更好地理解科学家、决策者和其他利益相关方的价值观与视角；④降低结果误读的可能性。

本框架建立在以下 4 个原则的基础上。想要设计一份令人满意的评估，应该做到：①认清整个食品系统的效应；②考虑效应的所有领域和维度；③解释系统的动态和复杂性；④选择合适的分析和综合方法。

这个评估框架提倡讨论 4 个维度的效应——质量、数量、分布及恢复能力，这 4 个维度衡量了食品系统提供了什么，提供了多少，提供给了谁，去了哪里，以及其可持续发展的程度。一份评估往往遵循 6 个步骤来实施，包括问题的界定（决定评估的需求和定义目的与目标），研究范围的界定（描绘系统的边界、组成部分、过程、参与者和他们之间的联系），场景的界定（识别基准和替代选项，酌情而定），分析（实施评估），综合评估（整合与解读结果），报告（将结果告知利益相关方）。

本章详细讨论了列出的评估步骤，讨论了各种评估中会用到的分析方法，以及如何在整个评估过程中将利益相关方融合进来。

参 考 文 献

Adler, M. 2012. *Well-being and fair distribution. Beyond cost distribution*. New York: Oxford University Press.

Allen, H. K., J. Donato, H. H. Wang, K. A. Cloud-Hansen, J. Davies, and J. Handelsman. 2010. Call of the wild: Antibiotic resistance genes in natural environments. *Nature Reviews Microbiology* 8(4):251-259.

Alston, J. M., G. W. Norton, and P. G. Pardey. 1998. *Science under scarcity: Principles and practice for agricultural research evaluation and priority setting*. New York: CAB International.

Anderson, J. R. 1974. Simulation: Methodology and application in agricultural economics. *Review of Marketing and Agricultural Economics* 42(1):3-55.

Arnand, S., K. R. Mankin, K. A. McVay, K. A. Janssen, P. L. Barnes, and G. M. Pierzynski. 2007. Calibration and validation of ADAPT and SWAT for field-scale runoff prediction. *Journal of the American Water Resources Association* 43(4):899-910.

Arnstein, S. R. 1969. Ladder of citizen participation. *Journal of the American Institute of Planners* 35(4):216-224.

Arrow, K. J. 1971. *Essays in the theory of risk bearing*. Chicago, IL: Markham Publishing Co.

Barrett, C. B., and M. R. Carter. 2010. The power and pitfalls of experiments in development economics: Some non-random reflections. *Applied Economic Perspectives and Policy* 32(4):515-548.

Boardman, A., D. Greenberg, A. Vining, and D. Weimer. 2010. *Cost–benefit analysis*. The Pearson Series in Economics. Upper Saddle River, NJ: Prentice Hall.

Box, G. E. P., and N. R. Draper. 1987. *Empirical model building and response surfaces*. New York: Wiley.

CDC (Centers for Disease Control and Prevention). 2013. *Antibiotic resistance threats in the United States*. http://www.cdc.gov/drugresistance/threat-report-2013 (accessed January 6, 2015).

Chen, X., H. Huang, M. Khanna, and H. Onal. 2014. Alternative transportation fuel standards: Economic effects and climate benefits. *Journal of Environmental Economics and Management* 67(3):241-257.

Cohen, J. T., D. Bellinger, W. E. Connor, P. M. Kris-Etherton, R. S. Lawrence, D. S. Savitz, B. Shaywitz, S. M. Teutsch, and G. Gray. 2005. A quantitative risk–benefit analysis of changes in population fish consumption. *American Journal of Preventive Medicine* 29:325-334.

Collins, S. L., S. R. Carpenter, S. M. Swinton, D. Ornstein, D. L. Childers, T. L. Gragson, N. B. Grimm, J. M. Grove, S. L. Harlan, K. Knapp, G. P. Kofinas, J. J. Magnuson, W. H. McDowell, J. M. Melack, L. A. Ogden, G. P. Robertson, M. D. Smith, and A. C. Whitmer. 2011. An integrated conceptual framework for social–ecological research. *Frontiers in Ecology and the Environment* 9(6):351-357.

Conway, G. R. 1987. The properties of agroecosystems. *Agricultural Systems* 24:95-117.

Cornfield, J. 1978. Randomization by group: A formal analysis. *American Journal of Epidemiology* 108(2):100-102.

Dawes, R. M., D. Faust, and P. Meehl. 1989. Clinical versus actuarial judgment. *Science* 243:1668-1674.

Deaton, A. 2010. Instruments, randomization, and learning about development. *Journal of Economic Literature* 48(2):424-455.

Dent, J. B., and M. J. Blackie. 1979. *Systems simulation in agriculture*. London, UK: Applied Science.

Dillon, C. R. 1993. Advanced breakeven analysis of agricultural enterprise budgets. *Agricultural Economics* 9(2):127-143.

Donner, A., and N. Klar. 2000. *Design and analysis of cluster randomisation trials in health research*. London, UK: Arnold.

Drummond, M. F., M. J. Sculpher, G. W. Torrance, B. J. O'Brien, and G. L. Stoddart. 2005. *Methods for the economic evaluation of health care programmes*. Oxford, UK: Oxford University Press.

Egbendewe-Mondzozo, A., S. M. Swinton, R. C. Izaurralde, D. H. Manowitz, and X. Zhang. 2011. Biomass supply from alternative cellulosic crops and crop residues: A spatially explicit bioeconomic modeling approach. *Biomass & Bioenergy* 35:4636-4647.

FDA (Food and Drug Administration). 2014. *Judicious use of antimicrobials*. http://www.fda.gov/AnimalVeterinary/SafetyHealth/AntimicrobialResistance/JudiciousUseofAntimicrobials (accessed January 6, 2015).

Freeman, A. M. 1993. *The measurement of environmental and resource values: Theory and methods*. Washington, DC: Resources for the Future.

Gold, M. R., J. E. Siegel, L. B. Russell, and M. C. Weinstein. 1996. *Cost-effectiveness in health and medicine*. Oxford, UK: Oxford University Press.

Gustafson, R. H., and R. E. Bowen. 1997. Antibiotic use in animal agriculture. *Journal of Applied Microbiology* 83:531-541.

Hadar, J., and W. R. Russell. 1969. Rules for ordering uncertain prospects. *American Economic Review* 59:25-34.

Hammond, R. A. 2009. Complex systems modeling for obesity research. *Preventing Chronic Disease* 6(3):A97.

Hanks, J., and J. T. Ritchie. 1991. *Modeling plant and soil systems*. Madison, WI: Society of Agronomy, Crop Science Society of America, and Soil Science Society of America.

Heckman, J., H. Ichimura, J. Smith, and P. Todd. 1998. Characterizing selection bias using experimental data. *Econometrica* 66(5):1017-1098.

Howitt, R. E. 1995. Positive mathematical programming. *American Journal of Agricultural*

Economics 77:329-342.
Intriligator, M. D. 1978. *Econometric models, techniques and applications*. Englewood Cliffs, NJ: Prentice-Hall.
Israel, B. A., A. J. Schulz, E. A. Parker, and A. B. Becker. 1998. Review of community-based research: Assessing partnership approaches to improving public health. *Annual Review of Public Health* 19:173-202.
Johnson, D. M. 2013. An assessment of pre- and within-season remotely sensed variables for forecasting corn and soybean yields in the United States. *Remote Sensing of the Environment* 141:116-128.
Keeney, R. L., and H. Raiffa. 1976. *Decisions with multiple objectives: Preferences and value tradeoffs*. New York: Wiley.
Langseth, D., and N. Brown. 2011. Risk-based margins of safety for phosphorus TMDLs in lakes. *Journal of Water Resources Planning and Management* 137(3):276-283.
Law, A. M., and W. D. Kelton. 1991. *Simulation modeling and analysis*. New York: McGraw-Hill.
Layard, R., and S. Glaister. 1994. *Cost-benefit analysis*, 2nd ed. Cambridge, UK: Cambridge University Press.
Marshall, B.M., and S. B. Levy. 2011. Food animals and antimicrobials. *Clinical Microbiology Reviews* 24(4):718.
Meehan, T. D., C. Gratton, E. Diehl, N. D. Hunt, D. F. Mooney, S. J. Ventura, B. L. Barham, and R. D. Jackson. 2013. Ecosystem-service tradeoffs associated with switching from annual to perennial energy crops in riparian zones of the US Midwest. *PLoS ONE* 8(11):e80093.
Mendenhall, W., R. L. Scheaffer, and D. D. Wackerly. 1986. *Mathematical statistics with applications*. Boston, MA: Duxbury.
Michalak, A. M., E. J. Anderson, D. Beletsky, S. Boland, N. S. Bosch, T. B. Bridgeman, J. D. Chaffin, K. Cho, R. Confesor, I. Dalo lu, J. V. DePinto, M. A. Evans, G. L. Fahnenstiel, L. He, J. C. Ho, L. Jenkins, T. H. Johengen, K. C. Kuo, E. LaPorte, X. Liu, M. R. McWilliams, M. R. Moore, D. J. Posselt, R. P. Richards, D. Scavia, A. L. Steiner, E. Verhamme, D. M. Wright, and M. A. Zagorski. 2013. Record-setting algal bloom in Lake Erie caused by agricultural and meteorological trends consistent with expected future conditions. *Proceedings of the National Academy of Sciences of the United States of America* 110(16):6448-6452.
Moffitt, R. A. 2004. The role of randomized field trials in social science research—a perspective from evaluations of reforms of social welfare programs. *American Behavioral Scientist* 47(5):506-540.
NAS (National Academy of Sciences). 2003. *Understanding risk. Informing decisions in a democratic society*. Washington, DC: The National Academies Press.
NRC (National Research Council). 2008. *Public participation in environmental assessment and decision making*. Washington, DC: The National Academies Press.
NRC. 2009. *Science and decisions: Advancing risk assessment*. Washington, DC: The National Academies Press.
NRC. 2011. *Improving health in the United States: The role of health impact assessment*. Washington, DC: The National Academies Press.
Nyborg, K. 2012. *The ethics and politics of environmental cost–benefit analysis*. Abingdon, Oxon, UK: Routledge.
Phillips, I., M. Casewell, T. Cox, B. De Groot, C. Friis, R. Jones, C. Nightingale, R. Preston, and J. Waddell. 2004. Does the use of antibiotics in food animals pose a risk to human health? A critical review of published data. *Journal of Antimicrobial Chemotherapy*

53(1):28-52.

Powers, C. M., G. Dana, P. Gillespie, M. R. Gwinn, C. O. Hendren, T. C. Long, A. Wang, and J. M. Davis. 2012. Comprehensive environmental assessment: A meta-assessment approach. *Environmental Science & Technology* 46(17):9202-9208.

Pratt, J. W. 1964. Risk aversion in the small and in the large. *Econometrica* 32:12-36.

Presidential/Congressional Commission on Risk Assessment and Risk Management. 1997. *Framework for environmental health risk management.* Washington, DC: RiskWorld.

Rabotyagov, S. S. 2010. Ecosystem services under benefit and cost uncertainty: An application to soil carbon sequestration. *Land Economics* 86(4):668-686.

Robertson, G. P. 2004. Abatement of nitrous oxide, methane and other non-CO_2 greenhouse gases: The need for a systems approach. In *The global carbon cycle*, edited by C. B. Field and M. R. Rapauch. Washington, DC: Island Press. Pp. 493-506.

Schoemaker, P. J. H. 1982. The expected utility model: Its variants, purposes, evidence and limitations. *Journal of Economic Literature* 20(2):529-563.

Singer, R. S. and J. Williams-Nguyen. 2014. Human health impacts of antibiotic use in agriculture: A push for improved causal inference. *Current Opinion in Microbiology* 19:1-8.

Smith, D. L., A. D. Harris, J. A. Johnson, E. K. Silbergeld, and J. G. Morris, Jr. 2002. Animal antibiotic use has an early but important impact on the emergence of antibiotic resistance in human commensal bacteria. *Proceedings of the National Academy of Sciences of the United States of America* 99(9):6434-6439.

Smith, D. L., J. Dushoff, and J. G. Morris. 2005. Agricultural antibiotics and human health. *PLoS Medicine* 2(8):e232.

Stakeholder Participation Working Group of the 2010 HIA in the Americas Workshop. 2011. *Best practices for stakeholder participation in health impact assessment.* Oakland, CA. October 2011. http://www.hiasociety.org/documents/guide-for-stakeholder-participation.pdf (accessed January 6, 2015).

Stokey, E., and R. J. Zeckhauser. 1978. *A primer for policy analysis.* New York: Norton.

Sunstein, R. 2000. Cognition and benefit–cost analysis. *Journal of Legal Studies* 29(2):1059-1103.

Swinton, S. M., and G. W. Norton. 2009. Economic impacts of IPM. In *Integrated Pest Management*, edited by E. B. Radcliffe, W. D. Hutchison, and R. E. Cancelado. Cambridge, UK: Cambridge University Press. Pp. 14-24.

Teuber, M. 2001. Veterinary use and antibiotic resistance. *Current Opinion in Microbiology* 4:493-499.

Tyner, W. E. 2010. The integration of energy and agricultural markets. *Agricultural Economics* 41:193-201.

Van Dyne, G. M., and Z. Abramsky. 1975. Agricultural systems models and modelling: An overview. In *Study of agricultural systems*, edited by G. E. Dalton. London, UK: Applied Science Publishers. Pp. 23-106.

van Wijk, M. T., M. C. Rufina, D. Enahoro, D. Parsons, S. Silvestri, R. O. Valdivia, and M. Herrero. 2012. *A review on farm household modelling with a focus on climate change adaptation and mitigation.* Working Paper No. 20. Copenhagen, Denmark: CGIAR Research Program on Climate Change, Agriculture and Food Security.

Verraes, C., S. Van Boxstael, E. Van Meervenne, E. Van Coillie, P. Butaye, B. Catry, M. A. de Schaetzen, X. Van Huffel, H. Imberechts, K. Dierick, G. Daube, C. Saegerman, J. De Block, J. Dewulf, and L. Herman. 2013. Antimicrobial resistance in the food chain: A review. *International Journal of Environmental Research and Public Health* 10(7):2643-2669.

Wellington, E. M., A. B. Boxall, P. Cross, E. J. Feil, W. H. Gaze, P. M. Hawkey, A. S. Johnson-Rollings, D. L. Jones, N. M. Lee, W. Otten, C. M. Thomas, and A. P. Williams. 2013. The role of the natural environment in the emergence of antibiotic resistance in gram-negative bacteria. *Lancet Infectious Diseases* 13(2):155-165.

WHO (World Health Organization). 2014. *Antimicrobial resistance—global report on surveillance*. Geneva, Switzerland: WHO.

Woolhouse, M. E. J., and M. J. Ward. 2013. Sources of antimicrobial resistance. *Science* 341:1460.

7-A　附件：框架解析案例

在撰写报告的过程中，委员会发现在许多案例中，食品系统内（政策或实践的）架构或建议的改变可能导致超出其直接目标的多个领域中的意想不到的结果，还可能在众多领域内引发意想不到、始料未及的后果。这些案例揭示了一个事实，即为了更准确地评估食品系统内所有潜在的变化，将健康、环境、社会和经济等因素纳入分析框架之中是非常有必要的。

委员会选取了 6 个来自食品系统不同组成部分的案例（框 7-A-1），来解释说明如何应用所提出的分析框架。这一框架能够通过自身或与其他情境进行对比，来评估食品系统配置（如政策或实践）的变化所带来的影响。所有这些案例都揭示了一个现象，即如果一味地关注直接目标领域而忽视其他领域，就会产生广泛的、预期之外的影响；它们还揭示了将潜在的连锁反应、依赖性、相互作用及反馈等因素结合起来的综合考量的研究方法的必要性。报告中引用的抗生素抗性案例（框 7-7）简洁生动地说明了如何应用分析框架的各个步骤，除此之外，附件中还包含了 5 个类似的详尽案例。

框 7-A-1

食品系统架构案例——揭示如何应用分析框架

抗生素在农业中的应用（第 7 章，框 7-7）。农业中广泛使用抗生素可能会导致耐药生物的产生，进而会对人类和动物的健康产生影响。对历史和/或现实的系统架构进行分析，有助于更好地揭示食品系统和人类药物在目前抗生素抗性不断增强的趋势中分别扮演了怎样的角色。

针对鱼类消费和健康的建议（附件 1）。鱼类消费指南在发布之时并未考虑过鱼类供应量是否充足的问题，也未考虑过此指南可能会对环境产生何种影响。一些替代方案可能会导致饮食建议的改变或新技术的应用（如可持续的农业生产方式）。

授权生物燃料在汽油供应中的政策（附件 2）。生物能源政策的出发点在于增强国家的能源独立性，减少温室气体的排放量。人们在实施这些政策之时，并未考虑到其对大范围环境的影响及对国内和全球粮食价格的影响。

针对增加水果和蔬菜（果蔬）消费量的建议（附件 3）。这项评估的出发点在于了解果蔬消费面临的不利因素和激励因素，从而能更有针对性地进行干预，增加水果和蔬菜的消费量。

农业生态系统中的氮元素动态及管理（附件 4）。通过使用高浓度氮肥来提高粮食产量会带来众多环境、健康和经济方面的后果，这些经济后果超出了对作物产量的直接关注。一种基准情景是过度依赖矿质肥料，而不重视氮的吸收和保留；另一种情景是采纳可供选择的作物栽培系统，这种系统不过分依赖含氮矿质肥料，而是强调生物固氮，注重使用农家肥、有机物质和土壤改良物质，并种植覆土作物及多年生作物。

关于母鸡鸡舍内的行为模式的政策（附件5）。这项案例研究的评估过程正在进行中，它评估的是产蛋模式的改变对生产效率、食品安全和工人健康的影响。评估数据是3种不同的母鸡管理体系，目前还在收集过程中。

之所以选择这些案例，是因为它们所关注的问题都已经产生了或者可能会产生或积极，或消极，或出人意料的重要结果。所有这些案例都采纳了相同的分析框架，并且都是按照分析步骤（框 7-1）展开的。然而，与这些例证相关的所有分析、综合及报告环节都被排除在了此报告之外，因为它们超出了委员会任务声明的范畴；另外，虽然确定研究范围对于辨别系统的重要动态很关键，但由于时间和资源的限制，委员会无法完全彻底地实施这一步骤（委员会未对主题领域进行系统地回顾）。相反，委员会选取了最主要、最显著的效应，并确定了相关科学论文。在分析步骤上，委员会考量了数据收集和总体方法等方面的需求，但并未仔细考虑针对特定情境的最佳数据和方法。除考虑时间和资源限制外，一项全面的评估还需要根据初始问题仔细挑选评估团队，并决定利益相关方的参与程度。委员会成立的初衷不是为了对所有的特殊问题进行分析，因为这样的步骤明显不在任务声明的范围内，而且还需要具体问题领域的专业评估团队；同样，展开综合分析的各处细节（如是否进行成本-效益分析）和报道（如利益相关方是谁）也是评估团队的特权。因此，读者不应将报告中的某段分析或架构当作建议，而应当将其视为未来思考的案例和素材。

下文所有的案例都揭示了应该如何应用分析框架的各个部分和原则。例如，果蔬案例重在说明驱动系统运转的参与者的数量和多样性，而氮肥案例则强调了在不同时间和空间收集大量数据的重要性。另外，需要指出的是，关于处理商业化鸡蛋生产的动物福利的案例是唯一一个还未完结的案例，评估团队目前正在进行评估工作。这一案例的特殊之处在于，它所采用的系统方法恰巧与框架重合度非常高。分析框架明确建议要重视各种界限和限制条件。例如，从一个农场收集的数据不太应该被用来推断其他农场和地区的情况，因为还需要考虑众多其他因素的影响。

最后，需要指出的是，所有案例在应用分析框架时，都遵循了从问题、范围，到情境再到分析的顺序。然而，委员会也意识到了在现实中框架执行的模式可能是环形的、重复的，这是因为在系统评估的过程中，会不断提出新的问题，并需要对研究范围、文献综述或数据分析进行必要的补充。

附件 1：针对鱼类消费的膳食建议

鱼类系统：一个有着多元参与者的复杂自适应系统

虽然鱼类体内含有甲基汞等污染物，但许多专家坚持认为食用鱼肉对健康有益。《2010 年美国居民膳食指南》就曾建议每周应食用 8 盎司[①]海鲜（USDA and HHS, 2010）。对该建议的影响分析是一个很好的案例，如果实现的话，可能会产生健康以外的意想不到的后果，包括环境、社会和经济效应。委员会的框架可以将食用鱼类所产生的健康、环境、社会和经济效应等综合起来进行研究。

鱼类案例尤其体现了委员会分析框架的第 3 个原则，即解释系统的动态和复杂性，因为这一案例所体现的全球动态系统涉及众多层面的诸多参与者，包括渔民、发展机构和提供饮食指南的营养学家等。这些参与者怀揣着不同的目标，掌握着不同的信息，而且彼此经常意见相左。例如，他们对 EPA（二十碳五烯酸）和 DHA（二十二碳六烯酸）对健康的影响持有不同的看法；另外，他们对长期和短期的食品安全问题也持有不同的观点和意见，而且他们大都不曾考虑过改变渔业政策会给不同人群带来的影响。具体而言，鱼类需求量的增加可能会推动一些地区渔业的发展，却会给另外一些地区带来经济下滑和粮食安全等问题。由于缺乏体制，一些受直接影响最大的区域很难被吸纳进政策制定的过程及安全和生物多样性的讨论之中。同时，有许多证据清晰地表明了不同领域的参与者都在努力适应鱼类和水产品数量减少这一现状。这些证据包括以亚洲为代表的地区水产业的急剧发展；对环境友好型生产方式展开的重大研究；在可持续发展的条件下，鱼类捕捞或养殖信息的传播等。这些变化在世界不同国家甚至是同一国家中都是不一样的。地理多样性和空间复杂性在鱼类案例中尤为重要。

鱼类的全球性、鱼类生产和分销的特殊环境（多个供应链条中的多个国家的生产和分销）及全球市场信号这三方面的合力会带来许多出人意料的结果，其中包括上文提及的那些变化。漫长的空间距离使得生产和消费的反馈回路出现了时间上的滞后。当前的做法会产生何种影响，气候变化又会对未来的生产能力产生何种影响？由于相关研究的匮乏，鱼类系统内的所有参与者都面临着严峻的挑战。

人们已经对这套复杂自适应系统内的某些因素展开了研究。然而，知识的差距依然存在；利益相关方对问题的严重性持有不同看法；科学家对研究发现和结论的有效性争论不休。

① 1 盎司=28.349 523g

鱼类及其他海鲜是全球蛋白质的重要来源。从世界范围看，它们提供了 6%的食用蛋白质；但对 30 亿人而言，鱼类在他们的人均动物蛋白摄入量中，比重高达 20%（FAO，2014）。鱼类等海鲜还是长链多不饱和脂肪酸（PUFA）EPA/DHA 等重要营养物质的来源，这些物质有助于降低人类心脏病的发病率。

由于鱼类对人体健康大有裨益，《2010 年美国居民膳食指南》曾这样建议：每周应食用 8 盎司海鲜，特别是三文鱼、马鲛鱼、沙丁鱼、鲳参鱼、凤尾鱼、剑鱼、鳟鱼、金枪鱼等海洋油性鱼类，它们每日能为人体提供 250mg EPA/DHA（USDA and HHS，2010）。其他鱼类虽然也能提供脂肪酸，但毕竟含量有限，需大量食用才能达到营养标准。虽然α-亚麻酸（ALA），也是一种ω-3 脂肪酸，能被转化成 EPA/DHA，但这种物质在人体内的转化率非常低。另外，《美国居民膳食指南》还建议应该丰富餐桌上的海鲜种类，以防止日常食用的某种海鲜甲基汞含量超标。10 种最常食用的海鲜中有 5 种甲基汞含量较低，它们分别是虾、淡金枪鱼、三文鱼、鳕鱼和鲶鱼（AHA，2014）。

美国鱼类消费量低，2011 年人均消费量为 6.8kg（鱼类食品摄入量，非市场流通量）。数据显示，美国人均海鲜摄入量约为 9g/日，其中约 50%是虾类产品（Raatz et al.，2013）。在消费量排名前十位①的海鲜中，只有三文鱼富含 EPA/DHA，每餐份三文鱼能满足一些团体建议的 250～500mg/日的摄入标准。另外，国家健康与营养调查在 2003～2008 年进行的食品消费调查数据显示，在日常食用的海鲜中，仅有 20%富含ω-3 脂肪酸成分（Papanikolaou et al.，2014）。因此，即便从最乐观的情况来看，这些长链多不饱和脂肪酸（PUFA）的摄入量也仅为标准水平的 40%左右。

美国人均鱼类拥有量从 2006 年的 16.5lb 减少到 2012 年的 14.4lb（NFI，2013）。调查发现，消费者购买鱼类的意愿受熟悉度、价格和新鲜度等因素的影响最大（Hall and Amberg，2013），而且鱼类消费量的下滑很大程度上是受鱼类价格的影响。还有一些研究认为，鱼类消费量下滑的另一个原因是膳食指南曾提醒人们鱼类体内可能含有甲基汞等有毒物质。于是，意料之外的结果出现了，人们并未像期待中那样选择甲基汞含量低的海鲜，而是干脆减少了鱼类产品的食用量（Rheinberger and Hammitt，2012）。消费者在购买商品时通常并不能掌握充分完整的商品信息，于是，海鲜行业、餐馆及零售商能够通过影响不同鱼类的成本、流通性和需求度，来影响人们购买鱼类的种类、数量和意愿（Oken et al.，2012）。

鱼类消费是鱼类子系统供应链的最后一环，它与国内和国际的自然资源息息相关。图 7-A-1 是一张食品子系统的地图，图上选取的参与者和过程会随需求量的增加而发生变化。

确 定 问 题

评估通常是由一个宽泛的问题或关注点所引发的。评估的第一步是确定问题，它通常是在进行文献综述和咨询利益相关方的基础上完成的。本案例中关注的问题是如果消费者完全遵从《美国居民膳食指南》给出的海鲜摄入量的建议，那么鱼类供应量就必须

① 前十位为虾、金枪鱼罐头、三文鱼、罗非鱼、鳕鱼类、巨鲶、蟹、鳕鱼、鲶鱼和蛤

要显著增加。评估团队需要调查的内容为，与目前的鱼类消费模式相比，遵循《美国居民膳食指南》建议后的鱼类消费模式所引起的（美国及其他国家的）健康、环境、社会及经济后果。

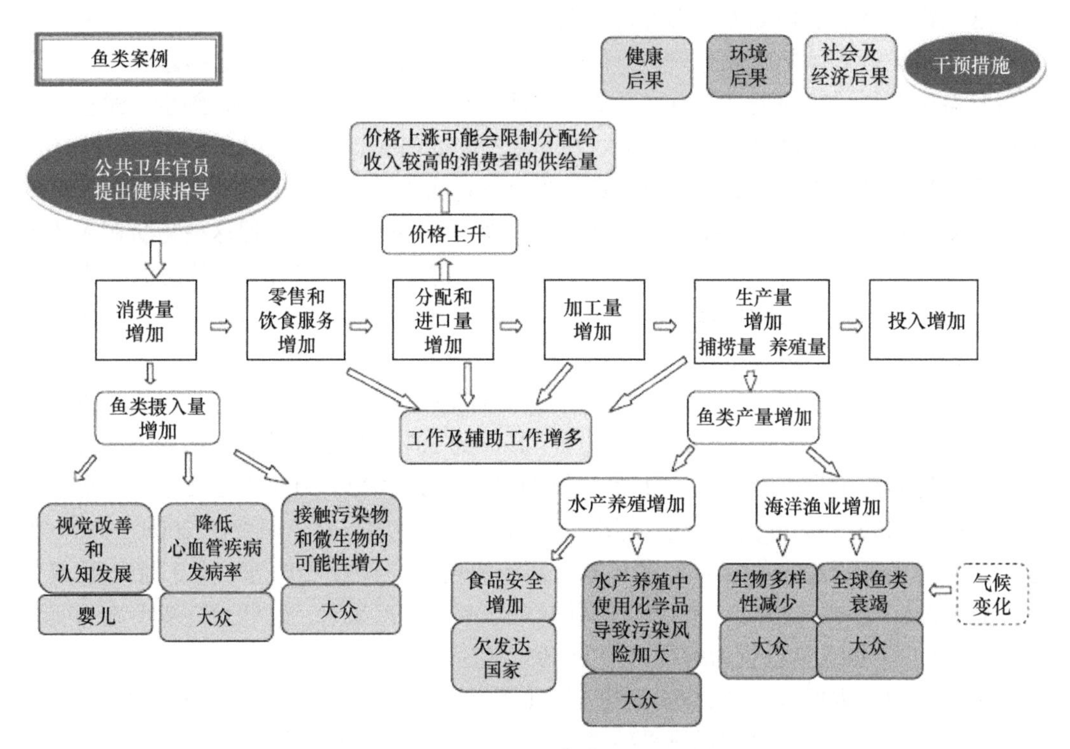

图 7-A-1　这是一个概念模型，它主要包含了几个系统驱动因素和美国当前的鱼类消费健康指南的潜在效应。箭头指示出了这种潜在效应，它既体现在供应链上，也体现在更为广阔的物理和社会经济背景下。这些效应是在对精选的科学杂志出版物进行研究的基础上得出的，并未进行系统的文献综述。报告未对系统内的各种相互作用，如反馈（例如，鱼类价格增长可能会导致需求量减少，从而缓解潜在效应）等进行解释说明

1.《2010 年美国居民膳食指南》（USDA and HHS，2010）认为美国人应当将海鲜摄入量增加至每周最少 8 盎司（2～3 餐份）；儿童也应当食用适量的海鲜；而且，孕妇和进行母乳喂养的女性每周应食用 8～12 盎司甲基汞含量低的海鲜，以促进婴幼儿大脑及眼睛发育。

2. 辅助工作包括鱼类加工、包装、销售、分销、制造鱼类加工设备、织网和制造齿轮、制冰、供应、造船和渔船维修保养、零售、调研及行政等。

定义问题的范围

在确定问题之后，评估的第二步是确定分析的范围，并描述主要的驱动因素及相关的健康、环境、社会和经济效应（图 7-A-1）。这一步对于给出恰当的关于油性鱼类食用量的建议、实现多重目标是非常关键的，因为要实现这些目标，可能需要在饮食建议所能引发的潜在健康效应和环境、社会及经济效应之间权衡利弊，做出取舍。在这一实例

中，系统的边界是美国，它在全球鱼类系统内运转；而且分析会给出简略的文献综述，来描述这些驱动力及其机制。

健康效应

营养。20 世纪 70 年代早期，研究者发现格陵兰岛因纽特人的心脏病发病率非常低，而且他们的心脏病普遍少于丹麦因纽特人（Bang et al.，1971）。科学家认为这主要得益于格陵兰岛因纽特人对富含长链多不饱和脂肪酸（PUFA）的鱼类和海洋哺乳动物的消费。在随后几十年内，人们进行了成千上万项调查研究，以证实鱼肉和鱼油对人类健康的影响（O'Keefe and Harris，2000）。基于这些调查的结果，《2010 年美国居民膳食指南》提出了食用鱼类的饮食建议。食用鱼类的好处主要在于可以减少成人冠心病的发病率，并提高婴儿和儿童的认知能力。然而，最近，Fodor 等（2014）开始质疑关于格陵兰岛因纽特人的那些早期发现，他指出，后来进行的众多研究表明格陵兰岛、阿拉斯加州和加拿大等地因纽特人的心脏病发病率与非因纽特人相似。

研究结果的不一致性使得人们开始质疑心血管疾病发病率的减少与食用鱼类之间的关联性的强弱程度。虽然存在这样的质疑，但许多国家的专家在提供饮食建议时，仍会提醒民众食用鱼肉、摄入鱼油。目前，海鲜是人类从饮食中摄取 EPA/DHA 的主要来源（IOM，2007）。鱼类不能合成这些脂肪酸；它们需要从藻类、磷虾或其他鱼类组成的饮食中获取这些物质。现在的大多数婴幼儿奶粉都补充添加了来自藻类的 DHA。

食品安全。一些卫生组织（如美国心脏协会和世界卫生组织）承认多种鱼类体内含有高浓度的甲基汞、多氯联苯和二噁英等环境污染物。一般来说，海洋哺乳动物及居于食物链顶端的大型年长鱼类体内污染物含量更高。汞是一种海洋、淡水湖、河流和由自然地质变化过程或大气沉降过程产生的土壤的污染物，主要来自于燃煤发电场。汞主要以甲基汞的形式在鱼类食物链中聚集，它是一种神经毒素，有可能引发心血管疾病（Ginsberg and Toal，2009）。从 20 世纪 70 年代早期开始，美国各州就曾针对在水道和湖泊内捕捞的鱼类的安全问题提出过建议。1994 年，美国食品药品监督管理局发布了第一个要求限制剑鱼消费量的国家公告；2001 年，它针对商业化捕捞和加工的鱼类发布了第二项国家公告。当时，美国食品药品监督管理局广受批评，因为美国国家研究委员会认为管理局忽视了委员会提出的更为强有力的饮食建议，而给民众提供了过时的饮食标准。2001 年，美国国家环境保护局也针对垂钓者捕获的鱼类发布了相似的安全公告。2004 年，美国食品药品监督管理局和美国国家环境保护局联合发表了一项公告，警示孕妇、准孕妇、哺乳期女性及儿童应减少鲨鱼、剑鱼、鲭鱼和方头鱼等的食用量，并将其他鱼类的摄入量减少至每周 12 盎司，以尽可能避免甲基汞的暴露量（FDA/EPA，2004）。这一标准高于膳食指南提倡的食用标准，显示出了消费者意见不一致和不统一性。2014 年 6 月，美国食品药品监督管理局和美国国家环境保护局起草了一项新公告，鼓励孕妇每周食用 8～12 盎司的低甲基汞含量鱼类；另外，孕妇每周应食用不超过 6 盎司长鳍金枪鱼；此外，它们还建议，妇女和儿童在食用当地水体生产的鱼类时，应当遵从当地官员的建议（FDA/EPA，2014）。尽管 2012 年有相关研究（Karagas et al.，2012）表明，美国食品药品监督管理局所认定的安全的甲基汞摄入量仍会对胎儿产生危害作用，但是

2014 年美国食品药品监督管理局和美国国家环境保护局仍然发布了这项公告。近期，对 2007～2010 年国家健康与营养调查收集的血液样本进行分析时发现，样本中 4.6%的成年人血液中甲基汞量含量大于或等于 5.8μg 汞/L（这是美国国家环境保护局制定的临界值，该终生摄入量不会引发明显的风险或健康问题）。随着鲨鱼和剑鱼食用频率的增加，血液中汞含量在明显上升；同样，随着三文鱼和金枪鱼食用频率的增加，血液中汞含量也会不断上升，只是不会那么快速（Nielsen et al.，2014）。

2007 年，美国医学研究所发布了一系列指导意见，旨在平衡食用鱼类在营养物质和毒性物质方面的健康效应及风险。总体来说，指导意见为每周应食用两次重量为 3 盎司的烹饪过的鱼肉；孕期女性、哺乳期女性及 12 岁以下儿童应避免食用食物链顶端的掠食性鱼类（IOM，2007）；其他人群应丰富餐桌上的海鲜种类，以避免单一海鲜品种带来的饮食安全风险。在食用鱼类利大于弊这一假设之下，近期的一些研究以甲基汞含量和 EPA/DHA 含量为标准，量化了每种鱼类的净风险/益处（Ginsberg and Toal，2009）。Ginsberg 和 Toal 发现一些鱼类（人工养殖的三文鱼、鲱鱼和鳟鱼）的ω-3 脂肪酸带来的益处大于其甲基汞带来的风险，而剑鱼和鲨鱼则恰恰相反；另外一些品种则净益处很少（如金枪鱼罐头）或净风险很低（如长鳍金枪鱼罐头）。在另一项研究中，研究人员经过计算得出的结论是，如果母亲遵从了美国食品药品监督管理局和美国国家环境保护局提供的鱼类饮食指导意见，那么新生儿的 IQ 值会比较居中；另外，他们的健康模型也表明，如果 40 岁以上的人群减少一个月的鱼类摄入量，那么他们获得的健康收益可能会被增大了的心血管疾病风险所抵消（Rheinberger and Hammitt，2012）。

食用海鲜还存在其他风险，这些风险是由微生物和天然毒素带来的（第 3 章）。2007 年，美国疾病预防控制中心报告指出，在 235 起由单一商品引发的流行病暴发事件中，24%是由海鲜引起的。这意味着，海鲜虽然消费量低，但事故引发率却高得离谱（Upton，2010）。2013 年，美国疾病预防控制中心报告称，在 2010 年由单一商品引发的 299 起流行病暴发事件中，37 起可以归咎于鱼类（CDC，2013）。

环境效应

捕鱼。20 世纪 50 年代，发展中国家政府曾竭力提高捕鱼能力，以增加国内所需的高蛋白食品的数量并降低其价格。政府采取的主要措施为进行大型工业化捕捞作业，增加捕鱼量。20 世纪 70 年代，全球大部分鱼类资源得到充分开发，世界渔业产量趋于平稳。2012 年，全球鱼类总产量较 1950 年增加了 80 倍，达到 1.58 亿 t，这其中包括捕获的野生鱼类和养殖类水产品（FAO，2014）。野生鱼类产量在过去十年里趋于平稳，约为 9000 万 t，而养殖类水产品产量占总产量的 40%以上。在 20 世纪 80 年代，70%的鱼类产品被人类食用，其余的 30%被加工成鱼粉或油；而在 2012 年，约 1.36 亿 t（86%）鱼类产品成为人类的食物，人均占有量为 19.2kg（FAO，2014）。2012 年，美国渔民从海洋水域中捕捞的可食用鱼类和贝类的总量为 440 万 t，仅次于中国和印度尼西亚，为世界第三大生产国（FAO，2014）。此外，美国是世界第二大鱼类进口国，年进口量占其国内鱼类供应量的 90%左右（FAO，2012）。

传统的自然资源管理政策都倾向于支持进行最大限度的捕捞，这导致了资源的急剧崩溃。20 世纪 70 年代，随着人们对资源枯竭的担忧日益加重，不同产业和部门纷纷出动，开始研究渔业和鱼类资源。他们在研究过程中使用了不同的衡量指标，这导致他们在一些问题上众说纷纭，莫衷一是。在鱼类子系统的异质性方面，自然资源保护论者指出了鱼类灭绝的风险（也就是那些在最近十年或三代之内，种群数量减少了一半以上的种类），渔业部门[①]评估了生物质轨迹（资源评估）和对应于基准鱼群状态的参考点（Davies and Baum，2012）。

虽然美国的渔业管理取得了一些成功，过度捕捞现象减少，许多渔场种群恢复至正常水平，但从全球范围来看，事态不容乐观。尽管签订了一些国际条约，但非法捕鱼仍是难题，而且许多国家的渔业管理收效并不显著。例如，在地中海地区，非法过度捕捞蓝鳍金枪鱼的问题仍然很棘手。全球约 30%的渔场被过度捕捞，约 60%被充分捕捞（接近可持续生产量的上限，达到某一期间内的最大捕捞量）（FAO，2014）；人类消费量最高的十种鱼类大都被充分捕捞，其产量不会再增加（FAO，2012）。除消费因素外，人类行为导致的气候变化也在驱动着鱼类子系统的改变：海洋酸化、温度变化、营养供给、光线条件变化等一系列气候因素给鱼类施加了压力，导致野生鱼群数量进一步减少。人们开始担忧气候变化会对海洋生态系统和栖息地产生负面效应，减少生物多样性，并造成鱼类资源衰竭（Rice and Garcia，2011）。近期的政府间气候变化专门委员会报告（2014）声称，预计气候变化将会对全球渔场产生非常消极的影响，尽管某些渔场的数量会增加，渔民可以通过减少污染、调整捕捞压力、发展水产养殖及制定动态管理政策等途径来应对气候变化。Hollowed 等（2013）曾在一篇文章中提议人们从宽阔广泛的视角去看待海洋鱼类和贝类的栖息地，看待人类社群和粮食安全。作者强调，关于物理和生物过程的效应及将它们融入分析模型的效应等许多重要问题还悬而未决。他们意识到了评估气候变化的效应还面临着诸多不确定性因素。他们还指出了许多需要进行研究的领域，如整理受多重因素效应的生理测量值，对物理、化学和生物成分间的相互作用进行生态监控，以及评估各国渔业因气候变化而受到影响的脆弱性。

水产养殖。为了应对鱼群数量减少的情况，从 1981 年开始，全球人工养殖的鱼类产量的年均增长率达到了约 9%，但最近又下降到了 6%左右（FAO，2014）。内陆水产养殖多为淡水养殖，它占水产养殖总量的比重从 1980 年的 50%增加到 2012 年的 63%（FAO，2014）。在美国消费量排名前十的海鲜中，有 5 种海鲜主要或绝大部分是水产养殖的（Raatz et al.，2013）。美国水产养殖产量约为美国海鲜需求总量的 6%，但并非所有人工养殖的品种都富含 EPA/DHA。海水养殖约占美国水产养殖产量的 20%左右（NOAA，2014）。由于受到来自低生产成本国家的竞争挤压，北美在 2012 年的养殖产量低于 2000 年（FAO，2014）。

水产养殖在稳步发展。事实上，2011 年，全球鱼类养殖产量超过了牛肉产量（Larsen and Roney，2013），预计到 2015 年时，养殖产量将超过野生鱼类捕捞量（OECD/FAO，

---

① 按照 2006 年美国《Magnuson-Stevens 渔业保护和管理重新授权法案》的规定，美国国家海洋和大气管理局渔业可持续发展办公室（Office of Sustainable Fisheries）协助管理渔业事务（如禁止过度捕捞、增强国际合作等），促进渔业可持续发展，并减少经济损失等。他们向地区渔业管理委员会（Regional Fishery Management Councils）提供渔业管理方面的指导意见

2013）。这种扩张使越来越多的人开始关注不同生产系统对环境造成的破坏，包括被当作饲料来源的野生鱼群（如鲱鱼、鳀鱼、沙丁鱼）所承载的压力。人们利用这些野生鱼类来保留传统风味，并向养殖鱼类提供 DHA/EPA。水产养殖引发的问题还有很多，如水质下降、能源消耗量增大、使用抗生素及入侵种问题（Diana et al.，2013；Oken et al.，2012）。

社会和经济效应

2012 年，全球约有 5800 万人口从事鱼类生产工作，渔业和水产养殖业是他们的生计和收入来源；这其中，700 万左右为临时渔民和渔农，他们中有 84%生活在亚洲地区（FAO，2014）。2012 年，约有 1900 万人口从事水产养殖工作（在亚洲，97%的鱼类工作与鱼类养殖有关）。渔业和水产养殖业带动的就业增速高于农业，2010 年，全球 13 亿广义农业参与者中有 4%从事的是渔业和水产养殖工作。在过去 5 年内，参与鱼类养殖的人口数量年均增长率为 5.5%，而捕捞野生鱼类的渔民数量增长率仅为 0.8%（FAO，2012）。

渔业和水产养殖业还提供了不计其数的相关工作岗位，如鱼类加工、包装、销售、分销、制造鱼类加工设备、织网和制造齿轮、制冰、供应、造船和渔船维修保养、零售、调研及行政等。所有这些工作岗位，预计养活了 6.6 亿～8.2 亿人，也就是全球 10%～12%的人口（FAO，2014）。

在意识到全球劳动力的庞大规模和将他们吸纳进产业发展中的重要性之后，研究者展开了调查，内容包括①如何更加促进当地人力资本的使用，因为受过良好教育且训练有素的劳动力能更好地适应当地条件和生产；②如何研发风险管理体系，以提高安全性能，对抗入侵种，包括致病菌；③如何制定全球标准，推动水产养殖产品可持续发展（Diana et al.，2013）。另一种行之有效的工具是社会影响评估（SIA）。美国国家海洋和大气管理局提供了指导意见，旨在推动评估结果的实施和执行，允许渔民和渔业行业解决鱼类管理带来的社会效应（Pollnac et al.，2006）。这项研究清楚地说明了海鲜产业，特别是渔民，应当更多地参与到研究项目及外研项目的开发过程中，以改进针对环境污染问题（例如，在喂养模式上，应以植物源饲料代替鱼肉饲料喂养）和水质问题的管理举措。

在美国，商业捕鱼是最危险、最致命的职业之一。渔民的死亡率为 124/100 000，远远高于其他工作的死亡率（4/100 000）（CDC/NIOSH，2014）。虽然商业捕鱼作业的工作环境因水体和鱼类的不同而有所区别，但总体而言，渔民的工作环境都较为艰苦，都需要面对极端天气状况、工作周期长、体力消耗大和活动空间狭小等难题（BLS，2014；CDC/NIOSH，2014）。渔民高死亡率的主要诱因包括沉船、跌落甲板及处理船上机械和齿轮设备时发生的事故（CDC/NIOSH，2014；Lincoln et al.，2008）。以死亡率为标准，美国最危险的渔区分别为东北部底栖鱼渔区、大西洋扇贝渔区及西海岸邓杰内斯角大海蟹渔区（CDC/NIOSH，2014）。

人们关心的另一个问题是需求量增加和当地渔区产量骤减这两个因素叠加，会促使美国、日本及欧盟成员国等发达国家从发展中国家大量进口海鲜。用于在全球市场上进行交易的鱼类和鱼类产品的比重为40%，而大米的比重为5%（Jenkins et al.，2009）。这样大规模的需求给发展中国家施加了巨大压力，迫使他们在允许外国渔船进入本国海岸渔场捕鱼或将本国鱼类出口到外国市场这两者之间做出选择。不论何种选择，发展中国家都为了发达国家的福祉而牺牲了一种重要的蛋白质来源（Jenkins et al.，2009），因为毕竟这些国家内（如西非国家）的基本营养物质供应还远远不足，民众还面临众多健康隐患。

确 定 情 境

在对鱼类系统进行评估时，为了理解一项新政策（如新饮食指导意见）、新技术（如可持续的养殖模式）或系统遭遇到的挑战（如地球上某些地域海洋变暖速度加快）的影响，包含这样一个步骤，即将系统当前的表现（基准线）与能够体现预期变化的一个或多个情境系统的表现进行对比。在此案例中，基准线是美国当前的鱼类消费状况，而对比情境是美国人海鲜消费模式的变化，不管是人们增加了鱼类摄入量以达到《美国居民膳食指南》推荐的饮食标准，还是人们出于某种其他原因而减少了摄入量。对比情境会考量一系列因素，如①不同的鱼类摄入量标准，包括当前《美国居民膳食指南》提出的标准和其他较低的鱼类摄入量标准；②不同水平的甲基汞含量或甲基汞含量的变化，原因可能在于目标人群遵从了鱼类饮食建议；③在不同生长环境、气候变化和生物多样性条件下生产不同数量的野生和养殖三文鱼；④世界不同区域所需的鱼类蛋白质的水平不同。

进 行 分 析

在这一步评估中，会应用数据、指标和分析工具来检验与对比情境有关的健康、环境和经济效应。另外，一个系统性的分析还需要参考当前已经存在的各种健康、环境、社会和经济方面的评估。按照框架原则的要求，海鲜分析所应用的方法应该能描述系统潜在的关键动态驱动因素，如听从饮食建议而增加鱼肉摄入量、水产养殖的发展和气候变化所引发的鱼类种群数量的变动；另一个重要特征是，它能解释全球效应及各种效应在不同人群内的分布。

回顾分析

之前已有不少研究人员针对海鲜消费量不断增加所带来的影响进行过定性分析和定量分析。例如，上文提及的美国医学研究所报告（2007）引用了科学证据来说明食用海鲜能带来的营养收益和安全风险；Ginsberg 和 Toal（2009）得出了甲基汞和ω-3 脂肪酸与冠心病和神经发育之间的剂量反应关系；有些评估还考察了海鲜消费量增加会对健康以外的领域产生何种影响；Jenkins 等（2009）查看了数据库，研究了长链多不饱和脂肪酸（PUFA）消费、鱼群数量减少、全球鱼类需求量增加造成的社会和经济效应、鱼类养殖和水产业及其发展的限制因素、鱼类污染物及 EPA/DHA 的其他来源等问题的证据基础。他们得出的结论是，按照惯例，在发布鼓励人们增加鱼类摄入量的饮食指南之前，应当对其环境效应进行评估。Oken 及其同事（2012）对这一问题进行了最为完整的研究，他们总结得出目前缺乏针对不同鱼类选择的健康、生态和经济效应的综合信息；Rice 和 Garcia （2011）回顾了关于 2050 年全球人口增长和鱼类产量的变化，分析了气候变化及其对生物多样性的影响。他们总结道，如果野生鱼类捕捞量和密集渔业养殖的产量增加 50%，那将会是与目前为解决海洋生物多样性压力问题而采取的各种干预措施背道而驰的。这证实了在提供鱼类饮食建议时，需要考虑气候变化和人口增长的影响，也证实了强调低密度水产养殖系统的必要性（Diana et al.，2013）。

新的分析

在此案例中，评估团队会选择特定的数据源、指标和分析方法。数据源可能包括以下这些：①国家健康与营养调查（NHANES）关于油性鱼类消费的数据（假设数据是可以分解、分类使用的）；②美国食品药品监督管理局、美国国家环境保护局监测的甲基汞数据和 Karimi 等（2012）的汞浓度数据库的数据；③从联合国粮食及农业组织和其他渠道获取的全球野生和养殖三文鱼产量的数据；④海洋系统和淡水系统里生物多样性、气候变化和污染程度的模拟数据或实测数据。

目前用来测量健康、环境、社会等效应的方法有很多。例如，对渔业进行社会影响评估（SIA）的模型（Pollnac et al.，2006）；又如，融合了风险/收益分析的模型，它所采用的是剂量反应关系和二次数据分析，数据来源是对不同鱼类进行的甲基汞含量和ω-3 脂肪酸水平的个体研究（Rheinberger and Hammitt，2012）；另外，还有两种模型似乎尤其适合用来分析动态复杂的鱼类系统，它们分别是基于主体建模（ABM）和系统动力学建模。基于主体建模（ABM）在电脑上构建出了人工社会，并将主体安置在一定的空间背景里，那里有特定的内部条件和一整套适应规则，管理着彼此之间和彼此与环境之间的互动。参与者的角色和分工（如渔民、经销商和鱼类食用者）各不相同：互动会对个体和集合系统产生影响。宏观层面的模式和趋势会逐渐确立起来，并且可以将模式（如鱼类消费、海洋生物多样性/鱼群数量，以及可利用的鱼类蛋白质的变化）与数据进行对比，从而不断纠正和调整模型。基于主体建模（ABM）在探索政策问题时尤为有效（Hammond，2009）。

一个系统动力学建模会利用 3 个核心组成部分来检验效应：①不同时段鱼群数量的增减状况；②鱼群数量的流动或变化率；③反馈回路，它能将不同时间和空间的鱼群数量与流动联系起来，也能将消费量与饮食建议之间的变化联系起来（Hammond，2009）。

考虑鱼类饮食建议的健康、环境、社会和经济效应还会引发对一些其他问题的思考，这需要进行更深层次的研究和分析。这些问题包括：①还有哪些饮食模式引发了或可能引发相似的健康效应？②食用鱼类给健康带来的益处能否通过补充藻类或酵母类 EPA/DHA 获得？③既能适应鱼类需求量增加的趋势，又能保持健康的种群状态的鱼类数量为多少？④为了实现最佳的环境状态，野生捕捞的鱼类和水产养殖的鱼类之间需要保持何种平衡？⑤鱼类需求量增加会对鱼类出口国的人口产生哪些经济效应？⑥鱼类需求量增加会为以鱼类为主要蛋白质来源的人口的粮食安全问题带来哪些影响？⑦气候变化将如何影响生物多样性及野生和养殖鱼类的产量？⑧国际机构该如何斡旋及制定政策，以协调多个与此难题相关的利益方之间的分歧？

参考文献

AHA (American Heart Association). 2014. *Fish 101*. http://www.heart.org/HEARTORG/GettingHealthy/NutritionCenter/Fish-101_UCM_305986_Article.jsp (accessed December 30, 2014).

Bang, H. O., J. Dyerberg, and A. B. Nielsen. 1971. Plasma lipid and lipoprotein pattern in Greenlandic West-coast Eskimos. *Lancet* 1(7710):1143-1145.

BLS (Bureau of Labor Statistics). 2014. *Occupational outlook handbook, 2014-15 edition, fishers and related workers*. http://www.bls.gov/ooh/farming-fishing-and-forestry/fishers-and-related-fishing-workers.htm (accessed December 30, 2014).

CDC (Centers for Disease Control and Prevention). 2013. Surveillance for foodborne disease outbreaks—United States, 2009-2010. *Morbidity and Mortality Weekly Report* 62(3):41-47.

CDC/NIOSH (CDC/National Institute for Occupational Safety and Health). 2014. *Commercial fishing safety*. http://www.cdc.gov/niosh/topics/fishing/#fishus (accessed December 30, 2014).

Davies, T. D., and J. K. Baum. 2012. Extinction risk and overfishing: Reconciling conservation and fisheries perspectives on the status of marine fishes. *Scientific Reports* 2:561.

Diana, J. S., H. S. Egna, T. Chopin, M. S. Peterson, L. Cao, R. Pomeroy, M. Verdegem, W. T. Slack, M. G. Bondad-Reantaso, and F. Cabello. 2013. Responsible aquaculture in 2050: Valuing local conditions and human innovations will be key to success. *BioScience* 63(4):255-262.

FAO (Food and Agriculture Organization of the United Nations). 2012. *The state of world fisheries and aquaculture 2012*. Rome, Italy: FAO.

FAO. 2014. *The state of world fisheries and aquaculture. Opportunities and challenges*. Rome, Italy: FAO.

FDA/EPA (Food and Drug Administration/Environmental Protection Agency). 2004. *What you need to know about mercury in fish and shellfish*. http://water.epa.gov/scitech/swguidance/fishshellfish/outreach/advice_index.cfm (accessed December 30, 2014).

FDA/EPA. 2014. *FDA and EPA issue updated draft advice for fish consumption/Advice encourages pregnant women and breastfeeding mothers to eat more fish that are lower in mercury*. http://yosemite.epa.gov/opa/admpress.nsf/bd4379a92ceceeac8525735900400c27/b8edc480d8cfe29b85257cf20065f826!OpenDocument (accessed December 30, 2014).

Fodor, G. J., E. Helis, N. Yazdekhasti, and B. Vohnout. 2014. "Fishing" for the origins of the "Eskimos and heart disease" story. Facts or wishful thinking? A review. *Canadian Journal of Cardiology* 30(8):864-868.

Ginsberg, G. L., and B. F. Toal. 2009. Quantitative approach for incorporating methylmercury risks and omega-3 fatty acid benefits in developing species-specific fish consumption advice. *Environmental Health Perspectives* 117(2):267-275.

Hall, T. E., and S. M. Amberg. 2013. Factors influencing consumption of farmed seafood products in the Pacific Northwest. *Appetite* 66:1-9.

Hammond, R. A. 2009. Complex systems modeling for obesity research. *Preventing Chronic Disease* 6(3):A97.

Hollowed, A. B., M. Barange, R. J. Beamish, K. Brander, K. Cochrane, K. Drinkwater, M. G. G. Foreman, J. A. Hare, J. Holt, S. Ito, S. Kim, J. R. King, H. Loeng, B. R. MacKenzie, F. J. Mueter, T. A. Okey, M. A. Peck, V. I. Radchenko, J. C. Rice, M. J. Schirripa, Y. Yamanaka, and A. Yatsu, 2013. Projected impacts of climate change on marine fish and fisheries. *ICES Journal of Marine Science* 70(5):1023-1037.

IOM (Institute of Medicine). 2007. *Seafood choices: Balancing benefits and risks*. Washington, DC: The National Academies Press.

IPCC (Intergovernmental Panel on Climate Change). 2014. *Fifth assessment report 2014. Climate change: Implications for fisheries and aquaculture*. Cambridge, UK: IPCC.

Jenkins, D. J., J. L. Sievenpiper, D. Pauly, U. R. Sumaila, C. W. Kendall, and F. M. Mowat. 2009. Are dietary recommendations for the use of fish oils sustainable? *Canadian Medical Association Journal* 180(6):633-637.

Karagas, M. R., A. L. Choi, E. Oken, M. Horvat, R. Schoeny, E. Kamai, W. Cowell, P. Grandjean, and S. Korrick. 2012. Evidence on the human health effects of low-level methylmercury exposure. *Environmental Health Perspectives* 120(6):799-806.

Karimi, R., T. P. Fitzgerald, and N. S. Fisher. 2012. A quantitative synthesis of mercury in commercial seafood and implications for exposure in the United States. *Environmental Health Perspectives* 120(11):1512-1519.

Larsen, J., and J. M. Roney. 2013. *Farmed fish production overtakes beef*. Earth Policy Institute. http://www.earth-policy.org/plan_b_updates/2013/update114 (accessed December 30, 2014).

Lincoln, J. M., D. L. Lucas, R. W. McKibbin, C. C. Woodward, and J. E. Bevan. 2008. Reducing commercial fishing deck hazards with engineering solutions for winch design. *Journal of Safety Research* 39(2):231-235.

Newman, L., and A. Dale. 2009. Large footprints in a small world: Toward a macroeconomics of scale. *Sustainability: Science, Practice, & Policy* 5(1):9-19.

NFI (National Fisheries Institute). 2013. *National Fisheries Institute*. http://www.aboutseafood.com (accessed December 30, 2014).

Nielsen, S. J., B. K. Kit, Y. Aoki, and C. L. Ogden. 2014. Seafood consumption and blood mercury concentrations in adults aged >=20 y, 2007-2010. *American Journal of Clinical Nutrition* 99(5):1066-1070.

NOAA (National Oceanic and Atmospheric Administration). 2014. *NOAA fisheries: Office of Aquaculture*. http://www.nmfs.noaa.gov/aquaculture (accessed December 30, 2014).

NRC (National Research Council). 2000. *Toxicological effects of methylmercury*. Washington, DC: National Academy Press.

OECD/FAO (Organisation for Economic Co-operation and Development/FAO). 2013. *Agricultural outlook 2013-2022*. Paris, France, and Rome, Italy: OECD/FAO.

O'Keefe, J. H., Jr., and W. S. Harris. 2000. From Inuit to implementation: Omega-3 fatty acids come of age. *Mayo Clinic Proceedings* 75(6):607-614.

Oken, E., A. L. Choi, M. R. Karagas, K. Marien, C. M. Rheinberger, R. Schoeny, E. Sunderland, and S. Korrick. 2012. Which fish should I eat? Perspectives influencing fish consumption choices. *Environmental Health Perspectives* 120(6):790-798.

Papanikolaou, Y., J. Brooks, C. Reider, and V. L. Fulgoni, III. 2014. U.S. adults are not meeting recommended levels for fish and omega-3 fatty acid intake: Results of an analysis using observational data from NHANES 2003-2008. *Nutrition Journal* 13:31.

Pollnac, R. B., S. Abbott-Jamieson, C. Smith, M. L. Miller, P. M. Clay, and B. Oles. 2006. Toward a model for fisheries social impact assessment. *Marine Fisheries Review* 68(1-4):1-18.

Raatz, S. K., J. T. Silverstein, L. Jahns, and M. J. Picklo. 2013. Issues of fish consumption for cardiovascular disease risk reduction. *Nutrients* 5(4):1081-1097.

Rheinberger, C. M., and J. K. Hammitt. 2012. Risk trade-offs in fish consumption: A public health perspective. *Environmental Science and Technology* 46(22):12337-12346.

Rice, J. C., and S. M. Garcia. 2011. Fisheries, food security, climate change, and biodiversity: Characteristics of the sector and perspectives on emerging issues. *ICES Journal of Marine*

Science 68:1343-1353.

Upton, H. F. 2010. Seafood safety: Background and issues. *CRS Report for Congress*. http://nationalaglawcenter.org/wp-content/uploads/assets/crs/RS22797.pdf (accessed December 30, 2014).

USDA and HHS (U.S. Department of Agriculture and U.S. Department of Health and Human Services). 2010. *Dietary guidelines for Americans, 2010*. Washington, DC: USDA and HHS.

附件 2：美国生物燃料政策

生物燃料政策：在能源政策背景下实施，但在食品系统中具有连锁反应的问题

美国生物燃料政策的出现是为了应对关于能源独立、农业盈余和气候变化等问题的关注。在 2005 年之前，当可再生燃料标准（生物燃料的生产授权）、进口关税和其他措施被制定为法律时，对新政策如何影响食品系统几乎没有分析，关于环境或健康的影响的研究则更少。鼓励生物燃料的生产和使用的目标是以假设其使用会减少对外国石油的依赖、减少温室气体的排放及增加农村收入为前提（Tyner，2008）。

然而，新政策生效后不久，经济学家和其他人认识到，能源市场与政策制定的食品系统之间的联系产生了非预期的后果。这些后果包括增加粮食生产者的成本，全球贸易商品价格的上升压力，以及大大超过预期的乙醇生产补贴的公共（和私人）支出。

由于玉米是一种粮食和饲料，生物燃料政策通过改变种植的作物组合，对美国农业生产产生了意想不到的影响。这也对全球食品系统产生了意想不到的影响，该系统在寻求可预测和不断增加的粮食供应。此外，玉米生产的能源和环境效应令人怀疑其作为汽油可再生替代品的适用性。这些权衡在美国能源安全的基础上削弱了现行政策的正当性，特别是最近由于国内能源生产的增加，对进口石油的依赖减少。

虽然一些研究已经表明，作为能量原料，多年生草类植物将提供可超过玉米的环境和能源效益，但是这些作物的生产和商业转化及其与汽油的相容性仍然是很大的难题。因此，燃料混合器不能在可再生燃料标准规定的水平下使用纤维素和其他“先进”的生物燃料。此外，应用最多的生物燃料——玉米乙醇已达到协调阈值，在没有大力扩展混合燃料车和适用于 E85（85%乙醇）的燃料基础设施的情况下，这一阈值是难以突破的。

美国生物燃料政策受到了批评，因为其既没有达到预期目标，也没有对环境和食品系统产生好的影响，但是替代政策会有更少的缺点吗？本附件说明了该框架用于分析追求能源和环境安全方面所实现的权衡和意外效应的潜力，探讨如何将可再生燃料标准与消除矿物燃料补贴的替代政策进行比较。在全世界消除这种补贴是许多国际机构及其成员国，包括美国已经承诺但尚未实现的目标。这种政策替代方案对美国国内农业生产和全球食品系统有潜在效应，但这些效应的表现方式可能与可再生燃料标准不同，其健康、环境、社会和经济效应与可再生燃料标准也不同。这种比较将阐明在实现同样目标时采用的不同方式的优点和缺点。

确 定 问 题

如委员会的框架中所述，评估的第一步是确定问题。对于这个例子，问题是如何在这个过程中实现减少与运输相关的温室气体（GHG）的排放和减少美国对外国石油的依赖的双重目标，同时避免预料之外的健康、环境、社会和经济效应，包括与食品系统相关的一些问题。

交通是美国经济的主要组成部分，并且对于美国人的流动性和生活具有重大意义，美国人在2013年总共驾车行驶了近3万亿mi[①]（DOT，2014）。然而，由于交通消耗了70%的进口石油（EIA，2014），并且占美国所有温室气体排放量的28%（EPA，2012），因此需要有在国家控制下的更清洁的运输燃料来源。由国内作物原料生产出来的生物燃料就代表着这样一种可替代燃料。玉米和大豆及其产品在历史上一直是美国食品系统的重要组成部分，占美国农作物总面积的近一半。美国生物燃料政策源于20世纪70年代后期，当时玉米和大豆出现剩余，并且化石燃料供应减少，而在当时，温室气体的排放几乎是一个不受公众关注的问题。面对经常出现的粮食和油籽剩余现象，美国看到了其提高能源自主独立性的机会，随着时间的推移，它制定了广泛的生物燃料促进政策，这些促进政策的制定是围绕混合、补贴和进口保护展开的。在1980～2005年，以玉米为基础的乙醇作为燃料的使用在稳步增长，这是由对汽油消费税的免除及极少的国外竞争所导致的，而极少的国家参与竞争是由1978年颁布的每加仑54美分的乙醇进口特定关税所导致的（Koplow，2009）。1988年，能够以85%乙醇（E85）运行的“混合燃料”车辆（FFV）被授予联合平均燃料效率（CAFE）要求的优惠，但是实际上不到10%的FFV车辆使用E85，这破坏了优惠的目的（MacKenzie et al.，2005）。2004年颁布的燃料乙醇消费税抵免将气体消费税豁免改为乙醇生产商的税收抵免，其初始设定为每加仑51美分（Koplow，2009）。以玉米为原料的乙醇的开发也得到了来自国家、地方的融资信贷和授权，以及甲基叔丁基醚（地下水污染物，重整汽油的一种含氧化合物）禁令的促进。在这些激励政策的推动下，2005年玉米基乙醇的使用量已经达到每年4亿～50亿gal[②]（EIA，2012）。

该使用水平导致的食品系统效应通常是适度的。由玉米乙醇生产出来的副产品，被称为干酒糟及其可溶物（DDGS），已经成为牛肉和奶牛口粮的较大供给。在整个过程的早期，对于动物生产经济学的总体影响并不是很大，但是一些就业和营销上的转变在当地已经悄然发生了。净就业率一般，并且有的时候是临时就业，这是因为许多工厂停产或间歇性经营。随着油价开始攀升和2005年《能源政策法案》将通过（Tyner，2008），在2004年，更加戏剧性的影响和效应开始出现。该法案根据可再生燃料标准（RFS1）授权了乙醇的使用，2012年达到75亿gal。在2007年12月，美国国会通过了《能源独立和安全法案》（EISA），该法案提出直到2015年将玉米乙醇使用量翻番至150亿gal（RFS2）（NRC，2011）（见NRC摘要中的图S-1，2011），并且创建了新的基于非粮食

① 1mi（英里）=1.609 344km
② 1gal（加仑）（US）=3.785 43L

的（“先进”）生物燃料，以实现到2022年总共达到350亿gal乙醇当量和10亿gal生物柴油的目标。2008年，《农业法案》为混合纤维素生物燃料（已延期至2014年）增加了每加仑1.01美元的补贴，并且创建了生物质作物援助计划（在《2014年农业法案》中更新），以激励更多的生物燃料的生产。目前，10%乙醇（E10）的混合已经不再适用于RFS2条例，因为RFS2条例要求使用更高含量的乙醇。为了规避这样的“混合壁垒”，美国国家环境保护局（EPA）批准了以15%的乙醇（E15）作为适用于自2001年以来建造的车辆的混合比例。然而，如果使用E15的话，一些汽车制造商就不愿意维持发动机的保修，汽车制造商很少安装E15泵是因为加油站将必须监测他们的泵，以防止燃料在较旧的车辆中或者小型发动机（如割草机）中被使用，对于它来说较高的乙醇混合物将不被批准使用。此外，E15在大多数地区的夏季是不可以被使用的，因为其蒸发排放量超过空气质量阈值。正如前面所述，E85可以被FFV使用，但E85在全国范围内的可用性是有限的。

与此同时，EPA已经减少了每年度对于先进生物燃料的使用要求。在2014年建议的要求是1700万gal，任务量只是2007年的1%（EISA 2007年要求17亿gal）。由于技术和经济等一些原因，目前，纤维素乙醇还没有得到大量生产。为了到2022年实现目前规定的160亿gal的纤维素乙醇（107亿汽油当量）水平，需要投资500亿美元的资本成本并使石油价格稳定在每桶111～190美元，这取决于所生产的纤维素原料，使其价格与汽油相竞争（NRC，2011）。

美国生物燃料政策是在能源和环境政策的共同背景下运行的，但它对食品系统产生了连锁反应，因为生物燃料的主要原料同时也是饲料和粮食的来源之一。在2007～2008年，一系列同时发生的事件影响了作物商品市场，并引起了全球粮食价格大幅上涨，其中首当其冲的是依赖这些商品作为主要粮食来源的国家。虽然关于生物燃料对价格上涨的贡献的分析不同，但是随着全球粮食安全问题的日益严重，在这之后对生产生物燃料原料的关键农田的使用进行了严格的审查（Oladosu and Msangi，2013）。将40%的美国玉米作物用于乙醇生产会减少世界商品市场上的玉米和其他谷物的供应，这就会刺激国际粮食生产者增加玉米和其他谷物的产量。如果这种增长涉及将牧场或森林转化为农田，则其产生的温室气体将会破坏美国生物燃料政策的环境基础（Searchinger et al.，2008）。这项任务还使美国农民将农业生产转变为密集的玉米生产，并高度依赖于作为潜在污染源的化肥和杀虫剂。这些非预期的影响（本附件稍后讨论）使可再生燃料标准的双重政策目标之间产生冲突。

定义问题的范围

一旦确定了问题，下一步就是确定评估的范围，这是通过表征与评估当前生物燃料政策相对于替代政策架构的预期和非预期效果所涉及的边界、组成成分、过程、参与者及相关联系来完成的。用于比较的替代政策可能涉及与可再生燃料标准相关的额外的或不同的参与者及联系。因此，关于范围的讨论必须结合使用合适的比较仪。

确定情境

对于这个例子，问题在于，鉴于涉及促进生物燃料的公共激励措施的成本，以及混合要求的难以实现，是否可以实施替代政策，以实现满足国内运输能源需求，减少温室气体排放的目标，以及改善能源安全，为食品系统、健康、环境和社会带来更多好的结果（或更少的非预期后果）。虽然已经探索了用于促进燃料生产的不同选择，如天然安全方面（基于其相对于汽油的能量值）和环境方面（基于其相对于汽油的减少的温室气体）的生物燃料补贴（Chen et al.，2014；Tyner，2008），但是专门针对生物燃料的政策不一定是实现这些目标的唯一途径。

能够实现相同目标的一个可能的替代方案是消除对国内化石燃料生产的现有公共补贴。2011 年美国的化石燃料补贴（税收抵免和其他激励措施）约为 60 亿美元（OECD，2012），这相对于美国经济中的石油价值来说是很少的一部分，因此单方面取消补贴对于燃料市场的行为如果说有影响的话，也只有微小的影响。因为这种政策替代方案似乎不足以产生与可再生燃料标准相比的预期效果，所以它可能不是最适当的替代方案。然而，如果这种政策伴随着碳税（对燃料的排放物含量征税），化石燃料的成本将显著上升，从而产生向排放量较少的燃料转移的动力。此外，税收将创造一个可用于投资能源替代品的收入来源（Palmer et al.，2012）。

另一个政策替代方案是在全球范围内减少化石燃料的补贴。国际能源署（International Energy Agency）表示，2013 年化石燃料生产（激励勘探）和消费（人为维持低价格）的全球补贴达到了 5500 亿美元，其结论是这样的补贴有助于浪费性消费，降低更加清洁的能源原料的市场竞争力，并最终促使气候变化。在全球层面，减少补贴也可能会对世界燃料市场产生非常重大的影响。

将分析范围限定在一种国内政策与另一种国内政策的比较上是一种更为均衡的做法，虽然合乎逻辑，但是这种限制也对比较造成了人为的束缚。两种政策选择——一种是针对特定市场结果的要求，另一种是不干预市场力量——是实现同一目标的不同方法。此外，基于气候变化日益严重的影响，相比于多边削减补贴的国际协定，实现国内化石燃料补贴的减少可能更为现实。2009 年，奥巴马总统在 20 国集团首脑会议（G20）上呼吁逐步淘汰和消除化石燃料补贴。这些国家集体同意在 2020 年之前消除补贴，这也是 2014 年重申的一个目标。在世界范围内逐步消除补贴被很多经济组织和国际组织所认同和呼吁，其中包括亚洲太平洋经济合作组织、国际货币基金组织（IMF，2013）、众多政策和经济智囊团、环境团体等。

无论选择哪一个范围进行分析，主要参与者都包括化石燃料和生物燃料生产者、运输环节（包括食品运输）和其他能源密集型经济生产环节，尤其是电力生产者。分析还必须关注农业生产者、能源密集型农业投入（如化肥）供应商、食品加工商和食品消费者。

根据定义，消除化石燃料生产和消费的补贴在最初会导致这些燃料价格的提高，这将在全世界范围内引发一系列反应。由于价格受到供需的影响，全球石油和天然气生产商的反应及全球经济中耗能部门的反应都将影响能源价格。预测化石燃料价格如何影响供应和需求的经济模型的结果及相关反馈取决于全球各国政府消除化石燃料补贴的速度、与气候变化相关的政策（如碳税或污染物条例）、促进可再生能源替代品（电力和燃料）或提高燃料效率（CAFE）标准的政策。与这些政策一样，消除化石燃料补贴的预期效果将是减少化石燃料的消耗，从而减少对化石燃料的依赖。

在分析过程中必须评估由能源成本和食物生产之间的强有力的联系导致的对每个部门的影响。生物燃料补贴将影响农民种植何种作物，较高的化石燃料价格也会改变农作物种植和农业生产者的农业实践决策。农业反应的建模本身就是复杂的，并且受到能源价格的反馈影响。例如，以生长成本低的作物（如多年生草类）为原料的生物能源相较于化石燃料更具经济竞争力，并且能够得到更多的投资和使用。电动车辆——快速增长的运输车队，可能会具有类似的竞争力，或竞争力更小，因为电力生产也将会被取消补贴。正如生物燃料的要求影响了饲料和食物的价格，更高的化石燃料价格也可能增加整个食品系统价值链的成本。与能源使用者一样，消费者的食品需求模式也可能随着食品价格的上涨而改变。

分析对所有领域的效应

为了满足框架的要求，评估不仅需要估计使用生物燃料和化石燃料作为能源的效应，还必须要同时考虑其对健康的直接和间接的效应，以及可能导致的环境、社会和经济后果。最近一篇关于生物燃料效应的审查报告发现，极少数出版物使用跨学科的方法，综合了多个维度，获得了不同效应之间的相互作用和反馈（Ridley et al.，2012）。作者补充说，对人类健康、生物多样性和贸易主题等领域的研究是相对缺乏的。然而，许多出版物都集中关注于生物燃料和生物燃料政策的效应的一个或多个维度，这些政策可通过其他研究来综合和扩展。对于化石燃料，可以将现有的关于经济、环境和公共健康效应的文献（NRC，2010；ORNL and RFF，1992-1998；Ottinger et al.，1990）作为探索起点来研究消除化石燃料补贴的影响。当然，随着不同的能源使用环节提出相应的经济反馈，新的影响将会出现。

接下来的部分将关注研究最多的类型的效应，这与当前政策的任何替代方案的比较都是相关的。例如，将要讨论的一个领域（如环境）中的效应可能在其他领域（如健康）中产生后果。

环境效应

比较分析时应注意，任何一种替代政策所带来的环境效应可能是积极的，也可能是消极的，其效应尺度不同，而且其效应可能是直接的或间接的。自 2007 年以来，当可再生燃料标准提高了生物燃料在汽油中混合比例的要求时，大量研究已经发表了生物燃料的一系列实际和潜在的环境效应，并且通过协会对生物燃料政策进行了要求。由于政策刺激了中西部地区的生产者将更多的土地投入到玉米生产中（Malcolm and Aillery，2009），在密西西比河中观察到了更高的硝酸盐水平（Sprague et al.，2011），同时墨西哥湾的缺氧现象与其流域中的氮负荷是相关的（Scavia and Liu，2009）。普遍用于喂养动物的酒糟蛋白饲料中的蛋白质会导致粪便中更多的氮排泄，这会增加环境风险（Stallings，2009），尽管它在动物饲料中的使用抵消了其作为生物燃料时温室气体的排放（Bremer et al.，2010）。

在 2011 年向国会提交的第一份关于生物燃料政策的三年期报告中，美国国家环境保护局发现，该政策产生的负面效应主要是由玉米生产对于环境所产生的影响。该机构补充，其他原料也可能会产生或负面，或正面的效应，这取决于使用的原料、加工方法和土地使用情况（EPA，2011）。

其他研究探讨了生物燃料原料生产（和使用）对生物多样性（昆虫、鸟类和植被的环境）（Fletcher et al.，2011；Landis and Werling，2010；Meehan et al.，2012；Robertson et al.，2011）、农药使用（Schiesari and Grillitsch，2011）、空气质量和排放（EPA，2011；Liaquat et al.，2010；Wagstrom and Hill，2012），以及水需求、水质和土壤流失等方面的影响（EPA，2011；Hill et al.，2006；Khanal et al.，2013）。

生物燃料政策的环境效应（正面和负面）也以不同的尺度建模，从次区域（Egbendewe-Mondzozo et al.，2013）到区域（EPA，2011；Georgescu et al.，2009）再到全球（Frank et al.，2013；Taheripour et al.，2010）。关于与市场介导的生物燃料效应相关的温室气体排放预测的文献正在增多。这包括引入土地利用变化的生命周期分析（Ahlgren and Di Lucia，2014；Chen et al.，2014；Hertel et al.，2010a，2010b；NRC，2011；Searchinger et al.，2008）及所谓的反弹效应，其中生物燃料表面上会刺激更多的化石燃料的使用，因为它们有使油价下行的趋势（Smeets et al.，2014）。

与生物燃料政策相关的环境效应已被多次考察，然而，对减少或消除化石燃料补贴的所有潜在环境效应进行的评估较少。通过回顾 6 个关于改变化石燃料补贴政策的环境效应和其他潜在效应的主要研究，可以发现，减少温室气体和二氧化碳排放量是最常见的模拟影响。这些研究（1992～2009 年出版）预测到，二氧化碳的减少量将会从 2010 年的 1.1%增长到 2050 年的 18%（Ellis，2010）。更多的近期评估显示，到 2050 年，二氧化碳减少量将为 10%（IEA，2012）。毫无疑问，还需要计算化石燃料生产和消耗的减少将要引起的一系列地方和区域环境因素的效应。此外，正如前面所论述的那样，价格的变化可能会导致消耗量的减少，并影响对替代能源的更大的投资，或者它们可能会催化出一些农业生产方式的变化，进而对环境产生影响。

社会和经济效应

2000～2010 年，在美国运行的乙醇工厂的数量从 50 个增加到了 200 多个（RFA，2014）。最近对 2000～2010 年的 12 个州和地区（通过将具有乙醇工厂的区县和没有工厂的区县进行比较）的就业率进行分析发现，生物燃料行业的就业率增加了 0.9%，平均创造了 82 个新的工作岗位（Brown et al.，2013）。在 21 世纪初，许多工厂由当地合作社建造，但工厂的所有权日益多样化，包括外地投资者，如跨国公司。有一点令人惊讶的是，当地对乙醇工厂所有权的反应的研究表明，相对于地方所有权来说，许多社区对缺席所有权表现出更多的支持，原因是大型企业的“更深的口袋”可以更好地对抗乙醇市场的波动。社区对乙醇工厂关于交通、水、空气的潜在效应的预期不因所有权的不同而发生改变（Bain et al.，2012）。

目前，约40%的美国玉米产量用于生物燃料（27%被考虑回收到动物酒糟蛋白饲料中）。虽然为应对乙醇需求而进行了玉米扩大生产，但玉米的价格自2005年以来翻了一番，当时价格徘徊在2.00美元左右/35L（Schnepf and Yacobucci，2013）。在美国，生物燃料对食品价格的影响有限，因为食品中的玉米价值相对于人工、加工和零售成本较小。然而，玉米成本是生产动物蛋白成本的主要组成部分。在一些条件下，动物生产者可以使用更多的饲料来饲养牛，以减少饲料价格波动的直接影响，但是其他人群，如家禽产品生产者，受饲料成本波动的影响更大，在美国，对于消费者而言，在几个月之后就能看到食品价格的上涨。在发展中国家，玉米通常是主食，因此其价格变化会直接影响家庭预算。关于生物燃料生产对全球食品价格的影响估计会受到检查时间的影响。从长远来看，玉米价格由生产成本及需求趋势决定。例如，2008年在对25项研究和报告的回顾中得出结论：较高的商品价格是美元贬值的结果，在农业生产率增长缓慢和第一代生物燃料生产迅速增长的情况下，全球对农产品的需求增加（Abbott et al.，2008）。这些结果往往与长期分析的方法有关，这些方法引用了能源成本上升、美元疲软、财政扩张和投资基金活动等因素（Babcock，2011；Babcock and Fabiosa，2011；Baffes and Haniotis，2010）。

相比之下，对短期效应的研究得到了截然不同的结论，研究发现生物燃料生产增加是谷物价格上涨的主要驱动力（如2008年和2012年），占谷物价格上涨的75%。这些分析（Wise，2012）还预测，由于使用要求不断增加，在没有有效的“减压阀”的情况下，如较高的玉米价格能够通过使用者减少需求和限制短期的配给来进行协调，生产将继续推动价格上涨（Koplow，2009）。

在不能承受适应较高商品价格的发展中国家，土地转用于生产生物燃料而不是粮食，这种情况特别令人担忧。联合国粮食及农业组织的数据表明，自2006年以来，全球农业基地已经增加了4000多万公顷的土地，这其中大部分在发展中国家。这意味着较高的商品价格可能会帮助那些国家的农业生产者，但同时会伤害面临较高食品价格的城市消费者（Tyner，2013）。

消除全球化石燃料补贴的社会和经济效应比美国生物燃料政策的效应更为深远，其将会影响到所有工业部门，包括粮食生产。考虑到全球范围内补贴模式的差异，其产生的社会经济效应可能也不一样。像美国这样的发达国家通常使用生产补贴，这些生产补贴往往是直接转移到化石燃料生产商。根据一些分析，仅消除美国的生产补贴，就会在未来10年内向联邦政府返回414亿美元的收入（Aldy，2013），而且对美国消费者只会产生最小的价格影响（Allaire and Brown，2009）。相比之下，发展中国家采用消费补贴，人为地维持较低的燃料价格，目的是减轻贫困，增加人们获得能源的机会，并促进当地经济部门的经济增长。不论其具体原因如何，必需品价格的急剧上涨将会导致大规模骚乱的发生，因此消除消费补贴会造成风险。一些研究表明，当补贴被取消时，较贫穷国家的收入将会减少（Coady et al.，2006），但其他研究表明，通过消费补贴的途径可以向贫困人口提供援助，这样就会减轻这些效应。通过关于化石燃料补贴政策改革引起的经济效应的经验和模型研究，提出了积极的整体效果，即到2050年发达国家和发展中国家国内生产总值的增长率将高达0.7%（Ellis，2010）。

健康效应

Scovronick和Wilkinson（2014）确定了生物燃料影响健康的4个主要途径：职业危害、水和土壤污染、空气污染（在生物燃料生产和使用中）和食品价格。作者认为，人口水平的最大的健康效应将是由空气质量改善（至少在城市环境中）和食品价格上涨（食品无法保障的人群中）所造成的影响。另一项研究估计了由温室气体造成的气候变化与健康效应，以及从玉米乙醇的生产和使用到汽油及维生素生物燃料引起的空气污染，发现玉米乙醇的相关成本最高。燃料生产系统的地理位置不同，其效应也是不一致的（Hill et al.，2009）。

能源生产和使用的外部消极影响已被广泛研究。它特别侧重于健康损害，如由空气污染中的颗粒物质导致的过早死亡率和发病率（慢性支气管炎和哮喘），同时它也关注作物、林木和生态环境的损失。该研究估计2005年的损害成本大约为560亿美元，而在其中健康占了损害的“绝大部分”（NRC，2010）。国家研究委员会研究所使用的方法可用于预测减少化石燃料使用所引起的公共卫生的影响，而如果该情况得以实现的话，要归功于补贴改革。

其他问题

恢复能力和能源安全是跨越健康、环境和经济领域的两个相关问题。“准备、计划、吸收、恢复并更成功地适应不良事件的能力”（The National Academies，2012，第1页）主要用于自然灾害防备，同样也可以适用于检验食物和燃料系统中断的风险，特别是在生物燃料方面，气候、疾病和虫害在确定供应方面发挥作用。美国的能源安全与恢复能力有关，因为它被视为国际燃料市场中应对极端政治或其他冲击的潜在缓冲。能源安全是制定可再生燃料标准的具体原理。消除美国生产补贴可能会减少美国国内的石油和天然气生产，但专家辩论了减少的幅度到底会有多大（Allaire and Brown，2009）。任何一种政策替代方案对能源安全和粮食安全所产生的影响的程度将是进行比较的一个重要特征，这样的影响不仅体现在数量方面，而且体现在效果分配方面。

进行分析

在评估的这个步骤中，数据、度量和工具被用于检验与替代情境相关联的可能的效应。而分析不同的政策配置如何扰乱全球粮食和能源系统之间的联系，将是一个复杂而广泛的任务。然而，整理和综合现有文献将为这两个政策之间的区别提供良好的初步轮廓，这些图像可能足以使其对利益维度的潜在和实际效应进行广泛比较，并能够提供关于其与其他政策（如支持替代能源生产的研究）如何共同施行以达到相互满意的社会目标的认识。第一步是创建一个关于路径和联系的地图，政策通过该路径和联系对利益的维度产生影响。

在粮食生产的领域里，在能源利用和环境的大背景下，比较不同政策方法中固有的权衡是一个活跃的研究领域（Sarica and Tyner，2013），并且将经济活动与一些环境（框7-5）和健康（NRC，2010）参数进行结合的模型也已经得到了发展。这些成就为我们综合利益维度上的信息奠定了基石。因为不能获得解释某些效应的经验证据（如参见关于氮的附件 4），所以需要使用基于替代措施的估计，并且必须了解该方法的局限性。由于必须依赖模型来预测政策结果，解释为该分析收集的综合信息的最大挑战将是确定和描述专家在量化效应方面使用的假设，特别是在专家和模型不一致的情况下，需要了解差距、不确定性和平衡点。

参 考 文 献

Abbott, P. C., C. A. Hurt, and W. E. Tyner. 2008. *What's driving food prices?* Washington, DC: Farm Foundation.

Ahlgren, S., and L. Di Lucia. 2014. Indirect land use changes of biofuel production—A review of modelling efforts and policy developments in the European Union. *Biotechnology for Biofuels* 7(1):35.

Aldy, J. E. 2013. *Eliminating fossil fuel subsidies. A policy proposal for the Hamilton Project.* Washington, DC: The Brookings Institution.

Allaire, M., and S. Brown. 2009. *Eliminating subsidies for fossil fuel production: Implication for U.S. oil and natural gas markets. Issue brief.* Washington, DC: Resources for the Future.

Babcock, B. 2011. *The impact of US biofuel policies on agricultural price levels and volatility.* International Centre for Trade and Sustainable Development. Issue Paper No. 35. Geneva, Switzerland: International Centre for Trade and Sustainable Development.

Babcock, B. A., and J. F. Fabiosa. 2011. *The impact of ethanol and ethanol subsidies on corn prices: Revisiting history.* CARD Policy Brief No. 11. http://www.card.iastate.edu/publications/synopsis.aspx?id=1155 (accessed December 23, 2014).

Baffes, J., and T. Haniotis. 2010. Placing the recent commodity boom into perspective. In *Food prices and rural poverty.* Washington, DC: The World Bank. Pp. 40-70.

Bain, C., A. Prokos, and H. X. Liu. 2012. Community support of ethanol plants: Does local ownership matter? *Rural sociology* 77(2):143-170.

Bremer, V. R., A. J. Liska, T. J. Klopfenstein, G. E. Erickson, H. S. S. Yang, D. T. Walters, and K. G. Cassman. 2010. Emissions savings in the corn-ethanol life cycle from feeding coproducts to livestock. *Journal of Environmental Quality* 39(2):472-482.

Brown, J., J. G. Weber, and T. Wojan. 2013. *Emerging energy industries and rural growth.* Economic Research Report No. ERR-159. Washington, DC: U.S. Department of Agriculture, Economic Research Service.

Chen, X. G., H. X. Huang, M. Khanna, and H. Onal. 2014. Alternative transportation fuel standards: Welfare effects and climate benefits. *Journal of Environmental Economics and Management* 67(3):241-257.

Coady, D., M. El-Said, R. Gillingham, K. Kpodar, P. Medas, and D. Newhouse. 2006. *The magnitude and distribution of fuel subsidies: Evidence from Bolivia, Ghana, Jordan, Mali and Sri Lanka.* Working paper. Washington, DC: The International Monetary Fund.

DOT (U.S. Department of Transportation). 2014. *Travel monitoring and traffic volume.* http://www.fhwa.dot.gov/policyinformation/travelmonitoring.cfm (accessed December 23, 2014).

Egbendewe-Mondzozo, A., S. M. Swinton, R. C. Izaurralde, D. H. Manowitz, and X. S. Zhang. 2013. Maintaining environmental quality while expanding biomass production:

Sub-regional U.S. policy simulations. *Energy Policy* 57:518-531.
EIA (U.S. Energy Information Administration). 2012. *Annual energy outlook 2012*. Washington, DC: U.S. Department of Energy.
EIA. 2014. *Annual energy outlook 2014*. Washington, DC: U.S. Department of Energy.
Ellis, J. 2010. *The effects of fossil-fuels subsidy reform: A review of modelling and empirical studies*. A paper for the Global Subsidies Initiative of the International Institute for Sustainable Development (IISD). Geneva, Switzerland: IISD.
EPA (U.S. Environmental Protection Agency). 2011. *Biofuels and the environment: First triennial report to Congress*. Washington, DC: Office of Research and Development, National Center for Environmental Assessment.
EPA. 2012. *Inventory of U.S. greenhouse gas emissions and sinks: 1990-2012*. Washington, DC: EPA.
Fletcher, R. J., B. A. Robertson, J. Evans, P. J. Doran, J. R. R. Alavalapati, and D. W. Schemske. 2011. Biodiversity conservation in the era of biofuels: Risks and opportunities. *Frontiers in Ecology and the Environment* 9(3):161-168.
Frank, S., H. Bottcher, P. Havlik, H. Valin, A. Mosnier, M. Obersteiner, E. Schmid, and B. Elbersen. 2013. How effective are the sustainability criteria accompanying the European Union 2020 biofuel targets? *Global Change Biology Bioenergy* 5(3):306-314.
Georgescu, M., D. B. Lobell, and C. B. Field. 2009. Potential impact of U.S. biofuels on regional climate. *Geophysical Research Letters* 36(21):1-6.
Hertel, T. W., A. A. Golub, A. D. Jones, M. O'Hare, R. J. Plevin, and D. M. Kammen. 2010a. Effects of U.S. maize ethanol on global land use and greenhouse gas emissions: Estimating market-mediated responses. *BioScience* 60(3):223-231.
Hertel, T. W., W. E. Tyner, and D. K. Birur. 2010b. The global impacts of biofuel mandates. *Energy Journal* 31(1):75-100.
Hill, J., E. Nelson, D. Tilman, S. Polasky, and D. Tiffany. 2006. Environmental, economic, and energetic costs and benefits of biodiesel and ethanol biofuels. *Proceedings of the National Academy of Sciences of the United States of America* 103(30):11206-11210.
Hill, J., S. Polasky, E. Nelson, D. Tilman, H. Huo, L. Ludwig, J. Neumann, H. Zheng, and D. Bonta. 2009. Climate change and health costs of air emissions from biofuels and gasoline. *Proceedings of the National Academy of Sciences of the United States of America* 106(6):2077-2082.
IEA (International Energy Agency). 2012. *World energy outlook 2012*. Paris, France: IEA.
IMF (International Monetary Fund). 2013. *Energy subsidy reform: Lessons and implications*. Washington, DC: IMF.
Khanal, S., R. P. Anex, C. J. Anderson, D. E. Herzmann, and M. K. Jha. 2013. Implications of biofuel policy-driven land cover change for rainfall erosivity and soil erosion in the United States. *Global Change Biology Bioenergy* 5(6):713-722.
Koplow, D. 2009. State and federal subsidies to biofuels: Magnitude and options for redirection. *International Journal of Biotechnology* 11(1-2):92-126.
Landis, D. A., and B. P. Werling. 2010. Arthropods and biofuel production systems in North America. *Insect Science* 17(3):220-236.
Liaquat, A. M., M. A. Kalam, H. H. Masjuki, and M. H. Jayed. 2010. Potential emissions reduction in road transport sector using biofuel in developing countries. *Atmospheric Environment* (44)32:3869-3877.
MacKenzie, D., L. Bedsworth, and D. Friedman. 2005. *Fuel economy fraud: Closing the loopholes that increase U.S. oil dependence*. Cambridge, MA: Union of Concerned Scientists.
Malcolm, S., and M. Aillery. 2009. Growing crops for biofuels has spillover effects. *Amber Waves* 7(1):10-15.

Meehan, T. D., B. P. Werling, D. A. Landis, and C. Gratton. 2012. Pest-suppression potential of Midwestern landscapes under contrasting bioenergy scenarios. *PLoS ONE* 7(7):e41728.

The National Academies. 2012. *Disaster resilience: A national imperative*. Washington, DC: The National Academies Press. P. 1.

NRC (National Research Council). 2010. *Hidden costs of energy: Unpriced consequences of energy production and use*. Washington, DC: The National Academies Press.

NRC. 2011. *Renewable fuel standard: Potential economic and environmental effects of U.S. biofuel policy*. Washington, DC: The National Academies Press.

OECD (Organisation for Economic Co-operation and Development). 2012. *Inventory of estimated budgetary support and tax expenditures for fossil fuels 2013*. Paris, France: OECD Publishing.

Oladosu, G., and S. Msangi. 2013. Biofuel-food market interactions: A review of modeling approaches and findings. *Agriculture* 3(1):53-71.

ORNL and RFF (Oak Ridge National Laboratory and Resources for the Future). 1992-1998. *External costs and benefits of fuel cycles: Reports 1-8*. ORNL, Oak Ridge, TN, and RFF, Washington, DC: McGraw-Hill/Utility Data Institute.

Ottinger, R. L., D. R. Wooley, N. A. Robinson, D. R. Hodas, and S. E. Babb. 1990. *Environmental costs of electricity*. New York: Oceana Publications.

Palmer, K., A. Paul, and M. Woerman. 2012. *The variability of potential revenue from a tax on carbon*. Issue Brief 12-03. Washington, DC: Resources for the Future.

RFA (Renewable Fuels Association). 2014. *Statistics*. http://www.ethanolrfa.org/pages/statistics (accessed December 28, 2014).

Ridley, C. E., C. M. Clark, S. D. LeDuc, B. G. Bierwagen, B. B. Lin, A. Mehl, and D. A. Tobias. 2012. Biofuels: Network analysis of the literature reveals key environmental and economic unknowns. *Environmental Science and Technology* 46(3):1309-1315.

Robertson, B. A., P. J. Doran, L. R. Loomis, J. Robertson, and D. W. Schemske. 2011. Perennial biomass feedstocks enhance avian diversity. *Global Change Biology Bioenergy* 3(3):235-246.

Sarica, K., and W. E. Tyner. 2013. Alternative policy impacts on US GHG emissions and energy security: A hybrid modeling approach. *Energy Economics* 40:40-50.

Scavia, D., and Y. Liu. 2009. *2009 Gulf of Mexico hypoxia forecast and measurement*. http://sitemaker.umich.edu/scavia/files/2009_gulf_of_mexico_hypoxic_forecast_and_observation.pdf (accessed December 23, 2014).

Schiesari, L., and B. Grillitsch. 2011. Pesticides meet megadiversity in the expansion of biofuel crops. *Frontiers in Ecology and the Environment* 9(4):215-221.

Schnepf, R., and B. D. Yacobucci. 2013. *Renewable Fuel Standard (RFS): Overview and issues*. CRS Report for Congress. Washington, DC: Congressional Research Service.

Scovronick, N., and P. Wilkinson. 2014. Health impacts of liquid biofuel production and use: A review. *Global Environmental Change-Human and Policy Dimensions* 24:155-164.

Searchinger, T., R. Heimlich, R. A. Houghton, F. X. Dong, A. Elobeid, J. Fabiosa, S. Tokgoz, D. Hayes, and T. H. Yu. 2008. Use of US croplands for biofuels increases greenhouse gases through emissions from land-use change. *Science* 319(5867):1238-1240.

Smeets, E., A. Tabeau, S. van Berkum, J. Moorad, H. van Meil, and G. Woltjer. 2014. The impact of the rebound effect of the use of first generation biofuels in the EU on greenhouse gas emissions: A critical review. *Renewable & Sustainable Energy Reviews* 38:393-403.

Sprague, L. A., R. M. Hirsch, and B. T. Aulenbach. 2011. Nitrate in the Mississippi River and its tributaries, 1980 to 2008: Are we making progress? *Environmental Science and Technology* 45(17):7209-7216.

Stallings, C. C. 2009. *Distiller's grains for dairy cattle and potential environmental impact*. Virginia Cooperative Extension, Publication 404-135. http://pubs.ext.vt.edu/404/404-135/404-135.html (accessed December 23, 2014).

Taheripour, F., T. W. Hertel, W. E. Tyner, J. F. Beckman, and D. K. Birur. 2010. Biofuels and their by-products: Global economic and environmental implications. *Biomass & Bioenergy* 34(3):278-289.

Tyner, W. E. 2008. The U.S. ethanol and biofuels boom: Its origins, current status, and future prospects. *Bioscience* 58(7):646-653.

Tyner, W. E. 2013. Biofuels and food prices: Separating wheat from chaff. *Global Food Security* 2(2):126-130.

Wagstrom, K., and J. Hill. 2012. Air pollution impacts of biofuels. In *Socioeconomic and environmental impacts of biofuels: Evidence from developing nations*, edited by A. Gasparatos and P. Stromberg. New York: Cambridge University Press. Pp. 53-68.

Wise, T. A. 2012. *The cost to developing countries of U.S. corn ethanol expansion*. Working Paper No. 12-02. Medford, MA: Global Development and Environment Institute at Tufts University.

附件 3：从美式饮食中获取水果和蔬菜的推荐量

在复杂的系统背景下理解水果与蔬菜的消费问题

《美国居民膳食指南》鼓励美国人民多吃水果和蔬菜，以保持健康、预防慢性疾病。但是个体消费者在选择吃什么的时候往往是在一个更大的背景下进行思考的。例如，哪些食品买起来方便，哪些买得起，以及哪些食品是他们可以接受的。这种背景是由众人及复杂食品系统中大量的参与因素和过程所共同塑造的。因此，考察人们如何才能增加水果和蔬菜的消费量是这个框架拟解决的问题。

如果不考虑整个食品供应链及与消费者相关的环境、社会和经济背景，那么尽管建议消费者进行更多的水果和蔬菜消费的这一想法是好的，但这个目标可能无法实现。本文的例子主要探讨根据饮食建议应采取的水果和蔬菜的消费量与实际消费量之间的不平衡，以及这种不平衡对食品系统、环境及社会造成的影响。本文通过使用委员会的框架来对这一问题进行综合评估，并对食品供应链情况进行深入的了解，而对食品供应链的干预将是促进水果和蔬菜消费的最有效的方式。

长期以来，大量文献表明，水果和蔬菜的摄入对预防慢性疾病有着重要的作用，而这一点也已从一系列的系统评价中得到了证实（USDA，2014；WCRF/AICR，2007）。证据一致表明，成年人的水果和蔬菜的摄入量与患心肌梗死及脑卒中的风险是呈负相关的。特别是如果一个成年人每天摄入的水果与蔬菜的量超过 5 人分量，这种关联程度更加明显。此外，证据还表明，一些水果和蔬菜的摄入降低了人们患多种癌症的风险。进一步的证据还显示，摄入水果和蔬菜能防止儿童和青少年肥胖的发生，尽管这种作用还很有限。水果和蔬菜能促进人体健康的这一特性可能源于其与其他食物相比，有着更高的营养密度（如单位能量中营养素的含量）。它们含有丰富的纤维或植物化学物，不仅能为人体提供有益的营养物质，并且能影响肠道菌群的活动。

虽然水果和蔬菜能预防一系列慢性疾病，但食用生鲜食品可能会增加食源性疾病的风险。生蔬菜、水果和坚果是 1998～2008 年导致食源性疾病的主要来源，而几乎一半的病例和近四分之一的死亡率是由这些生鲜食品导致的（Painter et al.，2013）。尽管与冠心病、癌症和其他慢性疾病相比，食源性疾病导致的患病和死亡的数量较少，但食源性疾病一旦出现就可能对消费模式产生直接影响，特别是在食源性疾病大规模暴发后，这种影响更为明显。例如，2006 年加利福尼亚州的新鲜即食菠菜引起了大肠杆菌 O157：H7 食品安全事件，这起事件暴发之后，得克萨斯州的菠菜行业在各类菠菜食品（包括新鲜菠菜和加工菠菜）中的销售额至少损失了 20%（CNAS and TAMU，2007）。

在过去的三十年里，《美国居民膳食指南》一直鼓励人们增加水果和蔬菜的摄入量

（HHS and USDA，2014）。这些指南是美国联邦关于营养政策的声明，并形成了衡量所有联邦营养计划的标准。这一声明是在需要为人们提出一些关于饮食方面的建议这一背景下提出的。他们提出了需要增加人们水果和蔬菜消费量的指导意见，并且特别提出要增加全谷物，减少添加的糖、固体脂肪和钠。在最近的版本中，指南还提出要注重食品安全。这意味着水果和蔬菜应该被用作低营养密度食品的替代品，因为在已经含有丰富能量的饮食中添加水果和蔬菜会加重超重和肥胖问题。饮食指南的关键之处是需要考虑膳食的总体结构。

确 定 问 题

就像委员会框架中所描述的，评估的第一步是确定问题。在本案例中，问题是根据饮食建议应采取的水果和蔬菜的消费量与其实际消费量之间的不平衡，以及这种不平衡对食品系统、环境及社会造成的影响。

在过去的几十年里，尽管有联邦委员会的持续指导，人们的水果和蔬菜的摄入量仍然远低于建议的摄入量（Krebs-Smith and Kantor，2001；NCI，2014）。最近的估计表明，美国整个人口的水果和蔬菜的平均日摄入量略多于 1 杯水果和 1.5 杯蔬菜。而平均 2000cal 饮食的推荐摄入量分别为 2 杯水果和 2.5 杯蔬菜，这表明水果和蔬菜的实际摄入量与推荐摄入量的平均差距约为每天 1 杯。要想达到建议的标准，普通人几乎需要进行双倍的水果摄入，并且需要增加约 65%的蔬菜摄入量。这种个人水果和蔬菜消费量的巨大变化将在整个食品供应链中产生重大反响。

定义问题的范围

一旦确定了问题，那么评估的下一步就是确定问题的范围。范围的确定是通过表征系统涵盖的边界、组成、过程、参与者和联系进行的。这一过程对于本案例来说特别重要，因为水果和蔬菜消费的问题正好是食品系统的供应链从“农场到餐桌”的一部分（图 7-A-2）。可食用的水果和蔬菜的总供应量低于全部人口每天所需摄入的推荐总量（Buzby et al.，2006）。并且很多进入零售分销渠道的加工食品中含有的水果或蔬菜的量

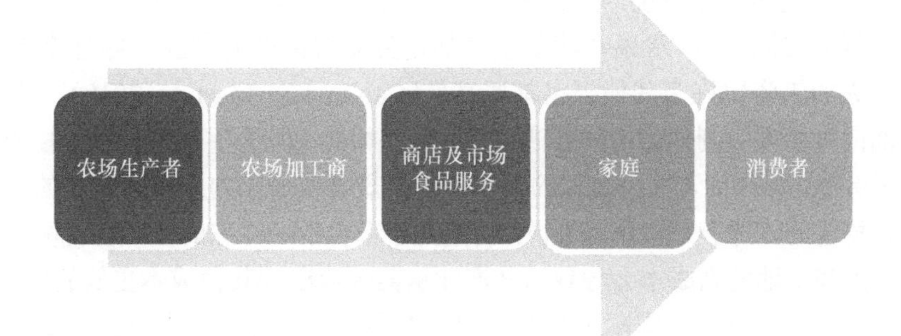

图 7-A-2　水果和蔬菜供应链与所选的驱动因素（彩图请扫封底二维码）

都极少，许多销售食物的地方甚至根本不提供任何形式的水果或蔬菜，而食品服务网点往往提供的也相对较少。对于消费者而言，出于成本、方便性或偏好的原因，他们更经常选择其他食品而不选择水果和蔬菜。因此，在整个食品供应链中都存在着建议消费和实际可用性消费之间不匹配的现象。

与任何复杂的系统一样，美国食品系统中与水果和蔬菜相关的关键因素有很多，包括许多驱动因素、参与者、过程、结果、存量和流量等。其中供给和需求是主要驱动因素，这其中又包含多种外部因素的干扰，如天气、农业和移民政策及劳动力。而农民、农场工人、食品制造商、零售商、餐馆老板和厨师、学校食品服务主管及家庭食品保管者都是这个系统中的行动者，他们负责控制水果和蔬菜的种植、收获、运输、加工、分销、销售和准备的过程。图 7-A-2 说明了水果和蔬菜供应链中可能受到各种驱动因素影响的主要步骤。

农场层面

在美国，水果和蔬菜生产是一个主要的商业性行业。在 2000～2008 年，水果和蔬菜的销售额平均每年约 350 亿美元（ERS，2014a，2014b）。其中，四分之三的水果和蔬菜生产来自灌溉地，这反映了在美国有大量的对果蔬的资本投入，并且果蔬生产对水生态也有影响。尽管只有不到 10%的蔬菜农场的销售额超过了 50 万美元，但它们占蔬菜销售总额的 90%左右。这个国家的大多数蔬菜农场都很小，产量基本低于 15 英亩。

水果和蔬菜生产仅来自美国 3%的农田（UCS，2013），但其价值占美国作物总价值的三分之一（ERS，2014a，2014b）。水果和蔬菜不管是直接注入生鲜市场，还是用于加工并制成相关产品，都决定了其种植的品种和采摘的过程。美国中西部上段部分地区和一些沿太平洋的州是生产加工食品的最大的蔬菜产地，而亚利桑那州、加利福尼亚州、佛罗里达州、佐治亚州和纽约州更多的是将蔬菜作为原料产品送到市场。其中，加利福尼亚州是所有州中水果和蔬菜的最大产地。

市场力量（供应和需求）、生产力和其他外部因素是确定要种植或进口哪些作物的关键驱动因素。无论何时，产品供应过剩都会导致产品价格下降，从而造成利润降低。正因为有这方面的考虑，《2014 年农场法案》中保留了一项规定，用来防止种植者在那些得到联邦援助的种植面积上进行水果和蔬菜种植。此外，因为水果和蔬菜的易腐烂性，相比那些不易腐烂的食品来说，果蔬的采摘、分销和零售时间十分宝贵。

“无论最终用途如何，水果和蔬菜生产都是劳动密集型的产业，并且美国的农产品产业付给工人的工资比许多其他国家都要高”（Calvin and Martin，2010）。这就意味着美国农业部门可以吸引到他们所需要的工人。尽管如此，但这项工作是季节性的，并且需要依赖移民劳动力。因而，移民政策的变化可能会显著改变国内水果和蔬菜的生产。就像下文中所要描述的，对于一些作物来说，特别是季节性的、冷冻的、罐装或脱水的水果和蔬菜，劳动力和土地的高成本会导致这些产业从美国流出到其他成本更低的地区。

除了国内生产供应外，国际生产对美国水果和蔬菜的总供应也至关重要。在过去的 25 年里，美国的水果和蔬菜进口量大幅增加，进而导致这一部门的经济贸易逆差增长（Johnson，2014）。尽管 20 世纪 90 年代初期，水果和蔬菜进口价值与出口收益大致相等，但是到了 2011 年，情况就发生了变化。虽然这一时期水果和蔬菜的出口量仍继续增长，但其贸易逆差已经超过了 110 亿美元。一些国内和全球的市场环境都对这种情况产生了影响，这些影响因素包括国家之间在生产成本、关税和进口要求方面的差异，以及美国对非应季产品的需求增加。

食品加工商层面

产品的创新会对消费者的需求产生重大的影响。于是，在水果和蔬菜生产领域，提前包装好的、切好的水果和蔬菜，以及其他附加原料的、即食的果蔬产品的引入，极大地刺激了消费者消费。这方面的例子有切成小块的胡萝卜、切成小花的花椰菜、袋装的沙拉和切片的苹果。

与人们普遍持有的理念相反，其实水果和蔬菜并非只有在原料或“新鲜”状态下才对健康有益。“新鲜”这个词通常用于描述原料产品，而这也暗含着产品自收获以来的储存时间。但讽刺的是，冷冻的与罐装的水果和蔬菜通常在接近收获的时间被处理，它们通常比从商店购买的、随后在家食用的生鲜食品具有更大的营养保留量。但在美国，生鲜水果和蔬菜的食用量远远超过了罐装和冷冻形式的果蔬食用量。

市场营销

食品供应链中，在农场和消费者这两个环节之间还有重要的一环——营销，它包括产品开发、促销、安置和定价，对食品供应有着很大的影响。在营销层面，促销又是其中的一个关键因素，因为食品行业每年都会花费 110 亿美元用于广告促销。并且商店更多的收益不是来自消费者而是来自产品公司，这是因为这些产品公司会竞相买下商店里的最佳位置来展示他们的产品（IOM，2006）。食品加工厂始终致力于推动水果和蔬菜的消费，“让我们将沙拉吧台移动到学校”项目就是这样一个例子。在这个项目中，一个私人的合资组织向学校捐赠了一些设备，这些设备能以安全和卫生的方式展示新鲜的沙拉原料，并且还可以使食品安全和监管协议问题最小化。迄今为止，已有超过 2600 所学校收到捐赠的沙拉酒吧并将其用于他们的学校午餐计划。尽管如此，在 2009 年，食品和饮料行业花费了多达 1.49 亿美元在学校进行营销，而在这些营销活动中，含糖饮料的广告就占了 90%（NPR，2014）。因此，在食品工厂努力推广含较低营养成分的食品和饮料并取得了很大成功的情况下，消费者很可能会受其影响而更加减少对水果和蔬菜的消费。

除了个别食品公司进行的营销努力之外，美国农业部（USDA）也在协调推进各种有关食品的联邦立法项目（AMS，2014b）。这一项目被称为“验讫”项目，它们由行业本身发起，由行业自主管理并由行业进行自主投资。它们旨在增加国内食品的需求并扩大相关商品的国外市场。然而，这些资金中只有一小部分被用于促进水果和蔬菜的消费，大部分资金被用于促进肉类和奶制品的消费（Wilde，2014）。

食品市场

通常，人们会在商店或其他市场中购买水果和蔬菜，然后在家里消费。1980 年以来，商店的平均产品数量增加了一倍，像快餐式的胡萝卜、预包装沙拉等便利食物及超市沙拉吧台的实用性也已扩大（Krebs-Smith and Kantor，2001）。现在消费者可选择的水果多种多样，像葡萄、核果和浆果，以前只在夏季月份才有，但如今在国内水果的淡季期可以进口南半球的水果，所以一样可以吃到这些水果。此外，自 1994 年以来，美国农民市场的数量增加了几倍，在 2013 年达到 8000 多个（AMS，2014a）。

虽然超市能提供 400 种以上的农产品（Krebs-Smith and Kantor，2001），但值得注意的是，在许多地理区域，销售食品的商店几乎都不提供水果和蔬菜，就算有也很少。美国有超过 40%的零售企业销售食品，其中一半为五金店，还有许多汽车维修店、药房和家具店，但销售的大部分都是高热量和营养不足的糖果、零食和含糖饮料（Cohen，2014）。造成这种现象的原因有很多，其中包括食品安全问题、监管要求不力、盈利能力欠缺、周转率不足、该类食品易卖出等。因为这种类型的小吃通常具有低食品安全风险的特征，所以它们就成为货架稳定的单一销售物品。

从地理上进行考察时，我们发现这种高热量产品更易买到，以及水果和蔬菜的供应受限似乎是低收入和少数民族社区居民特别关心的问题（Larson et al.，2009）。

快餐店、学校和其他食品服务场所

“在外消费的食物的量在美国食物消费总量中的占比越来越大。在过去的 40 年中，餐馆的总数量增加了两倍。”（Cohen，2014）如果这种趋势继续下去，就可能会对水果和蔬菜的消费产生重大影响，因为消费者有可能更倾向于在家的时候吃水果和健康的蔬菜，而在外面就餐时就不想吃了。2010 年来自全国顶级快餐连锁店的菜单中，饮食的总体质量较低，这与饮食建议中的饮食质量尤其不符（Kirkpatrick et al.，2014）。

近期，一系列关于努力改善美国学校水果和蔬菜的供应质量的活动已经开展。美国农业部的“农场到学校倡议”旨在帮助所有 50 个州的农民直接向参加“国家学校午餐计划”（NSLP）的当地学校进行新鲜水果和蔬菜的销售。《2010 年健康无饥饿儿童法案》的出台导致了更严格的学校膳食营养标准，标准中提出要增加水果和蔬菜的数量，这些标准从 2012～2013 学年开始施行。通过这个食品分销项目，美国农业部为学生采购各种食物，包括水果和蔬菜，来帮助补充那些参加“国家学校午餐计划”和“儿童和成人保健食品计划”的孩子的饮食营养。最近，对这些项目中分发的食物进行的评估显示，在饮食中加大水果和蔬菜占比形成多种食物搭配，这种饮食的总体质量比典型的美国饮食更健康（Zimmerman et al.，2012）。

健康的食品供应方式在学校和其他食品服务行业中的重要性是显著的，因为有“最佳默认选项”的权力。该术语是指提供预选的符合最佳利益的选项作为默认选项，同时仍然允许自由选择（Radnitz et al.，2013）。长期以来，“最佳默认选项”在器官捐赠和退休储蓄等领域影响较大，最近其在学校的应用也取得了成功，如学校将胡萝卜放在比午餐线上的炸薯条更容易被拿到的地方，这样，学生就更容易选择胡萝卜这类健康食品。

消费者层面

消费者在选择购买水果和蔬菜时受到许多经济、社会和行为因素的影响，而其中只有少数因素在他们的控制之中。消费者用于家庭食物的消费不符合膳食建议，建议中认为美国家庭中蔬菜（除马铃薯外）、水果、全谷物、低脂乳制品、坚果、家禽和鱼类的消费量较少；而实际上，人们在精制谷物、果汁、全脂乳制品、红肉、饮料、糖及糖果上的消费量过大（Volpe and Okrent，2012）。虽然水果和蔬菜价格的上涨速度比消费者价格指数上涨得更快，但美国农业部的最新数据显示，在 2008 年，2.50 美元足以满足个人根据饮食建议购买每日需要的食物。

在那些有着多家超市的郊外社区，食品价格较低；而在中心城市，食品价格偏高，并且那儿的食品零售商店往往较小。在美国东北和西部地区的城市，食品的零售价格最高，而在中西部和南部地区的城市，食品的零售价格最低。食品价格的区域差异可以通过消费者需求、分销和运营成本的差异及商店有没有仓库（如好市多和沃尔玛）来解释。

除了消费者的负担能力这一因素以外，在其个人生活和工作中水果与蔬菜的可及性也是影响消费者做出健康饮食决定的重要因素。Bodor 等（2008）发现，居民与距其 100m（30 英尺）范围内蔬菜的可及性和蔬菜摄入量呈正相关。在零售店内，用于蔬菜的货架空间每增加 1m，人们每天蔬菜摄取量增加 1/3。

消费者拥有的营养知识与其做出健康的食物选择呈正相关，这些健康的食物选择包括选择更多的深绿色、深黄色的蔬菜，西红柿及更少的炸土豆（Guthrie，2004）。然而，只有不到 2%的成年人可以就他们应该消费多少食物做出正确的决定。自 20 世纪 90 年代中期以来，在购买食品时，食品标签的使用已经大大减少。然而，这些标签中的成分表并不能说明该食品中真的含有多少水果和蔬菜。

虽然几乎所有美国人的实际饮食与膳食建议相比都表现不佳（Krebs-Smith et al.，2010），但一些群体的情况比其他群体更差。在不同收入群体的膳食摄入量的比较分析中发现，高收入群体中的成年人一般比低收入和中等收入群体对建议的依从性更高。全部水果、蔬菜和一些蔬菜亚类的摄入量在低收入群体和非西班牙裔黑人中尤其受到关注（Kirkpatrick et al.，2012）。法国油炸食品的消费量不随消费者收入的变化而变化，但调查显示高收入消费者吃的芹菜、大蒜、黄瓜、辣椒、蘑菇和番茄比其他群体更多（Lin et al.，2004）。

显然，由于资源受到限制，低收入家庭选择健康饮食的可能性更小。根据美国农业部节俭食物计划（TFP）的估测，2013 年一个四人家庭进行健康饮食的最低成本为每周 146 美元（CNPP，2014）。并且根据这一计划，接近一半的食品消费应该用于购买水果和蔬菜。但实际上，对于低收入和高收入家庭，2008 年水果和蔬菜的消费均只占家庭食品消费的 16%～18%。此外，低收入家庭在食品采购上的总花费也比美国农业部节俭食物计划中的花费少。低收入的全职工作女性平均每天准备做饭的时间只有 46min（Hamrick et al.，2011），而那些需要花更少的时间去准备的食物则更贵。虽然通过补充营养援助计划（SNAP），低收入家庭能有资格购买各种水果和蔬菜，但这些食物需要花时间准备，而即食食品又不允许被购买。因此，食品的额外准备时间和消费者对食品制备技术的不熟悉可能会阻碍这些人群增加水果和蔬菜的消费。这说明当试图改变健康结果时需要考虑社会因素。

确定情境

为了了解一项新的干预措施、政策或技术对食品消费的影响，我们进行了一个评估，即将当前系统的表现作为基准，并与所提议的一个或多个替代方案的表现进行比较。在这个例子中，评估小组将当前水果和蔬菜的供应和消费与替代方案中符合膳食建议的供应和消费进行比较。这意味着关于食品在美国饮食中的分布情况的假设发生了变化，因为现在的预期是水果和蔬菜将会替代被过度消费的其他食品。该步骤还涉及找出可能影响这种分布变化的食品系统中的要素，以及这种变化在健康、环境和社会领域中引起哪些连锁反应。这就需要考虑一个问题：改变摄入量以符合建议所需的量是否现实。

进行分析

在评估的这一步骤中，我们使用了数据、指标和分析工具来测试与替代情境相关的在健康、环境、社会和经济领域的效应。在开始分析之前，需要先确定以前的研究者进行过哪些与这些问题相关的评估。

以前的分析

虽然以前的评估在数量上相对较少，但其数据可能会为将来模拟或进行其他复杂的分析提供支持。这些分析侧重于以下 3 个关键问题。

要想改变食品系统中影响水果和蔬菜消费的诱因与障碍，需要做出哪些改变？相对于其他食物来说，水果和蔬菜的价格比较昂贵，这就产生了一个问题：增加收入是否有可能克服潜在的价格障碍。Frazao 等（2007）带着以下问题考察了这种情况：如果有额外收入，个人会如何改变关于不同种类食物的支出？这种改变如何在不同收入水平之间变化？根据劳动统计局发布的关于家庭食品购买的“消费者支出调查”中的数据，他们对所有形式的水果和蔬菜进行了调查，包括新鲜的、罐装的、冷冻的、干燥的及榨成果汁的。调查发现，低收入家庭每美金中有 26 美分用于不在家就餐，其余的都花在了商店，而在这其中仅有 12 美分花在了水果和蔬菜上。并且随着收入的增加，消费者明显会花更多的钱用于购买食物，但是用于购买食物的花费占收入的百分比下降了。此外，随收入的增加而增加的食物支出中很大一部分是用于购买家庭食物或副食品，如零食、糖果、脂肪、油类及饮料。作者认为，额外的收入或对非目标食物进行的援助不可能改善人们对水果和蔬菜的消费情况。

另一项研究考察了有针对性的价格奖励的影响，发现其对消费者行为的影响可能不同于收入增加所带来的影响。健康奖励试点（HIP）是一个规模相对较小的项目（HIP，2014），旨在确定“补充营养援助计划”（SNAP）中的销售点奖励是否会鼓励消费者购买健康食品。实验组为目标水果和蔬菜每支付一美元，就将在福利卡上收到 30 美分，随后将实验组福利卡上所反映的水果和蔬菜的摄入量与对照组的摄入量进行比较。结果发现，实验组消耗的水果和蔬菜比对照组多 25%。在这一比较中，水果消耗量的差距有 40%，而差异更明显的是蔬菜消耗量，差距高达 60%。几乎所有的健康奖励试点的参与者都表示希望继续参与该计划，并且健康奖励试点家庭在家里吃水果和蔬菜的次数比对照组中的家庭更频繁。

在家外面消费越来越多的社会趋势也被视为水果和蔬菜摄入的障碍。Todd 等(2010)将在家外面消费的食物与在家里消费的食物对成年人食物摄取量的影响进行了比较。他们发现，在外面吃的食物中，每 1000cal 含有较少的水果、深绿色和橙色蔬菜，但这些影响因膳食而异。在外面吃的小吃中的水果密度比在家里吃的低 9%，而早餐、午餐和晚餐的水果密度分别减少了 18%、22%和 16%。水果的总体食用量的差异更为极端。深绿色和橙色蔬菜摄入量的差异，午餐相差 11%，晚餐相差 31%。

要想使美国人的水果和蔬菜摄入量符合建议或按指南进行，整个食品供应链将需要进行哪些改变？最近一次关于水果和蔬菜摄入量与其建议摄入量之间的差距的评估是对 2007～2010 年国家健康与营养调查（NHANES）（NCI，2014）数据的检验，这一评估表明了摄入量的分布情况及低于建议的摄入量的普遍程度。该分析表明，25%的人每天消费不到半杯水果，75%的人的水果摄入量低于其性别年龄组的最低建议摄入量。至于蔬菜，第 75%分位的蔬菜摄入量是每天两杯；87%的人的平均蔬菜摄入量低于其性别群体的最低建议摄入量，而青少年和年轻人中这一百分比甚至更高。简而言之，几乎整个美国人口消费的蔬菜量都比推荐的食用量少，而大多数人的水果食用量也不足。

许多研究检验了食品供应链中的不同环节，希望从这些环节中找出使消费者的水果和蔬菜食用量达到建议食用量所需做的改变。Kantor（1998）开发了“损失调整食物可获得性数据”，以此来检验与饮食指南相关的国家食物总供应情况。在对这些数据的早期分析中，Young 和 Kantor（1999）发现，要想使美国人遵循饮食建议，就需要改变食物生产的类型和数量，以及生产的地点和方式。此外，“农业生产、贸易、非食品用途和价格”及“用于粮食和饲料的作物面积”也需要进行调整。2006 年，Buzby 等（2006）按照该分析进行考察并得到了类似的结论。虽然这些研究表明，如果美国人遵循饮食指南，就需要改变水果和蔬菜的生产与贸易方式，但这并不意味着这种变化足以使公众提高水果和蔬菜的消费水平。此外，了解阻碍人们吃更多水果和蔬菜的原因，并找到克服这些阻碍的办法也是必要的。

McNamara 等（1999）基于全民采纳《美国居民膳食指南》的假设和人口普查，对这些分析进行了进一步研究，考察了当前粮食供应与预计的未来食品需求之间的差距。预计在未来 20 多年里，人口会持续增长，这意味着商品供应量也需要大量增加。研究发现要想使果蔬的当前摄入量与未来摄入量之间的差距缩小，就需要大量增加水果和大多数亚类蔬菜的供应量。蔬菜和水果的摄入量与预测量之间的差距表明“我们需要继续提高农业生产力，提高资源使用效率和国际贸易水平”。关于营销和零售手段对食品供应满足膳食指南的影响程度，其他一些研究人员对此也进行了研究。他们最后得出结论：可能需要降低某些商品的价格（Kinsey and Bowland，1999）。

水果和蔬菜消费量的变化对环境、社会与健康的短期及长期影响是什么？在一项具有里程碑意义的研究中，Doll 和 Peto（1981）在饮食符合膳食建议的情况下，对美国的可避免癌症死亡数进行了估计。他们考虑的因素不仅包括水果和蔬菜，而且包括饮食中的水果和蔬菜，全谷物中的肉类、精制谷物与糖类的代替物。他们的估计揭示了一个出乎意料的结论，即大约三分之一的癌症死亡可以通过饮食改变来预防。Willett（1995）重新审查了这个问题，得出了以下结论：虽然 Willett 估计置信区间可能会收缩，但是 Doll 和 Peto 最初的估计仍然是合理的。2007 年，世界癌症研究基金会（WCRF）和美国癌症研究所（AICR）发布了一份关于食物、体育运动和癌症预防的全面回顾报告，虽然该报告没有提供预防所有类型癌症的建议，但它发现了许多水果和蔬菜对于预防口腔癌、咽癌、喉癌、食管癌和胃癌有重要的作用。

有一些研究已经开始探究饮食环境的影响，即探究从以肉类为中心的饮食结构转变成以植物性食物为基础的饮食结构对健康的影响。Peters 等（2007）发现，肉类食品占比较高的饮食通常会增加对土地的需求，但是这种情况会随着饮食中脂肪量的变化而变化，因此，与肉类含量较少的低脂肪的食谱相比，高脂肪的素食结构对环境的影响较大。在对土地的使用要求上，不同的饮食结构不仅在数量上存在差异，而且在质量上也不同。以肉类为中心的饮食结构依赖可用作牧场或存储干草的更大面积的土地，而以植物性食物为基础的饮食结构则相对需要更多适合作物栽培的土地。对环境造成影响的单个食品排名会发生显著变化，取决于生产的排放量是以每千克还是每 1000cal 来衡量的（EWG，2011；Haspel，2014）。

新的分析

这些以前的分析都集中在食物供应链相对狭窄的部分，因此仅能提供有限的见解。更全面的评估可能会导致人们对相关问题的更全面的理解，包括问题的本质、不同解决方案的可行性，以及在改革得以实施的情况下预期达到的平衡。

委员会建议的框架中第一种分析方法是基于主体建模（ABM），这类模型可以用于鉴定整个食品系统中影响水果和蔬菜消费的诱因与障碍，以及消费是如何应对变化的。ABM 在个体水平的关注重点及其捕捉差异性［如在社会经济状况（SES）或体重指数方面］、空间效应（如粮食可利用率和广告）和适应性（如偏好或习惯的形成）的能力，将对解答这个问题的重要特征产生帮助。ABM 输入消费分布和社会经济状况、空间架构及暴露条件，即可得出不同人群中蔬菜和水果摄入量分布的度量。

第二种分析方法是系统动态模型，该方法适用于在本案例中提出的问题，可用于评估美国人的水果和蔬菜摄入量达到（或按照）指南要求所需要的变化的幅度和时间。通过将系统中的许多数据纳入计算，同时将如反馈和延迟等动态的过程纳入计算，系统动态模型或许可以提供综合的见解。这样的模型可以将各种输入变量（如生产或宣传）的不同程度的变化转变成对应的关键度量标准的变化（如美国食物供应中人均水果蔬菜数量）。

第三种分析方法是生命周期评估法，用于检验美国人水果和蔬菜摄入量按照指南要求做出的改变对健康、环境和社会的影响。生命周期评估法的重要特征是它能评估产品生命周期全程所产生的影响。就水果、蔬菜及在饮食上可以代替蔬菜和水果的食物来说，生命周期与食品供应链是一致的。从种子和其他农业投入开始，至消费和废弃物结束，不同食品的生命周期与健康、环境、社会和经济效应息息相关。其中，如由饮食结构变化而引起的健康水平得以提高等情况，可能需要经过许多年才能实现（和被测量到）。

在这种情况下，预期出现的主要影响将取决于水果和蔬菜摄入量增加的程度与污染物含量的变化（与其他食品商品摄入量进行比较）。这种类型的分析可能会在以下方面寻找变化。

1. 人口健康（营养状况、慢性疾病发病率）；食源性疾病的发病率、农场工人和食品生产者的健康（潜在的较大的受伤风险或暴露于有害化学品的风险）。

2. 环境效应（除非占支配地位的农业生产方法发生改变，否则更多的化肥、农药和其他化学品将会被用在农业中以生产水果和蔬菜）。

3. 社会和经济效应（水果和蔬菜生产需要的是季节性工人，因此就业将受到影响，移民政策会显著影响工人的可用性）。如果水果和蔬菜取代了日常饮食中的其他热量，其他食物的销售量将下降，这可能对其他商品市场产生不利影响。此外，在上述领域之间可能存在协同效应。

参考文献

AMS (Agriculture Marketing Service). 2014a. *National count of farmers market directory listing graph: 1994-2013*. http://www.ams.usda.gov/AMSv1.0/ams.fetchTemplateData.do?template=TemplateS&leftNav=WholesaleandFarmersMarkets&page=WFMFarmersMarketGrowth&description=Farmers%20Market%20Growth (accessed March 21, 2014).

AMS. 2014b. *Research and promotion programs*. http://www.ams.usda.gov/AMSv1.0/lsmarketingprograms (accessed March 21, 2014).

Bodor, J. N., D. Rose, T. A. Farley, C. Swalm, and S. K. Scott. 2008. Neighbourhood fruit and vegetable availability and consumption: the role of small food stores in an urban environment. *Public Health Nutrition* 11(4):413-420.

Buzby, J. C., H. F. Wells, and G. Vocke. 2006. *Possible implications for U.S. agriculture from adoption of select dietary guidelines*. Agricultural Economic Report No. 31. Washington, DC: U.S. Department of Agriculture, Economic Research Service.

Calvin, L., and P. Martin. 2010. Labor-intensive US fruit and vegetable industry competes in a global market. *Amber Waves*. Washington, DC: U.S. Department of Agriculture, Economic Research Service.

CNAS and TAMU (Center for North American Studies and Texas A&M University). 2007. An initial assessment of the economic impacts of E. coli on the Texas spinach industry. *CNAS Issue Brief*. http://cnas.tamu.edu/Spinach%20E%20Coli%20Impacts%20Final.pdf (accessed December 30, 2014).

CNPP (Center for Nutrition Policy and Promotion). 2014. *USDA food plans: Cost of food report for December 2013*. http://www.cnpp.usda.gov/USDAFoodPlansCostofFood/reports (accessed December 30, 2014).

Cohen, D. A. 2014. *A big fat crisis: The hidden forces behind the obesity epidemic—and how we can end it*. New York: Nation Books.

Doll, R., and R. Peto. 1981. The causes of cancer: Quantitative estimates of avoidable risks of cancer in the United States today. *Journal of the National Cancer Institute* 66(6):1191-1308.

ERS (Economic Research Service). 2014a. *Fruits and tree nuts: Overview*. http://www.ers.usda.gov/topics/crops/fruit-tree-nuts.aspx (accessed March 21, 2014).

ERS. 2014b. *Vegetables and pulses: Overview*. http://www.ers.usda.gov/topics/crops/

vegetables-pulses.aspx (accessed March 21, 2014).

EWG (Environmental Working Group). 2011. *Meat eater's guide to climate change and health.* http://www.ewg.org/meateatersguide/ (accessed December 30, 2014).

Frazao, E., M. Andrews, D. Smallwood, and M. Prell. 2007. *Can food stamps do more to improve food choices? An economic perspective—food spending patterns of low-income households: Will increasing purchasing power result in healthier food choices?* Economic Information Bulletin No. EIB-29-4. Washington, DC: U.S. Department of Agriculture, Economic Research Service.

Guthrie, J. 2004. *Understanding fruit and vegetable choices: Economic and behavioral influences.* Agriculture Information Bulletin No. 792-1. Washington, DC: U.S. Department of Agriculture, Economic Research Service.

Hamrick, K. S., M. Andrews, J. Guthrie, D. Hopkins, and K. McClelland. 2011. *How much time do Americans spend on food?* Washington, DC: U.S. Department of Agriculture, Economic Research Service.

Haspel, T. 2014. Vegetarian or omnivore: The environmental implications of diet. *The Washington Post,* March 10. http://www.washingtonpost.com/lifestyle/food/vegetarian-or-omnivore-the-environmental-implications-of-diet/2014/03/10/648fdbe8-a495-11e3-a5fa-55f0c77bf39c_story.html (accessed December 30, 2014).

HHS and USDA (U.S. Department of Health and Human Services and U.S. Department of Agriculture). 2014. *Dietary guidelines for Americans. Previous guidelines and reports.* http://www.health.gov/dietaryguidelines/pubs.asp (accessed November 21, 2014).

HIP (Healthy Incentives Pilot). 2014. Healthy Incentives Pilot. http://www.fns.usda.gov/hip/healthy-incentives-pilot (accessed December 30, 2014).

IOM (Institute of Medicine). 2006. *Food marketing to children and youth: Threat or opportunity?* Washington, DC: The National Academies Press.

Johnson, R. 2014. *The U.S. trade situation for fruit and vegetable products.* Congressional Research Service Report. http://www.fas.org/sgp/crs/misc/RL34468.pdf (accessed December 30, 2014).

Kantor, L. S. 1998. *A dietary assessment of the U.S. food supply: Comparing per capita food consumption with Food Guide Pyramid serving recommendations.* Washington, DC: U.S. Department of Agriculture, Economic Research Service.

Kinsey, J., and B. Bowland. 1999. How can the US food system deliver food products consistent with the Dietary Guidelines? Food marketing and retailing: An economist's view. *Food Policy* 24(2-3):237-253.

Kirkpatrick, S. I., K. W. Dodd, J. Reedy, and S. M. Krebs-Smith. 2012. Income and race/ethnicity are associated with adherence to food-based dietary guidance among US adults and children. *Journal of the Academy of Nutrition and Dietetics* 112(5):624-635.

Kirkpatrick, S. I., J. Reedy, L. L. Kahle, J. L. Harris, P. Ohri-Vachaspati, and S. M. Krebs-Smith. 2014. Fast-food menu offerings vary in dietary quality, but are consistently poor. *Public Health Nutrition* 17(4):924-931.

Krebs-Smith, S. M., and L. S. Kantor. 2001. Choose a variety of fruits and vegetables daily: Understanding the complexities. *Journal of Nutrition* 131(2S-1):487S-501S.

Krebs-Smith, S. M., P. M. Guenther, A. F. Subar, S. I. Kirkpatrick, and K. W. Dodd. 2010. Americans do not meet federal dietary recommendations. *Journal of Nutrition* 140(10):1832-1838.

Larson, N. I., M. T. Story, and M. C. Nelson. 2009. Neighborhood environments: Disparities in access to healthy foods in the U.S. *American Journal of Preventive Medicine* 36(1):74-81.

Lin, B.-H., J. Reed, and G. Lucier. 2004. *U.S. fruit and vegetable consumption: Who, what, where, and how much*. Agriculture Information Bulletin No. 792-2. Washington, DC: U.S. Department of Agriculture, Economic Research Service.

McNamara, P. E., C. K. Ranney, L. S. Kantor, and S. M. Krebs-Smith. 1999. The gap between food intakes and the Pyramid recommendations: Measurement and food system ramifications. *Food Policy* 24(2-3):117-133.

NCI (National Cancer Institute). 2014. *Usual dietary intakes: Food intakes, US population, 2007-10*. http://appliedresearch.cancer.gov/diet/usualintakes/pop (accessed December 30, 2014).

NPR (National Public Radio). 2014. *New rules would curb how kids are sold junk food at school*. http://www.npr.org/blogs/thesalt/2014/02/25/282507974/new-rules-would-curb-how-kids-are-sold-junk-food-at-school (accessed May 9, 2014).

Painter, J. A., R. M. Hoekstra, T. Ayers, R. V. Tauxe, C. R. Braden, F. J. Angulo, and P. M. Griffin. 2013. Attribution of foodborne illnesses, hospitalizations, and deaths to food commodities by using outbreak data, United States, 1998-2008. *Emerging Infectious Diseases* 19(3):407-415.

Peters, C. J., J. L. Wilkins, and G. W. Fick. 2007. Testing a complete-diet model for estimating the land resource requirements of food consumption and agricultural carrying capacity: The New York state example. *Renewable Agriculture and Food Systems* 22(2):145-153.

Radnitz, C., K. L. Loeb, J. DiMatteo, K. L. Keller, N. Zucker, and M. B. Schwartz. 2013. Optimal defaults in the prevention of pediatric obesity: From platform to practice. *Journal of Food and Nutritional Disorders* 2(5):1-8.

Todd, J. E., L. Mancino, and B.-H. Lin. 2010. *The impact of food away from home on adult diet quality*. Washington, DC: U.S. Department of Agriculture, Economic Research Service.

UCS (Union of Concerned Scientists). 2013. *The healthy farmland diet*. Cambridge, MA: Union of Concerned Scientists. http://www.ucsusa.org/food_and_agriculture/solutions/expand-healthy-food-access/the-healthy-farmland-diet.html (accessed December 30, 2014).

USDA (U.S. Department of Agriculture). 2014. *Nutrition Evidence Library*. http://www.nel.gov (accessed March 21, 2014).

Volpe, R., and A. Okrent. 2012. *Assessing the healthfulness of consumers' grocery purchases*. No. EIB-102. Washington, DC: U.S. Department of Agriculture, Economic Research Service.

WCRF and AICR (World Cancer Research Fund and American Institute for Cancer Research). 2007. *Food, nutrition, physical activity, and the prevention of cancer: A global perspective*. Washington, DC: AICR.

Wilde, P. 2014. *U.S. Food Policy Blog*. http://usfoodpolicy.blogspot.com/2014/02/usda-reports-on-pizza-consumption-and.html (accessed October 28, 2014).

Willett, W. C. 1995. Diet, nutrition, and avoidable cancer. *Environmental Health Perspectives* 103(Suppl 8):165-170.

Young, C. E., and L. S. Kantor. 1999. *Moving toward the food guide pyramid: Implications for US agriculture*. Agricultural Economic Report No. 779. Washington, DC: U.S. Department of Agriculture, Economic Research Service.

Zimmerman, T. P., S. Dixit-Joshi, B. Sun, D. Douglass, J. Hu, F. Glantz, and E. Eaker. 2012. *Nutrient and MyPyramid analysis of USDA foods in the NSLP, CACFP, CSFP, TEFAP, and FDPIR*. Alexandria, VA: Food and Nutrition Service, Office of Research and Analysis.

附件 4：农业生态系统中的氮元素

农业生态系统中氮元素的动态变化及管理

氮元素对于农业生产至关重要，若其以比较活跃的形态存在，则可能对人类和环境造成严重威胁。量化分析众多不同化学形态下的氮元素，了解在不同的管理情境下氮元素通过土壤、空气、水、植物和动物的转化路径，对于最大限度地减少对人类健康和环境质量的威胁至关重要。尽管如此，研究氮在不同环境中的多种形态依然面临着许多挑战，需要使用系统的分析框架进行分析。

这个例子说明了委员会建议的框架包含的几个原则。第一，它表明农业生态系统中氮的使用和管理可以在健康、环境、社会和经济领域中发挥作用。第二，它表明与氮元素相关的农耕方式会影响自然生态系统中的不同人群和组成部分，包括普通公众成员、农民和农场工人，鱼和贝类及野生植物群落。第三，它清楚地表明这些影响可以在靠近和远离农业生产与使用氮的地理区域中显现出来。第四，它表明了各种不同的驱动因素，特别是政府政策，是如何对与氮相关的农耕方式和随后的健康、环境、社会与经济产生重大影响的。第五，这个例子说明，在食品生产中，对使用和管理氮元素这两个不同的系统进行评估时，实证测量和建模分析是有价值的。虽然该示例是从美国食品系统的角度提出的，但其中包含的概念模型也可以应用于其他国家的其他系统。

这个例子也显示出了研究中存在的不足。虽然对农业生态系统中氮元素的动态变化的多重分析已经进行多时，但是大多数分析主要集中在有限的农场生产系统中的氮元素连续变化和转化。尽管获得这种数据是困难且成本昂贵的，但是长期的数据收集对于理解氮元素的动态变化是至关重要的，因为它们受到不同年份的天气变化和不同的土壤条件的影响。除此之外，需要收集的数据还包括健康、环境、社会和经济效应，以及由时间变化和地区差异所导致的氮元素排放的成本。

尽管氮元素是地球大气层中最丰富的元素，但是在很多生态系统中它是植物生长最关键的限制元素。氮元素最丰富的存在形式是氮气（N_2），这种形式对大多数有机体来说是不可利用的。然而，当它转化为其他形式，特别是硝酸盐（NO_3^-）和铵（NH_4^+）之后，氮元素在生物圈中的活性变高，并且很容易在水和空气中移动。

氮是植物和动物中蛋白质的关键组成部分，包括负责光合作用和其他关键生物反应的酶，以及用于运动和其他身体功能的肌肉。因此，大多数农作物，特别是谷物，需要大量的氮来保证良好的生长，同时，为了生产出大量的奶蛋肉，家畜和家禽也需要食用含有丰富的氮的食物。

目前，美国农业使用的活性氮比其他任何经济环节都多（EPA，2011）。然而，它也是活性氮排放量最大的环节，对环境造成的损害最大（EPA，2011），环境中的氮会产生诸多非预期的后果，包括对人类健康的威胁、空气质量和水质的退化，以及对陆生生物和水生生物的压力（Ribaudo et al.，2011；UNEP，2007；Vitousek et al.，2009）。由于活性氮对农作物产量、农场收益及人类健康和环境质量均能产生重大影响，因此，有效地以环境友好的方式对氮元素进行管理是农业可持续性的一个至关重要的组成部分（Foley et al.，2011；Robertson and Vitousek，2009）。

确 定 问 题

通常，评估是由某个宽泛的问题或担忧所引发的。在进行评估时，第一步就是通过咨询利益相关方和审查相关文献，找到问题所在。本次评估需要确定的问题：在农业中，对氮元素进行的某些管理所造成的多种非预期结果。本项评估的目的是比较氮元素在氮储存和氮流失方面的管理实践。理想的管理实践将会在提高作物产量的同时最大限度地减少氮排放量，以降低对环境的直接伤害，以及对人类健康和经济发展的间接伤害。

定义问题的范围

一旦确定了问题，评估的下一步就是确定问题的范围。确定范围时需要将事物的特征纳入考虑范围，它们包括界限、组成部分、过程、参与者和系统中的各种联系。就这个例子来说，我们可以简单地对氮系统的边界进行以下描述，氮系统边界是在不同的环境条件和农业活动中氮元素的途径。随着时间和空间的推移，我们还描述了我们所知道的潜在的健康、环境、社会和经济效应。此外，该步骤把不同的政策作为系统的驱动因素。

农业生态系统中氮的动态变化

氮元素以多种形式存在，环境条件和农业实践对其浓度和流失具有重大影响。因此，了解农业生态系统中氮元素的最终归宿是具有挑战性的。人们从动态系统研究中得到的一些研究模型是一系列用来评估如何配置农业生态系统以提高氮元素管理水平的工具。图 7-A-3 展示了其中一种简单的模型，描述了在作物生产过程中，农业生态系统中氮元素的相关储量和流失。

通过哈柏法生产出来的氮肥是美国最大的单一活性氮原料生产方式，每年大约有11Mg[①]肥料在美国农业中被使用（EPA，2011）。矿物形式的氮肥的合成成本非常昂贵（合成 1kg 氮需要燃烧 57MJ 矿物能源），并且对其生产中使用的天然气的价格上涨很敏感（ERS，2008；Shapouri et al.，2010）。因此，摆在我们面前的事实是，通常情况下，我们施用的氮肥中只有 40%～60%可以被作物植物吸收（Dinnes et al.，2002；Drinkwater and Snapp，2007；Robertson and Vitousek，2009），这意味着巨大的农业上、经济上和能

① 1Mg=10 亿 kg

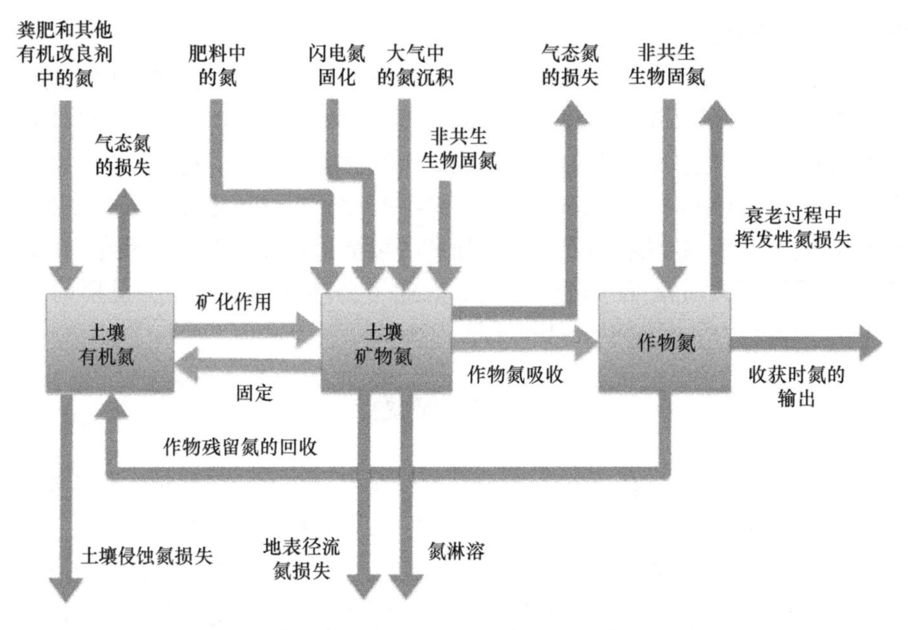

图 7-A-3 作物系统的主要氮存储（方框）和氮流失（箭头）。氮储存和氮流失未按比例计算（彩图请扫封底二维码）

量利用上的低效率，也意味着那些农田里未被作物吸收而流失掉的氮具有巨大的利用潜力。氮肥的最终命运在很大程度上取决于农场管理，这些管理决定会影响氮元素的循环过程，该过程包括作物选择、灌溉管理，以及肥料施用的速率、配方、地点和时机。氮肥的命运也高度依赖天气条件，特别是降水模式。

除了施用矿物肥料，氮元素还可以通过几种其他途径进入农田。生物固定也是一种途径，寄生在大豆和苜蓿等豆科作物根部的微生物（共生固氮）通过对空气中的氮气进行固定，每年可以为美国的农业生态系统增加约 800 万 t 的氮（EPA，2011）。在美国，氮肥每年大概会产生 680 万 t 的氮，尽管数量巨大，但是仅有 0.5 万～1.3 万 t 的氮被用在农田，3.7 万 t 的氮沉积在牧草和牧场里（EPA，2011；MacDonald et al.，2009），这表明氮肥中有相当大比例的氮得不到有效的回收利用。此外，氮肥施用率在不同的领域差异很大，大部分领域完全没有对氮肥进行利用，而有些领域的利用率却相当高（Mac Donald et al.，2009）。因此，化肥的过度使用，尤其是氮肥和磷肥的使用，会导致附近饲养的动物体内出现过量的营养物质，并且可能导致水体污染（Jackson et al.，2000）。其他的将氮引入农业生态系统的途径包括闪电、非共生微生物固定和大气沉积。前两种方式仅贡献少量的氮；大气沉积所产生的氮对本地农业是很重要的（Galloway et al.，2004）。

大量的氮存在于土壤有机物，通过植物和土壤微生物的残留物、粪便和其他有机土壤改良物质等自然积累。从重量上看，氮约占土壤有机物的 5%，由于土壤中含有数量如此可观的有机物，如美国玉米带的土壤有机质，因此 30cm 的表层土中含有数千千克的氮，其中大部分的氮都是以有机物的形式存在的。微生物在对土壤有机质进行分解时，将存在于氨基化合物中的有机形式的氮（R-NH_2）转化为植物可利用的矿物形式［铵盐基（NH_4^+）和硝酸根（NO_3^-）]，但是由于淋洗作用、径流和水流对土壤的冲刷，以及微生物的反硝化作用［将硝酸盐转化为氮氧化物（N_2O）、氮气和其他含氮的气体］，矿物形式的氮容易流失。土壤中以矿物形式存在的氮也可以被微生物消耗并以有机形式被固定起来。涉及矿化作用和固定转化的过程依赖于温度和湿度条件，以及分解材料与相关土壤中存在的碳、氮和氧的相对数量，所有上述这些条件在不同的时空中都存在很大差异。如前所述，矿化作用和固定过程也会受到农场管理者决策的影响。

因淋洗作用、径流及脱氮作用而流失的氮是影响农业生态系统氮动态变化、农场盈利能力和环境质量的重要组成因素（EPA，2011；Robertson and Vitousek，2009）。随着施加到土壤中的肥料和粪肥里的气态氨的排放或者是衰老作物里的气态氨的排放，氮自然而然地从农业生态系统中流失了（EPA，2011；Smil，1999）。表土的侵蚀和其中含有的有机形式的氮构成了农业生态系统中氮流失的另一途径（Smil，1999）。在大量的农作物残茬也被人们从田间收割殆尽的情况下，土壤有机质库存能会枯竭，缺乏保护性土壤覆盖可能会增加因侵蚀和径流而流失的氮量（Blanco-Canqui，2010）。总体上，在农业生态系统中，不同形式的氮损失的数量在空间和时间上存在很大差异，而且很容易受到天气条件和农场管理者的管理决策的影响。

人类健康和环境问题

农业生态系统释放的活性氮造成了许多对公共卫生和环境的不利影响。美国因活性氮排放造成的 4 个最显著的影响如下。

饮用水污染。在很多农业地区，农田中的硝酸盐是其饮用水的重要污染物（EPA，2011）。它之所以会对健康造成潜在威胁，是因为它的以下特质：①诱发高铁血红蛋白血症，这种病的特征是血液携带氧气的能力受到限制；②促进致癌物和致畸物 N-亚硝基化合物在体内的合成；③抑制碘的摄取，从而诱发甲状腺肥大（Ward，2009）。这些健康问题不只是会影响农场成员。地表水的硝酸盐污染在玉米种植带中很常见，这对从浣熊河和得梅因河中抽取饮用水的得梅因（艾奥瓦州）等城市来说是经常性的问题，这两条河都从农业区流过并吸收了大量农业区的水。得梅因水厂在多次违反美国国家环境保护局（EPA）饮用水标准（硝酸盐的含量不能超过 10mg/L），并且其水源中的硝酸盐水平大量上升之后，于 1991 年建成了世界上最大的离子交换硝酸盐清除设施（Hatfield et al.，2009）。然而，为 50 万人提供干净饮用水的设施并没有有效降低水中的硝酸盐水平，2013 年，得梅因饮用水源中的硝酸盐水平创纪录新高。硝酸盐对作为饮用水的地下水也造成了严重威胁。最近一份聚焦于加利福尼亚州图莱里湖盆地和萨利纳斯谷的报告发现，硝酸盐对以井水作为饮用水的农村社区的人们的健康构成了重大威胁，这两个地区有近 10%的人在面临健康风险（Harter et al.，2012），这两个地区共占加利福尼亚州灌溉农业区的 40%，其乳牛数量占该州的 50%多。该报告指出，农业肥料和动物粪便是被调查地区地下水中硝酸盐的最大来源；它还指出，研究区域的 51 个社区公共供水系统中有 40 个是硝酸盐水平过高的“严重弱势社区”，这 40 个社区的贫困率很高。这些社区中的人群特别容易受到硝酸盐污染，因为他们一般负担不起饮用水处理费用或需要花费大量资金的替代性供水项目。

富营养化和缺氧。从农业区域流出的水中的活性氮可能造成淡水水体富营养化和沿海水域缺氧（Galloway et al.，2003）。水中高水平的氮会刺激产生有害藻华，抑制正常水生植物的生长，并且当这些有害藻类死亡时，伴随其死亡的细菌分解会导致溶解氧浓度的大幅降低和贝类、游钓鱼类与经济鱼类数量的减少。

在空间上看，富营养化和缺氧效应与它们产生的原因通常是不会在同一个地方出现的。例如，美国最大的缺氧区和世界第二大缺氧区——墨西哥湾北部，估计有71%的氮来自密西西比河流域上游的农田和牧场，其中17%来自伊利诺伊州，11%来自艾奥瓦州，10%来自印第安纳州（Alexander et al.，2008）。因此，由于活动氮的流动性，一个地区的农业活动和土地利用可能会影响到数百英里外的下游地区的水质、游憩活动与渔业等经济环节。

温室气体的排放。农业活动中，化肥的使用需要为美国大约74%的一氧化二氮（N_2O）的排放负责，一氧化二氮是一种全球变暖潜能值比二氧化碳高300倍的温室气体（EPA，2013）。虽然农业部门温室气体排放量只占美国温室气体排放总量的6.3%（EPA，2013），但值得注意的是，农业排放会抵消农业系统中通过固化二氧化碳或提供替代能源来缓解气候变化的努力（Robertson and Vitousek，2009）。农业中一氧化二氮的排放也是值得注意的，它们表明在当地农业中实施的做法能够产生全球性影响。

氨气和其他氨基氮（NH_x-N）化合物的排放对生态与人类健康的影响。2002年，美国农业耕种以氨气和其他氮氨基（NH_x-N）化合物的形式向大气中排放了3.1万t的氮，据估计，大约占总数84%的氮是通过粪肥和肥料排放的（EPA，2011）。大多数排放物在雨水和气雾剂中以氨气或铵盐基的形式在下风向1000m以内沉积（Robertson and Vitousek，2009）。氨气排放会导致细颗粒无机物质（$PM_{2.5}$）的形成，如硫酸铵-硝酸盐，这是导致早产儿死亡的因素之一（Paulot and Jacob，2014）。

大气中沉积的活性氮会酸化土壤和水，改变草地和森林中的植物群落与土壤群落的组成，导致总体生物多样性减少，并增加某些杂草物种多样性（EPA，2011；Robertson and Vitousek，2009）。和活性氮从农业区域到沿海生态系统的水中运动轨迹一样，氮氨基化合物在空中的运动和沉积表明，农业对环境的影响可以扩展到可能距离农田相当远的其他生态系统。

Paulot 和 Jacob（2014）利用氨的来源和转化模型及$PM_{2.5}$的形成与沉积模型，计算出了大气中氨气和$PM_{2.5}$的含量，这两个数据与美国食品出口和污染物对人类健康的影响有关。他们得出了这样的结论，在2000～2009年他们进行研究的这一段时间，每年有5100人死于排放出的污染物，造成了360亿美元的损失。这一损失大大超过了出口食品的净值（每年235亿美元）。研究人员指出，在人类健康和经济上付出的成本显示出了“范围很广的负面外部效应”，并且考虑到农业的其他环境效应，如富营养化、生物多样性丧失和温室气体排放，这将进一步降低农业生产及出口的价值。

政策和教育方面的考虑

与使用氮元素进行作物生产相关的环境质量和人类健康问题在政策层面具有重要性。在一项涵盖28%美国国土、29个流域的分析中，Broussard 等（2012）指出，联邦农业补贴的增加与玉米和大豆在农业种植中的巨大支配地位，更广泛的化肥施用及较高的河流硝酸盐浓度显著相关。他们认为，联邦的农业政策，尤其是农业补贴部分，是影响土地利用、种植模式和水质的强有力的政策工具。基于对明尼苏达州韦尔斯河和奇珀瓦河流域的农民与居民的访谈，Boody 等（2005）指出，最近的联邦项目鼓励生产一些小众的商品经济作物，同时不提倡进行多样化的农业种植和节能保护，从而不能进行更好的环境保护。同样，Nassauer（2010，p190）指出，“50 多年来，农业生产补贴大大超过了保护环境的支出——目前是十倍的关系，而农民在生产决策中已经清楚地认识到了这一比例。”因此，通过增加具有保护作用的缓冲草带和草原、重建湿地和增加包括干草与其他非商品作物的农作物系统的多样性，减少可耕地对空气和水的氮排放量的机会比较少。

联邦能源政策对以玉米谷粒为原料生产乙醇的农业活动起到了促进作用，这一政策与氮的排放存在着联系。Donner 和 Kucharik（2008）使用过程仿真模型来对不同玉米生产情境下的密西西比河流域水分和养分的流失情况进行模拟。他们发现，玉米种植的数量要想满足联邦政府定下的到 2022 年生产 15 亿～360 亿 gal 可再生燃料的目标，其种植面积需要增加，这将使墨西哥湾溶解的无机氮的年均排放量增加 10%～34%。

最近，一份由美国国家环境保护局（EPA，2011）做了详细说明的联邦政策选择报告出台，该报告的目的是减少美国农业生态系统中活性氮的排放，以更好地保护环境质量和人类健康。现有的能够减少活性氮的政府政策和方案包括：保护区规划、湿地保护方案和环境质量奖励方案。报告中以市场为导向的污染控制手段包括：可交易水质信用担保、以拍卖为基础的承包、个人可转让配额、为农民提供风险赔偿使得农民在采取具有不确定性的新的农业方法时无后顾之忧、保护地役权。该报告确定的生物物理技术包括：通过改变人类饮食结构（主要是减少动物蛋白质消耗）来减少所需的氮肥量；在农作物生产中去除易受活性氮损失影响的农田；通过改变作物管理方法和改进化肥技术来提高化肥使用效率；设计恢复湿地以减少水生系统的硝酸盐负荷；开发新技术以减少粪便中的氨气排放。

影响氮使用和活性氮排放的联邦政策的另一个对接点则是地方和州通过教育努力改变生产者的生产实践。要想实现经营方式的成功实施，如改进灌溉战略、多样化的作物轮作、保护缓冲带和改善作物氮利用效率，需要侧重于政策激励和研究，也需要进行大量投资以对最终用户即农业从业者进行教育。这可以通过已经建立的科学传播网络进行传播，以及发展地方和区域流域群体来达到吸引广大公众和农业地区成员的目的（Dzurella et al.，2012；Morton and Brown，2011；MPCA，2014）。

确 定 情 境

为了了解新的干预措施、政策或技术的影响，评估将当前系统的表现作为基准，并将它与反映预期改变的一个或多个替代方案进行比较。在本案例中，评估小组将确定氮管理方案的替代系统。我们通过对先前在不同情况下做出的比较结果进行文献综述来说明这一步骤。

图 7-A-3 中所示的概念模型显示了作物-土壤系统中氮的储存和流失，并且说明了改善作物氮吸收、促进系统内的再循环，以及调节流出系统的流量的行为，会影响作物对氮的利用效率，影响氮向水和空气中的排放。

这个概念模型的使用推进了农业系统替代配置的比较，并且提升了评估不同系统的性能时不同标准的使用率。例如，在密歇根州进行的田间试验中，McSwiney 和 Robertson（2005）发现，玉米产量随着矿物氮肥的添加而增加，$1hm^2$ 土地需要添加约 100kg 氮肥，但继续添加肥料却未能增加产量。相比之下，当施肥量低于每公顷 100kg 氮时，来自土壤的温室气体一氧化二氮的排放量较低；但是当施肥量超过该阈值时，一氧化二氮排放量增加了一倍以上。在密歇根州 5 个用于玉米生产的商业化农田中，Hoben 等（2011）观察到了氮氧化合物在对氮肥施用率进行响应时呈现出来的非线性的、呈指数级增加的速率。在两种施肥量均高于推荐的最大经济效益（每公顷土地 135kg 氮）利用率的情况下，氮氧化合物的平均排放量比推荐排放量分别高出 43%和 115%。其他研究发现，硝酸盐淋洗随着施肥量的增加而增加（Drinkwater and Snapp，2007）。因此，根据图 7-A-3 所示的模型，细致地管理施肥量可以在不超过作物需求的情况下满足作物的生长需要，这可以优化土壤矿物氮和作物氮的吸收量，同时通过反硝化作用将氮损失降到最低，并通过淋洗作用和径流使氮流失到水中。

由于作物特定的氮肥利用率、生物因子固氮量、氮吸收和残留返回量不同，作物对地表和地表水的影响不同（Robertson and Vitousek，2009）。在密西西比河流域，集中在溪流和河流中的硝酸态氮浓度直接与流域内种植玉米与大豆的土地数量成正比（Broussard and Turner，2009；Schilling and Libra，2000），这主要是因为这些作物尺寸很小且作物正好处于一年中生长最不活跃的时期，所以大量可溶性氮会从农田冲走或渗透（Hatfield et al.，2009；Randall et al.，1997）。因此，如前所述，在玉米带里，供应饮用水的地表和地下水的硝酸盐污染是一个主要问题，当这些受污染的水流入墨西哥湾时，就变成了造成缺氧的主要问题。

相对于玉米和大豆的无力阻止氮排放到水中而言，小颗粒谷物如藜麦和用于牧草生产的草和豆类，能够更有效地预防氮进入地表水。这是由于在春季和秋季它们能更好地利用溶解在水中的氮，就饲料作物而言，全年的生长期和氮摄取时间较长（Hatfield et al.，2009；Randall et al.，1997）。覆土作物在一年中的某个时段吸收氮的时候，玉米和大豆等经济与饲料作物还未进行种植，因此，覆土作物可以通过减少土壤矿物氮存储而大大减少氮排放到水体中的损失（Kaspar et al.，2007；Syswerda et al.，2012；Tonitto et al.，2006）。除了玉米和大豆，细粮作物、饲料作物和覆盖作物等多样化作物轮作系统可以通过生物固定增加氮投入，增加氮吸收的方法包括生物固定、扩大土壤有机氮存储的规模，减少对矿物肥料的需求，最大限度地增加作物对土壤矿物氮的吸收（Blesh and Drinkwater，2013；Drinkwater et al.，1998；Gardner and Drinkwater，2009；Oquist et al.，2007）。

玉米带大多数作物的生产发生在雨养条件下，与此不同，加利福尼亚的大多数生产都是灌溉，特别是在集约化地区。因为活性氮的运动与土壤水分条件和水流有关，所以水资源管理和氮管理密切相关。Dzurella 等（2012）建议，应通过优化水、肥料和粪便的施用量与施用时间来更好地匹配作物需求，从而减少加利福尼亚地下含水层硝酸盐的含量。此外，他们建议对作物轮作策略、化肥和粪肥的储存与处理进行调整及改进，并通过相应减少矿物肥料氮的使用来减少粪肥中的氮。

种植系统和氮源的替代配置可能有助于追踪确定来自加利福尼亚种植系统的活性氮的排放。例如，Wyland 等（1996）选取了萨利纳斯谷的一个以西兰花为基础的种植系统作为基地，来研究冬季覆盖作物（钟穗和黑麦）的影响，研究发现相对于采取冬季休耕的方法，采取覆盖作物的方法减少了 65%～70%的硝酸盐淋洗。这种影响要归因于覆盖作物获取氮元素和水的能力，否则氮元素和水将会从泥土成分中流失。在加利福尼亚萨克拉门托河谷进行的一个长期田间实验表明，种植系统的土壤氮储量越大，损失越小，这些系统主要或完全依赖豆科作物和肥料氮的投入，并尽量减少或消除矿物氮的使用（Poudel et al.，2001）。利用同一个实验地点，Kramer 等（2002）测量了谷物在矿物肥料、野豌豆覆盖作物的残余物和家禽粪肥中氮元素的摄取情况，对比发现，与仅仅完全依靠矿物肥料相比，有机氮源和低施用量的肥料的组合是足以产生高收益的，同时也能更好地匹配作物在接下来的生长季中所需要的氮元素。因此，研究者得出结论：“使用将有机氮与矿物肥料相结合的方法，不仅可以减少矿物肥料的使用，也可以降低农业生态系统中的氮元素流失”（Kramer et al.，2002，p.242）。

氮元素在不同种植系统中的命运是通过不同形式的氮元素的输入形成的，不同的种植实践活动可以被设计成两种对比的概念模型。图 7-A-4 展示了在一种系统中可能的氮元素的动态变化过程，在这种系统中，作物主要依赖于矿物肥料的使用，并不使用覆盖作物及多年生作物来增加氮元素的吸收和保留。在这种系统中，氮元素向空气和水中流失的量是十分巨大的，氮元素的低利用率加上购买氮肥的成本，会对农民的生产成本造成一定的影响，从社会层面上来看，水资源的恶化也会对人们的身体健康产生一定的损害。

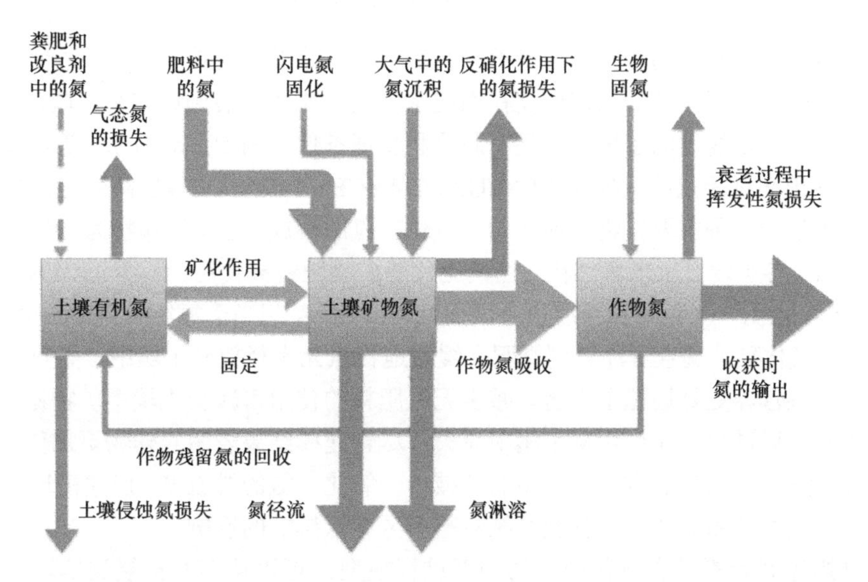

图 7-A-4 假定的在主要使用矿物氮的种植系统中，氮元素的存储和流失情况。框中代表氮的存储，箭头代表氮的流失，未按比例绘制（彩图请扫封底二维码）

图 7-A-5 描述了在一个替代种植系统中的氮的动态变化过程，这种替代种植系统中作物更少地依赖矿物肥料，而更加重视生物固氮、粪肥的使用、有机物质土壤改良剂、覆盖作物和多年生作物的作用。在这种替代种植系统中，氮向空气和水中排放而形成的损失，与只依靠肥料的种植系统相比会大大减少，对环境与人类健康的影响也会降低。然而，农民通过使用粪肥和其他土壤改良剂，而不是矿物肥料或非经济作物，带来了更大的成本。

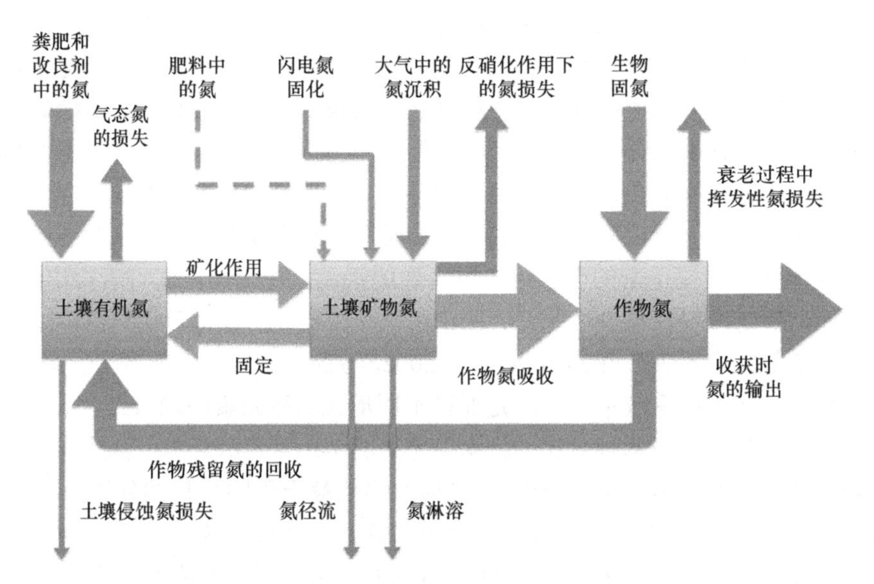

图 7-A-5　假定的对矿物肥料依赖程度较低，更为重视生物固氮、粪肥和有机物质土壤改良剂、覆盖作物和多年生作物的种植系统的氮的存储和流失情况。框中代表氮的存储，箭头代表氮的流失，未按比例绘制（彩图请扫封底二维码）

由于对在绘图和现场测量的准确性与精确性具有足够的自信，可以通过使用生物地球化学过程模型将氮元素的动态变化在系统水平上的比较扩展到地域和流域范围，这些模型通常参考特定场地的土壤、气候、栽培和管理条件。例如，de Gryze 等（2009）运用 4 个长期田间试验点的数据和 CENTURY/DAYCENT 模型[①]来检验萨克拉门托和圣华金河谷用于生产 7 种主要作物的地区的一氧化二氮的排放，这 7 种作物为：水稻、苜蓿、棉花、番茄、冬小麦、玉米和红花。当粪肥代替矿物肥料被使用，或少于 25%的矿物肥料被使用时，预测一氧化二氮排放量会减少 0.5～1.2mg，相当于每年每公顷减少了 0.5～1.2Mg 的二氧化碳。调查者注意到粪肥会缓缓地将氮元素释放到土壤中，导致农作物所需营养和所供营养更好地趋于平衡，减少无机肥料的使用可减少土壤中矿物氮的含量，这些矿物氮会通过反硝化作用从土壤中流失。尽管建模结果表明农作物更加依赖粪肥，而且通过调整化肥用量的方法只会微弱地减少一氧化二氮的排放量，但建模过程阐述了如何评估替代种植系统和土壤管理系统对整个区域氮排放的影响。

用以描述氮元素动态变化的生物物理过程模型，可以从田间扩展到地域和流域层

① DAYCENT 是用于农业生态系统的每日时间序列的生物地球化学模型，用于模拟大气、植被和土壤之间的碳和氮的通量，它是 CENTURY 生物地球化学模型的每日版本

面，来评估土地利用替代模式对水质的影响。例如，Boody 等（2005）利用 ADART（农业排水和农药运输）模型评估氮元素向溪流中的排放情况，这次试验是在明尼苏达州两个以农业为主的流域——韦尔斯河（16 264hm^2）和奇珀瓦河（17 994hm^2）中进行的，实验设计了 4 个不同的情境来评估氮的排放。这 4 个情境分别是①继续坚持当前的土地模式的使用，即以玉米、大豆和甜菜生产为主；②采用“最佳管理实践”，包括保护性耕作方法，沿河岸建立的 30m 宽缓冲带，以及采取适当的化肥施肥量，来适应作物的需求，但不超过作物需求；③通过恢复湿地来增加陆地园林和种植系统的多样性，更多地使用长期轮作的方式，即小粒谷类作物、多年生牧草作物、玉米、大豆和甜菜的轮流种植，并且增加牧场的使用；④将第三种情况延伸开来，通过将更多的可耕农田转移到草地，将河岸缓冲区的宽度增加到 90m，以进一步增加植被的覆盖率，并且在任何可以种植生产作物的地方，种植覆盖作物。除了水质的改变，还通过经济数据库对农业生产投入和农场净收入的变化进行了评估。

在第三种情境和第四种情境下，两个流域的氮肥的使用量下降了 62%～90%，从土地向溪流中流出的氮减少了 51%～74%，政府对商品价格支持的支付下降了 44%～70%，而农场净收入比当前基准增加了 12%～105%。Boody 等（2005）得出结论：环境和经济效益的提高可以通过改变农业土地管理方式来达成，从而可以不增加公共的成本。很多人预测：陆地园林和种植系统的多样化也会导致氮的浓度降低，这是在 Santelmann 等（2004）运用土壤水体评价模型（SWAT）对艾奥瓦州的两个流域同时进行的模拟试验中得出的结论。

进 行 分 析

在评估的这一步骤中，数据、度量和分析工具都被用于评估及检验与可替代情境相关的健康、环境、社会和经济效应等问题。在这个例子中，我们认为数据、度量和工具这些方式可以用于氮元素的管理情况的比较。

在不同的农业生产系统中，要获得氮元素完整的动态变化的经验数据库是一件十分困难的事（Vitousek et al.，2009）。虽然监测矿物肥料和粪肥中氮元素的输入相对比较容易，并且监测收获作物材料及市场上销售的动物产品形式中氮元素的输出也不是难事，但是，由于受制于时间和空间上的不确定性与多变性，加上成本昂贵的限制，准确地测量生物氮的固定、氮在反硝化作用中的气态损失、可溶性氮的流失及氮在有机形式与无机形式之间的转换，是十分困难的，这在技术上来说也是充满挑战的（Galloway et al.，2004）。因此，尽管氮的动态变化过程对农业生产来说具有关键意义，但是大多数的实验和观察研究仅关注了氮元素流失与转化的有限环节。

与大多数典型的关注面较为狭窄的农业研究相比，为对比管理系统而建立的完整的氮预算需要更长期的付出和更大规模的投资。密歇根州立大学（Robertson et al.，2014；Syswerda and Robertson，2014；Syswerda et al.，2012）经营的长期生态研究场所是在美国境内进行的少数大规模的、长期性的、多学科交叉的种植系统实验之一，这个实验场通过大量充足的细节，研究了大量的氮储存和流失情况，为人们理解系统层面特征提供了深刻的见解。如果要理解美国所有主要农业生产系统的氮的动态变化，对分布式网络的农业生态系统研究场所的长期投资是至关重要的，原因是具有如下需求：①需要长期多年观察土壤条件，来探测农场管理实践对系统的缓慢影响；②需要适应天气和虫害条件的年间变化；③有效地考察进行农业生产的广阔的地理条件。就像 Robertson 等（2008）所说的，在美国农业研究组合中比较缺乏这种方法。

早期的范围界定和情境部分应该清楚地表明，除了产量、氮的流失和氮的使用效率之外，还需要进行额外的测量和评估，以了解氮的使用效率及氮元素管理在农业生态系统中的整体效应。这些包括对健康、环境、经济效应和氮的排放成本进行量化研究。考虑到活性氮向下游和顺风移动的距离比较长，并且在观察到效应之前，可能会出现一段较长的滞后时间（Galloway et al.，2003），因此这些测量和评估必须在比私人田地大得多的空间尺度下进行，而且还必须进行多年观察研究，并且还必须包含更多的植物、动物、微生物和人群，需比在农场可以见到的种类更加丰富。社会经济调查必须与生物物理研究相结合，这是为了：①了解最能影响农民决定并涉及氮元素使用和管理的信号与信息类型；②确定在农场、区域层面和国家层面使用替代氮管理和作物系统的经济效应；③确定政策的变化，这些政策会影响到农业生态系统管理中的氮元素相关领域（Robertson and Vitousek，2009；Robertson et al.，2008）。

关于氮在农业生态系统中的使用和管理并不仅限于美国，它还是一个全球都关注的问题（UNEP，2007；Vitousek et al.，2009）。因此，关于氮元素使用和管理的分析方法与路径的改进还需要在国际范围开展调查研究。

参 考 文 献

Alexander, R. B., R. A. Smith, G. E. Schwarz, E. W. Boyer, J. V. Nolan, and J. W. Brakebill. 2008. Differences in phosphorus and nitrogen delivery to the Gulf of Mexico from the Mississippi River Basin. *Environmental Science and Technology* 42:822-830.

Blanco-Canqui, H. 2010. Energy crops and their implications on soil and environment. *Agronomy Journal* 102:403-419.

Blesh, J., and L. E. Drinkwater. 2013. The impact of nitrogen source and crop rotation on nitrogen mass balances in the Mississippi River Basin. *Ecological Applications* 23:1017-1035.

Boody, G., B. Vondracek, D. A. Andow, M. Krinke, J. Westra, J. Zimmerman, and P. Welle. 2005. Multifunctional agriculture in the United States. *Bioscience* 55:27-38.

Broussard, W., and R. E. Turner. 2009. A century of changing land-use and water-quality relationships in the continental U.S. *Frontiers in Ecology and the Environment* 7:302-307.

Broussard, W. P., R. E. Turner, and J. V. Westra. 2012. Do federal farm policies influence surface water quality? *Agriculture, Ecosystems and Environment* 158:103-109.

De Gryze, S., M. V. Albarracin, R. Catala-Luque, R. E. Howitt, and J. Six. 2009. Modeling shows that alternative soil management can decrease greenhouse gases. *California Agriculture* 63(2):84-90.

Dinnes, D. L., D. L. Karlen, D. B. Jaynes, T. C. Kaspar, J. L. Hatfield, T. S. Colvin, and C. A. Cambardella. 2002. Nitrogen management strategies to reduce nitrate leaching in tile-drained Midwestern soils. *Agronomy Journal* 94:153-171.

Donner, S. D., and C. J. Kucharik. 2008. Corn-based ethanol production compromises goal of reducing nitrogen export by the Mississippi River. *Proceedings of the National Academy of Sciences of the United States of America* 105:4513-4518.

Drinkwater, L. E., and S. S. Snapp. 2007. Nutrients in agroecosystems: Rethinking the management paradigm. *Advances in Agronomy* 92:63-186.

Drinkwater, L. E., P. Wagoner, and M. Sarrantonio. 1998. Legume-based cropping systems have reduced carbon and nitrogen losses. *Nature* 396:262-265.

Dzurella, K. N., J. Medellin-Azuara, V. B. Jensen, A. M. King, N. De La Mora, A. Fryjoff-Hung, T. S. Rosenstock, T. Harter, R. Howitt, A. D. Hollander, J. Darby, K. Jessoe, J. R. Lund, and G. S. Pettygrove. 2012. Nitrogen source reduction to protect groundwater quality. Technical Report 3. In *Addressing nitrate in California's drinking water with a focus on Tulare Lake Basin and Salinas Valley groundwater.* Center for Watershed Sciences, University of California, Davis. http://groundwaternitrate.ucdavis.edu (accessed December 23, 2014).

EPA (U.S. Environmental Protection Agency). 2011. *Reactive nitrogen in the United States—an analysis of inputs, flows, consequences, and management options.* EPA-SAB-11-013. Washington, DC: Environmental Protection Agency. http://yosemite.epa.gov/sab/sabproduct.nsf/WebBOARD/INCSupplemental?OpenDocument (accessed December 23, 2014).

EPA. 2013. *Inventory of U.S. greenhouse gas emissions and sinks: 1990-2011.* EPA 430-R-13-001, Washington, DC: EPA. http://www.epa.gov/climatechange/Downloads/ghgemissions/US-GHG-Inventory-2013-Main-Text.pdf (accessed December 23, 2014).

ERS (Economic Research Service). 2008. *Agricultural projections to 2017.* Washington, DC: U.S. Department of Agriculture, Economic Research Service. http://www.ers.usda.gov/publications/oce-usda-agricultural-projections/oce-2008-1.aspx (accessed December 23, 2014).

Foley, J. A., N. Ramankutty, K. A. Brauman, E. S. Cassidy, J. S. Gerber, M. Johnston, N. D. Mueller, C. O'Connell, D. K. Ray, P. C. West, C. Balzer, E. M. Bennett, S. R. Carpenter, J. Hill, C. Monfreda, S. Polasky, J. Rockstrom, J. Sheehan, S. Siebert, D. Tilman, and D. P. M. Zaks. 2011. Solutions for a cultivated planet. *Nature* 478(7369):337-342.

Galloway, J. N., J. D. Aber, J. W. Erisman, S. P. Seitzinger, R. W. Howarth, E. B. Cowling, and B. J. Cosby. 2003. The nitrogen cascade. *BioScience* 53:341-356.

Galloway, J. N., F. J. Dentener, D. G. Capone, E. W. Boyer, R. W. Howarth, S. P. Seitzinger, G. P. Asner, C. C. Cleveland, P. A. Green, E. A. Holland, D. M. Karl, A. F. Michaels, J. H. Porter, A. R. Townsend, and C. J. Vorosmarty. 2004. Nitrogen cycles: Past, present, and future. *Biogeochemistry* 70:153-226.

Gardner, J. B., and L. E. Drinkwater. 2009. The fate of nitrogen in grain cropping systems: A meta-analysis of N-15 field experiments. *Ecological Applications* 19:2167-2184.

Harter, T., J. R. Lund, J. Darby, G. E. Fogg, R. Howitt, K. Jessoe, G. S. Pettygrove, J. F. Quinn, J. H. Viers, D. B. Boyle, H. E. Canada, N. De La Mora, K. N. Dzurella, A. Fryjoff-Hung, A. D. Hollander, K. L. Honeycutt, M. W. Jenkins, V. B. Jensen, A. M. King, G. Kourakos, D. Liptzin, E. M. Lopez, M. M. Mayzelle, A. McNally, J. Medellin-Azuara, and T. S. Rosenstock. 2012. *Addressing nitrate in California's drinking water with a focus on Tulare Lake Basin and Salinas Valley groundwater.* Center for Watershed Sciences, University of California, Davis. http://groundwaternitrate.ucdavis.edu (accessed December 23, 2014).

Hatfield, J. L., L. D. McMullen, and C. S. Jones. 2009. Nitrate–nitrogen patterns in the Raccoon River Basin related to agricultural practices. *Journal of Soil and Water Conservation* 64:190-199.

Hoben, J. P., R. J. Gehl, N. Millar, P. R. Grace, and G. P. Robertson. 2011. Nonlinear nitrous oxide (N_2O) response to nitrogen fertilizer in on-farm corn crops of the US Midwest. *Global Change Biology* 17:1140-1152.

Jackson, L. L., D. R. Keeney, and E. M. Gilbert. 2000. Swine manure management plans in north-central Iowa: Nutrient loading and policy implications. *Journal of Soil and Water Conservation* 55:205-212.

Kaspar, T. C., D. B. Jaynes, T. B. Parkin, and T. B. Moorman. 2007. Rye cover crop and gamagrass strip effects on NO_3 concentration and load in tile drainage. *Journal of Environmental Quality* 36:1503-1511.

Kramer, A. W., T. A. Doane, W. R. Horwath, and C. van Kessel. 2002. Combining fertilizer and organic inputs to synchronize N supply in alternative cropping systems in California. *Agriculture, Ecosystems and Environment* 91:233-243.

MacDonald, J., M. Ribaudo, M. Livingston, J. Beckman, and W. Y. Huang. 2009. *Manure use for fertilizer and for energy.* Administrative Publication No. AP-037. Washington, DC: U.S. Department of Agriculture, Economic Research Service.

McSwiney, C. P., and G. P. Robertson. 2005. Nonlinear response of N_2O flux to incremental fertilizer addition in a continuous maize (*Zea mays* L.) cropping system. *Global Change Biology* 11:1712-1719.

Morton, L. W., and S. S. Brown (eds.). 2011. *Pathways for getting to better water quality: The citizen effect.* New York: Springer.

MPCA (Minnesota Pollution Control Agency). 2014. *The Minnesota nutrient reduction strategy.* St. Paul, MN. http://www.pca.state.mn.us/index.php/view-document.html?gid=20213 (accessed December 23, 2014).

Nassauer, J. I. 2010. Rural landscape change as a product of U.S. federal policy. In *Globalisation and agricultural landscapes: Change patterns and policy trends in developed countries*, edited by J. Primdahl and S. Swaffield. Cambridge, UK: Cambridge University Press. Pp. 185-200.

Oquist, K. A., J. S. Strock, and D. J. Mulla. 2007. Influence of alternative and conventional farming practices on subsurface drainage and water quality. *Journal of Environmental Quality* 36:1194-1204.

Paulot, F., and D. J. Jacob. 2014. Hidden cost of U.S. agricultural exports: Particulate matter from ammonia emissions. *Environmental Science and Technology* 48:903-908.

Poudel, D. D., W. R. Horwath, J. P. Mitchell, and S. R. Temple. 2001. Impacts of cropping systems on soil nitrogen storage and loss. *Agricultural Systems* 68:253-268.

Randall, G. W., D. R. Huggins, M. P. Russelle, D. J. Fuchs, W. W. Nelson, and J. L. Anderson. 1997. Nitrate losses through subsurface tile drainage in conservation reserve program, alfalfa, and row crop systems. *Journal of Environmental Quality* 26:1240-1247.

Ribaudo, M., J. Delgado, L. Hansen, M. Livingston, R. Mosheim, and J. Williamson. 2011. *Nitrogen in agricultural systems—implications for conservation policy.* Economic Research Service Report No. 127. Washington, DC: U.S. Department of Agriculture, Economic Research Service.

Robertson, G. P., and P. M. Vitousek. 2009. Nitrogen in agriculture: Balancing the cost of an essential resource. *Annual Review of Environment and Resources* 34:97-125.

Robertson, G. P., V. G. Allen, G. Boody, E. R. Boose, N. G. Creamer, L. E. Drinkwater, J. R. Gosz, L. Lynch, J. L. Havlin, L. E. Jackson, S. T. A. Pickett, L. Pitelka, A. Randall, A. S. Reed, T. R. Seastedt, R. B. Waide, and D. H. Wall. 2008. Long-term agricultural research: A research, education, and extension imperative. *BioScience* 58:640-645.

Robertson, G. P., K. L. Gross, S. K. Hamilton, D. A. Landis, T. M. Schmidt, S. S. Snapp, and S. M. Swinton. 2014. Farming for ecosystem services: An ecological approach to production agriculture. *Bioscience* 64(5):404-415.

Santelmann, M. V., D. White, K. Freemark, J. I. Nassauer, J. M. Eilers, K. B. Vache, B. J. Danielson, R. C. Corry, M. E. Clark, S. Polasky, R. M. Cruse, J. Sifneos, H. Rustigian, C. Coiner, J. Wu, and D. Debinski. 2004. Assessing alternative futures for agriculture in Iowa, U.S.A. *Landscape Ecology* 19:357-374.

Schilling, K. E., and R. D. Libra. 2000. The relationship of nitrate concentration in streams to row crop land use in Iowa. *Journal of Environmental Quality* 29:1846-1851.

Shapouri, H., P. W. Gallagher, W. Nefstead, R. Schwartz, R. Noe, and R. Conway. 2010. *2008 Energy balance for the corn–ethanol industry.* Agricultural Economic Report 846. Office of the Chief Economist. Washington, DC: U.S. Department of Agriculture.

Smil, V. 1999. Nitrogen in crop production: An account of global flows. *Global Biogeochemical Cycles* 13:647-662.

Syswerda, S. P., and G. P. Robertson. 2014. Ecosystem services along a management gradient in Michigan (USA) cropping systems. *Agriculture, Ecosystems and Environment* 189:28-35.

Syswerda, S. P., B. Basso, S. K. Hamilton, J. B. Tausig, and G. P. Robertson. 2012. Long-term nitrate loss along an agricultural intensity gradient in the Upper Midwest USA. *Agriculture, Ecosystems and Environment* 149:10-19.

Tonitto, C., M. B. David, and L. E. Drinkwater. 2006. Replacing bare fallows with cover crops in fertilizer-intensive cropping systems: A meta-analysis of crop yield and N dynamics. *Agriculture, Ecosystems and Environment* 112:58-72.

UNEP (United Nations Environment Programme). 2007. *Reactive nitrogen in the environment—too much or too little of a good thing.* Paris, France: UNEP. http://www.whrc.org/resources/publications/pdf/UNEPetal.2007.pdf (accessed December 23, 2014).

Vitousek, P., R. Naylor, T. Crews, M. B. David, L. E. Drinkwater, E. Holland, P. J. Johnes, J. Katzenberger, L. A. Martinelli, P. A. Matson, G. Nziguheba, D. Ojima, C. A. Palm, G. P. Robertson, P. A. Sanchez, A. R. Townsend, and F. S. Zhang. 2009. Nutrient imbalances in agricultural development. *Science* 324:1519-1520.

Ward, M. H. 2009. Too much of a good thing? Nitrate from nitrogen fertilizers and cancer. *Reviews on Environmental Health* 24:357-363.

Wyland, L. J., L. E. Jackson, W. E. Chaney, K. Klonsky, S. T. Koike, and B. Kemple. 1996. Winter cover crops in a vegetable cropping system: Impacts on nitrate leaching, soil water, crop yield, pests and management costs. *Agriculture, Ecosystems and Environment* 59:1-17.

附件 5：探讨鸡舍效应的系统方法

一个关于探究鸡舍效应的系统方法

与前面的例子相比，这个附件中的案例研究基于的是一项事实性的评估，收集和分析各种母鸡居住备选方案的各种效应方面的数据。有趣的是，这个项目的规划、数据收集和分析与本委员会分析框架的原则及步骤是一致的。

这个独特的项目可以实现同时评估商业化鸡蛋生产所有效应领域的影响程度。这一结果不是仅通过独立研究就能完成评估的。

该项目也是独一无二的，因为它将一大群利益相关方聚集起来，并且使其参与到共享信息及评估和决策的过程中。这个例子显示了从整个分析步骤的规划阶段开始，就必须让多学科研究人员和其他利益相关方参与进来。

然而，该项目没有涉及委员会所推荐的框架的某些方面，特别是分销情况及恢复能力。这些方面包含政策干预对不同规模的农场生产可能产生的经济效应。此外，该项目不试图了解公众是如何看待农场动物福利的，以及这些看法是否在消费者购买行为中起到了某些作用，又或者是鸡蛋成本的增加是否影响消费者行为。在这些领域存在重大的知识空白。

这个研究阐述了在进行比较时谨慎选择可替代干预措施的需要。因为研究表明，干预措施有可能会积极地影响母鸡福利，同时也会影响人类的健康、生态环境及该部门的经济。

该项目的主要局限性是研究只能在单一的农场中进行，并且只有一个遗传品系的母鸡参与。这可能会对美国其他地区的管理实践的适用性造成限制，尽管该项目将提供一个可用于不同情况下的总体框架和方法。应该注意的是，项目的目标是识别协同效应和利弊权衡，而不是试图提供数据进行形式化地整合为某个指标以此对不同鸡舍体系进行“分级”。在整个系统中，每个利益相关方均可以利用获得的信息，基于其自身机构在可持续发展方面的理念做出自己的采购和供应决策。

鸡蛋是全世界动物蛋白的主要来源。早在 20 世纪 50 年代，商业鸡蛋生产商就开始采用常规笼子来饲养母鸡。在鸡蛋生产得到强化之前，母鸡通常几个为一群，被饲养在中小型的谷仓中，或是对母鸡采取自由放养的喂养方式。虽然后者对母鸡的自然行为给予了更大的自由范围，但同时也使母鸡暴露于疾病之下，并使得母鸡可能成为其他捕食者的猎物。此外，母鸡的自由放养方式也会产生食品安全问题，因为自由放养条件下的母鸡可能在其筑巢区域外面产蛋（存在直接接触粪便的潜在危险），所以这些母鸡生产的鸡蛋比圈养起来的母鸡生产的鸡蛋更脏，而且还有可能被粪便传播病原体，使鸡蛋受到污染。笼舍式的鸡舍大大减少了食品安全问题，因为排泄物可以通过笼舍内地板滑落，并被笼舍内的传送带带走，从而防止鸡和鸡蛋接触粪便。笼舍地板通常是倾斜的，以允许鸡蛋滚动到鸡蛋收集带上。这种高效的收集方式可以确保改进鸡蛋产品的清洁度和新鲜度。一般来说，鸡舍通过允许更大鸡群的饲养规模，以及更自动化的喂养方式、浇灌方式和收集方式，促进了产蛋工业的扩大与整合，降低了鸡蛋生产的成本。今天，绝大多数美国鸡蛋（>95%）都出自于常规笼舍中饲养的母鸡。

但是，从 20 世纪 60 年代开始，传统的笼舍饲养开始受到批评，特别是在欧盟（EU）地区，因为它限制了母鸡的自由行为，并且没有母鸡栖息、筑巢或觅食的空间。1796 年，欧洲委员会公布了一项公约，规定应给予农场动物“满足其生理和活动需要的空间”。欧盟建立了关于蛋鸡的最低空间标准的制度，并于 1999 年完全禁止在笼舍中饲养母鸡。2008 年，加利福尼亚州选民通过了一项名为“二号提案”的（即《防止虐待农场动物法案》）全民投票，尽管该法案措辞有些含糊不清，但有效地禁止了用于蛋鸡的常规笼舍的使用。在之后的 2 年内，在密歇根州、俄亥俄州、俄勒冈州和华盛顿州，通过了禁止或限制笼舍的使用的立法。

在禁止常规笼舍用于蛋鸡之后，欧盟做出了相当大的努力，开发出了常规笼舍的替代品。现在欧盟法规可接受的两种替代类型的笼舍系统分别是非笼养（也称为无笼饲养）系统和家具笼舍（在美国也被称为强化集落系统）。无笼饲养系统包括允许成百上千只母鸡自由活动的室内饲养大型建筑物（即禽类饲养场）。该系统给母鸡配备了栖息处和巢箱，允许自动收集鸡蛋。建筑物的地板的一部分包含床上用品（如木屑），其有助于母鸡的啄食、搔抓和沙浴行为。不利的一面是，这一空间也允许粪便在很长时间内积累。

目前有几种不同类型的家具笼舍，它们通常能够为家禽提供比常规笼舍更多的空间。每个家具笼舍可供 20～60 只母鸡居住，笼舍里提供栖息处、巢箱，还有一个可以放置松散材料的区域，这个区域可以促进母鸡啄食、搔抓和沙浴。与常规笼舍一样，家具笼舍地板完全由金属丝制成，并且是倾斜的，这样不仅可以使鸡蛋滚落到自动鸡蛋收集带①上，而且还可以使粪便落入粪便收集带，从而有利于从笼舍内移除废物。

确 定 问 题

评估的第一步是确定问题。这通常是基于与利益相关方的磋商和相关文献的检验来完成的。本次评估要确定的问题是，鸡舍的变化会对经济产生深远的影响，也可能会在环境质量、人类和动物健康及工人安全方面产生非预期效应。本研究的目的是了解各种替代家禽笼舍配置的相互联系和权衡。本研究的结果可用于指导与美国蛋鸡的实践和管理相关的公共政策。

定义问题的范围并识别方案

一旦确定了问题，评估的下一个步骤就是确定问题的范围和替代方案。通过描绘系

① 显示不同系统功能的视频可在以下网站找到 http://www2.sustainableeggcoalition.org/resources[2015-1-20]

统所包含的边界、组成成分、过程、参与者和联系来构建范围。识别替代方案，比较当前系统基准情境与一个或多个替代情境的表现。这样做是为了了解正在考虑的新政策或干预措施的潜在效应。

禁令对常规笼舍系统的影响

当美国的鸡舍法规通过后，显而易见地，转向替代生产系统将影响可持续性发展的领域，而不仅是母鸡健康和福利，包括鸡蛋安全和质量、环境质量、食品可承受能力、工人健康和安全、公共价值观和态度。2008 年，美国鸡蛋委员会[①]资助密歇根州立大学和加利福尼亚大学戴维斯分校审查这些可持续发展领域的现有知识，以确定知识缺口。一系列论文得出了确定的影响和知识缺口，详见后述。在了解公众对农场动物福利的态度和价值观方面存在重大的知识空白。这一领域将是未来的研究主题，在下面并未被列出。

母鸡健康和福利。对这一领域比对任何其他可持续发展领域的研究都更加深入（Lay et al.，2011）。常规笼舍会较多地限制母鸡的行为，而非笼养系统会提供更多的运动空间和行为资源，其中将家具笼舍作为过渡形式。然而，已知的是，与笼养系统相比，非笼养系统更容易出现与母鸡健康有关的问题。这些问题包括感染疾病和寄生虫的较高的风险和由母鸡与粪肥及媒介接触而引起的较高的骨折率。与笼养系统相比，非笼养系统的同类相食和啄食的发生率也更高。这些因素是死亡率的重要驱动因素，非笼养系统的死亡率通常要高于笼养系统。

鸡蛋安全和质量。虽然一些欧洲研究描述了不同鸡舍系统下的鸡蛋的质量特征，但是结果在涉及相关属性时，却显得自相矛盾，如鸡蛋大小、蛋壳强度、蛋壳质量、蛋壳的完整性、鸡蛋内部质量和鸡蛋营养质量等（Holt et al.，2011）。影响鸡蛋安全的最主要因素是沙门氏菌肠炎的污染。当鸡蛋被放置在粪便或土壤（通常是非笼养系统的情况）上面时，它们便会被粪便污染，壳上的粪便病原体就可以通过鸡蛋孔进入鸡蛋。然而，关于不同笼舍系统下的沙门氏菌污染的影响的研究却少之又少。

环境质量。蛋鸡生产系统的环境效应包括空气的质量（颗粒物和氨）、水的质量（径流）、粪便管理（氨产生的影响）和资源利用（饲料、能源、土地）（Xin et al.，2011）。一般来说，与非笼养系统相比，笼养系统中的颗粒物含量较低，因为谷仓通常不含可以被雾化的粪便。粪便是笼养系统中较高氨浓度的最主要贡献者，因为它通常直到产蛋周期结束时才会被移除。家具笼舍中母鸡的数量少于常规笼舍，甚至少于非笼养系统。这些较低的母鸡密度与更大的土地利用和更多的饲料消耗相关联，因此会导致资源利用效率的降低，以及更高的碳排放。知识缺口包括对美国不同鸡舍系统中的环境效应的比较，缺乏基于过程的气体排放模型，缺乏对减缓战略的有效性的了解，以及对环境效应、工人安全、母鸡健康和福利的相互作用的理解仍然是十分有限的。

食品可承受能力。来自欧洲的有关食品可承受能力的一项研究表明，在非笼养系统与笼养系统中，非笼养系统产蛋的成本相对于笼养系统较高，而家具笼舍系统的生产成

---

① 美国鸡蛋委员会是美国鸡蛋工业的推广、教育和研究机构，它由农业部长任命的 18 名成员组成，代表 48 个相邻州的所有鸡蛋生产者管理该项目。该委员会是由第九十三届国会通过的《鸡蛋研究和消费者信息法案》授权的，其活动是在美国农业部监督下进行的

本居中。来自加利福尼亚州生产者的数据表明，从常规笼舍转移到室内非笼养系统将导致每生产 12 个鸡蛋，农场层面的生产成本上升 40%，但是，对于家具笼舍系统来说，美国没有数据可以说明（Summer et al.，2011）。知识的缺口包括那些美国可替代生产系统的生产成本的影响，对小规模生产者而言不得不进行大量资本投资以采用新的笼舍系统的影响，以及增加鸡蛋价格对零售商和消费者行为的影响。

工人健康和安全。关于与可替代生产系统相关的工人健康和安全问题的信息十分匮乏。虽然可以假定影响母鸡健康和舒适性的因素（如粉尘、氨）也可能影响工人，但是关于环境因素或工效学问题所造成的影响的经验资料还是十分缺乏的。

进 行 分 析

在这个项目中进行的评估对项目问题的范围进行了界定，并确认了替代方案，这可为评估该问题的利益相关方提出的数据收集、度量和分析提供判断。他们分析的目标是概述可能的鸡舍的权衡和效应。

这一分析提供了一个很好的例子，说明了主要粮食生产区域的一系列挑战。关于每种主要效应的权重或是重要性的决定，取决于竞争性价值判断的协调。例如，在决定哪些笼舍系统更具可持续性时，作为考虑因素，行为自由是否多少比母鸡的健康更为重要？每种效应的大小和进行优化的潜在成本将在多大程度上影响关于母鸡福利的决策？当信息冲突时，在衡量一个可持续性领域相对于另一个领域的重要性时，竞争性价值判断将再次发挥作用。我们已经采用各种集成方法来解决这些挑战，包括审议方法、非正式决策和定量分析。后者是十分吸引人的，因为它们会将数值结果分配给各种可持续性属性。然而，因为没有经验或逻辑上“正确”的方式来分配这样的数值，最终它们还是依赖于价值判断。广泛利益相关方参与的决策战略是价值整合的一种有前景的方法，利益相关方被召集起来，开始进行这一可持续生产鸡蛋的评估过程。

利益相关方的参与

以上确定的数据缺口和方法，对于下一阶段评估鸡蛋生产的可持续性能够提供重要的信息资料，这就是 Swanson 等描述的可持续鸡蛋供应联盟（CSES）的形成。可持续鸡蛋供应联盟是一个具有多重利益相关方的团体，他们在美国对蛋鸡的替代笼舍方案进行合作研究。它有 30 多个成员，包括研究机构、贸易组织、科学社会、非政府组织、鸡蛋供应商、食品制造商、餐厅/零售/食品服务公司。该项目的领导者由麦当劳、美国嘉吉公司、密歇根州立大学、加利福尼亚大学戴维斯分校和美国人道协会担任，同时美国兽医协会、美国农业部农业研究服务部和环境保护基金服务部担任该项目的顾问。零售商在关于动物福利和一般食品供应的可持续性的讨论中发挥了核心作用，因为他们越来越多地受到公共活动（如股东决议、广告活动）的影响，这些公共活动会影响人们的购买活动。可持续鸡蛋供应联盟由食品诚信中心（CFI）推动，该中心是一个致力于建立消费者对食品系统的信任和信心的非营利组织。食品诚信中心成员代表食物链的每个部分。

指标和数据收集

可持续鸡蛋供应联盟（CSES）的目标是收集数据，以了解在美国，不同母鸡笼舍系统中母鸡福利、工人健康和安全、食品可承受能力、环境效应，以及鸡蛋安全和质量等几个方面的效应程度和权衡。数据是从美国中西部一个商业农场收集的，其中包含3种类型的笼舍设施：常规笼舍，非笼舍系统和家具笼舍系统。

对可替代鸡舍系统的比较包含以下几个方面的效应/结果。

• 母鸡健康和福利：母鸡的行为和资源/空间使用、压力的生理指标、综合身体条件、使用标准化评估系统与临床观察和测试得出的健康结果、骨质量和断骨强度（如破坏骨头所需的力）。

• 鸡蛋安全和质量：鸡蛋内部和外部的质量、鸡蛋保质期、鸡蛋加工区和笼舍区的微生物污染水平、母鸡对沙门氏菌疫苗的免疫反应情况。

• 环境质量：室内空气质量和温度条件、在房屋和粪便存储区域的气体和颗粒的排放、资源效率（饲料、水、能源）、氮质量平衡、生命周期分析。

• 食品可承受能力：生产成本（饲料、土地和建筑物、劳动力、母鸡疾病和健康成本、母鸡成本）和收入（市场输出量）。

• 工人健康和安全：人员在气体和颗粒物中的暴露情况、呼吸道健康、工效学压力、肌肉骨骼疾病。

可持续鸡蛋供应联盟（CSES）为这项研究提供了超过650万美元的资金，并且还需要额外支付建设或翻新商业笼舍所需的大量费用，以使得这个项目能够运行下去。此外，食品诚信中心（CFI）正在进行一个平行的研究，这个研究关注重点人群，以了解他们作为消费者对母鸡笼舍系统和鸡蛋生产可持续性的态度，以及确定当消费者获得由可持续鸡蛋供应联盟（CSES）提供的信息时，这些态度将如何受到影响。

参考文献

Holt, P. S., R. H. Davies, J. Dewulf, R. K. Gast, J. K. Huwe, D. R. Jones, D. Waltman, and K. R. Willian. 2011. The impact of different housing systems on egg safety and quality. *Poultry Science* 90(1):251-262.

Lay, D. C., Jr., R. M. Fulton, P. Y. Hester, D. M. Karcher, J. B. Kjaer, J. A. Mench, B. A. Mullens, R. C. Newberry, C. J. Nicol, N. P. O'Sullivan, and R. E. Porter. 2011. Hen welfare in different housing systems. *Poultry Science* 90(1):278-294.

Sumner, D. A., H. Gow, D. Hayes, W. Matthews, B. Norwood, J. T. Rosen-Molina, and W. Thurman. 2011. Economic and market issues on the sustainability of egg production in the United States: Analysis of alternative production systems. *Poultry Science* 90(1):241-250.

Swanson, J. C., J. A. Mench, and D. Karcher. In press. The coalition for sustainable egg supply project: An introduction. *Poultry Science*.

Xin, H., R. S. Gates, A. R. Green, F. M. Mitloehner, P. A. Moore, Jr., and C. M. Wathes. 2011. Environmental impacts and sustainability of egg production systems. *Poultry Science* 90(1):263-277.

8 结　语

委员会被赋予了一项任务：制定一个评估框架，用于评估美国食品系统作为全球食品系统的重要组成部分，在粮食生产、加工、分销、零售、消费及监管方面产生的相关效应，包括健康、环境、社会和经济等效应。为有效完成这一任务，委员会认为有必要了解当前的食品系统及其演变历史。委员会力图向大众阐释食品系统对人类的健康和福利及环境的巨大影响。随着自然资源的消耗，以及政府政策、社会规范、市场力量和科学发现的改变，食品系统已经发生演变，并且在未来也会继续演变下去。我们很难预测未来美国食品系统会演变成什么样，但委员会制定的框架的目标就是既能促进有关食品系统的回顾性和前瞻性分析，又能给决策者提供帮助，从而更好地组织、改进和维护食品系统。

结　论

众多例证表明，与食品系统相关的决策能够在多个领域产生预期目标之外的后果。甚至在政策实施后，研究人员仍在分析其原因和影响。在收集信息、阐释评估框架如何应用于一些具体实例[①]的过程中，委员会得出了以下结论。

1. 在已经发表的文献资料中，很少有关于食品系统的综合性研究能够运用委员会框架的所有原则。例如，委员会根本找不出有哪个研究综合考虑了所有 4 个领域（健康、环境、社会和经济效应）和 4 个关键维度（数量、质量、分布和恢复能力）。更重要的是，在受影响的领域、它们的相互作用或动态反馈的界定和假设上，大多数研究都缺乏明确的阐述。

2. 一些研究立足于整个食品供应链，研究某个干预措施在多个领域（和维度）的效应及其驱动因素，这类研究可以更有效地识别效应结果和利弊权衡，而在研究范围较窄的评估中，这些结果和权衡往往难以发现。

3. 有些政策、措施实施的本意只是希望在食品系统中的某一个领域（如健康领域）发挥作用，但实际上也会影响到其他领域（如环境、社会和经济领域）。造成的后果可能是积极的，也可能是消极的；可能符合政策实施的本意，也有可能偏离本意。这些后果会产生实实在在的影响，并且通常与其引起的变化不成比例关系。也就是说，有些小的干预措施也有可能在不同时间和空间对不同领域造成重大影响。

4. 根据要解决的不同问题（如公共卫生或气候变化问题、与某公司环境效应相关的问题等），用于研究食品系统的数据、方法的收集和开发工作已通过公共渠道和个人倡议渠道完成。其中，研究方法不仅包括描述和评估系统效应的方法，还包括综合和解释

① 委员会选择了以下例子：①在动物饲养中使用抗生素（框 7-7）；②关于鱼类消费和健康的建议；③强制生产生物燃料的建议（附件 2）；④增加水果和蔬菜消费量的建议（附件 3）；⑤为获得最大农作物产量而施用氮肥（附件 4）；⑥有关商业鸡蛋生产的动物福利政策（附件 5）

结果的方法。公共渠道收集的数据和公众广泛支持的模型在评估与比较食品系统在不同领域和维度的效应方面一直占据重要地位，未来仍是如此。旨在研究食品系统的驱动因素和效应的公共研究面临的一大挑战是难以获取行业收集的数据。

5. 利益相关方是评估活动的重要受众，但他们也可以在整个评估过程中发挥重要作用，如在界定一些问题或其潜在效应时可以提供帮助，因为这些问题或效应有时会被研究人员所忽视。此外，当公共数据资源难以获取时，他们也可以帮助提供重要数据。但是想要有效地吸引利益相关方参与评估，需要解决一些难题，如避免利益冲突、确保参与的公平性、解决公众可能对利益相关方缺乏信任的问题等。因此，对利益相关方参与评估还需要斟酌，要仔细考虑谁能参与、何时参与，以及在多大程度上参与。

6. 虽然过去新技术的引进推动了美国食品系统的重大改进，但未来仅依赖技术革新可能就无法实现系统在未来的改进了，因为要对系统进行改进可能需要采用更全面的方法，纳入非技术因素，提出长期性的解决方案。系统性的解决方案要充分考虑社会、经济、生态和进化因素，评估过程也需要做好准备，迎接 21 世纪美国食品系统面临的挑战，如抗生素和农药抗性、空气和水的化学污染、土壤侵蚀和土壤退化、水资源匮乏、与饮食相关的慢性疾病、肥胖症、国内外饥饿和营养不良问题、食品安全问题等。

7. 为找到解决这些问题的最佳方案，我们不仅要确定当前的食品系统会产生什么样的影响，还要了解其驱动因素（如人类行为、市场、政策等），以及它们如何相互影响、如何对可见的系统效应产生影响。了解这些情况可以帮助决策者确定最佳的干预时机，并预测干预的潜在后果。

以上结论可以为开发一个分析性的系统方法框架提供支持，该框架可以帮助我们进一步了解与食品、农业相关的措施和政策的后果，帮助决策者权衡取舍，并认识到可能的非预期后果。在考虑可能影响食品系统的替代配置[①]（如政策或措施）方面，委员会提供的框架可用于检验政策或设想的配置改变可能会对食品系统产生的广泛影响。应用框架还将有助于我们找到不确定因素、确定研究需求并区分其优先顺序。

委员会认识到，在有些情况下，有限的资源可能会阻碍对食品系统的全面分析。此外，对离散的问题可能根本不需要进行全面的系统分析。这时，要根据研究者选择的范围和主题来确定研究步骤与研究方法，而无须用到所有的步骤和方法。无论分析范围大小如何，评估者都需要充分了解研究的边界和效应，并将食品系统中的各种相互关系纳入考虑。

要运用这种分析框架，还有赖于良好的数据基础、度量标准和研究方法。除地方性、区域性数据库外，国内外系统性的数据收集对于提高能力以解决有关美国食品系统效应的关键问题至关重要。美国政府掌管着一些主要的数据库，可以用于评估食品系统在健康、环境、社会和经济方面的效应。这些数据库包括美国农业部（USDA）的食品供应数据、损耗调整食品供应数据和营养可用性数据。在美国，它们为 200 多种商品的食品消费和损耗提供关键性数据服务。另一个重要的数据库是疾病预防控制中心的“国家健

① 配置是食品系统内的要素，如政策干预、市场条件、技术或两个系统不同部门的组织结构，可以加以修改以实现某一特定目标或探讨潜在的驱动因素（如对具有特定特征的食品的需求的增长）如何影响健康、环境、社会和经济效应的分布

康与营养调查”，该调查评估了美国人的健康和营养状况。在环境领域，国家农业统计局的“农业化学品使用计划”收集了农场中农药使用情况的相关数据，该数据对评估农民和环境面临的风险具有重要意义。此外，美国农业部国家农业统计局数据库（如农业劳动力调查、农业普查、农业资源管理调查）也很重要。还有很多其他数据库也是进行评估的关键，附录 B 中的表 B-3 列出了这些数据库的清单。应定期审查数据的设计、收集和分析，以便在出现新问题时满足研究人员和决策者的需求。很多具体的需求可以在社会和经济领域得以确定，但是一些普遍关注的领域却缺乏独立的数据库（如区域或地方层面的社会问题数据）和关于某些变量的度量标准（如个人或群体的福利）。

委员会建议国会和联邦机构继续资助和支持数据库的收集（和改进）工作，这些数据库可用于食品系统评估研究，委员会还建议在优先需要出现时设立新的数据收集项目。同样，继续支持开发和改进研究方法与研究模型，对于更全面地了解美国食品系统在所有领域的效应尤为必要。美国国家卫生研究院行为与社会科学研究办公室为推进健康和公共卫生工作提供了很多支持，但是还可以采取更多的措施来推进在农业、经济、环境、社会科学和健康领域的多学科研究。政府、学术界和私营部门已经认识到数据共享的必要性。委员会支持联邦在数据共享方面做的努力，并鼓励进一步开发改进研究方法，以更有效地跨学科、跨机构共享数据及与私营部门共享数据。委员会还督促建立一个政府与行业的协作机制，使行业收集的信息更容易获取，从而用于研究和政策分析。

委员会还强调在系统科学研究领域建立人力资源的必要性。正如本报告所指出的，通过更为综合性的分析，可以更全面地了解食品系统变化的影响，但这些领域的大多数研究仍然比较狭隘。对学术界、私营部门和政府机构的科学家进行培训，让他们了解复杂系统方法的各个方面（包括系统研究设计、数据收集和分析方法及模型的使用），可以清除研究道路上的一些障碍。继续大力支持对系统分析方法的研究和展示对于确保该领域的持续创新非常重要。尤为重要的是，美国农业部、美国食品药品监督管理局、美国国家环境保护局、美国劳工部和其他相关联邦机构具备人力和分析能力，在考虑制定具有国内外影响力的政策时可以使用框架的原则进行评估。

委员会希望本报告可以激发一些有关食品系统的政策和措施在多个领域产生效应的广泛思考。美国食品系统代表了一种在地方、国家、全球的生物物理及社会/制度环境中的复杂自适应系统，认识到这一点可以为我们提供新的思路和方法来研究新政策、新技术和新配置的潜在后果。此类分析研究可以为决策者提供更好的指导。因为以往对食品系统及其影响的描述都是从美国的角度出发的，忽略了对世界其他国家的重要影响。然而，其应用对象不仅包括那些致力于理解美国食品系统及其影响的人，而且包括其他国家那些正在进行类似研究，并对其本国食品系统做出类似决策的人。

附录A　开放会议议程

委员会于2013年7月16日、2013年9月16～17日和2013年12月16日在华盛顿哥伦比亚特区举行数据收集会议，该会议向公众开放。开放会议和研讨会议程如下。

“食品系统的健康、环境和社会效应评估框架”委员会会议

2013年7月16日，星期二

凯克中心，国家科学院，西北第五大街500号，110室，华盛顿哥伦比亚特区

公开会议

下午1：00　欢迎仪式和介绍会
委员会主席 Malden Nesheim

下午1：05　赞助方表达对研究的看法
JPB基金会 Dana Bourland 和 Barbara Picower

下午1：30　探索食品的真实成本
艾奥瓦州立大学 Helen Jensen

下午2：00　美国食品系统概述
健康浪潮基金会 August “Gus” Schumacher

下午2：30　问答环节

下午3：00　休息

下午3：15　食品系统对健康的效应概述
约翰·霍普金斯大学 Robert Lawrence

下午3：45　食品系统对环境的效应概述
明尼苏达大学 David Tilman

下午4：15　食品系统对社会的效应概述
艾奥瓦州立大学 Cornelia Flora

下午4：45　问答环节

下午5：15　公众评论

下午5：35　闭幕致辞

下午5：45　公开会议休会

了解食品系统及其效应研讨会

2013 年 9 月 16～17 日

凯克中心，国家科学院，西北第五大街 500 号，110 室，华盛顿哥伦比亚特区

研讨会目标

1. 描述食品系统的组成部分及其相互关系。

2. 探索食品系统在环境、社会经济和健康领域的关键效应。

3. 说明目前为确定指标和开发一个囊括食品系统对环境、社会经济和健康效应的框架所做的工作。

2013 年 9 月 16 日，星期一

下午 12：30 登记入场

下午 1：30 欢迎致辞和介绍会
委员会主席 Malden Nesheim

会议第一项：定义美国食品系统

下午 1：40 介绍会
主持人：委员会成员 Kate Clancy

下午 1：45 从水果和蔬菜生产方角度看美国食品系统
美国新鲜农产品协会 Tom Stenzel

下午 2：15 从制造商的角度看美国食品系统
康尼格拉食品公司 Joan Menke Schaenzer

下午 2：45 休息

下午 3：00 美国食品系统概述
美国农业部 Catherine Woteki

下午 3：30 美国在全球食品系统中的作用
美国嘉吉公司 K. Scott Portnoy

下午 3：50 发言者讨论

会议第二项：食品系统的环境效应

下午 4：15 介绍会
主持人：委员会成员 Scott Swinton

下午 4：20 食品安全及环境面临的全球挑战
明尼苏达大学 Jonathan Foley

下午 4：40　衡量和评估生态系统服务及权衡的方法
未来资源研究所 Jim Boyd
下午 5：00　长期农业土地利用的经济决定因素
普渡大学 Tom Hertel
下午 5：20　跟随来源于不同农业生态系统的地表、地下、空气中的水来塑造营养成分的生物地球化学模型
美国太平洋西北国家实验室和马里兰大学 R. Cesar Izaurralde
下午 5：40　发言者讨论
下午 6：15　休会

2013 年 9 月 17 日，星期二

上午 8：00　登记入场
上午 8：30　欢迎致辞并回顾第一天的会议内容
委员会主席 Malden Nesheim

会议第三项：食品系统的社会经济效应

上午 8：40　介绍会
主持人：委员会成员 Robbin Johnson
上午 8：45　农业、贸易和农村发展
约翰·霍普金斯大学 Robert Thompson
上午 9：05　市场对美国农业和食品政策及措施可持续发展的反应
艾奥瓦州立大学 Bruce Babcock
上午 9：25　发言者讨论
上午 9：45　休息

会议第四项：食品系统的健康效应

上午 10：00　介绍会
主持人：委员会成员 Keshia Pollack
上午 10：05　食品供应的驱动因素：消费者偏好及市场需求
康奈尔大学 David Just
上午 10：25　食品准入：价格和零售环境
塔夫茨大学 Parke Wilde
上午 10：45　评估食品系统对慢性疾病和相关的健康不均等现象的效应
宾夕法尼亚大学 Shiriki Kumanyika
上午 11：05　评估和管理食品中化学成分与污染物的健康风险
ENVIRON 组织 Joseph Rodricks
上午 11：25　在与人类相关的细菌环境中交换抗生素抗性网络

华盛顿大学 Gautam Dantas
上午 11：45 发言者讨论
下午 12：30 午餐

会议第五项：框架和可持续指标的使用

下午 1：30 介绍会
主持人：委员会成员 Ross Hammond
下午 1：35 运用企业框架促进社会和环境责任
麦当劳公司 Robert Langert
下午 1：55 在签约食品服务中运用企业框架促进社会和环境责任
Bon Appetit 管理有限公司 Helene York
下午 2：15 使用标准和指标来监测食品系统的可持续性
大西洋学院 Molly Anderson
下午 2：35 连接食品生产和消费的概念性与分析性框架——生命周期评估
密歇根大学 Martin Heller
下午 2：55 FDA 成本效益分析的运用情况
美国卫生与公共服务部 Amber Jessup
下午 3：15 EPA 成本效益分析的运用情况
美国国家环境保护局 Charles Griffiths
下午 3：35 休息
下午 3：50 发言者讨论
下午 4：40 公众评论
下午 5：00 闭幕致辞
委员会主席 Malden Nesheim
下午 5：15 休会

2013 年 12 月 16 日
凯克中心，国家科学院，西北第五大街 500 号，201 室，华盛顿哥伦比亚特区

公开会议

下午 12：00 美国食品系统工人
科罗拉多州立大学 Lorann Stallones
下午 12：45 移民、农场工人和食品系统
加利福尼亚大学戴维斯分校 Philip Martin
下午 1：30 休会

附录 B　选定的指标、方法、数据和模型

本附录包括 4 个表格，分别涉及指标、方法、数据来源和模型，给评估食品系统效应的现有资源提供了范本。所有表格都列出了食品系统对健康、环境、社会和经济的效应，旨在为研究人员和评估人员在从事复杂的系统评估时提供便利。

指标表（表 B-1）意在突出一些常见的举措，通常用于在评估时衡量一些关键性结构。每个指标包括目的，可以用指标进行评估的目标群体或事物、关于测量方法如何衍生的基本信息等。有些指标同时还包括其他指数（如健康饮食指数）。另一些指标则可以直接测量变量。

方法表（表 B-2）提供了可用于复杂系统分析或用于检查食品系统效应的关键性研究设计、方法和模型。

数据来源表（表 B-3）提供了可用于评估食品系统效应的一些常用数据库清单。其中有些数据库是由政府资助建立的，有些是专门性数据库；有些是免费的，有些则需要收取费用。但所有数据库都对公众开放。表格包括每个数据库资源建立的目的、使用数据库的目标人群及其他信息来源。有些数据来源可用于评估食品系统在各个领域的效应或用于描述食品系统本身。例如，食品供应数据既可以看作是食品系统的经济结果，也可用于评估食品供应的营养质量并推断人口的健康状况。为避免重复，如果数据来源在不同领域的效应中具有多个目的，那么表格中仅列出一个条目。

最后，模型表（表 B-4）包括用于模拟食品系统效应的具体模型。注意，表 B-2（方法表）和表 B-4（模型表）中的模型条目之间没有直接对应关系。表 B-2 中描述的模型是宽泛的，而表 B-4 中的模型是为实现某种研究方法而应用的具体模型。

以上表格皆起到解释说明的作用，而非一一列举，且所列出的均是最常用的指标、方法、数据来源和模型。据估计，与食品系统在健康、环境、社会和经济领域的效应及食品系统本身相关的研究将继续发展壮大，所以这些资源还需要不断更新，并且还需要发掘出新的资源。

附录 B 表格如下。

表 B-1　评估食品系统在健康、环境、社会和经济领域的影响的指标

指标	目的	目标群体	测量方法	详细信息
健康影响				
体重指数	表示身高体重合理的指标；用于定义和筛查超重与肥胖	总人口	质量（kg）/身高（m）^{2}	http://www.cdc.gov/healthyweight/assessing/bmi http://nccor.org/projects/catalogue/index.php http://nccor.org/projects/measures/index.php
疾病流行率	表示在一定时间内受感染人数的指标	总人口	在一定时间内的新增病例数；群体中同时感染疾病的人数	Gordis, L. 1996. *Epidemology*. Philadelphia, PA: W.B. Saunders.
疾病的病因	表示在一定时间内发生的新病例的数量	总人口	在一定时间内人群中新发疾病的数量；在同一时间有感染疾病风险的人数	Gordis, L. 1996. *Epidemology*. Philadelphia, PA: W.B. Saunders.
死亡率	表示因特定原因或任何原因死亡的人口比例	总人口	特定原因（或任何其他原因）造成的死亡总数；中年人口数量	Gordis, L. 1996. *Epidemology*. Philadelphia, PA: W.B. Saunders.
胆固醇	胆固醇在血液中的总浓度，包括低密度脂蛋白、高密度脂蛋白和极低密度脂蛋白；有时用作心脏病的筛选测试	总人口	血液中的胆固醇总量/(mg/dL)	http://www.cdc.gov/nchs/nhanes/2011-2012/TCHOL_G.htm
血汞	来自所有来源的汞暴露指标	总人口，尤其是育龄妇女	血液中汞的总量（元素、无机和有机）/（ng/mL）	http://www.cdc.gov/nchs/nhanes/nhanes2007-2008/pbcd_e.htm
健康饮食指数	测量饮食质量，评估与联邦膳食指导的一致性	个人；食品是否可购于市场；菜单；国家食品供应	基于水果数量的加权分数：整果；蔬菜；青菜和豆类；全谷类；乳制品；蛋白质食品；海鲜和植物蛋白；精制谷物；钠；每 1000 千卡热量，以及每单位饱和脂肪酸中的多不饱和脂肪酸和不饱和脂肪酸的量	http://www.cnpp.usda.gov/HealthyEatingIndex.htm http://www.cnpp.usda.gov/Publications/HEI/HEI-2010/CNPPFactSheetNo2.pdf
食品网	基于食品网数据库（表 B-3）检测国家疾病逐年暴发的趋势	总人口	根据食品网数据库校正的各种因素，包括个人腹泻时就医的速度，鉴定病原体时收集标本的频率，以及对所提供的样品进行的特定测试等，来预估最常见或最严重的食源性疾病病原体	http://www.cdc.gov/foodborneburden/trends-in-foodborne-illness.htm

续表

指标	目的	目标群体	测量方法	详细信息
环境影响				
硝酸盐地下水污染危害指数		农民	该指数与土壤、作物和灌溉信息相关；由 3 个部分组成，必要时提出潜在危险数值并提出管理建议	http://ciwr.ucanr.edu/Tools/Nitrogen_Hazard_Index
空气质量指数（AQI）	报告每日空气质量的指数	当地条件下的各种目标人群	AQI 由《清洁空气法案》规定的 5 种主要空气污染物来计算：地面臭氧、颗粒污染物（也称颗粒物）、一氧化碳、二氧化硫和二氧化氮	http://www.airnow.gov/index.cfm？ action=topics.about_airnow
土壤侵蚀指数	根据土壤的物理和化学性质及气候条件，提供土壤侵蚀的相关信息	农民；资源管理者	综合坡度和土壤类型、降雨强度与土地利用的影响	http://www.nrcs.usda.gov/wps/portal/nrcs/detail/national/technical/?cid=stelprdb1041925
社会和经济影响				
收入、财富和公平				
总部门产出和要素生产率	评估在生产食品过程中使用不同要素（劳动力、资本、土地等）的生产率	农业部门	该指标用于与食品生产相关的产出和投入；比较不同类型的投入、不同商品在不同时间段的差异	http://www.ers.usda.gov/data-products/agricultural-productivity-in-the-us.aspx
部门利润率	评估食品供应链中关键行业制造商的经济表现	主要食品公司	估算美国顶尖食品公司的利润率	http://pages.stern.nyu.edu/~adamodar/New_Home_Page/datafile/margin.html http://money.cnn.com/magazines/fortune/fortune500/2009/performers/industries/profits
行业结构（集中度）	跟踪不同食品供应链中的生产和所有权的更改情况	农场生产者、食品加工商、制造商、分销商和零售商	四大厂商占有率指数；基尼系数	http://www.ers.usda.gov/topics/farm-economy/farm-structure-and-organization/research-on-farm-structure-and-organization.aspx http://www.foodcircles.missouri.edu/consol.htm
农场平均净收入	记录农场经营者家庭收入和财富状况的趋势	农场经营者	平均收入和财富状况指标，按收入对农户进行分类	http://www.ers.usda.gov/data-products/farm-income-and-wealth-statistics.aspx http://www.ers.usda.gov/topics/farm-economy/farm-household-well-being.aspx http://ers.usda.gov/data-products/arms-farm-financial-and-crop-production-practices.aspx

续表

指标	目的	目标群体	测量方法	详细信息
食品行业就业率	确定不同食品供应链部门的就业水平和就业条件	食品供应链部门	按部门划分的就业水平指标	http://www.bls.gov/bls/employment.htm http://www.bls.gov/cps
工人赔偿：家庭平均收入和家庭收入中位数；工人家庭贫困率	跟踪不同食品供应链部门工人的工资和贫困的变化情况	食品供应链部门的工人	不同行业工人的平均工资、就业周期和家庭贫困率	http://www.bls.gov/bls/blswage.htm http://www.bls.gov/cps/earnings.htm#occind http://www.bls.gov/opub/ted/2003/jun/wk5/art04.htm http://www.bls.gov/cps
生活质量				
农场经营者管理控制（承包、债务与资产的比率）	跟踪影响农场经营者独立性的经济关系趋势	农场经营者家庭	债务水平、生产情况或市场合同	http://www.ers.usda.gov/topics/farm-economy/farm-sector-income-finances/assets,-debt,-and-wealth.aspx http://www.ers.usda.gov/topics/farm-economy/farm-structure-and-organization.aspx
工作条件（工作时长、安全条件、稳定状况、住房、福利、职业流动机会）	检查不同食品供应链部门的工人的工作条件、工资和福利	不同食品供应链部门的工人	平均工资、工作时长、福利、就业期限	http://www.doleta.gov/agworker/naws.cfm http://www.ers.usda.gov/topics/farm-economy/farm-labor.aspx http://foodchainworkers.org/wp-content/uploads/2012/06/Hands-That-Feed-Us-Report.pdf http://www.bls.gov/bls/blswage.htm http://www.bls.gov/ncs/ebs/home.htm http://www.bls.gov/cps/lfcharacteristics.htm#tenure
经济实力（工人的公民地位、加入工会的情况）	检查不同食品行业的工人的社会地位和组织性	食品系统行业部门	工人加入工会的情况和不同部门工人的公民地位	http://www.bls.gov/cps/lfcharacteristics.htm#union http://www.bls.gov/cps/demographics.htm#foreignborn
性别和种族平等	检查不同性别和种族在社会与经济方面的差异	总人口	将数据按性别或种族分层，以确定差异	参见专题读物学科，如关于健康差距，见 http://www.nlm.nih.gov/hsrinfo/disparities.html http://www.cdc.gov/chronicdisease/healthequity/index.htm
工人健康和安全				
职业受伤率（致命和非致命伤害）	衡量工作场所的安全风险	私营部门的雇主和雇员	根据雇主和雇员的特点提供伤害和疾病计算率	http://www.bls.gov/iif http://www.cdc.gov/niosh/injury
食品供应				
食品成本和支出				

续表

指标	目的	目标群体	测量方法	详细信息
食品成本（价格和弹性）		总人口	用消费者价格指数（CPI）衡量零售食品价格、食品支出、美国消费者年度食品支出和价格差，即将消费者支付的食品价格与农民在该食品上的收入进行比较	http://www.ers.usda.gov/topics/food-markets-prices/food-prices,-expenses-costs.aspx#. VACGK2MXNkg http://www.fapri.iastate.edu/tools/elasticity.aspx http://www.ers.usda.gov/data-products/commodity-and-food-elasticities.aspx#. VACPUWMXNkg
用于食物的支出占总收入的百分比（总百分比，按收入、工作或健康状况分类的百分比）		总人口		http://www.ers.usda.gov/data-products/food-expenditures.aspx#. VACPk2MXNkg
按食品类别、消费地点分类的食品支出百分比		总人口		http://www.ers.usda.gov/data-products/food-expenditures.aspx#. VACPk2MXNkg http://www.bls.gov/cex/2012/combined/quintile.pdf
食品安全				
家庭及个人食品安全和食品不安全情况		总人口		http://www.ers.usda.gov/topics/food-nutrition-assistance/food-security-in-the-us/definitions-of-food-security.aspx#. VACQB2MXNkg
不同营养计划[补充营养援助计划（SNAP）及其他计划]参与情况		总人口		http://www.ers.usda.gov/topics/food-nutrition-assistance/supplemental-nutrition-assistance-program-%28snap%29.aspx#. VACQUWMXNkh
食品获取渠道				
商品齐全的杂货店的分布密度；快餐业务		总人口		http://www.ers.usda.gov/data-products/food-environment-atlas/about-the-atlas.aspx#. VACTF2MXNkg http://www.ers.usda.gov/data-products/food-access-research-atlas/.aspx
SNAP 在超市的推进活动情况		总人口		http://www.ers.usda.gov/topics/food-nutrition-assistance/food-nutrition-assistance-research.aspx#. VACQ2mMXNkg Castner,L., and J. Henke. 2011. *Benefit redemption patterns in the Supplemental Nutrition Assistance Program*. Alexandria, VA: U.S. Department of Agriculture, Food and Nutrition Service, Office of Research and Analysis.
农贸市场分布情况				http://www.ers.usda.gov/data-products/food-environment-atlas/about-the-atlas.aspx#. VACTF2MXNkg
食品质量				

续表

指标	目的	目标群体	测量方法	详细信息
广告食品类型的变化情况				http://www.nielsen.com/content/corporate/us/en.html http://kff.org/other/food-for-thought-television-food-advertising-to
食品市场中健康食品数量的变化情况				
有机食品和其他可持续生产食品的销售额				http://www.ers.usda.gov/publications/eib-economic-information-bulletin/eib58.aspx#.U63LyqhGyTY https://www.ota.com/bookstore/14.html http://www.nationalsustainablesales.com/research-library
本地产食品销售额				http://www.usda.gov/wps/portal/usda/knowyourfarmer?navid=KNOWYOURFARMER
食品准备时间				http://www.bls.gov/tus/atusfaqs.htm#1
家庭食物每日能量摄取量		总人口		http://www.ers.usda.gov/topics/food-choices-health/food-consumption-demand/food-away-from-home.aspx#.VADUsWMXNkg http://www.ers.usda.gov/data-products/food-expenditures.aspx#.VADWFGMXNkg
会做菜的人口的百分比		总人口		http://www.bls.gov/tus/atusfaqs.htm#1

表 B-2　评估食品系统的健康、环境、社会和经济影响的特定方法

名称	描述	应用（使用该方法的科研论文）	详细信息请参考
健康影响			
临床试验	研究设计涉及生物医学或行为领域中的狭义问题，使用实验设计，并尽可能控制偏差	Appel L J, Moore T J, Obarzanek E, Vollmer W M, Svetkey L P, Sacks F M, Bray G A, Vogt T M, Cutler J A, Windhauser M M, Lin P H, Karanja N. 1997. A clinical trial of the effects of dietary patterns on blood pressure. Dash collaborative research group. New England Journal of Medicine, 336(16): 1117-1124.	Gordis, L. 1996. *Epidemiology*. Philadelphia, PA: W.B. Saunders.
队列研究	指在一组人群（队列）中评估利益基线暴露的研究设计，不同时间段出现的健康结果与基线暴露呈相关关系	Oh K, Hu F B, Manson J E, Stampfer M J, Willett W C. 2005. Dietary fat intake and risk of coronary heart disease in women: 20 years of follow-up of the Nurses' Health Study. American Journal of Epidemiology, 161(7): 672-679.	Gordis, L. 1996. *Epidemiology*. Philadelphia, PA: W.B. Saunders.
病例对照研究	研究涉及比较两组人群，一组已经感染了疾病或出现病症（病例），另一组是与前一组非常相似的群体，但是没有感染疾病，也没有出现病症（对照组）	Dahm C C, Keogh R H, Spencer E A, Greenwood D C, Key T J, Fentiman I S, Shipley M J, Brunner E J, Cade J E, Burley V J, Mishra G, Stephen A M, Kuh D, White I R, Luben R, Lentjes M A, Khaw K T, Bingham S A. 2010. Dietary fiber and colorectal cancer risk: A nested case-control study using food diaries. Journal of the National Cancer Institute, 102(9): 614-626.	Gordis, L. 1996. *Epidemiology*. Philadelphia, PA: W.B. Saunders.
食品和水的微生物风险评估	用于评估人类健康有多大可能受食品和水中致病微生物影响的标准化方法	Akingbade D, Bauer N, Dennis S, Gallagher D, Hoelzer K, Kause J, Pouillot R, Silverman M, Tang J. 2013. Draft interagency risk assessmen-Listeria monocytogenes in retail delicatessens technical report. Washington DC: U.S. Department of Agriculture Food Safety and Inspection Service.	http://www.who.int/foodsafety/micro/jemra/en http://www.cdc.gov/foodsafety/microbial-risk-assessment.html
食品和水的化学污染风险评估	用于评估人类健康有多大可能受到食品中化学添加剂和污染物影响的标准化方法	Food and Agriculture Organization. 2014. Residue evaluation of certain veterinary drugs. FAO JECFA Monographs 15. Rome, Italy: FAO.	http://www.who.int/foodsafety/chem/en
健康影响评估	一种系统处理方法，使用一系列数据源和分析方法，并考虑利益相关方的投入，以确定拟议的政策、计划或项目对人口健康的影响，以及影响在人群中的分布情况，为监测和管理影响提供建议	Health Impact Project. 2013. Health impact assessment of proposed changes to the Supplemental Nutrition Assistance Program. Washington DC: The Pew Charitable Trusts and Robert Wood Johnson Foundation.	http://www.healthimpactproject.org
环境影响			
生态风险评估	标准化处理方法，用于评估环境可能受到的压力因素，如化学品、土地变化、疾病、入侵物种和气候变化的影响程度	Solomon K R, Giesy J P, LaPoint T W, Giddings J M, Richards R P. 2013. Ecological risk assessment of atrazine in North American surface waters. Environmental Toxicology and Chemistry, 32(1): 10-11.	http://www.epa.gov/risk

续表

名称	描述	应用（使用该方法的科研论文）	详细信息请参考
环境评估/环境影响报告	该报告详细分析了环境评估/环境影响，确保1969年颁布的《国家环境政策法》（NEPA）（见40 CFR第6部分）中规定的政策和目标得以实现；NEPA要求联邦机构和其他机构使用联邦基金或资产来评估主要联邦项目或决定（如颁发许可证、联邦资金开支或与联邦土地相关的政策等）的环境影响	http://www.healthimpactproject.org/hia/us/red-dog-mine-extension-aqqaluk-project-final-supplemental-environmental-impact-statement	http://www.epa.ie/monitoringassessment/assessment/eia/#.Uz1ItFc9DK0
生命周期评估	评估产品从原材料到消费（包括废物处理或回收）的环境影响的方法	Heller M C, Keoleian G A. 2011. Life cycle energy and greenhouse gas analysis of a large-scale vertically integrated organic dairy in the united states. Environmental Science and Technology, 45(5): 1903-1910.	http://www.eiolca.net/Method/LCA_Primer.html Hendrickson, C. T., L. B. Lave, and H. S. Matthews. 2006. *Environmental life cycle assessment of goods and services: An input-output approach.* Washington, DC: Resources for the Future Press.
用于溪流和浅河的快速生物评估方案	该方案是一种实用的技术参考，用以执行溪流中的成本效益的生物评估	Jack J, Kelley R H, Stiles D. 2006. Using stream bioassessment protocols to monitor impacts of a confined swine operation. Journal of the American Water Resources Association, 42(3): 747-753.	http://water.epa.gov/scitech/monitoring/ rsl/bioassessment
社会和经济影响			
社会影响评估	分析、监测和管理有计划的干预措施及干预措施引起的任何社会变化中的后果，无论是积极后果还是消极后果，无论是意料之中还是意料之外；主要用于美国以外的国家	Mahmoudi H, Renn O, Vanclay F, Hoffmann V, Karami E. 2013. A framework for combining social impact assessment and risk assessment. Environmental Impact Assessment Review, 43: 1-8.	http://www.nmfs.noaa.gov/sfa/reg_svcs/social_impact_assess.htm
收益成本分析	该方法用货币计算由一个项目或政策导致的个人福利变化的总量	Roberts T, Buzby J C, Ollinger M. 1996. Using benefit and cost information to evaluate a food safety regulation: HACCP for meat and poultry. American Journal of Agricultural Economics, 78(5): 1297-1301.	http://evans.uw.edu/centers-projects/bcac/benefit-cost-analysis-center Boardman A E, Greenberg D H, Vining A R, Weimer D L. 2011. Cost-benefit analysis：Concepts and practice，4th ed. Upper Saddle River, NJ: Prentice-Hall.
成本-效果分析	该方法用于比较由一个项目或政策决定的相对成本和结果（影响）；成本-效果分析与收益成本分析不同，后者将结果以货币形式表现	Sacks G, Veerman J L, Moodie M, Swinburn B. 2011. “Traffic-light” nutrition labelling and “junk-food” tax: A modelled comparison of cost- effectiveness for obesity prevention. International Journal of Obesity, 35(7): 1001-1009.	Drummond M F，Sculpher M J，Torrance G W，O’Brien B J，Stoddart G L. 2005. Methods for the economic evaluation of health care programmes. Oxford, UK: Oxford University Press. Gold M R, Siegel J E, Russell L B, Weinstein M C. 1996. Cost-effectiveness in health and medicine. New York: Oxford University Press.

续表

名称	描述	应用（使用该方法的科研论文）	详细信息请参考
可计算一般均衡	是用于测量由市场价格和数量反馈引起的经济福利变化的方法，市场价格和数量反馈是由响应政策、技术或其他变量（如气候）的变化导致的	Hertel T W, Golub A A, Jones A D, O'Hare M, Plevin R J, Kammen D M. 2010. Effects of US maize ethanol on global land use and greenhouse gas emissions: Estimating market-mediated responses. BioScience, 60(3): 223-231.	http://www.iadb.org/en/topics/trade/understanding-a-computable-general-equilibrium-model,1283.html
全要素生产率分析	促进生产力（如农业）提高的经济因素	Ball V E, Lovell C A K, Luu H, Nehring R. 2004. Incorporating environmental impacts in the measurement of agricultural productivity growth. Journal of Agricultural and Resource Economics, 29(3): 436-460.	http://www.ers.usda.gov/data-products/agricultural-productivity-in-the-us/findings,-documentation,-and-methods.aspx#.U1qm5aIeCdc
非市场价值评估	给缺乏市场的商品和服务水平变化赋予货币价值，包括健康和环境影响	Champ P A, Boyle K J, and Brown T C. 2003. A primer on nonmarket valuation. Dordrecht, The Netherlands: Kluwer Academic Publishers.	
基于主体建模	该方法模拟个人、组织和团体的行为与相互作用，以评估他们对整个系统的影响	见表 B-4	http://www2.econ.iastate.edu/tesfatsi/abmread.htm Epstein J M. 2006. Generative social science. Princeton, NJ: Princeton University Press.
系统动力学建模	模拟个人、组织和团体的行为与相互作用的方法，以评估其对整体系统的影响	Sterman J M. 2006. Learning from evidence in a complex world. American Journal of Public Health, 96(3): 505-514.	Sterman J M. 2000. Business dynamics: Systems thinking for a complex world. Boston, MA: Irwin/McGraw-Hill.
食品需求分析/时间序列	研究食品需求对价格、总支出和其他经济因素的反应	Huang K S, Haidacher R C. 1983. Estimation of a composite food demand system for the United States. Journal of Business & Economic Statistics, 1(4): 285-291.	
食品需求分析/横断面分析	单个家庭的食品消费受食品价格、收入和家庭特征的影响，以确定家庭食品需求是如何根据不同特征而变化的；在分析中纳入行为和家庭环境特征因素	Okrent A, Alston J M. 2012. The demand for disaggregated food-away-from-home and food-at- home products in the United States. Economic Research Report No. ERR-139. Washington DC: U.S. Department of Agriculture, Economic Research Service.	

来源：国家儿童肥胖监测系统目录：http://nccor.org/projects/catalogue/index.php [2015-5-21]
国家儿童肥胖测量登记：http://nccor.org/projects/measures/index.php [2015-5-21]

表 B-3　评估食品系统的健康、环境、社会和经济影响的数据来源

	目的	目标群体	关键评估信息	详细信息参考
健康影响				
国家健康与营养调查	收集关于美国人的健康、营养状况和健康行为的数据	美国的平民、非机构人员；所有年龄段的公民	• 完整的体检，包括测量身高和体重 • 饮食摄入 • 人口统计资料	http://www.cdc.gov/nchs/nhanes.htm
行为风险因素监测系统	收集与成年人慢性疾病、损伤和可预防传染病相关的预防性卫生措施及风险行为的数据	美国 50 个州、华盛顿哥伦比亚特区、波多黎各、美属维尔京群岛和关岛的所有成年人	• 人口统计资料 • 食品安全 • 水果和蔬菜消费 • 生活质量	http://www.cdc.gov/BRFSS
健康和饮食调查	收集美国消费者的与健康和饮食问题相关的认识、态度及行为	50 个州和华盛顿哥伦比亚特区的 18 岁及其以上的平民与非机构人员	• 人口统计资料 • 对饮食与疾病相关性的认识 • 受访者购买杂货量 • 食品标签使用情况 • 节食知识	http://www.fda.gov/Food/FoodScienceResearch/ConsumerBehaviorResearch/default.htm
国家生命统计系统	收集美国人出生和死亡的数据	美国 50 个州、纽约市、华盛顿哥伦比亚特区、波多黎各、美属维尔京群岛、关岛、美属萨摩亚群岛和北马里亚纳群岛的所有个体	• 出生日期 • 死亡年龄 • 种族/民族/性别 • 死亡原因	http://www.cdc.gov/nchs/nvss. htm
食品模式等量数据库	将食品和饮料转换为美国农业部（USDA）食品模式的组成部分，以便将调查及其他类型研究中的各类食品和饮料用与饮食分析和饮食指导相关的组成部分表示	美国食品都在食品部 24 小时召回报告中报道了健康和营养检查结果	• 总水果消耗（杯当量） • 总蔬菜消耗（杯当量） • 全谷物消耗（盎司当量） • 总蛋白质食物消耗（盎司当量） • 乳制品消耗（杯当量） • 添加糖消耗（茶匙） • 固体脂肪（克当量）	http://www.ars.usda.gov/Services/docs.htm?docid=23871
食源性疾病主动监测网络	全美 10 个哨点的主动监测数据	10 个哨点（美国康涅狄格州、佐治亚州、马里兰州、明尼苏达州、新墨西哥州、俄勒冈州、田纳西州及加利福尼亚州、科罗拉多州和纽约州的一些县），美国食品药品监督管理局、食品安全检验局；收集的信息用于估计特定媒介导致的疾病；按年龄和地区给估算值进行分类	跟踪最常见的食源性疾病媒介：弯曲杆菌、李斯特菌、沙门氏菌、产志贺毒素大肠杆菌、志贺氏菌、弧菌和耶尔森氏菌，以及寄生虫，包括隐孢子虫和环孢子虫	http://www.cdc.gov/foodnet/data/trends/index.html

续表

	目的	目标群体	关键评估信息	详细信息参考
食源性疾病暴发在线数据库	提供有关食源性疾病暴发报告的相关数据信息	国家、地方和公共卫生部门通过网络计划——国家疫情报告系统——作出的食源性疾病暴发报告	• 病因；消费地点；生病、住院和死亡情况；运送食物车辆和受污染车辆的信息 • 深入了解涉及暴发疾病的食物类型 • 有关致病因素的其他信息	http://wwwn.cdc.gov/ foodborneoutbreaks
食源性疾病归因	估计某特定食源性疾病的最常见的食物来源	总人口	• 病因、疾病和死亡信息 • 根据食物类型将暴发的疾病分类	http://www.cdc.gov/foodborneburden/attribution/index.html
食品风险和安全评估	网站包含对食品进行的微生物和化学风险正式评估	总人口		http://www.fda.gov/Food/FoodScienceResearch/RiskSafetyAssessment/default.htm
国家耐抗菌素监测系统	监测细菌对抗微生物剂敏感性的变化，该抗微生物剂对人兽具有重要性	从人类、动物和零售肉类收集的食源性分离株	抗生素耐药性	http://www.cdc.gov/narms
农药数据计划	收集农药残留数据	肉类、家禽和蛋制品	农药残留	http://www.ams.usda.gov/AMSv1.0/PDP
总膳食研究	该研究以市场为基础，收集食品中污染物和营养物水平的数据	零售商店售出的280种主要食品	食品中的污染物（如丙烯酰胺和高氯酸盐）	http://www.fda.gov/food/foodscienceresearch/totaldietstudy/default.htm
登记信息和特定化学信息	关于农药的信息	农药	毒性、使用模式和登记状态	http://www.epa.gov/pesticides/food/risks.htm
环境影响				
国家水资源信息系统	收集地表和地下水的产生、数量、质量、分布和运动情况；分析来自全美不同地区水源、沉积物和组织样本的化学、物理与生物性质	在美国50个州、华盛顿哥伦比亚特区、波多黎各、美属维尔京群岛、关岛、美属萨摩亚群岛和北马里亚纳群岛大约150万个地点收集的水资源数据信息	• 河流湖泊的水流和水位 • 井的水位 • 从河流、湖泊、井和其他地点收集的化学与物理数据 • 用水量 • 当前和历史水质数据与总结统计	http://waterdata.usgs.gov/nwis http://water.usgs.gov/owq/data.html
空气质量体系	周边空气质量数据库	美国国家环境保护局、各州及地方空气污染控制机构从1万多个检测机构处收集的数据，其中5000个目前还活跃	• 数据包括铅、臭氧、颗粒物和细颗粒物、二氧化硫、氮氧化物（NO、NO_2、NO_x、NO_y）、挥发性有机化合物	http://www.epa.gov/ttn/airs/airsaqs

续表

	目的	目标群体	关键评估信息	详细信息参考
ECOTOX 数据库	为水生生物、陆生植物和野生动物提供单一化学毒性信息	毒性数据主要来自同行对水生生物、陆生植物和陆生野生动物评审的文献	• 化学品残留对水生物种（包括植物、动物及淡水和盐水物种）的致命、亚致命影响 • 毒性信息用于表征、诊断和预测与化学应激物相关的效应，为发展生态共识的阈值提供支持	http://cfpub.epa.gov/ecotox
农场金融和作物生产实践	收集美国农场企业和农村家庭的财务状况、生产实践和资源使用信息	该国家级调查针对的是农业生产者，为田间农场实践、农业企业的经济和农场经营提供数据	关于营养、杀虫剂使用、保护实践、病虫害管理实践、灌溉技术和用水等的数据情况	http://www.ers.usda.gov/data-products/arms-farm-financial-and-crop-production-practices
地理空间数据途径	为地理空间环境和自然资源数据提供可用的途径	向所有用户提供由 USDA 服务中心代理机构生成的或资助的地理空间数据；超出这些参数的数据仅供美国农业部人员使用	• 降水 • 温度 • 海拔 • 土地利用覆盖率 • 水文单位 • 土壤 • 地形	http://datagateway.nrcs.usda.gov
作物情况	收集美国的作物和非农业土地覆盖的数据	美国毗邻的大陆农场	• 作物面积 • 作物类型 • 纬度/经度、县、区、州	http://nassgeodata.gmu.edu/CropScape
年度农业统计	收集与美国农业相关的生产、经济和人口统计数据及农业环境	美国 50 个州和华盛顿哥伦比亚特区的农业统计数据	• 种植面积、产量、库存和批量生产 • 商品销量和价格 • 商品使用 • 商品生产 • 化学品使用情况 • 生产者支出 • 生产者收入 • 农场生产支出	http://www.nass.usda.gov/Surveys/index.asp
农药数据计划	收集美国食品和饮用水中的农药残留数据	超过 105 种不同的商品，包括新鲜水果、加工水果、蔬菜、肉、家禽、谷物、特产、瓶装水、市政饮用水及私家井水和学校/儿童保育设施的井水	• 农药和化合物类 • 收集的类型 • 商品 • 商品种类和生产地 • 残留水平 • 州、人口普查区域	http://www.ams.usda.gov/AMSv1.0/pdp

续表

	目的	目标群体	关键评估信息	详细信息参考
Quantis 世界粮食生命周期评估（LCA）数据库	为食品和饮料的生命周期评估、决策与交流提供更加可靠的最新数据（私人和专业数据都包括在内）	为环境评估提供可靠、透明的最新数据库，包括10个类别的200多个数据库	• 符合生态发明的质量标准 • 与现有软件和数据库（如 SimaPro、GaBi、Quantis）一致	http://www.quantis-intl.com/wfldb
社会和经济影响				
消费支出调查	收集美国家庭的购买习惯（如食物支出）、收入等数据	家庭（又称“消费单位”）	• 特定食品的支出，该支出是家庭消费的一部分，但购买的食品不属于家庭消费 • 人口统计 • 地理编码 • 家中耐用品库存（如玩具/游戏机、电子娱乐设备、烹饪设备、健身设备）	http://www.bls.gov/cex
营养政策和营养促进中心的食品价格数据库	收集美国消费的特定食品的估算成本数据	美国48个大陆州和华盛顿哥伦比亚特区的个人与家庭购买的食品	• 单个食品的全国平均价格 • 人口普查区域	http://www.cnpp.usda.gov/usdafoodplanscostoffood.htm
农业和粮食经济数据	美国及其他国家的农产品价格、成本、投入、生产水平、收入和环境影响	美国农业和粮食	• 作物 • 农场经济 • 农场种植和管理 • 食品和营养援助计划 • 食物选择和健康 • 食品市场和价格 • 食品安全 • 国际市场和贸易 • 自然资源和环境 • 农村经济	http://www.ers.usda.gov/data-products.aspx http://www.nass.usda.gov/Surveys/index.asp

续表

	目的	目标群体	关键评估信息	详细信息参考
农业普查	为美国的农场、牧场及其经营者收集农业生产、销售的相关数据	美国50个州和地区的农场、牧场及其经营者，也包括美属萨摩亚群岛、波多黎各、北马里亚纳群岛、关岛和美属维尔京群岛	• 人口统计数据，如年龄、种族/民族、农场经营者的性别、农场收入 • 农场所处地点（州和县） • 农场生产 • 农场生产实践 • 农场规模 • 年销售总额 • 农场所售产品的市场价值 • 营销实践 • 有机产品数量 • 农场生产商品的类型和数量	http://www.agcensus.usda.gov
InfoUSA	收集美国社区企业类型的数据	美国和加拿大的企业与消费者	• 地址、纬/经度、社区、邮政编码 • 企业类型和名称 • 房屋类型 • 房屋价值	http://www.infousa.com
全美家庭调查	收集美国人口、经济、住房和其他与儿童及65周岁以下的成年人的福利相关的因素	美国65岁以下的公民；重点调查对象是收入低于联邦贫困线以下1/2的家庭中的成员	• 有子女的低收入家庭的收入及收入来源的详细信息 • 食品安全 • 各类食品援助的详细资料	http://www.urban.org/center/anf/nsaf.cfm
食品环境地图集	关于食品环境指标的组合统计，以刺激与食品选择和饮食质量的决定因素相关的研究，为社区获得健康食品的途径提供了空间概览	美国的县	• 社区是否有途径获取健康食品、买得起的食品 • 社区在保持健康饮食方面的成功经验 • 人口统计 • 自然设施	http://www.ers.usda.gov/data-products/food-environment-atlas/about-the-atlas.aspx
家庭食品安全调查	评估过去30天或12个月内的家庭食品安全情况	家庭	由18个关于家庭食品情况的项目组成，严重程度不等，从仅有食物缺乏的担心到由于买不起食物而饿肚子；3个级别的筛选设计	http://www.ers.usda.gov/topics/food-nutrition-assistance/food-security-in-the-us/survey-tools.aspx#household
食品供应（人均）数据系统	收集美国个人可消费的食品、营养素和卡路里估算数据	美国可供消费的商品食品和营养素	• 食品平衡计算 • 根据食品消耗和腐败进行调整的食品供应数据 • 与营养成分数据相关的食品供应数据	http://www.ers.usda.gov/data-products/food-availability-(per-capita)-data-system.aspx

续表

	目的	目标群体	关键评估信息	详细信息参考
季度食品价格数据库	提供美国50多个食品集团的估算平均市场价格	美国48个大陆州的家庭	• 几类水果和蔬菜、谷物和乳制品、肉类、豆类、坚果、鸡蛋、脂肪/油、饮料和预制食品的季度平均价格（每100g食品的价格） • 地理编码信息，如县、人口普查区域、人口普查分区	http://www.ers.usda.gov/data-products/quarterly-food-at-home-price-database.aspx
食品消耗和营养摄入	根据不同食品来源与人口特征划分的食品消耗和营养摄入量	美国48个大陆州的家庭	• 食品的每日平均摄入量 • 营养密度（每1000卡路里需要消耗的食物量） • 脂肪、钠和胆固醇的每日平均摄取量，但钙、纤维和铁摄取量不足 • 根据食物来源和营养密度确定的平均营养摄入量	http://www.ers.usda.gov/data-products/food-consumption-and-nutrient-intakes.aspx
Gladson 营养数据库	收集在美国销售的包装食品和饮料的成分含量及营养标签数据	在美国销售的食品	• 产品成分 • 产品营养标签信息 • 产品包装尺寸 • 产品包装图案 • 分量信息（家庭单位和克重）	http://www.gladson.com/SERVICES/NutritionDatabase/tabid/89/Default.aspx
MenuStat（菜单数据）	收集美国最大的连锁餐厅菜单中食品的营养数据	美国最大的连锁餐厅的菜单菜品	• 餐厅名称 • 年份 • 分量 • 卡路里和营养素 • 菜单类型（如早餐菜单、儿童菜单等）	http://menustat.org/about
Datamonitor 的产品启动分析	收集世界各地零售市场新推出的包装产品的数据	世界各地新推出的包装产品	• 产品名称、品牌和产品系列 • UPC 代码 • 营养成分信息 • 产品声明 • 配料 • 包装样式、材料和尺寸	http://www.productscan.com
健康差异的绝对差值	测量不同组群的健康绝对差值	组群中的个人	A 组测量的健康参数/B 组测量的健康参数	http://seer.cancer.gov/publications/disparities2
健康差异的相对差值	测量不同组群的健康相对差值	组群中的个人	A 组测量的健康参数/B 组测量的健康参数	http://seer.cancer.gov/publications/disparities2

续表

	目的	目标群体	关键评估信息	详细信息参考
工伤致死普查	制定全面、准确、及时的年度工伤死亡人数统计	所有美国的致命工伤	使用多个数据源，包括死亡证书、工人赔偿报告及联邦和州机构行政报告，来收集每个工作场所工伤致死率的信息	http://www.bls.gov/iif/oshcfoi1.htm
工伤和疾病调查	该调查针对的是工伤和疾病的严重程度，以及是否需要记录在案，也就是说是否需要至少1天的休息时间来康复	每年针对约25万私人雇主、州政府和地方政府进行调查，收集非致死工伤和疾病数据	工伤和职业疾病相关情况、工人相关信息，包括损失的工作时间、除急救外的医疗救治、对工作或个人行动的限制影响、意识丧失或换工作情况；雇主将工伤与职业疾病分开计数	http://www.bls.gov/iif/oshcase1.htm
农业生产调查中的职业伤害监测	跟踪在农业生产中的成人非致命性损伤	该国家监测系统在2001年、2004年和2009年进行	该检测的目的是对在农场工作的20岁及以上成年人的数量和他们遭受的职业伤害进行估算	http://www.cdc.gov/niosh/topics/aginjury/OISPA/default.html
县扩张指数	一种城市扩张的测量方法，一种以城市周围低密度、发展为缩影的土地利用模式	美国的县	该指数于2000年和2010年进行更新，纳入由17个变量衍生出来的4个维度——密度、土地利用组合、人口或就业集中和街道特征；使用主成分分析从每个维度中提取因素并将它们组合成该指数	http://gis.cancer.gov/tools/urban-sprawl

表 B-4　评估食品系统的健康、环境、社会和经济影响的模型

名称	描述	应用（使用这种方法的科研论文）	详细信息参考
健康影响			
PMP（病原体建模项目）	预测在不同条件（包括温度、水活度、pH 和其他参数）下，食源性疾病病原体的生长或失活	本表中提供的网站上提供了诸多参考文献	http://pmp.errc.ars.usda.gov/PMPOnline.aspx
环境影响			
RUSLE2（修正通用土壤流失方程式）	预测受径流影响的沟渠和岩脉侵蚀情况；以气候、土壤、地形和管理实践为基础	Schipanski M E, Barbercheck M, Douglas M R, Finney D M, Haider K, Kaye J P, Kemanian A R, Mortensen D A, Ryan M R, Tooker J, White C. 2014. A framework for evaluating ecosystem services provided by cover crops in agroecosystems. Agricultural Systems, 125: 12-22.	http://www.nrcs.usda.gov/wps/portal/nrcs/main/national/technical/tools/rusle2 http://www.ars.usda.gov/Research/docs.htm?docid=24403
WEPS（风蚀预报系统）	预测风蚀	van Donk S J, Skidmore E L. 2003. Measurement and simulation of wind erosion, roughness degradation and residue decomposition on an agricultural field. Earth Surface Processes and Landforms, 28(11): 1243-1258.	http://www.nrcs.usda.gov/wps/portal/nrcs/main/national/technical/tools/weps
GLEAMS（地下水载荷对农业管理系统的影响）	评估农业种植对植物根区化学物质的运动和通过植物根区运动的化学物质的影响	Bosch D J, Wolfe M L, Knowlton K E. 2006. Reducing phosphorus runoff from dairy farms. Journal of Environmental Quality, 35(3): 918-927.	http://www.tifton.uga.edu/sewrl/Gleams/gleams_y2k_update.htm
WATSUIT（水适宜性测定模型）	一种稳态计算机模型，用于预测灌溉水后的土壤水盐度和钠浓度	Visconti F, de Paz J M, Rubio J L, Sanchez J. 2012. Comparison of four steady-state models of increasing complexity for assessing the leaching requirement in agricultural salt-threatened soils. Spanish Journal of Agricultural Research, 10(1): 222-237.	http://www.xuan-wu. com/2012-03-10-Watsuit
HYDRUS-1D	基于 Microsoft Windows 的建模环境，用于分析可变饱和多孔介质中的水流与溶质传输	Shouse P J, Ayars J E, Simunek J. 2011. Simulating root water uptake from a shallow saline groundwater resource. Agricultural Water Management, 98(5): 784-790.	http://www.ars.usda.gov/Services/docs.htm?docid=8921
ENVIRO-GRO	模拟农业应用的地下可变饱和水流、溶质转运、根系吸收、氮吸收和相对产量	Letey J, Vaughan P. 2013. Soil type, crop and irrigation technique affect nitrogen leaching to groundwater. California Agriculture, 67(4): 231-241.	http://ciwr.ucanr.edu/Tools/ ENVIRO-GRO
EPIC（环境政策综合气候）	模拟约 80 种作物生长所需的天气数据。预测管理决策对土壤、水、营养和农药的影响，以及它们对土壤流失、水质和作物产量的综合影响	Williams J R, Jones C A, Kiniry J R, Spanel D A. 1989. The epic crop growth-model. Transactions of the ASAE, 32(2): 497-511. Gassman P W, Williams J R, Benson V W, Izaurralde R C, Hauck L M, Jones C A, Atwood J R, Kiniry J R, Flowers J D. 2005. Historical development and applications of the EPIC and APEX models. Working paper 05-WP 397. Ames, IA: Center for Agriculture and Rural Development, Iowa State University.	http://epicapex.tamu.edu/epic

续表

名称	描述	应用（使用这种方法的科研论文）	详细信息参考
CENTURY 和 DAYCENT 模型	CENTURY 模型是表示植物-土壤养分循环的一般模型，用于模拟不同类型的生态系统（包括草原、农业用地、森林和热带草原）的碳和营养动态情况；DAYCENT 则是使用时间步长法的模型	Parton W J, Schimel D S, Cole C V, Ojima D S. 1987. Analysis of factors controlling soil organic-matter levels in Great-Plains grasslands. Soil Science Society of America Journal, 51(5): 1173-1179.	http://www.nrel.colostate.edu/projects/daycent https://www.nrel.colostate.edu/projects/century5
SWAT（水土评价工具）	该模型从小流域到流域区都适用，模拟土壤侵蚀防治、非点源污染控制和流域区域管理情况	Gassman P W, Reyes M R, Green C H, Arnold J G. 2007. The soil and water assessment tool: Historical development, applications, and future research directions. Transactions of the ASABE, 50(4): 1211-1250.	http://swat.tamu.edu
GREET（运输模型中的温室气体、调节排放和能源使用）	运输部门温室气体排放的生命周期模型，用于充分评估先进的车辆技术和新的运输燃料循环，以及通过材料回收和车辆处置的车辆循环对能源和排放的影响	Wang M, Han J, Dunn J B, Cai H, Elgowainy A. 2012. Well-to-wheels energy use and greenhouse gas emissions of ethanol from corn, sugarcane and cellulosic biomass for US use. Environmental Research Letters, 7(4): 1-13.	https://greet.es.anl.gov https://greet.es.anl.gov/greet/documentation.html
EIO-LCA（经济输入-输出生命周期评估）	估算经济活动所需的材料、能源资源，以及所产生的气体的排放	Hendrickson C T, Lave L B, Matthews H S. 2006. Environmental life cycle assessment of goods and service: An input– output approach. Washington D.C.: Resources for the Future Press.	http://www.eiolca.net
社会和经济影响			
全球贸易分析项目（GTAP）	该模型涵盖多区域、多部门，竞争力大、规模回报大。GTAP-E 模型估算的是与国际贸易有关的温室气体效应。重点是经济增长、政策变化和资源可用性变化导致的市场与环境影响	Hertel T W, Tyner W E, Birur D K. 2010. The global impacts of biofuel mandates. Energy Journal, 31(1): 75-100.	https://www.gtap.agecon.purdue.edu/about/getting_started.asp https://www.gtap.agecon.purdue.edu/products/gtap_book.asp
IMPACT 模型	该模型用于研究全球粮食供应、需求、贸易、价格和粮食安全，以及生物能源、气候变化、水、改变饮食/食品偏好及其他	Rosegrant M W, Agcaoili- Sombilla M, Perez N D. 1995. Global Food Projections to 2020: Implications for Investment. 2020 Discussion Paper No. 5. Washington DC: International Food Policy Research Institute.	http://www.ifpri.org/book-751/ourwork/program/impact-model http://www.ifpri.org/sites/default/files/publications/impactwater2012.pdf
FASOM-GHG（配有温室气体模型的林业和农业部门优化模型）	该模型为动态的部分均衡模型，用于模拟政策对农业和林业部门土地利用、温室气体流量与商品市场的潜在影响	Schneider U A, McCarl B A, Schmid E. 2007. Agricultural sector analysis on greenhouse gas mitigation in US agriculture and forestry. Agricultural Systems, 94(2): 128-140.	http://www.epa.gov/climatechange/EPAactivities/economics/modeling/peerreview_FASOM.html http://agecon2.tamu.edu/people/faculty/mccarl-bruce/FASOM.html
FAPRI（粮食和农业政策研究所）	使用综合数据、计算机建模系统预测美国农业部门和国际商品市场情况	Meyers W H, Westhoff P, Fabiosa J F, Hayes D J. 2010. The FAPRI global modeling system and outlook process. Journal of International Agricultural Trade and Development, 6(1): 1-20.	http://www.fapri.org

附录 C　专有名词缩略表

ACA：Patient Protection and Affordable Care Act	患者保护与平价医疗法案
AR：antibiotic resistance	抗生素抗性
BCA：benefit-cost analysis	收益成本分析
BLS：Bureau of Labor Statistics	美国劳工统计局
BMI：body mass index	体重指数（体质量指数）
CAFO：concentrated animal feeding operation	集中动物饲养方式
CDC：Centers for Disease Control and Prevention	疾病预防控制中心
CEA：cost-effectiveness analysis	成本-效果分析
CHD：coronary heart disease	冠心病
CO：carbon monoxide	一氧化碳
CPI：Consumer Price Index	消费者价格指数
CVD：cardiovascular disease	心血管疾病
CWA：Clean Water Act	清洁水法案
DGA：Dietary Guidelines for Americans	美国居民膳食指南
DGAC：Dietary Guidelines for Americans Committee	美国居民膳食指南委员会
DNDC：Denitrification/Decomposition	反硝化作用
DRI：Dietary Reference Intake	膳食参考摄入量
EIA：environmental impact assessment	环境影响评估
EISA：Energy Independence and Security Act	能源独立与安全法案
EPA：Environmental Protection Agency	美国国家环境保护局
ERS：Economic Research Service	美国农业部经济研究所
EU：European Union	欧洲联盟
FAFH：food away from home	非家庭食品
FAH：food at home	家庭食品
FAO：Food and Agriculture Organization of the United Nations	联合国粮食及农业组织
FDA：U.S. Food and Drug Administration	美国食品药品监督管理局
FFV：flex fuel vehicle	弹性燃料汽车
FSMA：Food Safety Modernization Act	食品安全现代化法案
GDP：gross domestic product	国内生产总值
GFSI：Global Food Security Index	全球食品安全指数
GHG：greenhouse gas	温室气体
GMO：genetically modified organism	转基因生物
H_2S：hydrogen sulfite	亚硫酸氢盐
HACCP：Hazard Analysis and Critical Control Points	危害分析与关键控制点
HIA：health impact assessment	健康影响评估

IOM：Institute of Medicine　美国医学研究所
ISO：International Organization for Standardization　国际标准化组织
LCA：life cycle assessment　生命周期评估
LEAP：Livestock Environmental Assessment and Performance Partnership　家畜环境评估和绩效合伙
MTHFR：methylenetetrahydrofolate reductase　亚甲基四氢叶酸还原酶
NH_3：ammonia　氨
NHANES：National Health and Nutrition Examination Survey　国家健康与营养调查
NIOSH：National Institute for Occupational Safety and Health　美国国家职业安全卫生研究所
NO_2：nitrogen dioxide　二氧化氮
NORS：National Outbreak Reporting System　国家疫情报告系统
NPS：non-point source pollution　非点源污染
NRC：National Research Council　国家研究委员会
NRCS：Natural Resources Conservation Service　自然资源保护局
O_3：ozone　臭氧
PM：particulate matter　颗粒物
QALY：quality-adjusted life year　质量调整寿命年
RCT：randomized controlled trial　随机对照实验
RDA：Recommended Dietary Allowance　每日膳食推荐量
RFS：Renewable Fuel Standard　可再生燃料标准
SES：socioeconomic status　社会经济状况
SLP：School Lunch Program　学校午餐计划
SNAP：Supplemental Nutrition Assistance Program　补充营养援助计划
SO_2：sulfur dioxide　二氧化硫
STEC：Shiga toxin-producing *Escherichia coli*　产志贺毒素大肠杆菌
SWF：social welfare function　社会福利函数
TFP：Thrifty Food Plan　节约食物计划
USDA：U.S. Department of Agriculture　美国农业部
USGS：U.S. Geological Survey　美国地质勘探局
VOC：volatile organic compound　挥发性有机化合物
WDR：waste discharge requirement　废物排放要求
WIC：Special Supplemental Nutrition Program for Women，Infants，and Children　妇女、婴儿和儿童特别补充营养计划

附录D　委员会成员简介

Malden C. Nesheim 博士（主席）是康奈尔大学荣誉院长及营养学名誉教授。他曾任营养科学系主任与康奈尔大学主管规划和预算的副院长。他还担任泛美卫生和教育基金会董事会主席、美国营养学会会长、美国国家卫生研究所营养研究组主席、国家营养协会主席。他还曾担任 1990 年美国农业部（USDA）/卫生和公众服务部膳食指南咨询委员会会长，并一直是美国农业部科学顾问委员会的成员。Nesheim 博士曾任科学和技术政策办公室顾问，并于 1996～1998 年任标签委员会主席，负责审议与营养膳食补充剂相关的监管事项。他还是美国营养科学学会和美国艺术与科学学院的研究员。他通过营养科学为公众提供卓越的服务，为此曾获得多个奖项，其中就有 Conrad A. Elvejhem 奖。他的研究兴趣在于人类和动物营养、营养评估和营养政策。他撰写了大量关于动物和人类营养、农业生产的文章。他的研究集中于国内和国际事务。他为美国国家科学院（NAS）的许多活动做出了贡献。Nesheim 博士还是美国医学研究所（IOM）食品和营养委员会的前任成员。他曾担任 IOM 海鲜营养关系：选择平衡利益和风险委员会主席，并担任 IOM 国际营养计划委员会的副主席和主席。他还是《营养摄取建议表》（第 10 版）编委会成员，以及美国国际营养科学联合会的当然会员。Nesheim 博士于 2008 年被选为 NAS 的全国协理。他在康奈尔大学获得了营养学博士学位、动物营养学理科硕士和农业科学理科学士学位。

Katherine (Kate) Clancy 博士，现任食品系统顾问，是约翰·霍普金斯大学布鲁伯格公共卫生学院宜居未来中心的访问学者、塔夫茨大学兼职教授、明尼苏达大学可持续农业发展研究所高级研究员（现居马里兰州帕克大学）。她曾在康奈尔大学、雪城大学、联邦贸易委员会，以及如华莱士农业和环境政策中心、科学家联盟和美国国家食品与农业政策中心等非营利机构任职。她曾在多个董事会任职（营养教育协会、世界面包组织、华莱士替代农业研究所、可持续农业研究和教育联盟、Michael Fields 农业研究所、农业食品和人类价值观学会等）。她目前的兴趣在于中部农业的研究和政策、区域食品系统的发展、食品供应链分析、社区食品安全和区域食品安全之间的联系及推进可持续农业和食品系统政策所需的研究。Clancy 博士是 IOM 可持续饮食计划：食物、健康的人和健康的地球研讨会委员会的成员。她于加利福尼亚大学（UC）伯克利分校营养科学专业获得博士学位。

James K. Hammitt 博士，经济学和决策科学教授，哈佛大学公共卫生学院风险分析中心主任。他长期从事决策分析、利益成本分析、在健康和环境政策中定量方法应用的研究和教学工作。Hammitt 博士特别关注风险控制措施的全面评估（包括附带效益和对抗性风险）和降低健康风险的价值衡量方法，包括货币和健康调整寿命年度指标。他曾担任美国国家环境保护局（EPA）科学顾问委员会及其环境经济学顾问委员会会员，并任 EPA 清洁空气合规性分析咨询委员会主席。他还曾是美国统计协会能源统计委员会（美国能源信息管理局咨询委员会）和国家研究委员会（NRC）的一员，并参加过多个 IOM 专家组——粮食供应中的二噁英研究小组，能源生产和消费的外部成本与效益小组，环境、健康和安全监管的健康福利措施小组。他曾获图卢兹大学经济学院费尔马杰出教授头衔，并在美国兰德公司担任高级精算师。Hammitt 博士于哈佛大学公共政策专业获得博士学位。

Ross A. Hammond 博士是布鲁金斯学会经济研究领域的高级研究员，也是社会动力和政策中心的主任。他的主攻领域是对经济、政治和公共卫生系统中复杂的社会动态进行建模。Hammond 博士在复杂系统科学领域拥有超过 15 年的数学和计算建模经验。他目前的研究主题包括肥胖、行为流行病学、食品系统、烟草管控、腐败、隔离、信任和决策。他撰写了许多科学文章，《新科学家》《沙龙》《大西洋月刊》《科学美国人》和主流新闻媒体都曾报道过他。Hammond 博士目前任职于《儿童肥胖》杂志编委会，美国国家卫生研究院（NIH）儿童肥胖协作研究机构比较建模网络指导委员会，传染病代理研究模型（NIH MIDAS）和关于不平等、复杂性和健康网络（NICH）。Hammond 博士一直是世界银行、亚洲开发银行、美国医学研究所和美国国家卫生研究院（NIH）的顾问。他在哈佛大学公共卫生学院、密歇根大学、华盛顿大学和 NIH 疾病控制和预防系统科学和健康研究所教授计算机建模。他曾担任奥肯经济学模型研究员，密歇根大学复杂系统研究中心国家科学基金会研究员，圣菲研究院访问学者和普华永道国际会计事务所顾问。Hammond 博士于威廉姆斯学院获学士学位，于密歇根大学获博士学位。

Darren L. Haver 博士是奥兰治县 UC 合作推广项目负责人、水资源/水质顾问及南海岸研究和推广中心主任。他的研究和推广工作侧重于通过污染源识别和运输保护当地水资源和水质；鉴别和实施污染性物质减缓治理方法和做法；并减少农业、城市和自然环境中的用水量。他于加利福尼亚大学尔湾分校获得了植物学和植物生理学博士。

Douglas Jackson-Smith 博士是犹他州立大学（USU）社会学、社会工作和人类学研究生院的负责人和教授。他的主要教学和研究领域包括农业社会学、自然资源和环境、农村社区研究、水系统中的人文因素及应用研究方法。Jackson-Smith 博士也对国际发展、科技社会学及政治和经济社会学感兴趣。目前，他致力于研究环境行为的社会、文化和制度驱动力，人类与自然共轭系统的跨学科研究，以及农业领域经济和技术变化动态及其对农民、农村社区和环境的影响。他还在开发用于跟踪农村和农业用地空间变化的方法，以评估西部山区的远郊土地利用规划的有效性和影响。Jackson-Smith 博士最近在 NRC 委员会担任 21 世纪农业系统研究工作。在到 USU 之前，他在威斯康星大学麦迪逊分校担任农村社会学、城市和区域规划专业的助理教授。他曾担任农业技术研究计划（农学院的研究和推广单位）主任，研究了技术变革和公共政策对威斯康星农业家庭的影响。Jackson-Smith 博士于威斯康星大学麦迪逊分校获得农业经济学硕士学位和社会学博士学位。

Robbin S. Johnson，明尼苏达大学汉弗莱公共事务学院全球政策研究的高级政策顾问。他直到 2007 年退休前一直担任美国嘉吉基金会总裁。他被选为公司事务高级副总裁，与嘉吉公共政策和沟通战略高级领导团队合作。Johnson 先生目前在汉弗莱公共事务学院教授“粮食在世界经济中的角色”，该课程涵盖了整个食品供应链，从生产到农场、贸易、营养、气候变化和生物技术问题。他目前是 NRC 农业和自然资源委员会的成员，他也服务于“家长意识入学就绪”和“第二收获心脏地带”委员会。他是国际粮食、农业和贸易政策委员会和外交关系委员会的成员。Johnson 先生就食品安全、食品贸易、可持续性和全球食品系统的话题撰写了多篇文章。他是美国饲料谷物理事会和加拿大明尼苏达商业理事会的前任主席。Johnson 先生于耶鲁大学获得学士学位，他在英国牛津大学作为罗德学者完成了研究生学习。

Jean D. Kinsey 博士是明尼苏达大学农业食品和环境科学学院应用经济学系应用经济学名誉教授。Kinsey 还是食品工业中心的主任，主要关注食品行业各种零售商如何为消费者服务，零售商和供应商如何在食品分销渠道中进行互动。明尼苏达大学的食品工业中心是斯隆公益基金会资助的 13 个行业研究中心之一。Kinsey 博士的研究领域包括食品消费趋势、消费者购买行为、食品安全和消费者信心、家庭人口变化、食品工业结构、食品分销和零售趋势、电子技术对零售网点效率的影响、健康和安全法规的经济效应，以及食品工业的监管。Kinsey 博士被任命为国家粮食和农业政策中心、未来资源委员会驻地研究员，美国消费者利益委员会杰出研究员，美国农业经济学会会员。她曾担任 IOM 委员会的成员，负责审查妇女、婴儿和儿童特别补充营养计划的食品包装。Kinsey 博士于加利福尼亚大学戴维斯分校获得农业经济学博士学位。

Susan M. Krebs-Smith，公共卫生硕士，博士，是国家癌症研究所癌症控制和人口科学部风险因素监测和方法处处长。她负责的项目主要研究与癌症相关的风险因素，包括饮食、运动、体重状况、吸烟和光照；通过解决方法论问题来改善对这些因素的评估；解决与指导和粮食政策有关的问题。她自己的监测研究使用国家营养监测和相关研究的数据，着重强调摄入食物和营养的趋势，特别是水果和蔬菜、营养来源，以及与食物和/或营养摄入相关的因素。她在饮食评估方法领域的贡献主要是开发膳食模式、日常食物摄入、总体饮食质量的评估方法及符合膳食指南的做法。她在饮食指导和粮食政策方面所做的工作主要是基于居民对《美国居民膳食指南》的采用程度和人口普查，对美国食品供应情况进行评估并预测未来对大宗粮食产品的需求。Krebs-Smith 博士是国际饮食评估方法会议咨询委员会的成员，她曾在《美国饮食协会杂志》和《营养教育与行为杂志》的编辑委员会任职，并且曾是美国公共卫生协会理事会的成员。她曾担任 IOM 海鲜营养关系：选择平衡利益和风险委员会成员。Krebs-Smith 博士于布拉德利大学取得家庭经济学学士学位，于明尼苏达大学取得公共健康硕士学位，于宾夕法尼亚州立大学获得营养学博士学位。

Matthew (Matt) Liebman 博士，农学教授，艾奥瓦州立大学亨利 · 阿加德 · 华莱士可持续农业研究会主席，任教于可持续发展农业、生态与进化生物学、生物可再生资源和技术、作物生产和生理学研究生院。2009 年，他被选为美国农学会研究员。2013 年，他获得艾奥瓦州农业实践可持续发展成就奖。他的研究重点是种植系统多样化、保育系统、杂草生态和管理。Liebman 博士于哈佛大学获硕士学位，于加利福尼亚大学伯克利分校获得植物学博士。

Frank Mitloehner 博士，加利福尼亚大学（UC）戴维斯分校合作推广项目教授和空气质量专家。他是农业空气质量、动物环境互动和农业工程方面的专家。Mitloehner 博士研究领域广泛，自 2002 年受聘于 UC 以来，已在专业期刊上发表了 70 篇文章，并获得了大约 1200 万美元的校外资助。Mitloehner 博士最近被选为联合国粮食及农业组织项目主席，负责评估畜牧生产的环境轨迹。2007 年，白宫办公室首席经济学家任命他为国家级研究小组的畜牧业产品专家，审查题为《气候变化对农业、土地资源、水资源和生物多样性的影响》的美国农业部报告。他是总统科学和技术顾问委员会的工作组成员，并且是 UC 戴维斯分校农业空气质量中心的主任。Mitloehner 于 2006 年获得 UC 戴维斯分校学术联合会杰出研究奖，2009 年获得 UC 卓越研究杰出服务奖，2010 年获得美国国家环境保护局（EPA）第九区环境奖。Mitloehner 于得克萨斯理工大学获得动物科学博士学位。

Keshia M. Pollack，公共卫生硕士，博士，是约翰·霍普金斯大学布鲁伯格公共卫生学院职业伤害流行病学和预防培训计划副教授和主任。Pollack 博士利用伤害流行病学，转化研究和健康影响评估来推进政策，为人们——特别是弱势群体工作、娱乐和旅行创造安全与健康的环境。她的研究重点是识别职业、肥胖、体育和娱乐、身体活动与建筑环境中存在的可能导致伤害的风险因素，并提出预防策略。她从事的研究也包括如何完善食品政策委员会，提高休闲娱乐的安全性，以及通过体育活动防止儿童肥胖。Pollack 博士在 2012 年获得了美国公共卫生协会损伤控制和紧急医疗服务中期杰出服务奖，2011 年当选《每日记事报》非常重要的专业人士（40 岁以下青年成功学者）。Pollack 博士于耶鲁大学公共卫生学院获得公共卫生硕士学位，于约翰·霍普金斯大学取得博士学位。

Patrick J. Stover 博士，康奈尔大学营养科学系教授和主任。他还是康奈尔大学联合国人类和社会发展-粮食和营养项目负责人，美国营养科学学会副会长。Stover 的主要研究方向是构成叶酸和人类病理学（包括神经管缺陷和其他发育异常、心血管疾病和癌症）之间关系的生化、遗传和表观遗传机制。具体研究内容包括叶酸介导的一碳代谢和细胞甲基化反应的调节，胚胎起源论假设的分子基础，开发用于阐明与叶酸相关的病理机制的小鼠模型，以及通过铁蛋白转译控制基因表达。1976 年，他获得了美国青年科学家和工程师总统奖，这是美国政府授予优秀青年科学家和工程师的最高荣誉。他获得了美国营养科学学会颁发的 ERL Stokstad 营养生物化学奖，并四次被康奈尔美林总统学者评为杰出教育工作者。Stover 博士是 IOM 食品营养委员会（FNB）成员，他在 FNB 营养基因组工作规划小组任职。Stover 博士于弗吉尼亚医学院获得生物化学和分子生物物理学专业博士学位。

Katherine M. J. Swanson 博士，KMJ Swanson 食品安全有限公司总裁，该公司是一家总部设在明尼苏达州圣保罗的咨询公司。此前，Swanson 博士曾担任圣保罗艺康（Ecolab）食品安全公司副总裁。她有 30 年的食品安全和质量管理经验，包括微生物预防和过敏原控制。目前，她是《食品安全预防控制联盟课程》的执行编辑，与美国食品药品监督管理局（FDA）、业界、学术界、国家和地方监管机构合作开发符合食品安全预防控制法规要求的培训课程。以前，在皮尔斯伯里食品公司（Pillsbury）担任微生物和食品安全主任时，Swanson 博士创立了危害分析、关键控制点及食品过敏原培训，同时制定了研究、开发和运营规划；管理开发电子规范系统；监督食品质量体系审核；并打造了企业产品质量管理体系。Swanson 博士在国家研究委员会和美国医学研究所下属的两个委员会任职，包括食品安全和国防风险评估、分析和数据审查委员会。2009 年，她当选为国际食品保护协会执行委员会会员。她还是国际食品微生物标准委员会的成员，并担任《食品中的微生物 8——利用数据评估环节管控和产品验收》编委会主席。她于 1988～1999 年担任《食品保护杂志》编委会成员，2005～2007 年担任《食品保护趋势》编委会成员。Swanson 博士获得过多个奖项，包括 2003 年国家食品生产者协会颁发的食品安全奖和 2008 年美国国家食品安全与技术中心颁发的食品安全奖。她于明尼苏达大学获得食品科学专业博士学位。

Scott M. Swinton 博士，东兰辛密歇根州立大学农业、食品和资源经济学系教授与副主任。Swinton 负责该系的研究生项目，并向研究生教授应用微观经济学。他的经济学研究主要涉及如何管理农业生态系统，以及政策和技术变化如何在维持农业生计的同时鼓励环境保护工作。他与生物学家、工程师和其他社会科学家密切合作，分析食品和能源物质生产系统，特别是在美洲和非洲。Swinton 发表了 70 多篇期刊文章，编辑了 3 本著作。他目前是农业和应用经济学协会的主任，以及 Aldo Leopold 研究会成员，他曾任《美国农业经济学杂志》《生态与环境前沿》《农业经济学评论》《生产农业学报》的副主编。Swinton 博士是国家研究委员会（NRC）授粉媒介现状：监测和预防其在北美洲衰落委员会成员。他于明尼苏达大学获得博士学位。